全国水利水电高职教研会
中国高职教研会水利行业协作委员会　**规划推荐教材**

高职高专土建类专业系列教材

房屋建筑学

主　编　凌卫宁
副主编　李　柯

中国水利水电出版社
www.waterpub.com.cn

内容提要

本书是全国高职高专土建类专业统编教材，是根据全国水利水电高职教研会制定的《房屋建筑学》教学大纲，并结合高等职业教育的教学特点和专业需要进行设计和编写的。

本书是高职高专职业技能教育水利水电类院校建设类专业系列教材之一。全书共16章，内容包括绪论、建筑设计概论、建筑平面设计、建筑体型与立面、建筑剖面设计、民用建筑构造概述、楼电梯与坡道、基础与地下室、墙体、门窗与遮阳、楼地面、屋顶、变形缝、建筑防火、建筑节能、工业建筑概述等内容。

本书简要介绍了建筑设计原理的基本知识，着重阐述了民用建筑构造原理和构造方法，扼要阐述了工业建筑的一般构造原理和常用的构造方法。每章前面均有"本章学习目标"，章后有小结和习题，便于学习巩固所学知识。

本书针对职业技术院校的教学特点，力求与水利水电建筑行业的发展水平相适应，力争体现新的国家标准和技术规范；注重以实用为主，内容精选详实，文字叙述简练，图示直观明了，比较方便讲授和容易掌握。

本书既可作为职业技术院校的教学用书，也可以作为自学考试、岗位技术培训的教材，还可以作为水利水电土建管理人员、建筑设计人员和建筑施工技术人员的阅读参考用书。

图书在版编目（CIP）数据

房屋建筑学/凌卫宁主编．—北京：中国水利水电出版社，2007（2021.2重印）
（高职高专土建类专业系列教材）
ISBN 978-7-5084-4388-1

Ⅰ．房… Ⅱ．凌… Ⅲ．房屋建筑学—高等学校：技术学校—教材 Ⅳ．TU22

中国版本图书馆CIP数据核字（2007）第020278号

书　名	高 职 高 专 土 建 类 专 业 系 列 教 材 全 国 水 利 水 电 高 职 教 研 会　规划推荐教材 中国高职教研会水利行业协作委员会 **房屋建筑学**
作　者	主编 凌卫宁　副主编 李柯
出版发行	中国水利水电出版社 （北京市海淀区玉渊潭南路1号D座　100038） 网址：www.waterpub.com.cn E-mail：sales@waterpub.com.cn 电话：（010）68367658（营销中心）
经　售	北京科水图书销售中心（零售） 电话：（010）88383994、63202643、68545874 全国各地新华书店和相关出版物销售网点
排　版	中国水利水电出版社微机排版中心
印　刷	北京瑞斯通印务发展有限公司
规　格	184mm×260mm　16开本　18印张　427千字
版　次	2007年2月第1版　2021年2月第8次印刷
印　数	24001—27000册
定　价	**45.00元**

凡购买我社图书，如有缺页、倒页、脱页的，本社营销中心负责调换

版权所有·侵权必究

高职高专土建类专业系列教材编审委员会

主　任　孙五继

副主任　罗同颖　史康立　刘永庆　张　健　赵文军　陈送财

编　委（按姓氏笔画排序）

马建锋　王　安　王付全　王庆河　王启亮　王建伟
王培风　邓启述　包永刚　田万涛　刘华平　汤能见
佟　颖　吴伟民　吴韵侠　张　迪　张小林　张建华
张思梅　张春娟　张晓战　张漂清　李　柯　汪文萍
周海滨　林　辉　侯才水　侯根然　南水仙　胡　凯
赵　喆　赵炳峰　钟汉华　凌卫宁　徐凤永　徐启杨
常红星　黄文彬　黄伟军　董　平　董千里　满广生
蓝善勇　靳祥升　颜志敏

秘书长　张　迪　韩月平

前言

"房屋建筑学"是高等职业教育土建类专业的一门主干必修课程。主要任务是介绍建筑设计原理的基本知识,着重阐述民用建筑构造原理和构造方法,扼要阐述工业建筑的一般构造原理和常用的构造方法,以及房屋建筑设计的现行行业规范和标准。

本教材是以 2004 年 11 月全国高职高专教育土建类专业教学指导委员会编写的"高等职业教育土建类专业教育标准和培养方案及主干课程教学大纲"为依据编写的。本书在编写过程中,注意与相关学科基本理论和知识的联系,突出实用性,注意突出对解决工程实践问题的能力培养,力求做到特色鲜明、结构合理。

本教材由广西水利电力职业技术学院凌卫宁担任主编,黄河水利职业技术学院李柯担任副主编,杨凌职业技术学院张迪主审。参加编写的单位和人员有:广西水利电力职业技术学院凌卫宁编写第 1~3 章;黄河水利职业技术学院李柯编写第 4~6 章;黄河水利职业技术学院王付全编写第 10 章、第 11 章、第 13 章;沈阳农业大学高等职业技术学院王廷栋编写第 8 章、第 9 章、第 15 章;福建水利电力职业技术学院颜志敏编写第 7 章、第 12 章、第 14 章;山西电力职业技术学院郝泳编写第 16 章。

广西水利电力勘测设计研究院凌洪高级工程师在本书的编写过程中,提出了许多宝贵的意见,在此表示衷心的感谢。

由于成书时间紧,还有许多不合适之处,甚至存在疏漏和错误,我们诚挚地希望广大读者在使用这套教材的过程中提出批评和建议,以便能在下一轮教材修编时更正和完善。

编者

2006 年 12 月

目录

前言

第1章 绪论 … 1
1.1 建筑的基本要素 … 1
1.2 建筑的分类 … 2
1.3 建筑的分级 … 3
本章小结 … 5
习题 … 5

第2章 建筑设计概论 … 6
2.1 建筑设计的内容 … 6
2.2 建筑设计的程序 … 7
2.3 建筑设计的依据 … 10
本章小结 … 13
习题 … 13

第3章 建筑平面设计 … 14
3.1 建筑平面的组成 … 14
3.2 主要使用房间的平面 … 14
3.3 辅助使用房间的平面 … 21
3.4 交通联系部分的平面 … 24
3.5 建筑平面组合 … 29
本章小结 … 34
习题 … 34

第4章 建筑体型与立面 … 35
4.1 建筑体型 … 35
4.2 建筑立面 … 46
本章小结 … 51
习题 … 52

第5章 建筑剖面设计 … 53
5.1 房间的剖面形状 … 53
5.2 建筑高度的确定 … 56

5.3 建筑层数的确定 …………………………………………………………… 60
5.4 建筑剖面组合和空间处理 ………………………………………………… 61
本章小结 …………………………………………………………………… 68
习题 ………………………………………………………………………… 69

第6章 民用建筑构造概述 …………………………………………………… 70
6.1 民用建筑的构造组成 ……………………………………………………… 70
6.2 影响构造设计的因素 ……………………………………………………… 71
6.3 建筑构造设计原则 ………………………………………………………… 72
6.4 民用工业化建筑体系简介 ………………………………………………… 73
6.5 建筑模数协调统一标准 …………………………………………………… 77
本章小结 …………………………………………………………………… 80
习题 ………………………………………………………………………… 81

第7章 楼电梯与坡道 ……………………………………………………… 82
7.1 楼梯的组成及类型 ………………………………………………………… 82
7.2 楼梯平面及剖面设计 ……………………………………………………… 84
7.3 钢筋混凝土楼梯 …………………………………………………………… 89
7.4 电梯 ………………………………………………………………………… 96
7.5 室外台阶和坡道 …………………………………………………………… 99
本章小结 …………………………………………………………………… 101
习题 ………………………………………………………………………… 101

第8章 基础与地下室 ……………………………………………………… 103
8.1 地基与基础的关系 ………………………………………………………… 103
8.2 基础的埋置深度 …………………………………………………………… 104
8.3 基础的类型 ………………………………………………………………… 107
8.4 地下室 ……………………………………………………………………… 111
本章小结 …………………………………………………………………… 113
习题 ………………………………………………………………………… 114

第9章 墙体 …………………………………………………………………… 115
9.1 墙体的作用与类型 ………………………………………………………… 115
9.2 砖墙的构造 ………………………………………………………………… 118
9.3 砌块墙的构造 ……………………………………………………………… 128
9.4 隔墙的构造 ………………………………………………………………… 131
9.5 墙体饰面 …………………………………………………………………… 135
本章小结 …………………………………………………………………… 141
习题 ………………………………………………………………………… 141

第10章 门窗与遮阳 ………………………………………………………… 143

  10.1 门 ··· 143
  10.2 窗 ··· 148
  10.3 遮阳 ··· 157
  本章小结 ··· 158
  习题 ··· 159

第 11 章 楼地面 ··· 160
  11.1 地面 ··· 160
  11.2 钢筋混凝土楼面 ··· 161
  11.3 楼地面构造 ··· 172
  11.4 顶棚 ··· 179
  11.5 阳台和雨篷 ··· 181
  本章小结 ··· 185
  习题 ··· 186

第 12 章 屋顶 ··· 187
  12.1 屋顶的类型 ··· 187
  12.2 平屋顶的组成与构造 ··· 190
  12.3 坡屋顶的组成与构造 ··· 203
  本章小结 ··· 209
  习题 ··· 210

第 13 章 变形缝 ··· 211
  13.1 伸缩缝 ··· 211
  13.2 沉降缝 ··· 214
  13.3 防震缝 ··· 216
  本章小结 ··· 217
  习题 ··· 218

第 14 章 建筑防火 ··· 219
  14.1 火灾发展及蔓延 ··· 219
  14.2 防火与防烟分区 ··· 222
  14.3 防火设计 ··· 225
  本章小结 ··· 227
  习题 ··· 227

第 15 章 建筑节能 ··· 228
  15.1 建筑节能基本原理 ··· 228
  15.2 建筑节能措施 ··· 230
  15.3 建筑节能技术 ··· 234
  本章小结 ··· 236

习题 ·· 236

第 16 章 工业建筑概述 ·· 237

16.1 工业建筑的分类及特点 ··· 237
16.2 单层厂房的定位轴线 ·· 239
16.3 单层厂房的组成 ·· 244
16.4 单层厂房的构造 ·· 249
本章小结 ··· 276
习题 ··· 277

参考文献 ··· 278

第1章 绪　　论

本章学习目标：

通过本章的学习，了解房屋建筑学的地位及作用，理解建筑、建筑物、构筑物的概念，掌握建筑的构成要素、建筑的分类和等级。

作为一门内容广泛的综合性学科，房屋建筑学涉及到建筑功能、建筑艺术、环境规划、工程技术、工程经济等诸多方面的问题。同时，这些问题之间又因共存于一个系统中而相互关联、相互制约、相互影响。随着人类物质生活水平的不断提高以及社会整体技术力量，特别是工程技术水平的不断发展，作为该系统中的各个层面都会不断发生变化，它们之间的相关关系也会随之发生变化。因此，在学习这门课程的过程中，应当带着系统的眼光和发展的眼光。建筑是建筑物和构筑物的总称。房屋建筑学是适合土木工程类专业人员了解和研究建筑设计的思路和过程、建筑物的构成和细部构造，以及它们与其他相关专业，特别是与结构专业之间密切联系的一门专业基础学科。

1.1　建筑的基本要素

1.1.1　建筑的构成要素

凡是供人们在其内进行生产、生活或其他活动的房屋（或场所）都称为建筑物，如住宅、学校、厂房等；只为满足某一特定的功能建造的，人们一般不直接在其内进行活动的场所则称为构筑物，如水塔、电视塔、烟囱等。本课程所指的建筑主要是建筑物。尽管各类建筑物和构筑物有着许多的差别，但其共同点都是为满足人类社会活动的需要，利用物质技术条件，按照科学法则和审美要求建造的相对稳定的人为空间。由此，我们可以看出，无论建筑物还是构筑物，都是由三个基本的要素构成，即建筑功能、物质技术条件和建筑形象。

1.1.2　建筑功能

建筑功能是指建筑在物质方面和精神方面的具体使用要求，也是人们建造房屋的目的。不同的功能要求产生了不同的建筑类型，如：工厂为了生产，住宅为了居住、生活和休息，学校为了学习，影剧院为了文化娱乐，商店为了买卖交易等。随着社会的不断发展和物质文化生活水平的提高，建筑功能将日益复杂化、多样化。

1.1.3　建筑物质技术条件

建筑物质技术条件是实现建筑功能的物质基础和技术条件。物质基础包括建筑材料与制品、建筑设备和施工机具等；技术条件包括建筑设计理论、工程计算理论、建筑施工技术和管理理论等。其中建筑材料和结构是构成建筑空间环境的骨架，建筑设备是保证建筑达到某种要求的技术条件，而建筑施工技术则是实现建筑生产的过程和方法。例如，钢材、水泥和钢筋混凝土的出现，解决了现代建筑中的大跨度和高层建筑的结构问题。由于现代各种新材料、新结构、新设备的不断出现，使得多功能大厅、超高层建筑、薄壳、悬索等大空间结构的建筑功能和建筑形象得以实现。

1.1.4 建筑形象

建筑形象是建筑体型、立面式样、建筑色彩、材料质感、细部装饰等的综合反映。好的建筑形象具有一定的感染力，给人以精神上的满足和享受，例如雄伟庄严、朴素大方、简洁明快、生动活泼、绚丽多姿等。建筑形象并不单纯是一个美观的问题，它还应该反映时代的生产力水平、文化生活水平和社会精神面貌，反映民族特点和地方特征等。

上述三个基本构成要素中，建筑功能是主导因素，它对物质技术条件和建筑形象起决定作用；物质技术条件是实现建筑功能的手段，它对建筑功能起制约或促进的作用；建筑形象则是建筑功能、技术和艺术内容的综合表现。在优秀的建筑作品中，这三者是辩证统一的。

1.2 建筑的分类

1.2.1 按建筑物的使用性质分

（1）民用建筑是指供人们居住、生活、工作和学习的房屋和场所。一般可分为居住建筑和公共建筑。居住建筑是供人们生活起居的建筑物，如住宅、公寓、宿舍等。公共建筑是供人们进行各项社会活动的建筑物，如办公、科教、文体、商业、医疗、邮电、广播、交通和其他建筑等。

（2）工业建筑是指供人们从事各类生产活动的用房，包括厂房和构筑物。

（3）农业建筑是供农业、牧业生产和加工用的建筑，如温室、畜禽饲养场、种子库等。

1.2.2 按主要承重结构的材料分

（1）木结构建筑是用木材作为主要承重构件的建筑，是我国古建筑中广泛采用的结构形式。但由于木材易腐、易燃、强度低，以及我国森林资源缺乏等问题，一般仅用于低层、规模较小的建筑物，如别墅、旅游建筑等。

（2）混合结构建筑是用两种或两种以上材料作为主要承重构件的建筑。如用砖墙（或柱）、钢筋混凝土楼板和屋顶承重构件作为主要承重结构的砖混结构建筑广泛用于6层及6层以下的民用建筑和小型工业厂房。

（3）钢筋混凝土结构建筑是主要承重构件全部采用钢筋混凝土的建筑。这类结构广泛用于大中型公共建筑、高层建筑和工业建筑。

（4）钢结构建筑是主要承重构件全部采用钢材制作的建筑。这类结构主要用于超高层建筑、大型公共建筑和工业建筑。

1.2.3 按结构的承重方式分

（1）砌体结构建筑是用叠砌墙体承受楼板及屋顶传来的全部荷载的建筑。这种结构一般用于多层民用建筑。

（2）框架结构建筑是由钢筋混凝土或钢材制作的梁、板、柱形成的骨架来承担荷载的建筑。墙体只起围护和分隔作用。这种结构可用于多层和高层建筑中。

（3）剪力墙结构建筑是由纵、横向钢筋混凝土墙组成的结构来承受荷载的建筑。这种结构多用于高层住宅、旅馆等。

（4）空间结构建筑是横向跨越 30m 以上空间的各类结构形式的建筑。在这类结构中，屋盖可采用悬索、网架、拱、薄壳等结构形式，多用于体育馆、大型火车站、航空港等公共建筑。

1.2.4 按建筑的层数或总高度分

（1）住宅建筑：1～3 层为低层建筑；4～6 层为多层建筑；7～9 层为中高层建筑；10 层以上为高层建筑。

（2）公共建筑：建筑物高度超过 24m 者为高层建筑（不包括高度超过 24m 的单层建筑），建筑物高度不超过 24m 者为非高层建筑。

另外，1972 年国际高层建筑会议约定：建筑物层数在 9～16 层，建筑总高度在 50m 以下的为低高层建筑；建筑物层数在 17～25 层，建筑总高度在 50～75m 的为中高层建筑；建筑物层数在 26～40 层，建筑总高度可达 100m 的为高高层建筑；建筑物层数超过 40 层，建筑总高度超过 100m 的，为超高层建筑。

1.2.5 按建筑的规模和数量分

（1）大量性建筑指建筑规模不大，但建造数量多，与人们生活密切相关的建筑，如住宅、中小学教学楼、医院等。

（2）大型性建筑指建造于大中城市的体量大而数量少的公共建筑，如大型体育馆、火车站等。

1.3 建筑的分级

建筑物的等级包括耐久等级和耐火等级两个方面。

1.3.1 耐久等级

建筑物耐久等级的指标是使用年限。使用年限的长短主要根据建筑物的重要性和质量标准确定。它是建筑投资、建筑设计和结构构件选材的重要依据。

（1）一级：使用年限为 100 年以上，适用于重要的建筑和高层建筑。

（2）二级：使用年限为 50～100 年，适用于一般性的建筑。

（3）三级：使用年限为 25～50 年，适用于次要的建筑。

（4）四级：使用年限为 15 年以下，适用于临时性或简易建筑。

1.3.2 耐火等级

建筑物的耐火等级是衡量建筑物耐火程度的标准，是根据组成建筑物构件的燃烧性能和耐火极限确定的。我国现行 GB50049—95《高层民用建筑设计防火规范》规定高层民用建筑的耐火等级分为一、二级（见表 1.1）；GB50016—2006《建筑设计防火规范》规定多层民用建筑的耐火等级分为一、二、三、四级（见表 1.2）。

耐火极限是指对任一建筑构件按时间—温度标准曲线进行耐火试验，从受到火的作用时起，到失去支持能力（木结构）或完整性被破坏（砖混结构）或失去隔火作用（钢结

构)时为止的这段时间,以 h 表示。

燃烧性能是指组成建筑物的主要构件在明火或高温作用下燃烧与否以及燃烧的难易程度。分为非燃烧体、难燃烧体和燃烧体。非燃烧体是指用非燃烧材料做成的建筑构件,如砖、石、混凝土、金属材料等。难燃烧体是指用难燃烧材料做成的建筑构件,或用燃烧材料制作,而用非燃烧材料做保护层的建筑构件,如沥青混凝土、石膏板、水泥刨花板、抹灰木板条等。燃烧体是指用容易燃烧的材料做成的建筑构件,如木材、纸板、纤维板、胶合板等。

表 1.1　　　　　　　　　高层民用建筑构件的燃烧性能和耐火极限

构件名称		燃烧性能和耐火极限（h） 耐火等级	
		一 级	二 级
墙	防火墙	不燃烧体 3.00	不燃烧体 3.00
	承重墙、楼梯间的墙、电梯井的墙、住宅单元之间的墙、住宅分户墙	不燃烧体 2.00	不燃烧体 2.00
	非承重外墙、疏散走道两侧的隔墙	不燃烧体 1.00	不燃烧体 1.00
	房间隔墙	不燃烧体 0.75	不燃烧体 0.50
柱		不燃烧体 3.00	不燃烧体 2.50
梁		不燃烧体 2.00	不燃烧体 1.50
楼板、疏散楼梯、屋顶承重构件		不燃烧体 1.50	不燃烧体 1.00
吊顶		不燃烧体 0.25	难燃烧体 0.25

表 1.2　　　　　　　　　多层民用建筑构件的燃烧性能和耐火极限

构件名称		耐火等级			
		一 级	二 级	三 级	四 级
墙	防火墙	不燃烧体 3.00	不燃烧体 3.00	不燃烧体 3.00	不燃烧体 3.00
	承重墙	不燃烧体 3.00	不燃烧体 2.50	不燃烧体 2.00	难燃烧体 0.50
	非承重外墙	不燃烧体 1.00	不燃烧体 1.00	不燃烧体 0.50	燃烧体
	楼梯间的墙 电梯井的墙 住宅单元之间的墙 住宅分户墙	不燃烧体 2.00	不燃烧体 2.00	不燃烧体 1.50	难燃烧体 0.50
	疏散走道两侧的隔墙	不燃烧体 1.00	不燃烧体 1.00	不燃烧体 0.50	难燃烧体 0.25
	房间隔墙	不燃烧体 0.75	不燃烧体 0.50	难燃烧体 0.50	难燃烧体 0.25
柱		不燃烧体 3.00	不燃烧体 2.50	不燃烧体 2.00	难燃烧体 0.50
梁		不燃烧体 2.00	不燃烧体 1.50	不燃烧体 1.00	难燃烧体 0.50
楼板		不燃烧体 1.50	不燃烧体 1.00	不燃烧体 0.50	燃烧体
屋顶承重构件		不燃烧体 1.50	不燃烧体 1.00	燃烧体	燃烧体
疏散楼梯		不燃烧体 1.50	不燃烧体 1.00	不燃烧体 0.50	燃烧体
吊顶（包括吊顶隔栅）		不燃烧体 0.25	难燃烧体 0.25	难燃烧体 0.15	燃烧体

本 章 小 结

建筑是建筑物和构筑物的总称。建筑物是直接供人使用的建筑,而构筑物一般是不直接供人使用。但它们都是为满足一定的功用,用一定的物质材料和技术条件并依据美学原则建造的相对稳定的人为空间。

构成建筑的基本要素有三个方面,即:建筑功能、建筑物质技术条件和建筑形象。建筑功能是建造房屋的首要目的,它是指建筑物在物质和精神方面必须满足的功能要求;建筑物质技术条件是建造房屋的条件和技术手段;建筑形象是建筑内外空间组合、建筑体型、立面式样、建筑材料的质感、色彩等方面的综合表现。建筑按功能分为民用建筑、工业建筑和农业建筑;按主要承重结构的材料分为木结构建筑、混合结构建筑、钢筋混凝土结构建筑和钢结构建筑等;按承重结构形式分为砌体结构建筑、框架结构建筑、剪力墙结构建筑和空间结构建筑等;按层数和总高度分为低层建筑、多层建筑和高层建筑等。

建筑物的等级包括耐久等级和耐火等级两个方面。

习 题

1.1 建筑物、构筑物、耐火极限、燃烧性能的概念分别是什么?

1.2 建筑构成的三个基本要素是什么?它们之间的关系如何?

1.3 建筑物可从哪些方面进行分类?分有哪些类?

1.4 建筑物的耐久等级分为几级?各适用于什么范围的建筑?

1.5 建筑物的耐火等级是根据什么确定的?高层和多层民用建筑的耐火等级分为几级?

第 2 章　建 筑 设 计 概 论

本章学习目标：

通过本章的学习，理解建筑设计的内容及要求，掌握建筑设计的程序和依据。

建筑物的建造是一个比较复杂的物质生产过程，要经过设想、选择、评估、决策、设计、施工、竣工验收到交付使用等若干阶段。这些阶段依照本身固有的规律、严格的先后顺序，有机地联系在一起。其中设计工作是整个工程的决定性环节，是组织施工的依据，直接关系着工程质量和将来的使用效果，具有较强的政策性、技术性和综合性。

2.1　建筑设计的内容

2.1.1　建筑设计

人们习惯上将设计单项建筑物或建筑群所做的全部工作统称为建筑设计，其实确切地应称为建筑工程设计。它包括建筑设计、结构设计、设备设计三个方面的内容。

建筑设计的目的在于确定使用空间存在的形式。它在整个建筑工程设计中起着主导和先行的作用。建筑设计由注册建筑师完成。

结构设计的目的在于确定使用空间存在的可能。它进行结构、构件的计算和设计，完成全部结构施工图设计。结构设计由注册结构工程师完成。

设备设计指建筑物给排水、采暖、通风和电气照明、通信、动力、能源等专业方面的设计，目的在于改进完善建筑空间的使用条件。设备设计由相应专业的注册工程师完成。

2.1.2　建筑工程设计内容

建筑设计包括以下两方面内容：

（1）建筑空间环境的组合设计。主要是通过对建筑空间的限定、塑造和组合来解决建筑的功能、技术、经济和美观等问题。其具体内容有建筑总平面设计、建筑平面设计、建筑剖面设计与立面设计。

（2）建筑空间环境的构造设计。主要是通过确定房屋各组成部分的材料和构造方式来解决建筑功能、技术、经济和美观等问题。内容包括对基础、墙体、楼地层、屋顶、楼梯、门窗等构配件进行详细的构造设计。

2.1.3　建筑设计的要求

建筑法规、规范和一些相应的建筑标准是对建筑行业行为和经验的不断总结，具有指导性的意义，尤其是其中一些强制性的规范和标准，具有法定意义。建筑设计除了应满足相关的建筑标准、规范等要求之外，原则上还应符合以下要求。

（1）满足建筑功能的需求。这是建筑最基本的要求。因为为人们的生产和生活活动创造良好的环境，是建筑设计的首要任务。例如设计学校，首先要满足教学活动的需要，教室设置应做到合理布局，使各类活动有序进行、动静分离、互不干扰；教学区应有便利的交通联系和良好的采光及通风条件，同时还要合理安排学生的课外和体育活动空间以及教师的办公室、卫生设备、储藏空间等。又如工业厂房，首先应该适应生产流程的安排，合理布置各类生产和生活、办公及仓储等用房，使得人、物流能方便有效地运行，同时还要达到安全、节能等各项标准。

（2）符合所在地规划发展的要求并有良好的视觉效果。规划设计是有效控制城市发展的重要手段。所有建筑物的建造都应该纳入所在地规划控制的范围。例如城市规划通常会给某个建筑总体或单体提供与城市道路连接的方式、部位等方面的设计依据。同时，规划还会对建筑提出形式、高度、色彩等方面的要求。有道是建筑是凝固的乐章，在这方面，建筑设计应当做到既有鲜明的个性特征、满足人们对良好视觉效果的需求，同时又是整个城市空间和谐乐章中的有机组成部分。

（3）采用合理的技术措施。采用合理的技术措施能为建筑物安全、有效地建造和使用提供基本保证。随着人类社会物质文明的不断发展和生产技术水平的不断提高，可以运用于建筑工程领域的新材料、新技术层出不穷。根据所设计项目的特点，正确地选用相关的材料和技术，尤其是适用的建筑结构体系、合理的构造方式以及可行的施工方案，可以做到高效率、低能耗，兼顾建筑物在建造阶段及较长使用周期中的各种相关要求，达到可持续发展的目的。例如建筑物的门窗，看似只与通风、采光的需要有关，但因其要开启、有缝隙，故而涉及到防风、防水的密闭性能的问题；同时对于建筑物的围护结构构件而言，门窗又是热工性能的薄弱环节。因此，在我国的北方地区，常常选用导热系数低的工程塑料来制作门窗框和门窗扇的主体部分，又采用双层玻璃以及合适的门窗构造做法来保证其适应密闭和节能的需求。

（4）提供在投资计划所允许的经济范畴之内运作的可能性。工程项目的总投资一般是在项目立项的初始阶段就已经确定。在设计的各个阶段之所以要反复进行项目投资的估算、概算以及预算，就是要保证项目能够在给定的投资范围内得以实现或者根据实际情况及时予以调整。作为建设项目的设计人员，应当具有建筑经济方面的相关知识，特别是应当了解建筑材料的近期价格以及一般的工程造价，在设计过程中做到切实根据投资的可能性选用合适的建材及建造方法，合理利用资金，避免浪费不必要的人力和物力。这样，既体现了向建设单位负责，同时也是向国家和人民的利益负责。

2.2　建筑设计的程序

设计工作的程序是：建设项目决策→编制设计文件→配合施工和参加验收→工程总结等。

2.2.1　建设项目决策

建设项目决策是设计单位根据主管部门或建设单位的委托而参加的项目决策工作。包括以下内容。

1. 可行性研究咨询

可行性研究咨询的主要任务是研究建设项目在技术上是否先进、适用、可靠，在经济上是否合理，是否有赢利，以便减少项目决策的盲目性，使建设项目的确定具有切实的科学依据，它是编制设计任务书的基础。

2. 参加设计任务书的编制

设计任务书是工程项目确定建设方案的决策文件，是编制设计文件的主要依据。一般包括以下内容：

(1) 建设目的、依据和设计指导思想。
(2) 建设项目的功能要求。
(3) 确定建设规模。
(4) 资源、材料、燃料、动力、运输、水文、地质等配合条件。
(5) 资源综合利用、环境保护、三废治理的要求。
(6) 建设地点、占用土地面积、场区布置原则、范围。
(7) 防空、防震要求。
(8) 设计及建设工期要求。
(9) 投资控制额。
(10) 劳动定员控制数。
(11) 图纸及文件要求。

3. 参与项目建设地点的论证选择

建设地点的选择是在拟建地区范围内具体确定建设项目的位置和方向。

2.2.2 编制设计文件

设计文件是根据国家规定的政策、标准、规范和程序以及设计任务书的要求，通过招标投标择优选择设计单位，进行设计工作、编制设计文件。设计文件是现场施工的主要依据，必须内容完整，深度符合要求，文字、图纸要准确、清晰，保证设计质量。

根据建设项目的不同情况，设计过程一般划分为两个阶段，即初步设计（或扩大初步设计）和施工图设计。重大项目和技术复杂项目，可根据其特点和需要按三阶段设计，即初步设计、技术设计、施工图设计。

1. 初步设计

初步设计是对批准的设计任务书提出的内容进行概略的计划，作出初步的规定。它的任务是在指定的地点、控制的投资额和规定的限期内，保证拟建工程在技术上的可靠性和经济上的合理性，对建设项目作出基本的技术方案，同时编制出项目的设计总概算。

(1) 设计要求：

1) 对该工程的设计方案或对工程中重大技术问题的解决方案进行综合技术经济分析，论证其技术上的先进性和经济上的合理性。

2) 最终确定建筑物位置及组合方式，选定结构类型及主要材料，进行设备系统选型，满足征地、设备材料订货、确定建设投资等的要求。

3) 图纸、文件齐全，初步设计应由设计说明书、设计图纸、主要设备和材料表、工程总概算组成。

(2) 设计深度：
1) 设计方案的选择和确定。
2) 确定土地征用范围。
3) 进行主要设备、材料订货。
4) 提供项目投资控制的依据。
5) 能进行施工图设计的编制。
6) 能进行全场性的施工准备工作。

(3) 文件及图纸：
1) 说明书：说明设计方案的主要意图，主要结构方案及构造特点，主要技术经济指标，其他各专业对必要问题的阐述说明。
2) 建筑总平面图：绘出建设项目在基地上的位置、相对标高、道路、绿化以及基地上设施的布置。常用比例尺为 1∶500~1∶2000。
3) 各层平面图及主要剖面图、立面图：标出房屋的主要尺寸、房间面积、高度以及门窗位置，部分室内家具和设备的布置。常用比例尺为 1∶50~1∶200。
4) 主要设备和材料表。
5) 工程概算书：作出建筑造价的初步估算，提出主要建筑材料的控制数据。

重大的、技术复杂的建设项目在初步设计前应进行方案设计，根据需要可绘制透视效果图或制作模型。

2. 技术设计

技术设计是初步设计的深化阶段，是初步设计具体化的设计阶段。它是根据初步设计和更详细的调查资料来编制，进一步决定初步设计所采取的重大技术方案，协调各专业工种之间的矛盾，妥善解决各种技术问题，并编制修正总概算。技术设计的图纸和文件除与初步设计大致相同外，还应更详细些，如局部尺寸关系、具体做法、各技术工种之间的矛盾解决方法以及结构设备设计图、说明书、计算书。

对于不太复杂的一般建筑工程，技术设计阶段可以省去，一部分工作可纳入初步设计，另一部分可留待施工图设计阶段进行。承担了一部分技术设计任务的初步设计称为扩大初步设计，简称"扩初设计"。对于重大的、技术复杂的工程，技术设计报有关部门审批下达后，可作为施工准备、材料设备订货、施工图设计以及基建拨款的依据文件。

3. 施工图设计

施工图设计是在批准的初步设计或技术设计的基础上，设计和绘制出更加具体详细的可据以施工的图纸和文件。

(1) 设计要求：
1) 进一步完善、落实初步设计（或技术设计）的要求。
2) 施工图设计应由设计说明书、施工图纸、施工图预算组成。
3) 图纸绘制正确、完整，避免错、漏、碰、缺。
4) 尽可能采用标准设计。
5) 建筑、结构、安装图纸和文件应能满足施工要求。

(2) 设计深度：

1) 能安排材料、设备的订货以及非标准设备的制作。

2) 能进行施工图预算编制。

3) 能进行土建施工和安装。

4) 可以作为工程验收的依据。

(3) 文件和图纸：

一套完整的施工图由建筑、结构、水暖、电气等几个工种的图纸组成。一般顺序为：

1) 图纸目录。

2) 总说明。

3) 建筑施工图，包括：

① 建筑总平面图应标明建筑用地范围、建筑物及室外工程的位置、尺寸、标高，进行建筑小品、绿化美化设施的布置，并附有必要的说明。比例尺为1∶500、1∶1000或1∶2000。

② 建筑物各层平面图、剖面图、立面图除表达初步设计或技术设计的内容以外，还应详细标出门窗洞口、墙段尺寸以及必要的细部尺寸，详图索引。比例尺为1∶50、1∶100或1∶200。

③ 建筑构造详图。包括平面节点、檐口墙身、阳台、楼梯、门窗、室内外装修详图。比例尺为1∶1、1∶2、1∶5、1∶10或1∶20。

④ 门窗表、工程做法及施工说明。

4) 结构施工图。

5) 给排水施工图。

6) 暖通以及空调施工图。

7) 电气设备施工图。

8) 结构、设备计算书。

9) 工程预算书。

2.2.3 配合施工和参加验收

一般参与以下各项工作：

(1) 图纸会审、技术交底。

(2) 设计变更和设计洽商。

(3) 设计技术咨询。

(4) 参加隐蔽工程和阶段验收。

(5) 工程竣工验收。

2.2.4 工程总结

参与工程竣工后的总结工作。

2.3 建筑设计的依据

建筑设计的主要依据有使用功能、自然条件与人为环境、技术要求三方面。

2.3 建筑设计的依据

2.3.1 使用功能

房屋是供人使用的,它的空间必须满足人们居住、学习、活动和精神上的各种使用功能要求,有恰当的尺寸和尺度。

(1) 人体需求的空间,是指人体尺度和人体活动所需要的空间尺度。这是确定建筑内部空间尺度的基本依据。凡是以人活动为主的建筑空间,都应以人的基本尺寸和活动人数决定具体的空间尺度。我国成年男子平均身高1678mm,女子为1570mm(见图2.1)。

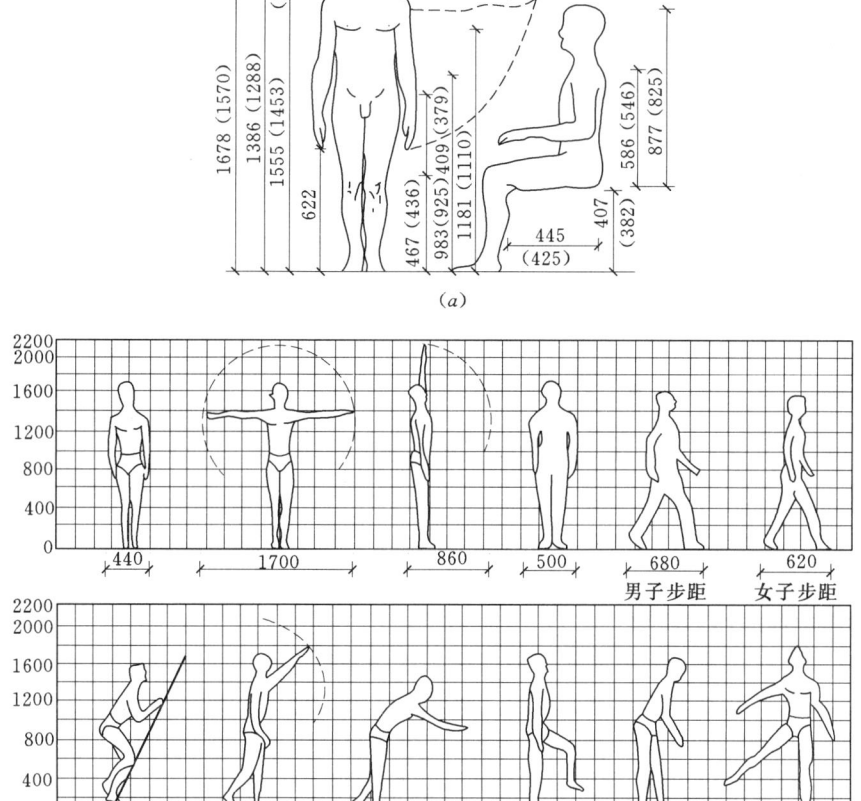

图 2.1 人体尺度及人体活动的空间尺度
(a) 成年人的基本尺度(括弧内为女子基本尺度); (b) 人体基本动作尺度

(2) 家具、设备需求的空间,这是确定房间尺寸、形式及空间大小的重要依据。房间内家具、设备的尺寸及人们使用它们所需的空间尺寸,加上必要的交通面积,基本上确定了房间内部空间的大小。图2.2为常用家具尺寸。

(3) 人们精神上所需求的空间,是指采用特殊的比例和尺度,设计出某种特定的艺术效果,满足人们精神上的需求。它不与人的尺度和动作发生直接关系。如空间较大的宾馆大堂、会客室等是为了创造宽松的室内环境气氛,纪念碑、大会堂是要创造雄伟、高大的

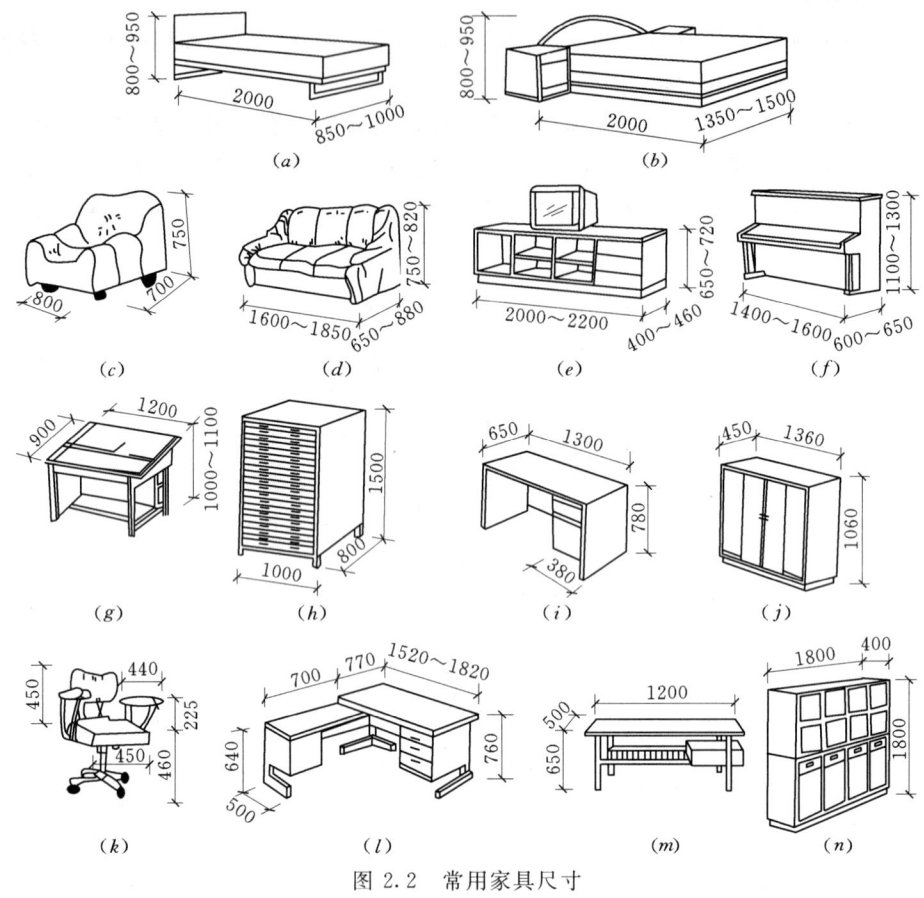

图 2.2 常用家具尺寸

艺术效果。

2.3.2 自然条件与人为环境

(1) 自然条件包括气象条件和地形、地质及地震烈度等。气象条件有温度、湿度、日照、雨雪、风向、风速等。建筑的保温、隔热、防水、排水，朝向、采光等取决于气象条件。建筑剖面设计、结构选型、体型设计受地形、地质及地震烈度的很大影响。

(2) 人为环境是指道路、绿化、噪声及相邻建筑，对确定建筑物的位置、间距、朝向、景观有不可忽视的影响。

例如，根据我国所处地理位置的特点，相关标准要求每套居民住宅必须有一间居室获得日照，日照时间为分别在大寒日 2h 或冬至日 1h 连续满窗日照。对那些卫生要求特别高的建筑物，如托儿所、幼儿园、疗养院、养老建筑等，该标准提高为每间活动室或者居室都必须获得日照，而且连续满窗日照时间为 3h。这样，我们在设计的过程中，就应该根据建筑物的特点，除了在平面组合时考虑有关房间的朝向及可能的开窗面积外，在形体组合时还要考虑是否会造成对日照的遮挡，在总平面布置时则要注意基地的方位、建筑物的朝向，以及注意保持建筑物之间的日照间距。图 2.3 (a) 描述了太阳的高度角 α 和方位角 β 这两个基本概念。处于不同的方位，前排建筑物对后面建筑物的遮挡情况是不一样的，通常以当地大寒或冬至日正午十二时太阳的高度角 α 作为确定建筑物日照间距的依据。如图 2.3（b）所示，建筑物的日照间距计算公式为：

$$L = H \times \text{ctg}\alpha \times \cos\beta$$

许多城市的地方标准会根据当地的地理情况，作出对房屋间距与前排建筑物的高度的比值规定，并且规定有效的建筑方位角范围，以及在不同方位角的情况下，该比值的增减系数，设计时可以参照执

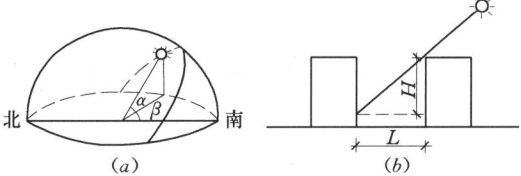

图 2.3 日照和建筑物的间距
（a）太阳高度角和方位角；（b）建筑物的日照间距
α—高度角；β—方位角

行。对于那些有特别规定的建筑类型，在设计时还必须作图来求得在标准所规定的有效时间段内，建筑物是否能满足日照标准的要求。

2.3.3 技术要求

（1）材料供应及施工技术条件，这是确定建筑技术方案、决定建筑设计方法的依据。

（2）国家及地方的技术文件，包括各种规范、规定、定额和标准。

（3）建设批文及工程设计任务书，建设项目的规模、造价（总投资、单方造价）、用地范围、规划与环境要求等必须有主管部门及城市规划部门的批文。建筑工程设计的具体内容、房间组成及面积分配等功能方面的要求由建设单位在任务书中写明。

本 章 小 结

建筑设计是指在建筑工程设计中由注册建筑师承担完成的建筑设计专业本身的设计工作。包括两个方面的内容：

（1）建筑空间环境的组合设计，包括建筑总平面设计、建筑平面设计、建筑剖面设计和立面设计。

（2）建筑空间环境的构造设计，确定房屋各组成部分（基础、墙体、楼地层、屋顶、楼电梯、门窗等）的材料和构造方式来解决建筑功能、技术、经济和美观等问题。

设计工作的程序是：建设项目决策→编制设计文件→配合施工和参加验收→工程总结等。建筑设计过程一般划分为两个阶段，即初步设计阶段（或扩大初步设计）和施工图设计阶段；对于重大项目和技术复杂项目，可根据特点和需要划分为三个阶段，即初步设计阶段、技术设计阶段、施工图设计阶段。设计文件是根据国家规定的政策、标准、规范和程序以及设计任务书的要求，通过招标投标择优选择设计单位，进行设计工作、编制设计文件；设计文件是现场施工的主要依据，必须内容完整，深度符合要求，文字、图纸要准确、清晰，保证设计质量。

建筑设计的主要依据有使用功能、自然条件、人为环境和技术要求三方面。

习 题

2.1 建筑设计的内容和要求是什么？

2.2 简述建筑设计的程序和各阶段的具体工作。

2.3 一套完整的施工图怎样构成？

2.4 建筑设计的主要依据和具体内容是什么？

第3章 建筑平面设计

本章学习目标：

通过本章的学习，了解建筑平面的组成及建筑平面设计的内容，理解建筑空间及组合的基本原理和方法，掌握一般民用建筑平面设计的步骤和方法。

3.1 建筑平面的组成

从组成平面各部分空间的使用性质分析，建筑平面一般由使用和交通联系两部分组成。

1. 使用部分

使用部分指各类民用建筑中的满足主要使用功能和辅助使用功能的那部分空间，通常称作主要房间和辅助房间。

（1）主要房间是指在建筑平面整体构成中占主导地位，使用时间长的主要活动空间，如住宅中的起居室、卧室，学校的教室、实验室、办公室，幼儿园的活动室、寝室，商店中的营业厅，剧院中的观众厅等。

（2）辅助房间是指在建筑平面整体构成中围绕主要房间设置，是实现建筑功能不可缺少的附属用房，如住宅中的厨房、卫生间，学生宿舍楼中的盥洗室、厕所、贮藏室等。

2. 交通联系部分

交通联系部分指在建筑平面整体构成中各个房间之间、楼层之间、室内与室外之间的联系、通行部分，如楼梯间、走道、门厅、过厅等。

建筑物的使用部分、交通联系部分和结构、围护分隔构件本身所占用的面积之和，就构成了建筑物的总建筑面积。

3.2 主要使用房间的平面

3.2.1 主要房间的平面设计要求

建筑物内部的使用部分，主要体现该建筑物的使用功能，因此满足使用功能的需求是确定其平面面积和空间形状的主要依据。

房间的适用性要求是指房间的使用要求（包括房间的功能、使用对象、使用人数、使用方式的要求），家具、设备所需尺寸和室内必要的活动面积，以及交通面积、房间采光和通风的要求。

房间的经济性要求是指选择合理的结构形式及最优的开间、进深尺寸，达到房间设计的经济性，避免"大材小用"，浪费面积。应当说明的是，相关研究所能提供的一般是起码的要求，许多尺寸与当时的经济条件、使用者的需要等都有关系。例如我国住宅的套面积在近 10 年来发生了很大的变化，就是与人民生活水平的大幅度提高，以及住宅供应的市场化运作有着密切关系的。为此，国家的有关部门通过大量的调查研究，不断积累经验，经常对各类建筑规范作出适时的修改，其中也包括对各类建筑物中面积指标限额的修改。这是建筑设计人员在进行设计时应当实行的可靠依据。此外，规范中提出的一些面积指标，特别是公共建筑的面积指标，往往折算到人均面积，例如食堂可以按照用餐人数和用餐部分及厨房部分的规定人均面积分别估算其总面积，但是在进行建筑设计时，仍然需要按照实际的使用需求来确定其使用的方式、流线及其平面形状。

房间的审美要求是指注重房间视觉美的创造。设计者用建筑的手法，尽可能创造良好的空间景观及环境（见图 3.1）。

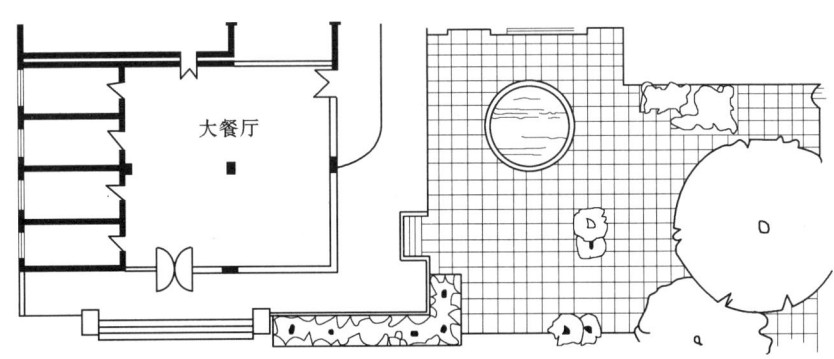

图 3.1 大餐厅的良好空间景观

3.2.2 确定主要房间的面积

主要房间的面积由三部分组成，即家具、设备占用面积，人的使用、活动面积，室内交通面积（见图 3.2）。

确定主要房间的面积可根据任务书及国家制订的有关面积指标定额、质量标准确定（见表 3.1）。

对于使用活动人数不固定、家具布置灵活性大（如展厅、营业厅）的房间面积，任务书及面积指标定额未加限定，在实际工作中应细致分析房间的使用功能，对同类型、规模相近的建筑调查研究，结合经济性要求，确定出合理的房间面积。

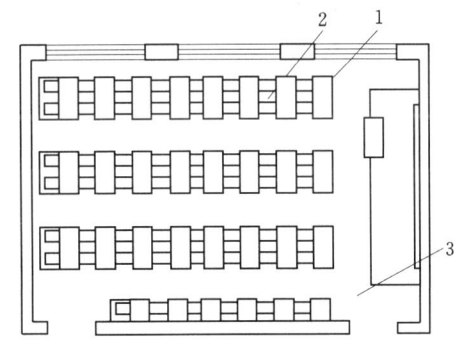

图 3.2 房间面积组成
1—家具占用面积；2—使用活动面积；
3—行走交通面积

3.2.3 确定主要房间的平面形状

确定房间平面形状具有相当的灵活性，在实际设计中，应以满足使用功能为前提，以提高使用效果为原则，综合考虑各方面因素来确定。与建筑物使用空间的平面形状有关的因素包括：

（1）该空间中设备和家具的数量以及布置方式。
（2）使用者在该空间中的活动方式。

表 3.1　　　　　　　部分民用建筑房间面积定额参考指标

建筑类型	项目	房间名称	面积定额（m^2/人）	备注
中小学		普通教室	1～1.2	小学按下限
办公室		一般办公室	3.5	不包括走道
		会议室	0.5	无会议桌
			2.3	有会议桌
铁路客运站		普通候车室	1.1～1.3	
图书馆		普通阅览室	1.8～2.5	4～6座双面阅览桌

（3）采光、通风及热工、声学、消防等方面的综合要求。

用途单一的大量性房间，其平面形状常用矩形。开间与进深的比例以 1：1.2～1：1.5 为宜。

特定功能的房间，因有其特定的环境、视听要求及结构、造型的影响，平面形状有圆形、扇形、多边形、不规则形等多种类型（见图 3.3）。

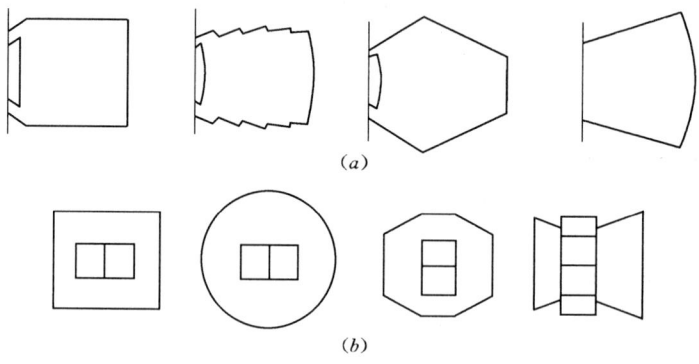

图 3.3　不同形状的平面示意
(a) 影剧院观众厅；(b) 体育馆观众厅

3.2.4　确定主要房间的平面尺寸

1. 单一开间房间的平面尺寸

仅有一个开间的房间平面尺寸多采用开间与进深的大小表示。其尺寸主要依据家具布置的灵活性和结构的经济合理性确定。

房间的平面尺寸应便于灵活布置家具，并保证所需的使用活动面积。图 3.4 为两个不同平面尺寸的卧室，家具尺寸一样。图 3.4（a）布局有许多不合理之处，但限于房间的尺寸无法尽善尽美。图 3.4（b）将进深改为 4.8m，利用室内家具的布置把卧室空间划分为学习区和休息区，电视机位置恰当，房间尺寸合理。

结构的经济合理性，单一开间的房间宜采用横墙承重，开间尺寸应等于楼板的经济跨度，并符合扩大模数 3M 数列，以满足结构的经济合理性，便于施工。

3.2 主要使用房间的平面

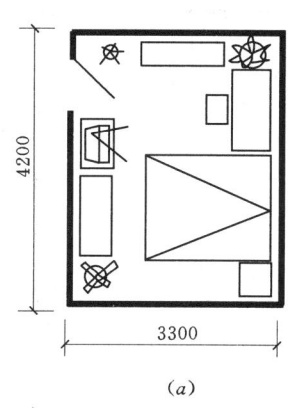
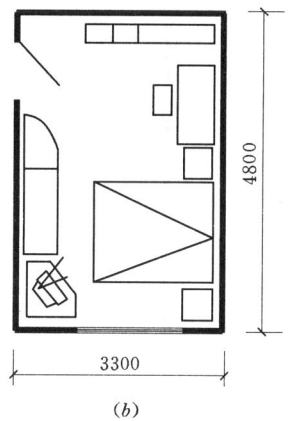

图 3.4 单一开间房间不同平面尺寸的比较

2. 多开间房间的平面尺寸

使用性质不同的多开间房间，其平面尺寸应按不同情况进行具体分析，并采用相应的方法确定。

（1）通过排列计算，确定平面尺寸。使用这种方法的条件是房间的使用人数及家具排列较为固定，使用人数与家具成正比关系。

例如，一个可容纳50名学生的小学普通教室，其使用功能主要是听课、授课。为保证学生有良好的视听条件，教室平面尺寸应满足以下要求：

1）第一排课桌前沿距黑板一般不应小于2m。
2）第一排两侧学生看黑板远端的视线与黑板面所成水平夹角不宜小于30°。
3）最后一排课桌后沿距黑板不宜大于8m。
4）教室桌椅尽量两人一组安排，便于学生出入，便于教师与学生交流、辅导。

小学教室课桌排距取850mm，单课桌长度550mm，通道宽取550mm，后排与后墙距离考虑通行的最小尺寸应为1020mm，课桌边缘距纵墙内表面空隙取130mm。

按上述所给条件及要求，通过排列计算，确定教室的开间与进深尺寸为（见图3.5）：

进深 = 2000 +（排数－1）× 排距 + 1020 + 横墙内表面到横向定位轴线距离 × 2
= 2000 + 6 × 850 + 1020 + 120 × 2
= 8360(mm)

因8360mm不符合建筑模数，考虑楼板的经济跨度，教室开间取8400mm（两边各为2700mm，中间为3000mm组合）。

开间 = 8 × 桌长 + 3 × 通道宽度 + 课桌边缘距纵墙定位轴线距离 × 2
= 8 × 550 + 3 × 550 + 250 × 2
= 6550(mm)

因6550mm不符合建筑模数，调整为6600mm。

同理，餐厅、食堂、实验室、阅览室等均可通过排列计算，确定房间的开间与进深尺

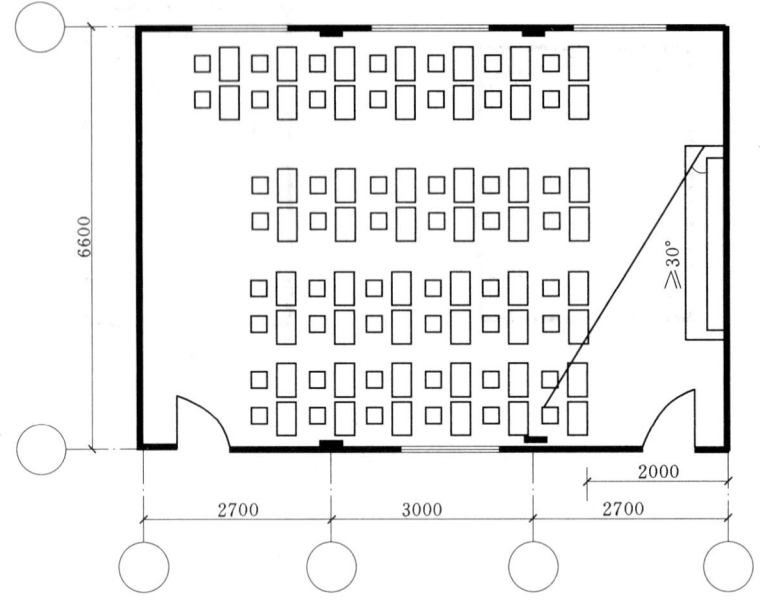

图 3.5　小学普通教室平面尺寸的确定

寸。所不同的是各种房间局部尺寸要按各自的使用要求、家具排列方式及交通活动空间等具体确定。

(2) 通过分析估算，确定平面尺寸。这种方法的应用条件是房间的使用人数不固定，人与家具没有比例关系，如营业厅、门诊楼的休息厅。因房间的使用要求与具体处理方式各有不同，房间的平面尺寸可通过实地调查和参考同类已建的建筑物，对使用情况进行统计、分析估算后，再结合经济现状及实际规模合理确定。

(3) 多功能房间及灵活大空间平面尺寸的确定。这类房间的平面尺寸应以主要功能为依据，兼顾其他功能的需要，在一定范围内可以用活动的隔板、屏风、可移动的柜子等调整房间的平面尺寸。图 3.6 是会议室，在满足会议和小餐厅使用要求的同时，兼顾聚会联欢的功能要求而设置了活动隔断。

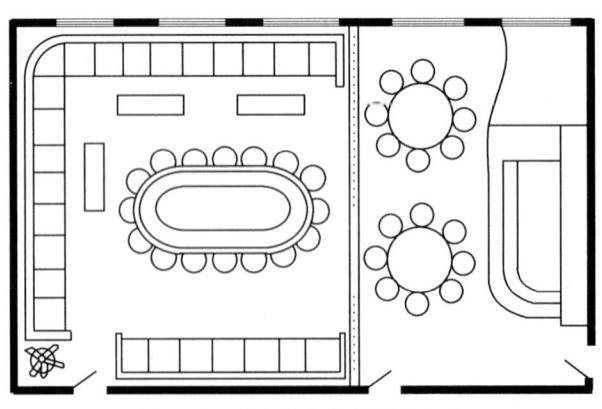

图 3.6　多功能会议室平面布置

3.2.5 门窗的布置

1. 门的设置

门的设置包括确定房间门的数量、宽度、位置及开启方向等。

门的数量,是由房间的面积和可容纳的人数决定的。按防火规定,当房间的面积大于 $60m^2$、使用人数多于 50 人时,门的数量不少于两个。位于走道尽端的房间(托儿所,幼儿园除外)内由最远一点到房门口的直线距离不超过 14m、且人数不超过 80 人时,可设一个向外开启的门,但门的净宽不应小于 1.4m。有大量人流集散的房间(如车站候车室,商场营业厅等),门的数量应根据防火疏散的要求通过计算确定。

门的宽度,指门洞口宽度或实际通行宽度(即门洞口宽度减去门框宽度)。由房间的用途、安全疏散及搬运家具或设备的需要决定。其形式有单扇、双扇和多扇组合。门洞口最小宽度一般取 650~700mm,常用于厕所、专用卫生间的单扇门;住宅中厨房及阳台门多采用洞口宽度为 800mm 的单扇门;供少数人出入的房间门(居室、办公室、客房)通常采用洞口宽度为 900~1000mm 的单扇门;公共建筑的外门及使用人数多的房间门(如会议室、展览厅、餐厅)一般采用 1200~1800mm 的双扇门或由几组双扇门组合在一起;有特殊功能要求的门宽应根据实际需要确定。设计中应尽量采用以 3M 为基本模数的标准洞口系列。在混凝土砌块建筑中,门洞口尺寸可以 1M 为基本模数并与砌块组合的尺寸协调。

门的位置及开启方向,门的位置应便于家具布置、房间组合及使交通路线短捷;要有利于保留较完整的墙面,充分利用室内空间;要考虑自然通风的需要(见图 3.7、图 3.8、图 3.9)。

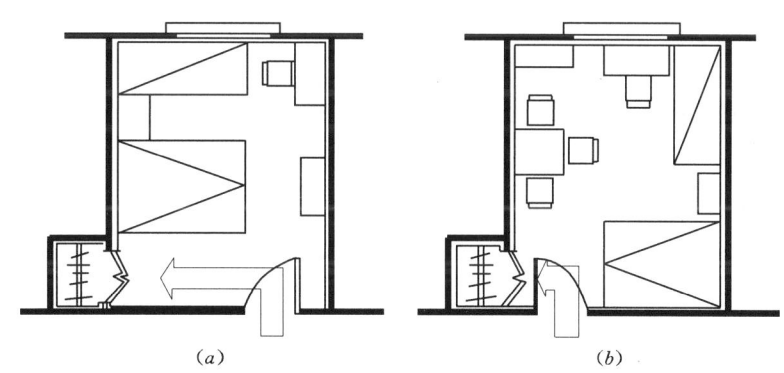

图 3.7 门的位置对家具布置的影响
(a)不合理;(b)合理

2. 窗的设置

窗的设计指确定房间窗的大小和位置。须考虑室内采光、通风、立面美观、建筑节能及经济等方面的要求。

窗的大小,指房间窗洞口面积的大小。对采光要求高的房间,窗洞口面积应大些;反之,则小些。可按表 3.2 的采光等级,定出相应的窗地面积比(即窗洞口面积与室内地面面积之比),再根据已知的室内地面面积,求出采光所需要的窗洞口面积。

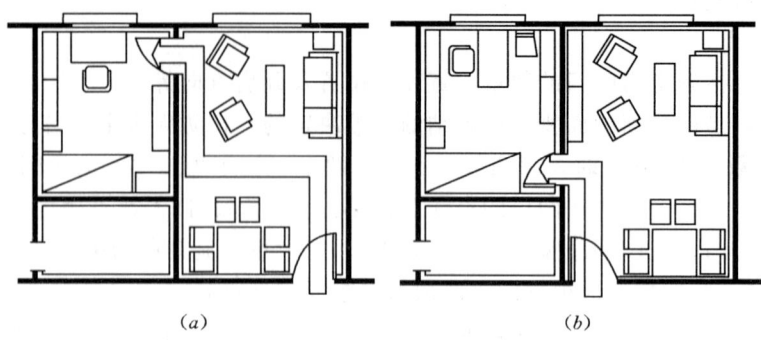

图 3.8 套间居室门的布置
(a) 不合理；(b) 合理

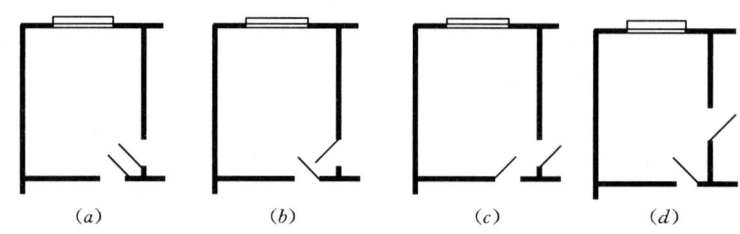

图 3.9 房间相套时门的开启方向
(a)、(b) 不正确；(c)、(d) 正确

表 3.2 民用建筑采光等级

采光等级	视觉工作特征		房 间 名 称	窗地面积比
	工作或活动要求的精确程度	要求识别的最小尺寸（mm）		
Ⅰ	极精密	<0.2	绘图室、画廊、手术室	1/3～1/5
Ⅱ	精密	0.2～1	阅览室、医务室、健身房、专业实验室	1/4～1/6
Ⅲ	中精密	1～10	办公室、会议室、营业厅	1/6～1/8
Ⅳ	粗糙	>10	观众厅、居室、盥洗室、厕所	1/8～1/10
Ⅴ	极粗糙	不作规定	贮藏室、门厅、走廊、楼梯间	1/10 以下

从节能与建筑造价看，窗洞口面积不宜太大。窗洞口不仅冬季散热多，而且窗缝隙冷空气渗透相当大。所以就节能而言，寒冷地区不宜开大窗。就造价而言，由于单位面积窗的造价高于外墙，加大窗洞口面积就意味着提高了建筑造价，但在工程实践中，为了建筑美观或满足其他方面的要求也经常采用大窗。因此，确定窗的大小应根据具体条件进行综合分析，做到既合理又美观。

窗的位置，窗在房间内的平面位置以居中为宜，从而保证室内光线的均匀，同时还要有利于组织室内的良好通风。一般应将窗与窗或窗与门直通布置，使穿堂风顺利通过室内的使用空间（见图3.10）。

3.3 辅助使用房间的平面

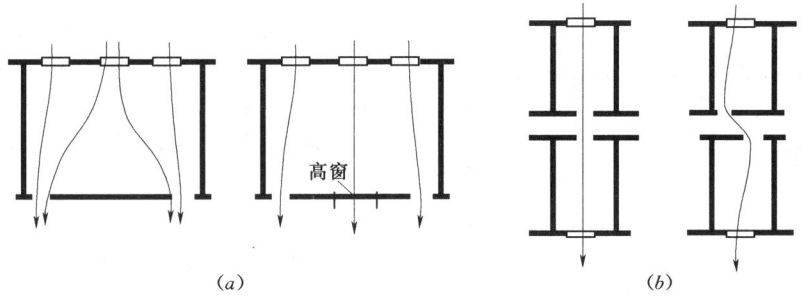

图 3.10 门窗位置对通风组织的影响

此外，窗的位置和大小对建筑立面的处理影响很大，设计中应根据立面的需要适当调整窗的大小及位置，同时还应考虑结构和构造的可行性。

3.3 辅助使用房间的平面

民用建筑的类型不同，其辅助房间的内容、大小、形式均有所不同。厕所、盥洗室、浴室、厨房是最常见的辅助房间，当厕所与盥洗室、浴室布置在一起时，通称卫生间，是供居住者进行便溺、洗浴、盥洗等活动的空间。

3.3.1 卫生间的平面设计

卫生间的类型可按卫生间的使用对象不同可分为专用卫生间和公用卫生间。

1. 专用卫生间设计

专用卫生间使用人数少，面积小，一般附设在主要房间周围。常用于住宅、旅馆、医院等。专用卫生间的设备及布置方式、面积大小可根据所选用的卫生设备尺寸和人体活动空间确定。在工程设计中，一般根据实际情况选用国家标准图（见图 3.11）。

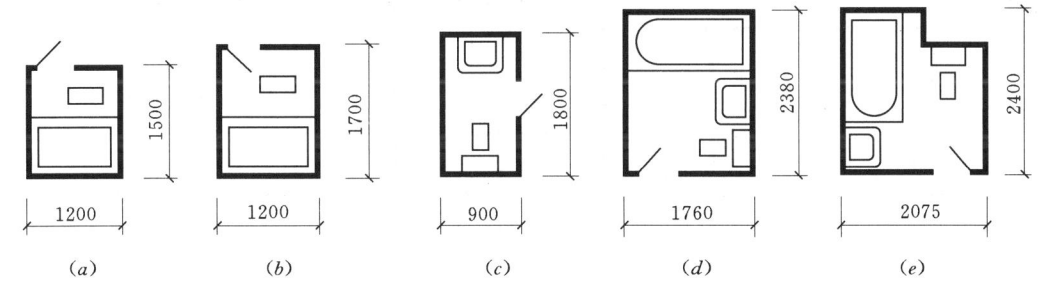

图 3.11 专用卫生间平面布置举例

2. 公用卫生间设计

公用卫生间使用人数相对较多，常用于集体宿舍及一些大量性公共建筑。设计基本要求：在满足设备及使用功能的前提下，应力求经济，节约面积；应有自然采光和通风；位置在整个建筑平面中应布置均匀，上下对齐，既要隐蔽又要便于寻找。但不应直接设置在餐厅、食品加工或贮存、变配电所等有严格卫生要求或防潮要求的用房上层。

公用卫生间常设前室，通过前室进入厕所和浴室，前室中布置盥洗设备（见图

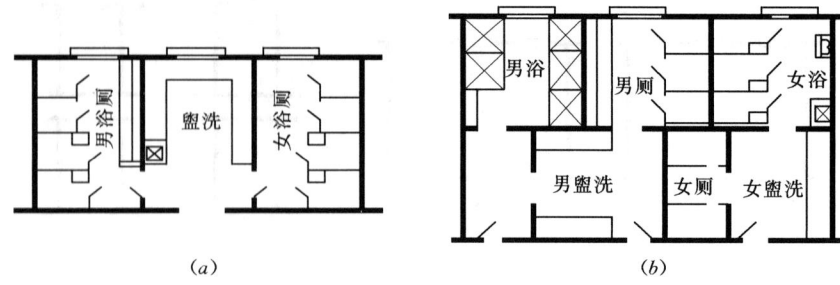

图 3.12 公用卫生间平面布置举例

3.12)。

厕所,设计时首先应了解所选用的卫生设备及人体活动所需的基本尺度,再根据使用人数和有关规定(见表 3.3),计算所需的设备数量,然后确定厕所平面尺寸和布置方式(见图 3.13)。

表 3.3 部分民用建筑厕所设备参考指标

建筑类别	男小便器(人/个)	男大便器(人/个)	女大便器(人/个)	男女比例	洗手盆或龙头(人/个)	备 注
托 幼		5～10	5～10	1∶1	2～5	小学的数量应稍多;男女的比例按实际情况;总人数按全日门诊人数计算;男旅客按旅客人数 2/3 计算
中小学	40	40	25	1∶1	100	
宿 舍	20	20	15	—	15	
门 诊	50	100	50	1∶1	150	
火车站	80	80	50	2∶1	150	
剧 院	35	75	50	3∶1	140	

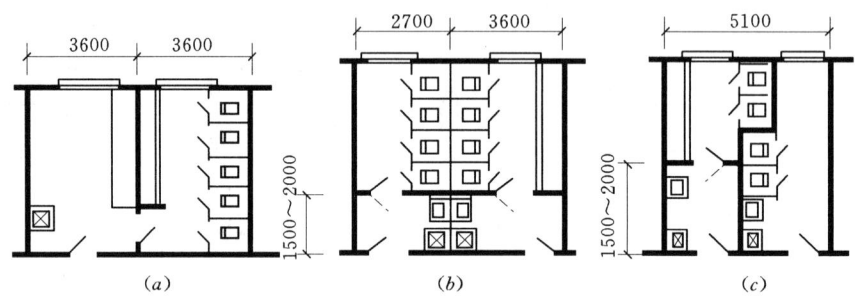

图 3.13 厕所平面布置举例
(a)盥洗室作前室;(b)有前室;(c)无前室

盥洗室,平面尺寸由盥洗槽的布置以及人们使用和交通、活动情况决定(见图 3.14)。水龙头间距一般为 600～700mm。水龙头数量可根据使用人数参看表 3.4 确定。

浴室,按进浴方式分有淋浴、盆浴、大池三种,淋浴使用普遍。淋浴及盆浴尺寸按图 3.15 设计。大池面积一般在 30m² 左右,由于容易发生传染性疾病,不提倡使用。浴室设备数量参看表 3.4 确定。

3.3 辅助使用房间的平面

表 3.4　　　　　　　　浴室、盥洗室或龙头个数参考指标

建筑类型	男浴器 （人/个）	女浴器 （人/个）	洗脸盆或龙头 （人/个）	备　注
旅　馆	15	10	10	男女比例按设计
托　幼	每班 2 个		2～5	

3.3.2 厨房

厨房作为辅助房间是指住宅、公寓内每户使用的专用厨房。

1. 家具、设备

厨房中设有灶台、案台、水池、贮藏设施及排油烟装置等。

2. 平面布置

厨房中家具、设施的布置有单排、双排、L形、U形几种（见图 3.16）。单排布置平面狭长，双排布置操作过程中频繁转身，L 形和 U 形操作方便、省力。

3. 设计要求

（1）厨房应靠外墙布置，设采光窗、通风道及排烟装置。

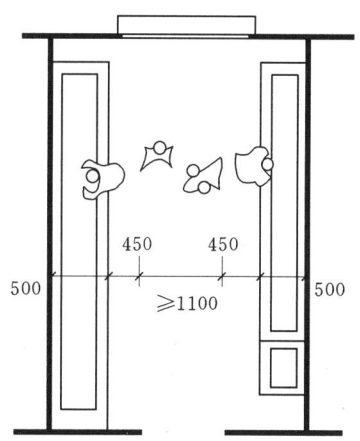

图 3.14　盥洗室布置

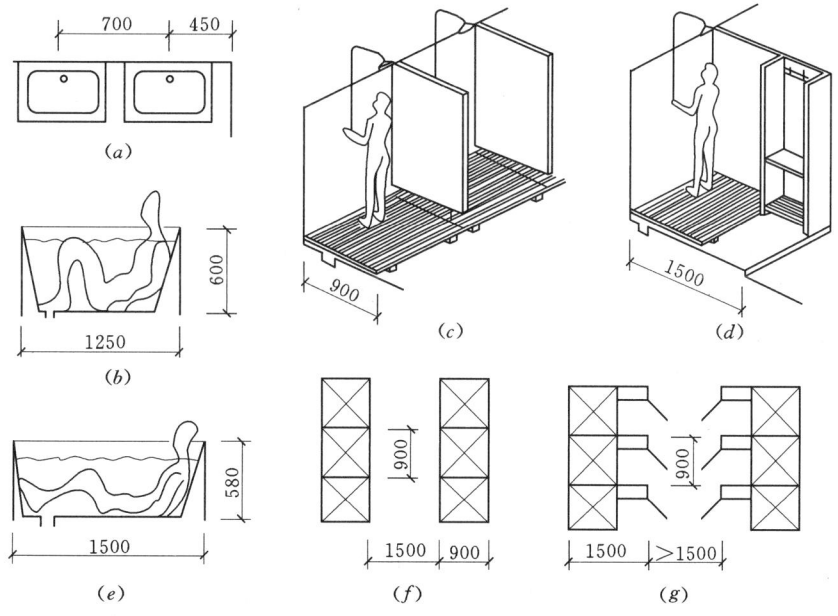

图 3.15　淋浴、浴盆布置尺寸

（2）家具、设备布置要紧凑，符合操作流程和人们的使用特点。

（3）墙面、地面防水，便于做清洁。厨房地面比一般房间地面低 20～30mm。

（4）利用案台、灶台的上部和下部设置贮藏空间。

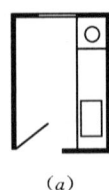 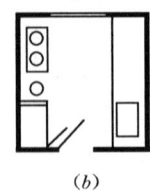 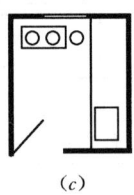 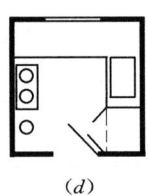

(a) (b) (c) (d)

图 3.16 厨房平面布置类型
(a) 单排；(b) 双排；(c) L形；(d) U形

(5) 厨房是设备管道集中、环保要求高、技术更新快的一个功能性很强的空间。设计时应注意各工种之间的协调配合、各种设备的放置位置及使用尺寸范围、今后更新发展的余地等。

3.4　交通联系部分的平面

建筑物的各个使用部分，需要通过交通联系部分来加以连通。在紧急情况例如火灾发生的条件下，人员需要通过交通部分进行紧急疏散，这时建筑的交通部分会相对拥挤。即便在正常使用的情况下，交通部分也会因时间段的不同而呈现不同的使用状况。建筑物内部的交通联系部分由水平交通（走道）、垂直交通（楼梯、电梯、坡道）和交通枢纽（门厅、过厅）三部分组成。一般说来，建筑物的交通联系部分的平面尺寸和形状的确定，可以根据以下方面进行考虑：

(1) 满足使用高峰时段人流、货流通过所需占用的安全尺度。
(2) 符合紧急情况下规范所规定的疏散要求。
(3) 方便各使用空间之间的联系。
(4) 满足采光、通风等方面的需要。
(5) 节省面积，便于造型处理。

3.4.1　走道

走道也称为过道。凡走道一侧或两侧空旷者称为走廊。走道的功能是联系同一标高上的各个房间、楼梯及门厅，有时也兼有等候、休息、观赏等功能（见图 3.17、图 3.18）。

1. 走道的宽度

走道的宽度主要依据人流通行、防火疏散、使用性质、空间感受及走道侧面门的开启方向等因素综合考虑确定。

剧院、电影院、礼堂等人员密集的公共场所观众厅的疏散内门和观众厅外的疏散外门，楼梯和走道各自总宽度均应按表 3.5 的规定计算。

表 3.5　　　　　　　　　疏散总宽度指标

宽度指标 (m/百人) 疏散部位		观众厅座位数（个）	≤2500	≤1200
		耐火等级	一、二级	三级
门和走道	平坡地面		0.65	0.85
	阶梯地面		0.75	1.00
楼　　梯			0.75	1.00

3.4 交通联系部分的平面

图 3.17 兼设橱窗的教学楼走道　　　　图 3.18 兼供候诊的医院走道

体育馆观众厅的疏散门以及疏散外门，楼梯和走道各自宽度均应按表 3.6 的规定计算。

表 3.6　　　　　　　　　　　疏 散 宽 度 指 标

宽度指标 (m/百人) 疏散部位	观众厅座位数（个）	3000～5000	5001～10000	10001～20000
	耐 火 等 级	一、二级	一、二级	一、二级
门和走道	平坡地面 阶梯地面	0.43 0.50	0.37 0.43	0.32 0.37
楼　　梯		0.50	0.43	0.37

学校、商店、办公楼、候车室、歌舞娱乐放映游艺场所等民用建筑中的楼梯、走道及首层疏散外门的各自总宽度，均应根据疏散人数，按不小于表 3.7 规定的净宽度指标计算。

表 3.7　　　　　　　楼梯门和走道的净宽度指标　　　　　　　单位：m/百人

层　数	耐 火 等 级		
	一、二级	三级	四级
一、二层	0.65	0.75	1.00
三层	0.75	1.00	—
≥四层	1.00	1.25	—

注　1. 每层疏散楼梯的总宽度应按本表规定计算，当每层人数不等时，其总宽度可分层计算，下层楼梯的总宽度按其上层人数最多一层的人数计算。
　　2. 每层疏散门和走道的总宽度应按本表规定计算。
　　3. 底层外门的总宽度应按该层或该层以上人数最多的一层人数计算，不供楼上人员疏散的外门，可按本层人数计算。

2. 走道的长度

根据组合房间的实际需要确定，同时必须满足防火安全疏散要求（见表3.8）。

表3.8 安全疏散距离

名 称	直接通向公共走道的房间至最近的外部出口或封闭楼梯间的最大距离（m）					
	位于两个外出口或楼梯间之间的房间（l_1）			位于袋行走道两侧或尽端的房间（l_2）		
	耐 火 等 级			耐 火 等 级		
	一、二级	三级	四级	一、二级	三级	四级
托儿所、幼儿园	25	20	—	20	15	—
医院、疗养院	35	30	—	20	15	—
学校	35	30	—	22	20	—
其他民用建筑	40	35	25	22	20	15

注 敞开式外廊建筑的房间门至外部出口或楼梯间的最大距离可按表3.8适当增加。

3.4.2 楼梯和电梯

楼梯和电梯是建筑物中起垂直交通枢纽作用的重要部分。在日常使用中，快速、方便地到达各使用层面是对楼、电梯设计的首要要求。因此它们的数量、容量和平面分布是首先应该关注的问题。在一般情况下，楼、电梯应靠近建筑物各层平面人、货流的主要出入口布置，使其到达各使用部分端点的距离较为均匀，这样使用较为方便快捷。在垂直运输方面，针对一些高层或超高层建筑物的特殊情况，为了合理控制电梯的运行速度，避免过多的等候时间，可以运用现代的数学方法优选电梯的台数及其停靠的层数和方式，例如将不同的电梯分层或分段停靠，能够取得使用的高效率。

另外，使用安全也是垂直交通枢纽设计的重要方面。尤其是楼梯，在紧急的情况下，当电力供应受到限制时，往往是逃生和救援的唯一或重要通道。因此楼、电梯的数量和分布还需要综合建筑物的使用性质、各层人数和消防分区等因素来确定。国家制定的防火规范和各类建筑的设计规范中对于楼梯间的设置及其构造要求都有十分具体明确的规定，设计时应该严格参照执行。

楼梯平面设计的主要任务是依据房屋的使用要求和建筑防火，安全疏散的要求，选择楼梯形式，确定楼梯位置、数量及梯段宽度。

1. 楼梯的位置

根据人流组织、防火疏散等要求确定。主要楼梯应位于主要出入口附近或直接布置在主门厅内，成为视线的焦点，烘托大厅气氛。配合主要楼梯的次要楼梯常布置在建筑物的次要入口，按照防火规范要求与主要楼梯之间的距离不宜大于35m。

在确定楼梯位置时，还应注意楼梯间的自然采光，同时不要占用好的朝向。

2. 楼梯的数量

应根据使用要求和防火规范确定。通常公共建筑至少设两部或两部以上楼梯。楼梯间距应符合表3.8的规定，当符合表3.9的规定时，可设一部楼梯。

3.4 交通联系部分的平面

表 3.9　　　　　　　　　　　　设置一个疏散楼梯的条件

耐火等级	层　数	每层最大建筑面积（m²）	人　数
一、二级	二、三层	400	第二、三层人数之和不超过 100 人
三级	二、三层	200	第二、三层人数之和不超过 50 人
四级	二层	200	第二层人数不超过 30 人

注 本表不适用于医院、疗养院、托儿所、幼儿园。

3.4.3 门厅、过厅

1. 门厅

门厅是建筑物主要出入口处的室内外过渡空间，同时也是水平、垂直交通的枢纽。

（1）门厅的作用主要起接纳和分配人流的作用，在水平方向与走道相连，在垂直方向与楼梯、电梯有便捷的联系，同时还兼有服务、等候、展览、陈列等功能。如行政办公建筑门厅内设有传达、问讯、接待等内容；医院门厅设有挂号、收费、取药等功能。门厅往往也是建筑艺术设计的重点部位，在某些公共建筑中常被看作是"建筑物的序言"。

（2）门厅的面积要根据各类民用建筑的使用性质、规模以及质量标准等确定。一般民用建筑的门厅面积由定额指标查得（见表 3.10），同时还要满足防火规范的要求，即门厅对出入口的宽度不得小于通向该门厅走道、楼梯等疏散通道宽度的总和。

表 3.10　　　　　　　　　　部分建筑门厅面积设计参考指标

建　筑　名　称	面　积　定　额	备　注
中小学校	0.06～0.08m²/每人	
食　堂	0.08～0.18m²/每座	包括洗手和小卖部
城市综合医院	11m²/每日百人次	包括衣帽和询问处
旅　馆	0.2～0.5m²/床	
电影院	0.13m²/每位观众	

（3）门厅的平面布置形式有对称式和非对称式两种。对称式门厅有明确的轴线，导向性较强。非对称式门厅没有明确的轴线，布置灵活，室内空间多有变化（见图 3.19）。

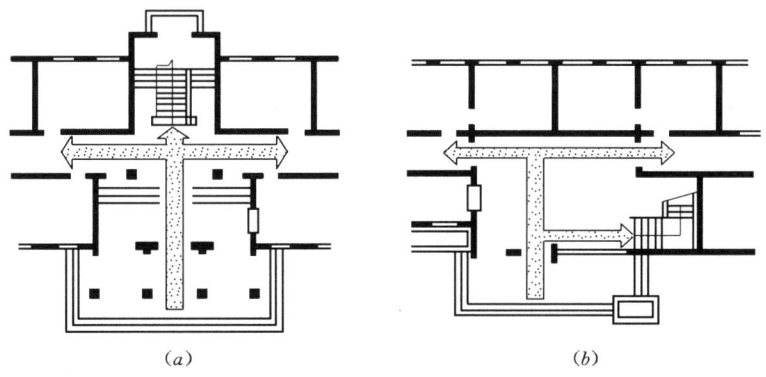

图 3.19　门厅的平面布置形式
(a) 对称式门厅；(b) 非对称式门厅

(4) 门厅的设计要求。门厅位置应明显、突出；交通路线的组织要简明醒目，避免或减少人流路线的交叉；设计中切忌门厅"大而无用"或过小，同时注意与重要用房的联系方便。

2. 过厅

过厅是室内各部分之间的过渡空间，又称穿堂。过厅一般设在以下部位：

（1）走道的交会点或走道与楼梯的交会处，起人流经门厅的再分配和缓冲作用（见图3.20）。

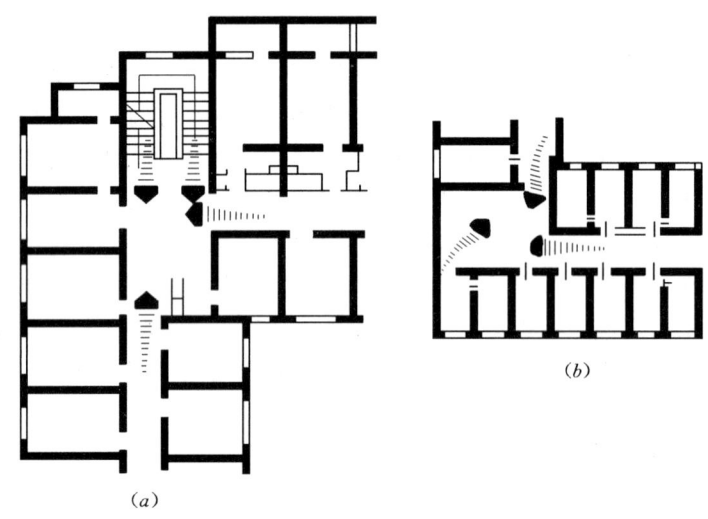

图 3.20　过厅的设置
(a) 过厅在楼梯与走道的交会处；(b) 过厅在走道的交会处

（2）走道与使用人数较多的大房间的连接处，或在几个大厅或大房间的连接处，起空间过渡的作用（见图3.21）。

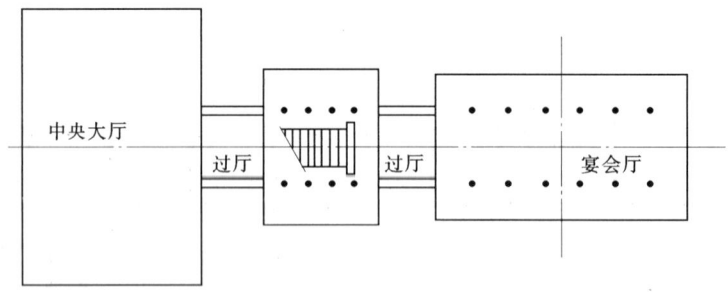

图 3.21　作为空间过渡的过厅

3. 出入口

在建筑物的出入口处通常设置门廊或门斗，以防风雨或御寒气。开敞式的做法为门廊，封闭式的做法为门斗（见图3.22）。

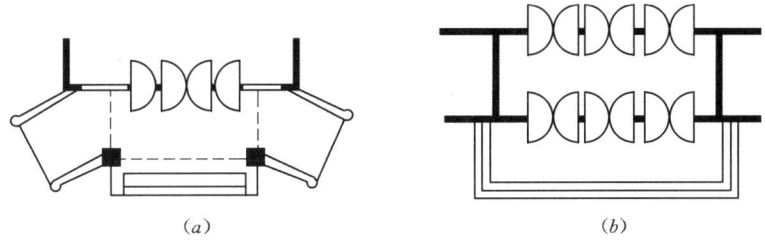

图 3.22 出入口处设门廊或门斗
(a) 门廊;(b) 门斗

3.5 建筑平面组合

建筑平面组合就是将建筑平面中的使用部分、交通联系部分有机地联系起来,组合成建筑平面图。建筑平面组合设计涉及的因素很多,主要有建筑功能、基地环境、物质技术、建筑美观及经济条件等。组合时要综合分析各因素,反复思考,多次修改,才能做出合理完善的平面组合设计。

3.5.1 建筑平面组合的任务

(1) 根据建筑功能和业主要求,合理安排平面中各组成部分的位置,同时必须明确以下三个方面:

1) 功能分区要明确。将使用性质相同或相近的房间组合在一起,形成若干功能区段,再将有密切联系的区段靠近布置(见图 3.23)。

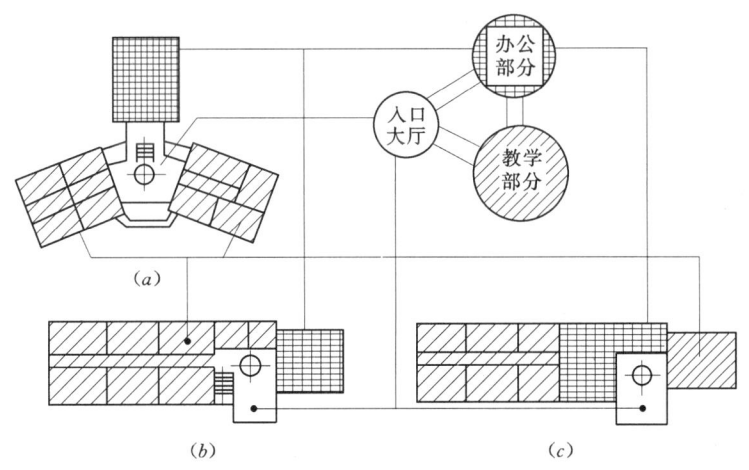

图 3.23 教学楼功能分区举例
(a)、(b) 功能分区合理;(c) 功能分区紊乱

2) 主次部分要明确。组成建筑物使用部分的各个房间,由于其使用性质的不同,必须有主次之分,如商业建筑中营业大厅为主要房间,教学楼中教室是主要房间,住宅楼中

居室是主要房间等。对于主要房间的位置、朝向、交通、景观以及空间构图等方面应优先考虑。

3) 各功能分区之间的分隔、联系、先后顺序关系要明确。将性质不同的房间特别是相互之间有干扰的房间分隔开来,将有运动、剧烈活动、较大音响的"闹区"与要求安静的"静区"分隔开来,将清洁的区域与会产生烟、灰、气味、噪声,放射性污染的污浊区分隔开来,以满足人们在使用功能和心理上的要求。同时还要恰当地处理好相互之间的联系。如在医院建筑中,传染病人与一般病人之间、成人与儿童之间、急诊与一般门诊之间都有严格的隔离要求,以防止交叉感染,但它们之间又要有一定的联系,如药房、化验室、X光室等最好能公用,以方便就诊和便于工作。有些建筑各区之间的联系还要符合一定的顺序,以满足人们的行为心理规律,满足由此而生成的时空秩序。如在车站建筑中,旅客从问讯、买票、托运行李、候车,最后通过站台上车就是一种使用顺序的联系关系(见图3.24)。

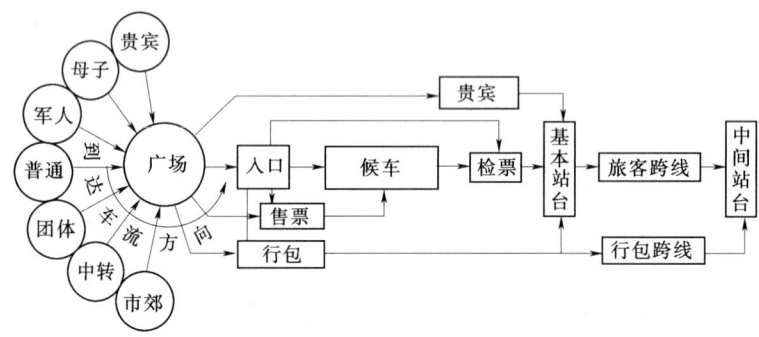

图3.24 火车站进站功能顺序

(2) 组织好建筑物内部和内外之间方便、安全的交通联系,保证各交通空间通行方便,简捷明确。各种房间联系方便,通达性好。各种流线之间避免互相交叉干扰。主楼梯位置明显。交通面积要集中紧凑。

(3) 要考虑结构选型、施工和所用材料的可行性、经济性和建筑安全性。尽量把开间、进深和高度相同或相近的房间组合在一起,加以协调统一,减少轴线参数,简化构件类型,方便施工。根据梁、板的经济跨度和建筑的刚度要求选择合适的承重方案。在满足使用要求的前提下,应把面积大的房间设在上层,把使用荷载大的房间尽量设在底层,把层高相同的房间布置在同一层。

(4) 为建筑立面和体型设计创造有利条件,打下良好基础。

(5) 与环境有机结合,注意节约用地。

3.5.2 建筑平面组合的几种方式

1. 走道式(走廊式)

用走道(或走廊)将一侧或两侧的各个房间联系起来的组合方式。

(1) 走道式的特点是能使各种房间保持相对的独立,同时也能使房间通过走道(走廊)进行方便的联系。形式有单外廊、双外廊、单走道、双走道几种形式(见图3.25)。

3.5 建筑平面组合

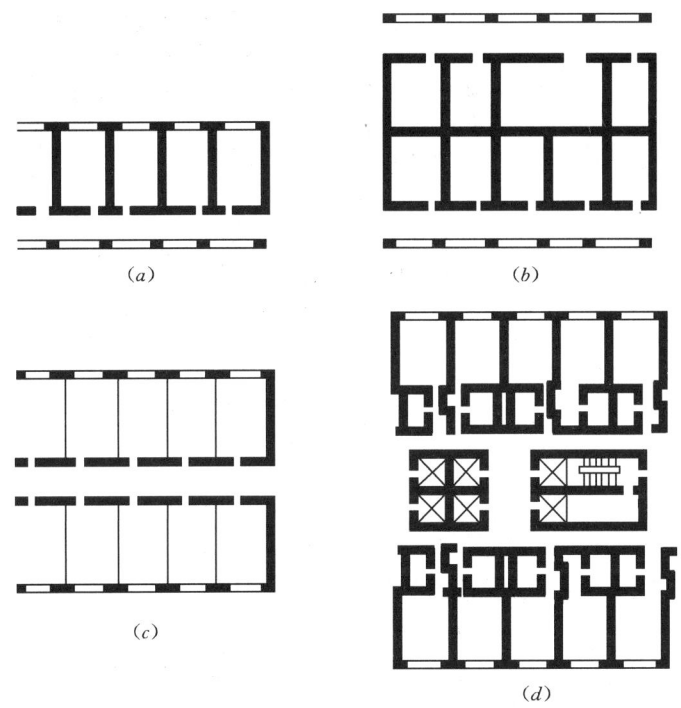

图 3.25 走道式平面组合形式
(a) 单外廊;(b) 双外廊;(c) 单走道;(d) 双走道

(2) 适用范围,适用于房间面积小,同类型房间数量较多的建筑,如学校、医院、宿舍、旅馆、办公楼等。南方炎热地区多采用单外廊、双外廊的形式,北方地区多采用单走道、双走道的形式。

2. 套间式

房间与房间之间相互贯通的组合方式。

(1) 套间式的特点是交通空间和使用空间合并在一起,节约了交通面积,房间之间联系更加紧密,但相互之间有干扰。形式有按其序列的不同有串联式和放射式两种(见图3.26)。串联式是按一定顺序关系将房间连接起来,放射式是将各房间围绕交通枢纽呈放射状布置。

(2) 适用范围,常用于房间的使用顺序和连续性较强,各房间之间有密切联系的建筑,如展览馆、博物馆、公共浴室等,或用于便于集中管理的某些建筑。

3. 大厅式

以一个高大的公共活动空间为中心,环绕这个中心在其周围布置其他附属用房的组合方式(见图3.27)。

(1) 大厅式的特点是中心大厅空间高大,使用人数多且集中,辅助用房与大厅相比,尺寸相差悬殊,常布置在大厅四周。

(2) 适用范围,常用于影剧院、体育馆、火车站、菜市场等建筑。

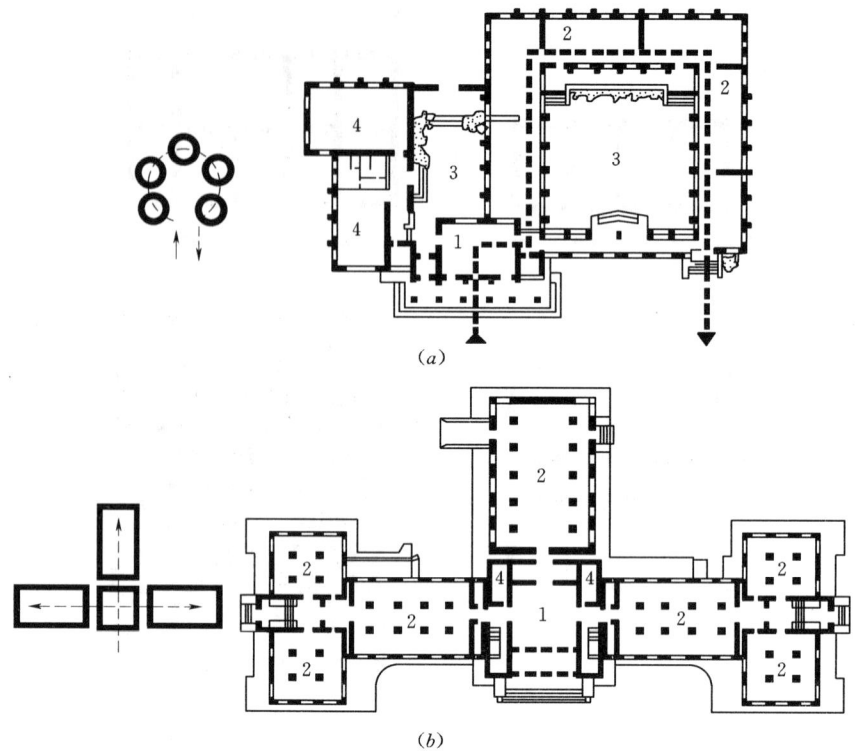

图 3.26 套间式平面组合
（a）串联式；（b）放射式
1—门厅；2—展厅；3—内院；4—接待

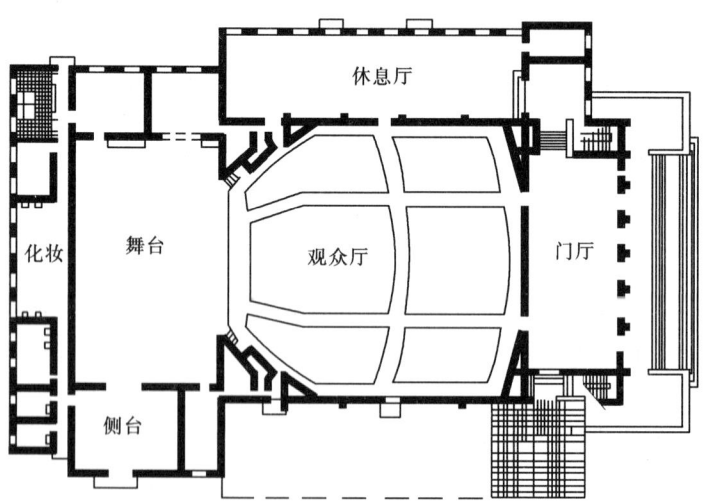

图 3.27 大厅式平面组合（影剧院）

3.5 建筑平面组合

4. 单元式

将关系密切的房间组合成一个相对独立的整体单元，再将几个单元按功能及环境要求沿水平或竖直方向重复组合成为一幢建筑物的组合方式（见图3.28）。

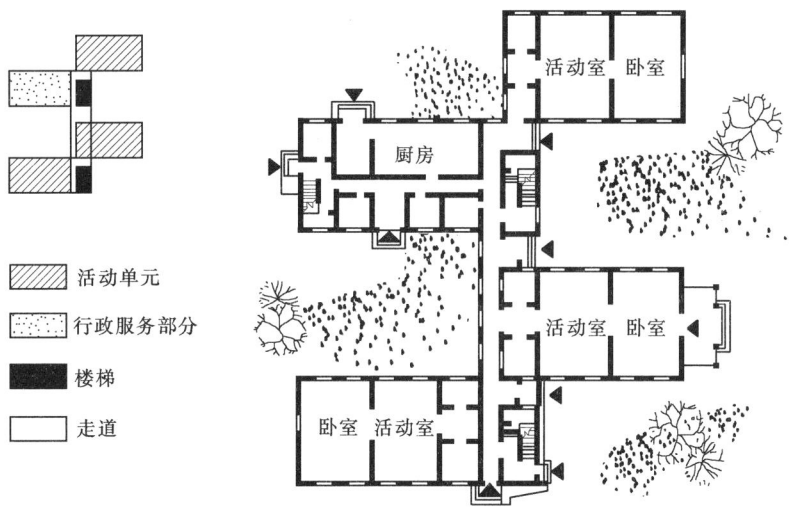

图 3.28 单元式平面组合（幼儿园）

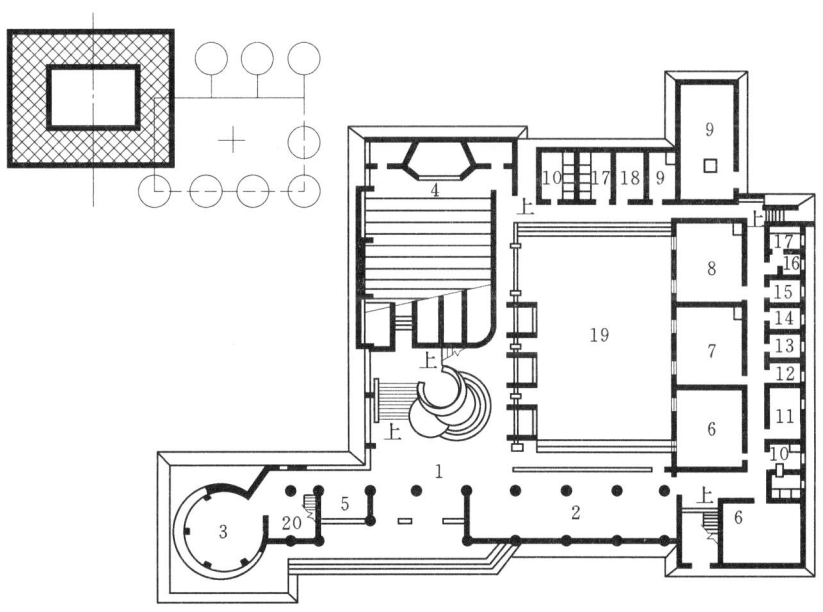

图 3.29 综合式平面组合
1—门厅；2—展厅；3—会客厅；4—阶梯教室；5—电话室；6—化学实验室；7—空模活动室；
8—海模活动室；9—锅炉房；10—男厕；11—化学仪器室；12—化学办公室；13—空模仓库；
14—海模仓库；15—配电室；16—更衣室；17—女厕；18—休息室；19—庭院；20—办公室

(1) 单元式的特点是功能分区明确，单元之间互不干扰，简化了设计与施工。

(2) 适用范围，常用于住宅、幼儿园、学校等建筑。

5．综合式

同时采用两种或两种以上的平面组合方式，适用于多功能要求的建筑，如商贸中心、文化中心等（见图3.29）。

随着建筑使用功能的变化，人们观念的更新，以及新技术、新设备的应用，平面组合方式将会产生新的、更多的组合方式。

本 章 小 结

建筑平面设计的主要内容：使用房间（主要房间、辅助房间）的平面设计、交通联系部分（门厅、走廊、楼梯）的平面设计、使用房间、交通联系部分等各空间的平面组合设计。在平面设计中始终要紧密联系建筑剖面和立面设计。

建筑平面的组合方式有走道式、套间式、大厅式、单元式、综合式。要求了解各组合方式的特点、形式和适用范围。

习 题

3.1 建筑平面设计的内容有哪些？

3.2 民用建筑平面由哪几部分组成？各起什么作用？

3.3 专用卫生间和公用卫生间有哪些区别？

3.4 建筑平面的组合有哪些方式？各有什么特点？分别适用于哪些建筑？

第4章 建筑体型与立面

本章学习目标:

通过本章的学习,了解建筑外部形象设计的一般要求;掌握建筑体型组合与立面设计的基本原理和方法。

4.1 建 筑 体 型

4.1.1 建筑体型与立面设计的要求

建筑在满足人们生产、生活等使用功能需要的同时,它的外部形象及内外空间组合还应满足人们对建筑物的审美要求,并在一定程度上反映社会的经济和文化基础。

建筑的外部形象包括体型和立面两个方面,对这两方面的处理贯穿于整个建筑设计始终。建筑体型与立面设计是在内部空间及功能合理的基础上,在物质技术条件的制约下,考虑到所处的地理位置及环境的协调,对外部形象从总的体型到各个立面及细部,按照一定美学规律加以处理以求得完美的建筑形象的过程。

单体建筑外部形象受到建筑内因和建筑外因两个方面的影响和制约。建筑内因包括建筑内部功能、建筑技术、建筑经济、建筑艺术等,建筑外因包括总体规划环境、地段、社会历史、民俗等,在设计中要满足建筑内因和外因的要求。

建筑体型和立面设计,必须符合建筑造型和立面构图方面的规律性,如均衡、韵律、对比、统一等,把适用、经济、美观三者有机地结合起来。

1. 建筑功能要求

不同功能要求的建筑类型具有不同内部空间组合特点,房屋的外部形象在很大程度上是其内部空间的表露。因此,应采用与其功能要求相适应的外部形式,并在此基础上采用建筑艺术处理方法来强调其特征,从而有效区别于其他建筑。例如住宅建筑的内部功能是满足日常生活要求及保持私密性,通常体型简单,立面上常设以较小的窗户、出入口及分组设置的楼梯和阳台,反映住宅建筑的生活气息,如图4.1(a)所示;学校建筑中的教学楼,由于室内采光要求较高、人流出入较多,立面上往往使用高大明快、成组排列的窗户和宽敞的出入口,如图4.1(b)所示;商店建筑由于其展示商品、摆放货架、人流量大的特点,其外部形象多采用大玻璃陈列窗、较高的层高和明显宽敞的出入口,如图4.1(c)所示;影剧院由于内部有舞台和观众厅等大空间组合,在体型上常以高耸封闭的舞台部分、宽敞的观众厅部分和相对低矮开敞的休息部分形成明显的对比,如图4.1(d)所示。

2. 建筑技术要求

建筑物内部空间组合和外部体型的构成,需要通过一定的技术手段来实现。例如中国古典建筑,是独具风格的以木结构为主的体系,中国古代众多勤劳睿智的匠师,在科学技

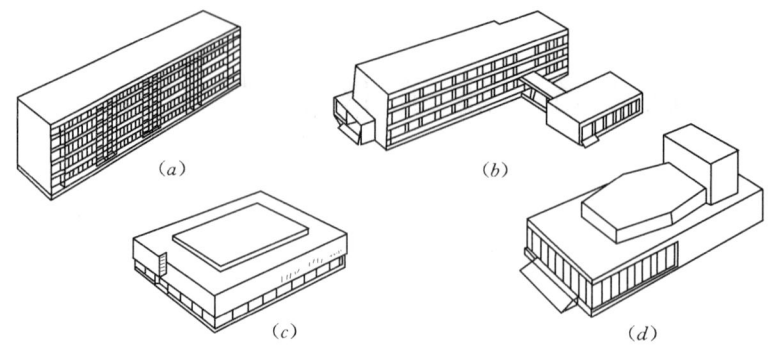

图 4.1 不同建筑类型外形特征
(a) 多层住宅；(b) 教学楼；(c) 商店；(d) 剧院

术都相对落后的封建社会，就能够充分利用力学原理，以柱网框架式结构从技术上巧妙地突破了木结构不足以构成重大建筑物的局限，成就了许多建筑奇迹，也使中国走上木建筑为主流的设计道路；以古希腊和古罗马建筑为基础发展起来的欧洲古典建筑主要利用石材作为建筑材料，被称为大理石的诗篇，这也是其旺盛生命力的原因之一。希腊人重视对大理石的利用，以高超的施工技术形成了具有比例优美的柱式、庄重的拱门、和谐的群体关系和精美的线脚雕饰等特征的古希腊风格；古罗马建筑在意大利文化与希腊建筑的基础上发展了综合东西方石砌技术的梁柱与拱券结合体系，并运用了地方特产火山灰制成的天然混凝土，形成了具有强烈震撼力的古罗马风格。由此可见，建筑材料的运用和结构体系的选择不但具有工程技术的意义，其机智而巧妙的组合所显现的结构理性，本身也是建筑美的内容（见图 4.2）。

图 4.2 建筑技术对建筑立面风格的影响
(a) 故宫太和殿；(b) 希腊宙斯大殿

现代建筑中，一般中小型民用建筑多采用混合结构，由于受到墙体承重及梁板经济跨度的局限，室内空间小，层数不多，开窗面积受到限制。这类建筑的立面处理可通过外立面的色彩、材料质感、水平与垂直线条及门窗的合理组织等来表现混合结构建筑简洁、朴素、稳重的外观特征，如图 4.3 (a) 所示。

钢筋混凝土框架结构由于墙体只起到围护作用，这就给空间处理赋予了较大的灵活性。它的立面开窗较自由，既可形成大面积独立窗，也可组成带形窗，甚至底层可以全部

4.1 建筑体型

取消窗间墙而形成完全通透的形式。框架结构建筑具有简洁、明快、轻巧的外观形象，如图 4.3（b）所示。

高层建筑因抗震和抵抗风力作用的要求，常常采用剪力墙或筒体结构等，立面设计表现出特有的风格，如图 4.4 所示。

随着现代新结构、新材料、新技术的发展，建筑外形设计拥有了更大的灵活性和多样性。特别是各种空间结构的大量运用，更加丰富了建筑物的外观形象，使建筑造型千姿百态，如图 4.5 所示。

3. 建筑经济要求

建筑物从总体规划、建筑空间组合、材料选择、结构形式、施工组织直到维修管理等都包含着经济因素。建筑外形设计应本着节约的原则，严格遵守质量标准，尽量节约资金。对于大量性民用建筑、大型公共建筑或国家重点工程等建筑体型和立面设

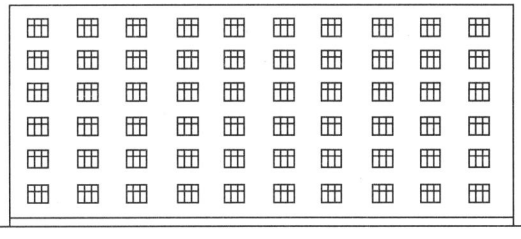

图 4.3 不同结构体系对建筑立面的影响
（a）砖混结构；（b）框架结构

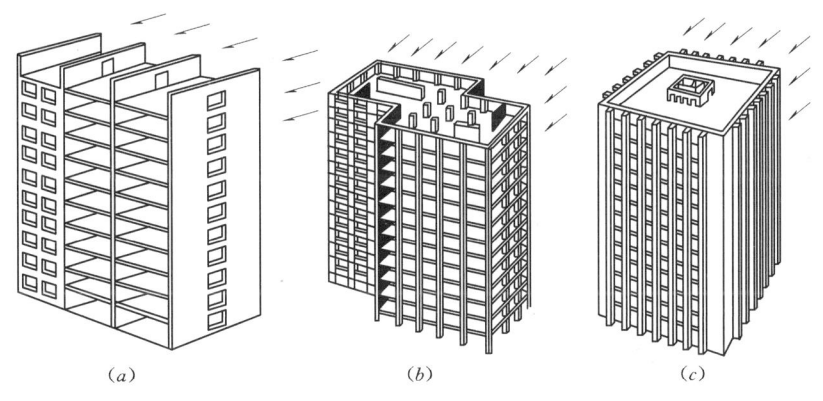

图 4.4 高层建筑不同结构类型对立面的影响
（a）剪力墙；（b）框架剪力墙；（c）筒中筒

计的构思和立意必须正确处理经济、适用、美观三者的关系，应根据房屋的重要程度、使用性质和规模，严格掌握国家规定的建筑标准和相应的经济指标。在建筑标准、建筑用材料、造型要求和装饰等方面，区别国家级、省级、市级及一般工程项目的不同要求，防止滥用高档材料造成浪费，同时也防止因片面节约、盲目追求低标准造成使用功能不合理、破坏建筑形象和增加建筑物的日常维修费用等情况的出现。

4. 建筑艺术要求

建筑艺术是指按照美的规律，运用独特的艺术语言，使建筑形象具有文化价值和审美

图 4.5 空间结构建筑
(a) 希腊奥林匹克室内自行车场;(b) 雅典和平和友谊体育场

价值,具有象征性和形式美,体现出民族性和时代感。建筑艺术是一种立体艺术形式,是实用性与审美性相结合的艺术。建筑艺术的审美特征主要体现在技术与艺术相结合、实用与审美相统一;建筑空间与实体对立统一;具有静态性、表现性、综合性的实用造型艺术;内容表现上的正面性、抽象性和象征性;建筑与环境的协调等。图 4.6 所示分别是古典与现代建筑艺术的典范。

图 4.6 世界经典建筑艺术范例
(a) 莫斯科圣巴西利业大教堂;(b) 悉尼歌剧院

在进行建筑体型和立面设计时,必须要考虑建筑艺术本身的要求,在继承优秀传统和吸收现代艺术优点的实践中不断前进、有所创新。

5. 城市规划的要求

城市总体规划是为了确定一个城市的性质、规模、空间发展形态以及统筹安排城市各项建设用地、制订城市中各类建设的总体布局而进行的全面环境安排。任何建筑都是规划群体中的一个局部,单体建筑设计必须符合总体规划的要求才能成为城市群体的一个有机组成部分。城市规划常对用地范围、建筑层数、建筑高度、容积率、绿地率等有明确规定，这些问题首先影响单体建筑的平面布局和组合，进而制约单体建筑体型组合和立面构图。例如位于城市街道和广场的建筑物，建筑造型设计不仅要密切结合城市道路、基地环境、周围原有建筑物的风格，还要满足城市规划部门的要求。建筑物处于群体环境之中，既要有单体建筑的个性，又要有群体的共性。

6. 环境地段的要求

单体建筑所处的环境、地段对其外部特征的影响十分显著。如美国建筑大师F.L.赖特的代表作——流水别墅就被形象地称为"瀑布上的经典"，这座赖特为德国移民考夫曼设计的郊外别墅，位于一片风景优美的山林之中，建在地形复杂、溪水跌落形成的小瀑布之上。建筑本身疏密有致、虚实结合，与山石、林木、水流紧密交融，成为名副其实的"有机建筑"，如图4.7所示。

山区或丘陵地区，为了结合地形和争取较好的朝向，往往采用错层布置，从而产生多变的体型；炎热地带由于考虑阳光辐射和房屋的通风要求，立面上通常设置富有节奏感的遮阳和通透的花格，形成南方地区立面处理的特点。此外，影响单体建筑体型和立面设计的因素还有新建建筑与基地的形状如何吻合；新建筑与原有道路的联系如何处理；建筑的间距、朝向、通风要求等因素。

图4.7 流水别墅

7. 社会历史、民族、地方性要求

社会历史、民族、地方性要求是对单体建筑体型与立面设计提出的更高层次要求。它要求建筑的外部形态所反映的建筑文化应具有历史的传承和创新，又能适合新时代的要求；它还应具有一个国家、一个地方、一个民族的特色和风格，同时它又是和地方的风俗文化相融合的。例如马来西亚的标志性建筑——国家石油公司总部双塔楼大量采用阿拉伯建筑常用的重叠几何图案，室内设计也采用了伊斯兰教建筑中常用的几何型图案，融合了马来西亚的宗教背景和文化特点，突出了民族特色，如图4.8所示。

4.1.2 建筑体型组合方式

1. 建筑体型组合的美学原则

建筑造型是有其内在规律的，人们要创造出美的建筑，就必须遵循建筑美的法则，如统一、均衡、稳定、对比、韵律、比例、尺度等。不同时代、不同地区、不同民族的建筑形式和人们的审美观虽各不相同，但这些建筑美的基本法则都是一致的，是被人们普遍承认的客观规律。

统一与变化。建筑由多个部分组成，各部分由于功能不同，存在着空间大小、形状、结构的差异，但它们都要统一于建筑整体，成为建筑整体的有机组成部分，这是建筑造型的多样统一律。统一是指相同或相近，变化是指存在差别，我们进行建筑设计时，首先要统一建筑的形状、色彩、风格，然后再进行个性化的处理，使建筑整体造型既和谐完整又丰富多变。例如建筑物中使用功能相同的房间在层高、开间、门窗设置等方面可以采取相似处理来达到统一；不同功能的房间采用不同的外部处理形式以反映多样化，避免过分统一的单调感，这就是所谓的"统一中有变化"、"变化中有统一"。

均衡与稳定。均衡与稳定既是力学概念也是建筑形象概念，如果一个建筑物看起来摇摇欲坠、紧张吃力，就很难谈得上美观，因此均衡与稳定也是建筑构图中的一个重要原则。

均衡主要是研究建筑物各部分前后左右的轻重关系，并使其组合起来给人以安定、平衡的感觉。建筑设计中根据均衡中心位置的不同又分为对称式均衡和非对称式均衡。对称式均衡中心点是体型的中轴线或者是旋转对称中心，因此很容易取得完整统一的效果。对称式均衡的建筑体型会给人以雄伟、端庄、肃穆等心理感受，适用于办公、纪念性等建筑，如图4.9所示。

图 4.8 马来西亚双塔大厦

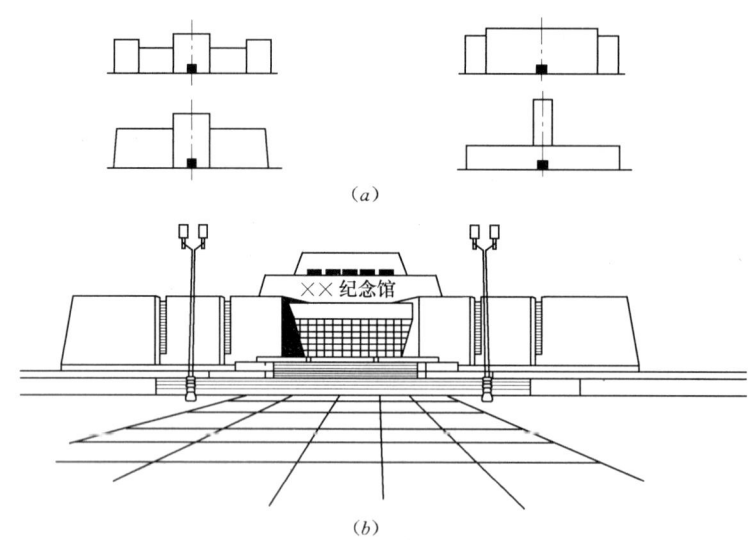

图 4.9 对称式均衡
(a) 对称式均衡示意；(b) 实例（某纪念馆）

非对称式均衡的建筑体型处理是不对称的，它的均衡中心是利用建筑体量的错落、建筑形体的虚实变化、建筑立面材质和色彩的不同实现的。为了达到视觉上的均衡，需要将均衡中心支点（如主要出入口）偏于建筑一侧，同样可以在心理上给观者以平衡、完整的感觉。非对称均衡使建筑物显得活泼、轻巧、生动,适用于娱乐性建筑和商业建筑,如图4.10所示。

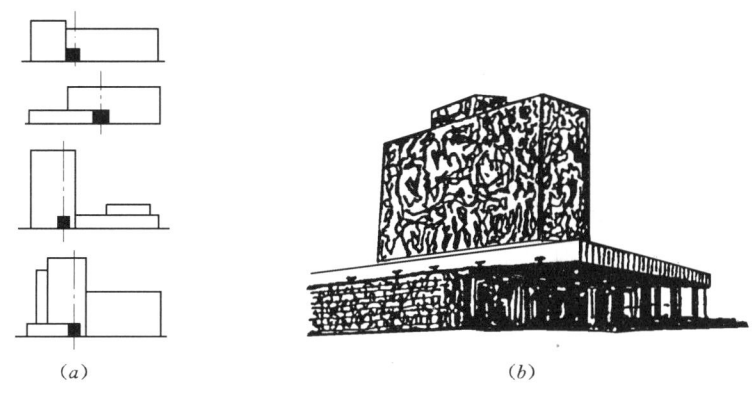

图 4.10 非对称式均衡
(a) 非对称式均衡示意;(b) 墨西哥某图书馆

有些物体是依靠运动求得平衡的,如旋转的陀螺、展翅飞翔的鸟、行驶着的自行车等都是动态均衡。随着建筑结构技术的发展和进步,动态均衡对建筑处理的影响将日益显著,动态均衡的建筑组合更自由、更灵活,从任何角度看都有起伏变化,功能适应性更强。

稳定是指建筑物上下之间的轻重关系,应给人以安全可靠、坚如磐石的视觉效果。一般来说,上小下大或上下一致的体型是稳定的体型,而上大下小或倾斜的体型则是不稳定的体型,但随着科技的进步和人们审美观点的发展变化,利用新材料、新结构,上大下小的体型经过设计同样可以达到稳定的效果,如图4.11所示。

图 4.11 华盛顿玻璃博物馆

对比。对比是指在两部分间的相互衬托作用下,使各自的特征更加鲜明,给人以强烈的感受及深刻的印象。建筑物中各要素间存在显著的差异,而对比可以互相衬托而突出各自的特点,通过形体要素间的区别与反差,达到强调、醒目的效果,增强建筑体型的生动性（见图 4.12）。对比可以从以下方面实现，如体量的大小、长短、高低、形体、方向、虚实，线条的横竖、曲直及色彩、质地、光影等。建筑设计中对比的手法常用于丰富建筑形象或突出重点部位（如建筑的主要出入口位置等）。

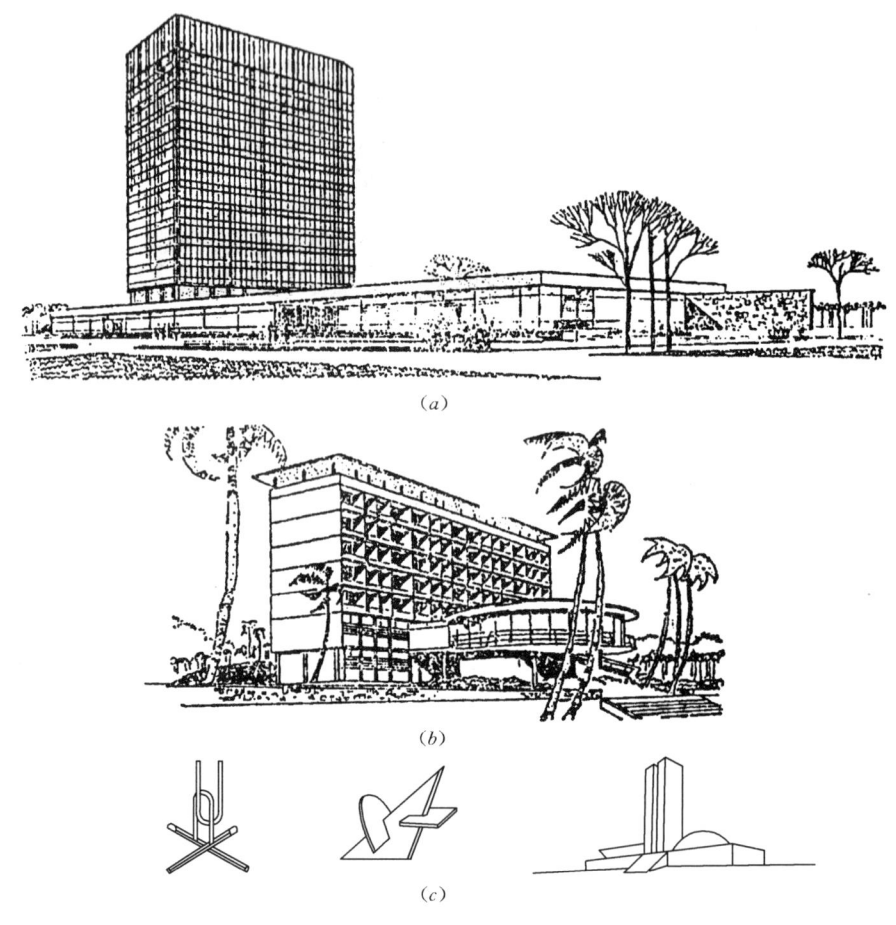

图 4.12　对比规律的运用
(a) 方向对比；(b) 形体对比；(c) 几何体型对比

韵律。韵律是指建筑构图中有组织的变化和有规律的重复，这种重复能够形成优美的节奏感和韵律感。建筑物的体型、门窗、墙柱等的形状、大小、色彩、质感的重复和有组织变化都可以形成韵律来加强和丰富建筑形象。图 4.13 是罗马千禧教堂，在以直线为主、不时穿插曲线的几何体中，透过比例优雅的玻璃墙面，清楚地显现出内部的景象，有纵深感的空间与白色实墙的交替更迭，产生了特殊的韵律感和节奏感。

比例。在建筑体型及立面设计中，比例是指建筑整体与局部、局部与局部之间的相对尺寸关系，如整个建筑的长宽高之比、各房间长宽高之比、立面中的门窗与墙面之比、门窗本身的高宽比等都应有一种和谐的比例关系。一般认为圆形、正方形、正三角形等都具有美的数比关系，比例关系中最负盛名的是"黄金分割比"，即长方形的宽与长之比为 0.618。建筑的体型组合符合简单几何图形和一定的比例关系时，一般都能取得较好的和

4.1 建筑体型

谐统一效果,如图 4.14 所示。对于高耸的建筑物或距观赏点较远的建筑部位,应该考虑到因透视作用而使比例失调的现象,在设计中也可运用这一特征进行特殊处理。

尺度。尺度是研究建筑物的整体或局部给人感受上的大小印象和真实大小之间的关系,用以表现建筑物真实的尺寸或者表现所追求的尺寸效果。几何形体本身并没有尺度,建筑物只有通过人或人所熟悉的某些建筑构件如踏步、栏杆等,或其他参照物如汽车、家具、设备等作为尺度标准进行比较,才能体现出其整体或局部的尺度感。如窗台、栏杆高度一般为 900~1000mm,门扇高度为 2000~2400mm,踏步高为 150~175mm 等,

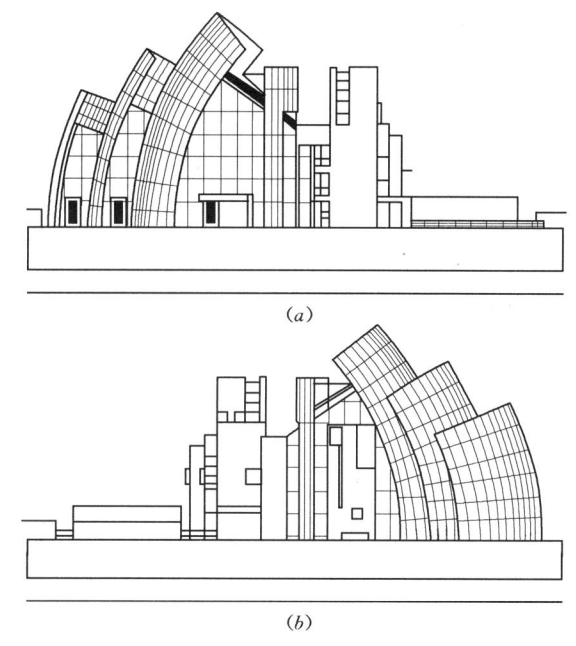

图 4.13 韵律的运用

通过这些固定的尺度与建筑整体或局部进行比较,就会得出鲜明的尺度感,如图 4.15 所示。

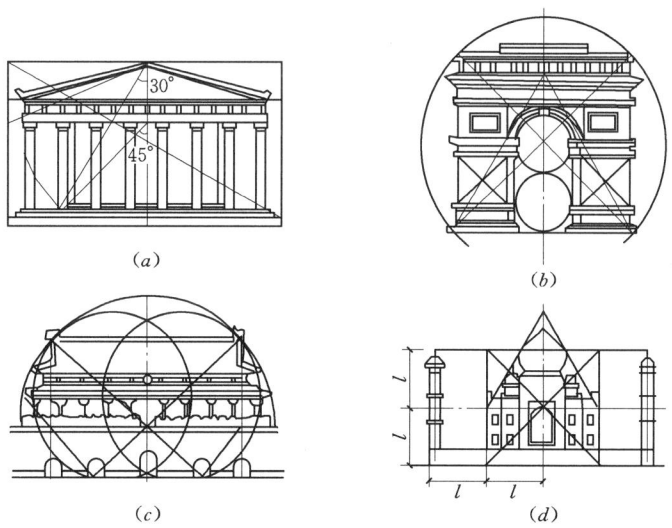

图 4.14 古建筑体型中的比例应用

大量性的公共建筑如住宅、学校、普通办公楼等通常是以人体尺寸的大小为标准来确定建筑的尺寸;大型公共建筑和纪念性建筑可以用夸张手法将建筑物的尺寸设计得比实际需要的大,使人产生雄伟、壮观的印象;园林建筑和广场建筑则将建筑物的尺寸设计得比实际需要的小,使人产生亲切、舒适的感觉。

图 4.15 建筑物的尺度感

（a）抽象几何形状，无任何尺度感；（b）、（c）、（d）通过与人的对比，感觉到建筑物的大小高低

2. 建筑体型组合方式

简单几何体体型组合法。任何简单的几何形状本身都具有必然的统一性，并容易被人们所感受。由这些几何体所获得的建筑形式之间具有高度的制约关系，给人肯定、明确的感觉。如我国古代的天坛、园林建筑中的亭台等常以简单的几何形体而给人以明确统一的印象。这种建筑平面形式多采用正方形、三角形、圆形、多边形、风车形等，体型的特点是外部造型简洁、体型完整单一，令人产生强烈的印象，一般适用于大型公共建筑如会堂、体育馆、影剧院等，如图 4.16 所示。

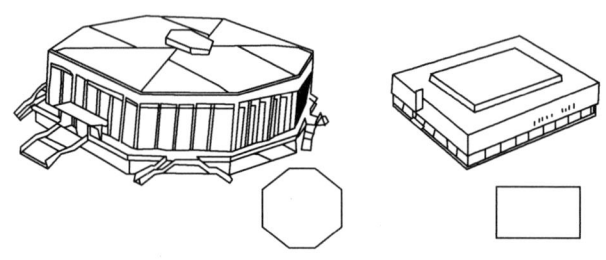

图 4.16 简单几何体体型组合

单元式体型组合法。单元式体型组合法是将功能相同或相近的几个独立体量的单元按一定方式组合起来。这种处理方法灵活，没有明显的均衡中心及主从关系，单元连续重复容易形成体型的韵律感。单元式组合法一般适用于住宅、幼儿园、中小学等，如图 4.17 所示。

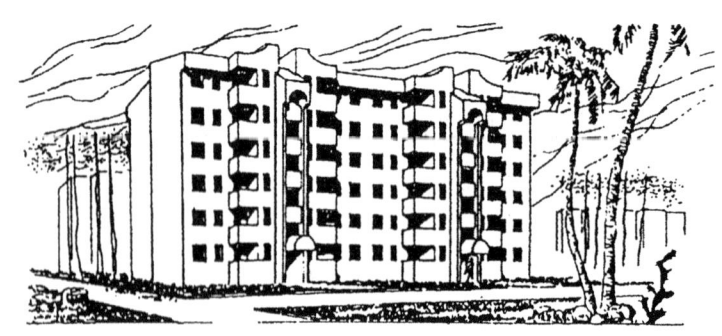

图 4.17 单元式体型组合

复杂体型组合法。当建筑体型各组成部分的体量、形状、方向、高低各不相同时，就要具体问题具体分析，尽量寻求各体量间的相互协调统一，形成完整的建筑形象。一般可以依

据建筑功能的不同划分出若干部分再进行组合,做到突出重点、主次分明、和谐统一,这种处理方法适用功能复杂的建筑,如医院、会议中心、青少年活动中心等,如图4.18所示。

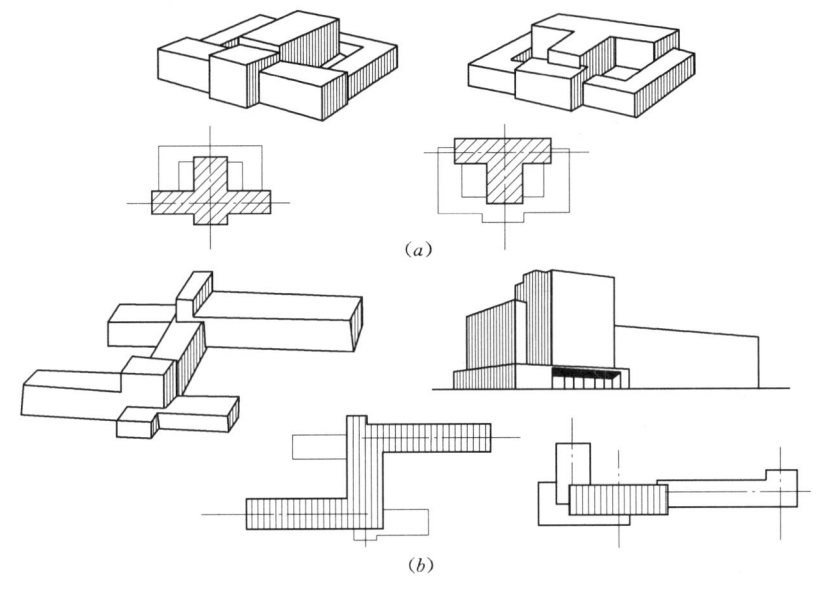

图 4.18 复杂体型组合
(a) 对称组合;(b) 非对称组合

3. 体型的转折与转角处理

建筑体型的转折与转角处理一般是指在十字、丁字或任意转角的路口或地带布置建筑物时,建筑物为了适应基地形状或道路布置而形成的转折。转折与转角处理时,应结合地形的变化,充分发挥地形环境优势,合理布局,巧妙进行体型处理。根据功能和造型的需要,转折地带的建筑体型可以采用主体、裙房相结合,以裙房衬托主体,也可采用局部体量升高形成塔楼,以塔楼控制整个建筑群,突出主要出入口,如图4.19所示。

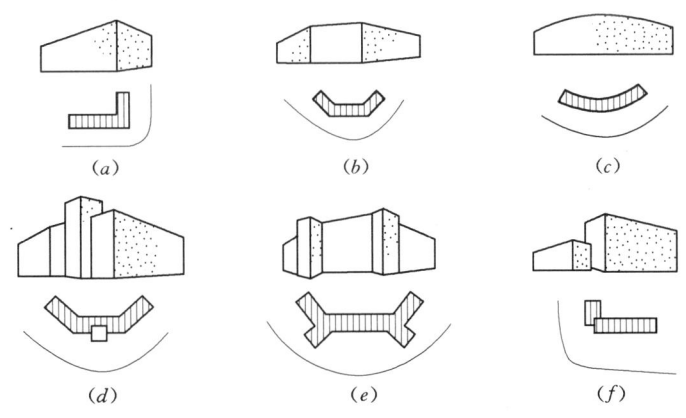

图 4.19 体型转折处理

4. 体量的联系与交接

由不同大小、高低、形状、方向的体量组成的建筑,都存在体量的联系和交接处理问题。体量组合时，一般以正交为宜，尽可能避免锐角交接，并尽可能做到主次分明、交接明确。常用的连接方式有直接连接、咬接、以连接体连接、以走廊连接等，如图 4.20 所示。形体之间的连接方式和房屋的结构构造布置、地区的气候条件、地震烈度以及基地环境的关系相当密切。寒冷地区考虑到室内采暖和建筑占地面积等因素，形体间的连接应紧凑一些；地震区则要求房屋尽可能采用简单、封闭的几何形体，如使用上必须连接时，应采取相应的抗震措施，避免采取咬接等连接方式。

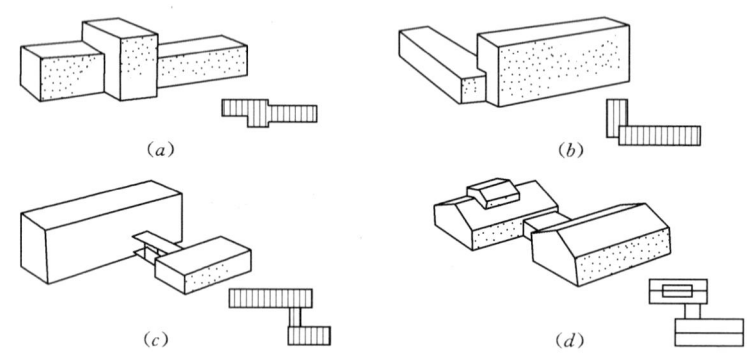

图 4.20 体型连接处理
(a) 直接连接；(b) 咬接；(c) 以走廊连接；(d) 以连接体连接

4.2 建 筑 立 面

建筑立面是建筑物各个墙面的外部形象，由墙体、梁柱、门窗、阳台、勒脚、檐口、线脚、花饰等部分组成，恰当地确定立面中这些组成部分和构件的比例、尺度、质感、色彩，运用节奏韵律、虚实对比等规律，设计出体型完整，形式与内容统一的建筑立面，是立面设计的主要任务。

建筑立面设计的步骤通常是先根据初步确定的房屋内部空间组合的剖面关系，例如房屋的大小、高低、门窗位置，构部件的排列方式等描绘出房屋各个立面的基本轮廓，再推敲立面各部分总的比例关系，考虑建筑整体几个立面之间的统一，相邻立面间的连接和协调等问题，然后着重分析各个立面上墙面的处理、门窗的调整安排等，最后对入口门厅、建筑装饰等进一步作重点及细部处理。

立面设计要紧密结合建筑内部空间、使用功能、技术经济条件来进行，但其涉及到的造型和构图问题比较突出，这里着重叙述建筑美观需考虑的问题。

1. 尺度和比例

尺度正确、比例协调是使立面完整统一的重要原则。建筑物的尺度变化范围很大，恰当的尺度能反映出建筑物的真实大小；尺度失调则会使建筑物产生不真实的感觉。有些建筑构件由于使用功能的要求，其尺度比较固定，常被用作衡量建筑尺度的标准，如踏步的高、栏杆和窗台的高等，如果它们的尺寸不符合要求，不仅在使用上不方便，在视觉上也会感到不舒适。至于比例协调，既存在于整体与局部之间，也存在于各要素之间，例如一幢建筑物的体量、高度和出檐大小有一定的比例,这些比例除满足结构和构造的合理性之外,同时也要符合立面构图的美观要求。

2. 节奏感和虚实对比

节奏感和虚实对比,是建筑立面设计的重要表现手法,通过构件或门窗有规律地排列和变化,可以体现出不同的韵律和节奏,使立面外观既不琐碎零乱,又不至过于单调呆板。通常可以结合房屋内部多个相同的使用空间,对窗户进行分组排列,立面上反映了室内使用空间的内容和分间情况。

把墙面做方向上的划分,也可以达到上述的目的。竖向划分使建筑立面具有挺拔、严肃的特点,横向划分则会给人以亲切、轻巧的感觉,在平面上同时运用竖向、横向两种划分手法,称为混合划分(见图4.21)。

建筑立面中存在着"虚"与"实"的组合搭配问题,"虚"是指立面上的空虚部分,即窗、空廊、玻璃幕墙、漏空花饰及阳台等突出体产生的阴影;"实"是指立面上的实体部分,包括墙、柱、阳台、雨篷、栏板等可见的、不透明的实体。虚实对比是指由于形体凹凸的光影效果所形成的比较强烈的明暗对比关系,例如墙面实体和门窗洞口、栏板和凹廊、柱墩和门廊之间的明暗对比关系等。不同的虚实对比给人们以不同的感觉,"虚"的部分给人开敞、轻巧、通透的感觉,"实"的部分给人封闭、厚重、坚实的感觉,利用二者之间的强烈对比反差,能够达到特有的立面艺术效果,如图4.22所示。

图 4.21 立面节奏处理

3. 立面线条处理

任何线条本身都具有特殊的表现力和多种造型的功能。从方向变化来看,垂直线挺拔、向上;水平线舒展、亲切;斜线具有动感;曲线流畅、活跃;网络线图案效果丰富、生动、活泼。从粗细、曲折变化来看,粗线条表现厚重、有力;细线条表现精致、柔和;直线表现刚强、坚定;曲线则显得优雅、轻盈。建筑立面上客观存在着各种各样的线条,如立柱、墙垛、窗台、遮阳板、栏板、窗间墙、分格线等,建筑立面造型中千姿百态的优美形象也正是通过各种线条在位置、粗细、长短、方向、曲直、疏密、凹凸等方面的变化而形成的。

4. 材料的质感和色彩配置

合理地选择和搭配材料的质感和色彩,可以使建筑立面更加丰富多彩。材料质感和色彩的选择、配置是使建筑立面进一步取得丰富生动效果的又一重要手段,一般来说,粗糙

(a) (b)

图 4.22 立面的虚实对比

(a) 以实为主——联想北京研发基地；(b) 以虚为主——得克萨斯现代艺术博物馆

的混凝土或砖石表面显得较为厚重；平整而光滑的面砖以及金属、玻璃的表面感觉比较轻巧细腻。浅色调使人感到明快、清新；深色调使人感到端庄、稳重；冷色调使人感到宁静；暖色调使人感到热烈。在建筑立面上恰当地利用材料的质感和色彩的特点，往往会获得事半功倍的良好效果（见图 4.23）。

建筑色彩的处理包括大面积基色调的选择和墙面上不同色彩的构图两个方面的问题。立面色彩处理应注意以下几个问题：①色彩处理要注意统一与变化，并掌握好尺度；②色彩处理应与建筑性格特征相适应，如医院建筑宜用白色或浅色调，商业建筑常用暖色调；③色彩运用应与环境相协调，避免与环境空间对比过大而格格不入；④色彩运用应适应所在地区的气候特点，炎热地区多用冷色调，寒冷地区宜用暖色调；⑤此外还应考虑天空色彩的明暗，如常年阴雨天多、天空透明度低的地区宜选用明朗光亮的色彩。

图 4.24 所示的巴塞罗那国际博览会德国馆主厅采用了 8 根金属柱子和大理石与玻璃构成的墙板，整个建筑没有附加的雕刻装饰，然而对建筑材料的颜色、纹理、质地的选择十分精细，搭配考究，比例精当，使整个建筑物显出高贵、雅致、生动、鲜亮的品质，展示了极高的建筑艺术质量。

5. 重点及细部处理

对重点部位进行细部处理是建筑立面设计的一个重要手法，可以对建筑立面形象起到

4.2 建筑立面

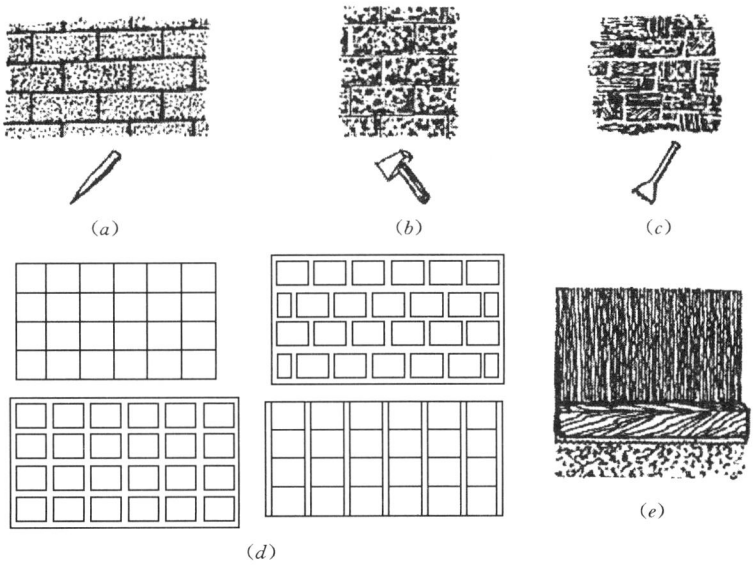

图 4.23 不同材料质感示例
(a) 棱点斧剁石立面；(b) 花锤斧剁石立面；(c) 立纹斧剁石立面；
(d) 面砖立面；(e) 拉假石立面

图 4.24 巴塞罗那国际博览会德国馆

画龙点睛的作用。一般是把建筑立面中醒目、与人活动范围接近的部位作为重点加以处理，这既是立面设计的要求，也是使用功能的需要。这些重点部位通过包括屋顶、檐口、窗洞、阳台、临街立面等，需要注意的是，重点部位仍是建筑立面的一部分，其风格、特征应与建筑整体相统一。

一幢功能适用、形象美观的建筑物,是平面、剖面、立面、体型、环境各方面因素有机联系、互相协调的结果。在进行建筑设计的过程中应当对这些因素综合考虑、反复推敲,创造出满足人们生活和生产活动需要的、具有完美形象的建筑物。

建筑物的主要出入口和楼梯间等部位,是人们经常经过和接触的地方,在使用上要求这些部位应醒目明显,相应的也应该对这些部位进行重点处理。例如由著名建筑师贝聿铭设计的法国卢浮宫入口处是一座全透明玻璃金字塔形建筑,高 21m,底宽 30m,四个侧面由 673 块菱形玻璃拼组而成,入口本身就是一件杰出的艺术品,见图 4.25;而华盛顿国家美术馆东馆入口则宽阔醒目,朴素亲切,如图 4.26 所示。

图 4.25　法国卢浮宫入口处

图 4.26　华盛顿国家美术馆东馆入口处

建筑立面细部一般是指漏窗、栏杆、遮阳板、勒脚、檐口、阳台、雨篷、窗台、窗间墙、柱子等部位，这些部位在设计中也要给予足够的重视（见图4.27、图4.28）。建筑立面的细部处理，不应作为孤立的装饰设计来看待，而要尽可能结合立面构部件本身进行艺术加工，达到表现建筑类型的特征、加强建筑体型和立面统一完整性的效果，使整幢建筑物具有更为完美和丰富的建筑形象。

图 4.27 建筑立面细部处理示例

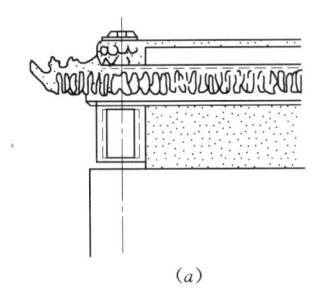 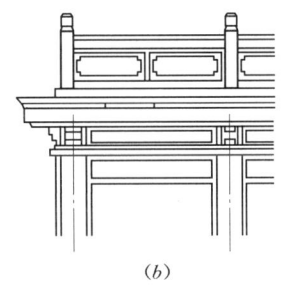 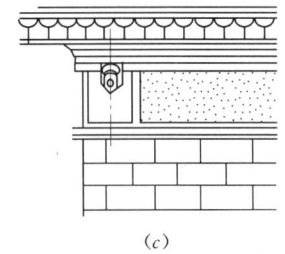

(a)　　　　　　　　　(b)　　　　　　　　　(c)

图 4.28 檐口细部处理示例

本 章 小 结

建筑的外部形象包括体型和立面两个方面，单体建筑外部形象受到建筑内因和建筑外因两个方面的影响和制约。

建筑体型和立面设计，必须符合建筑造型和立面构图方面的规律性，如均衡、韵律、对比、统一等，把适用、经济、美观三者有机地结合起来。建筑体型组合应遵循建筑美的基本法则，如统一、均衡、稳定、对比、韵律、比例、尺度等。

常用建筑体型组合方式包括简单几何体体型组合法、单元式体型组合、复杂体型组合法等，同时应处理好体型的转折与转角部分以及体量的联系与交接。

建筑立面是建筑物各个墙面的外部形象，由墙体、梁柱、门窗、阳台、勒脚、檐口、线脚、花饰等部分组成，恰当地确定立面中这些组成部分和构件的比例、尺度、质感、色彩，运用节奏韵律、虚实对比等规律，设计出体型完整，形式与内容统一的建筑立面，是立面设计的主要任务。

立面设计要紧密结合建筑内部空间、使用功能、技术经济条件来进行，重点是造型和构图问题。

建筑立面设计的步骤通常是先根据初步确定的房屋内部空间组合的剖面关系描绘出房屋各个立面的基本轮廓，再推敲立面各部分总的比例关系，考虑建筑整体几个立面之间的统一，相邻立面间的连接和协调等问题，然后着重分析各个立面上墙面的处理、门窗的调整安排等，最后对入口门厅、建筑装饰等进一步作重点及细部处理。

习　题

4.1　影响建筑体型和立面设计的因素有哪些？

4.2　建筑体型及立面设计的美学原则中，统一与变化、均衡与稳定、韵律、比例、对比、尺度的含义各是什么？

4.3　结合建筑实例论述建筑形式美学原则的应用。

4.4　建筑体型组合的方式有哪些？举例说明。

4.5　建筑体型的转折和转角如何处理？

4.6　建筑立面设计中对质感和色彩设计有哪些处理手法？

4.7　举例说明建筑"虚"和"实"的含义及应用。

4.8　结合建筑实例谈一谈重点及细部的处理。

第5章 建筑剖面设计

本章学习目标：

通过本章的学习，了解建筑物空间组合、空间利用的方法；理解房屋各部分高度、剖面形状及建筑物层数的确定；掌握房屋层高、净高的概念及其影响因素。

建筑剖面设计是建筑设计的基本组成内容之一，它是根据建筑物的用途、规模、环境条件及使用要求解决建筑物各部分在高度方向的布置问题。具体内容包括：确定建筑物的层数，决定建筑各部分在高度方向上的尺寸，进行建筑空间组合，处理室内空间并加以利用，分析建筑剖面中的结构、构造关系等。另外，由于设计中有些问题需要平、立、剖面结合在一起才能解决，在剖面设计中应同时考虑平面和立面设计，这样才能使设计更加完善合理。

5.1 房间的剖面形状

房间的剖面形状主要是根据使用要求、经济技术条件及特定的艺术构思确定的，既要适合使用，又要达到一定的艺术效果。房间的剖面形状有矩形和非矩形两大类，大多数建筑均采用矩形，这是因为矩形剖面简单、规整、便于竖向的空间组合，容易获得简洁而完整的体型，同时结构简单、施工方便。非矩形剖面常用于有特殊使用要求的建筑或是采用特殊结构形式的建筑。影响房间剖面形状的因素有使用要求，结构、材料、施工的影响和采光、通风的要求等。

1. 使用要求对剖面形状的影响

在民用建筑中，大多数建筑对音质和视线的要求较低，矩形剖面能满足正常使用，因此住宅、办公、旅馆等建筑大多采用矩形剖面。

有特殊音质和视线要求的房间主要是影剧院的观众厅、体育馆的比赛大厅、教学楼的阶梯教室等，这些房间为了满足一定的视线要求，其剖面会采用特殊形式，室内地面按一定的坡度变化升起，设计视点越低，地面升起坡度越大，如图5.1、图5.2所示。

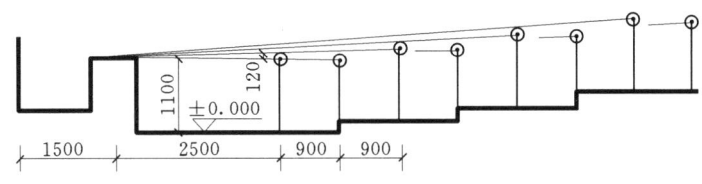

图 5.1 阶梯教室地面升起示意

观看行为不同，设计视点的选择高度也不相同。电影院的视点高度选在银幕底边中心点，这样就可以保证人的视线能够看到银幕的全画面；体育馆常要进行多种比赛，视点选择多以较不利观看的篮球比赛为依据，视点高度选在篮球场边线上空 300～500mm 处；

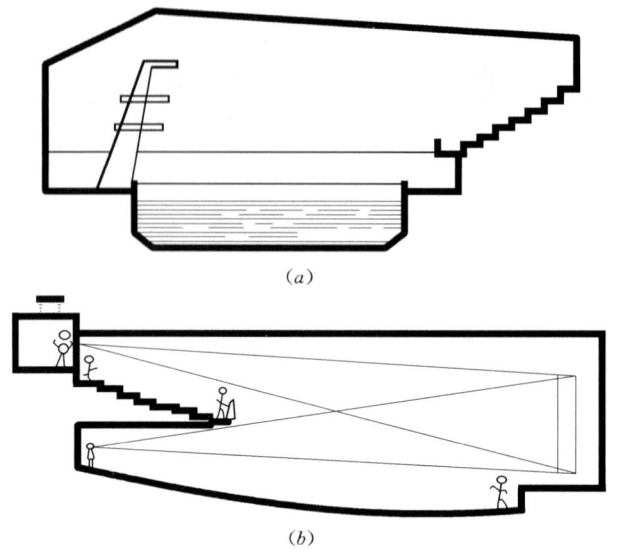

图 5.2 特殊使用功能要求的剖面形式

阶梯教室视点高度常选在讲台桌面，大约距地面 1100mm 处；剧院的视点高度一般定于大幕在舞台面上水平投影的中心点。设计视点确定后，就要进行地面起坡计算，首先要确定每排视线升高值。每排视线升高值应等于后排观众的视线与前排观众眼睛之间的视高差，一般定为 120mm，当座位错位排列时，每排视线升高值为 60mm。

为达到良好的室内音质效果，保证室内声场分布均匀，避免产生有害声现象（回声、声聚焦等），在剖面设计中还要注意对顶棚的形状和材料进行设计，使其一次反射声均匀分布（见图 5.3）。

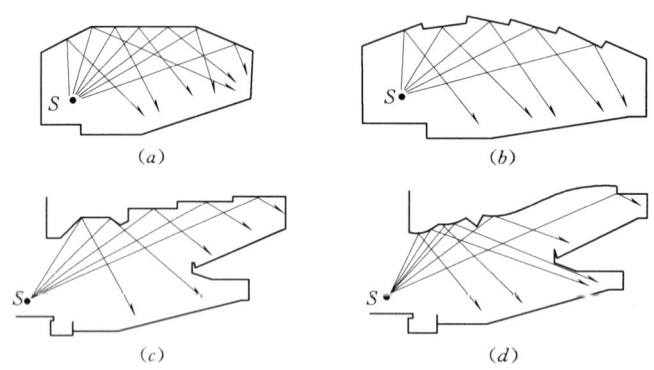

图 5.3 剧院顶棚形状与回声的关系

2. 结构、材料和施工对剖面形状的影响

房间的剖面形状还应考虑结构类型、材料及施工技术的影响。大跨度建筑的房间剖面由于结构形式的不同而形成不同的内部空间特征。当房屋采用梁板结构时，剖面形状一般为矩形，当房屋采用拱结构、壳体结构、悬索结构等结构类型时，其剖面形状也各有不同（见图 5.4、图 5.5）。

5.1 房间的剖面形状

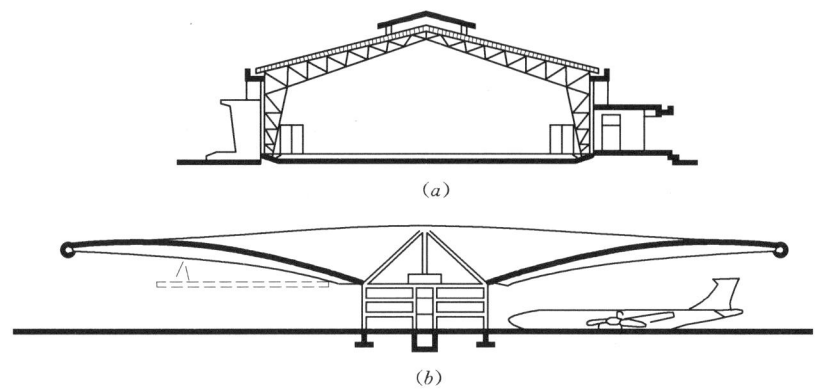

图 5.4 结构形式影响剖面形状

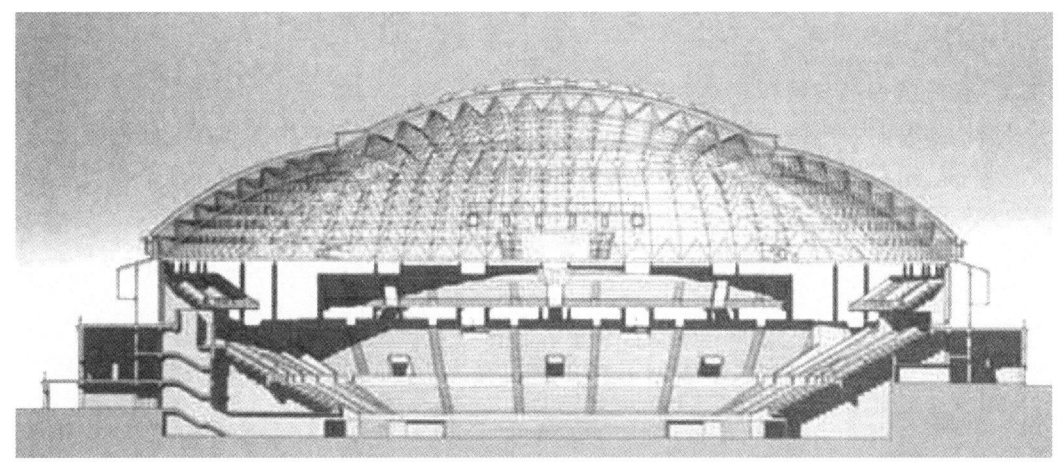

图 5.5 巴塞罗那奥运会体育馆比赛大厅

3. 采光、通风要求对剖面形状的影响

室内光线的强弱和照度是否均匀，除了和平面中窗户的宽度及位置有关外，还和窗户在剖面中的高低有关。房间里光线的照射深度主要靠侧窗的高度来解决，进深越大，要求侧窗上沿的位置越高，即相应房间的净高也要高一些。

单层房屋中进深较大的房间，从改善室内采光通风条件考虑，常在屋顶设置各种形式的天窗，使房间的剖面形状具有明显的特点。例如大型展览馆、室内游泳池等建筑，主要大厅常以天窗的顶光和侧光相结合的布置方式以提高室内采光质量，如图 5.6、图 5.7 所示。

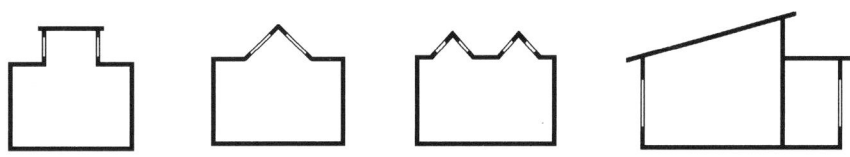

图 5.6 采光方式对剖面形状的影响

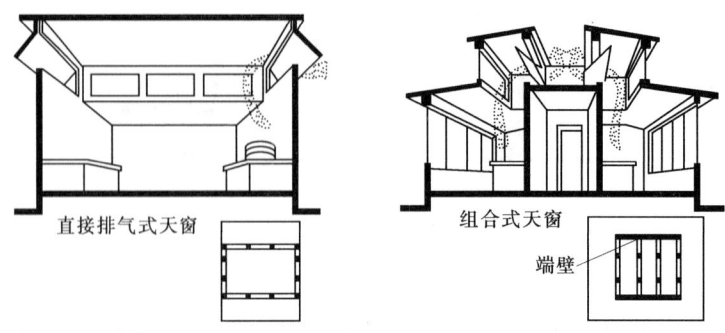

图 5.7 通风方式对剖面形状的影响

5.2 建筑高度的确定

5.2.1 房间的净高与层高

净高是房间内地坪或楼板面到顶棚或其他突出于顶棚之下的构件底面之间的距离。

层高是该层的地坪或楼板面到上层楼板面的距离，即该层房间的净高加上楼板层的结构厚度（包括梁高），如图 5.8 所示。

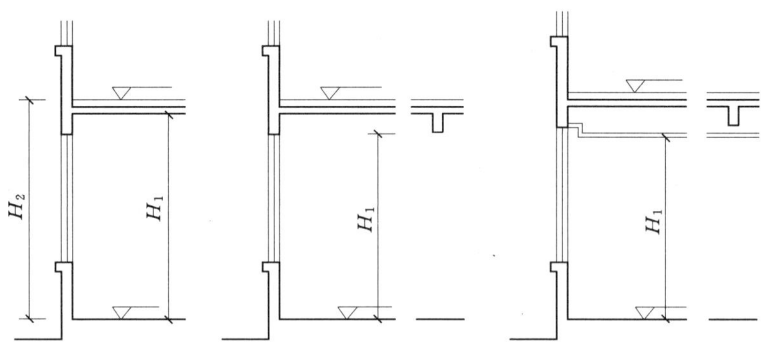

图 5.8 净高与层高
H_1—净高；H_2—层高

5.2.2 影响房间的净高与层高的因素

影响房间层高和净高的因素有人体活动及家具设备的要求、采光与通风的要求、经济效益的要求、结构类型的要求和室内空间比例的要求。

1. 人体活动及家具设备的要求

房间的高度与人体活动尺度、室内使用性质、家具设备设置等密切相关。在民用建筑中，对房间高度有一定影响的设备布置主要有顶棚部分嵌入或悬吊的灯具、顶棚内外的一些空调管道以及其他设备所占的空间。

一般来说，室内净高最小为 2.2m，住宅净高应不小于 2.4m；使用人数较多、面积较大的公共房间如教室、办公室等，室内净高常为 3.0~3.3m；集体宿舍考虑布置双层床，净高不小于 3.2m；医院手术室考虑手术台、无影灯所占尺寸及操作空间，净高一般不小于 3.0m；如图 5.9 所示。

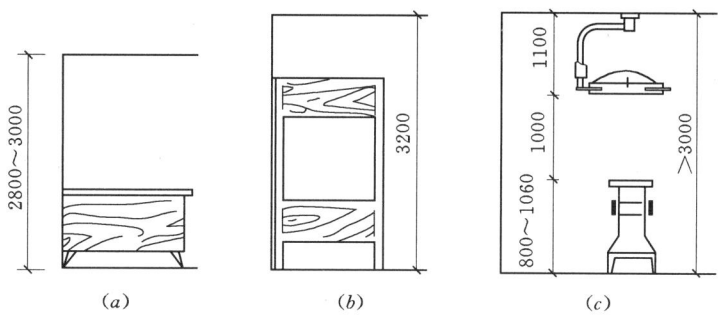

图 5.9 家具设备对房间净高的影响
(a) 单层床；(b) 双层床；(c) 手术室无影灯

2. 采光、通风等卫生要求

房间的高度应有利于天然采光和自然通风，以保证房间有必要的卫生条件。一般来讲，房间进深大或要求光线照射较深处的房间，层高应大些。在一些大进深的单层房屋中，为了使室内光线分布均匀，可在屋顶设置各种形式的天窗，形成不同的剖面形式。

通常当房间采用单侧采光时，窗户上沿离地的高度应大于房间进深的一半，当房间采用双侧采光时，窗户上沿离地面的高度应大于房间进深的 1/4，如图 5.10 所示。对于容纳人数较多的公共建筑，除组织好通风外，还应考虑房间必要的空气容量，具体取值与房间的用途有关，如中小学教室为 $3\sim5m^3$/人，影剧院观众厅为 $4\sim5m^3$/座，房间所需空气容积也影响到室内净高。

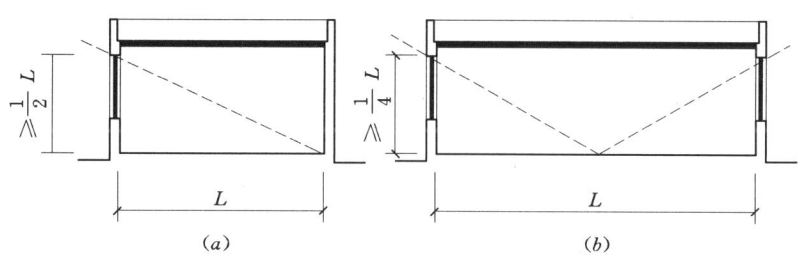

图 5.10 采光对房间高度的影响
(a) 单侧采光；(b) 双侧采光

房间内的通风要求和室内进出风口在剖面上的高低位置，也对房间净高的确定有一定影响。温湿和炎热地区的民用房屋经常利用空气的气压差对室内组织穿堂风，如在内墙上开设高窗或在门上设置亮子，使气流通过内外墙的窗户，组织室内通风。南方地区的一些商店，也常在营业厅外墙橱窗上下的墙面部分加设通风铁栅和玻璃百页的进出风口以组织室内通风，从而改善营业厅内的通风和采光条件。

3. 建筑经济方面的要求

为追求节约，在满足各项使用功能要求的前提下，应尽可能的降低层高。据测算，一一般多层砖混结构的层高每降低 100mm，可节省造价约 1%。降低层高，还可以减少墙体、管线等材料用量，且可减轻房屋的自重、减少围护结构面积、降低能耗、改善结构受力。层高降低又导致建筑总高度降低，从而缩小房屋间距，节约用地。

4. 结构高度和构造方式的要求

在房间的剖面设计中，梁、板等结构构件的厚度，墙、柱等构件的稳定性，以及空间结构的形状、高度对剖面设计都有一定影响，如图 5.11 所示。例如砖混结构中，钢筋混凝土梁的高度通常为跨度的 1/12 左右。由于梁底下凸较多，楼板层结构厚度较大，相应房间的净高降低，如改用花篮梁的梁板搭接方式，楼板结构层的厚度减小，在层高不变的情况下，提高了房间的使用空间；承重墙由于墙体稳定的高厚比要求，当墙厚不变时，对房间的高度也受到一定的限制；框架结构系统，由于改善了构件的受力性能，能适应空间较高要求的房间，但此时也要考虑柱子断面尺寸和高度之间的长细比要求。

空间结构是另一种不同的结构系统，它的高度和剖面形状是多种多样的。选用空间结构时，要尽可能和室内使用活动特点所要求的剖面形状结合起来。例如薄壳结构的体育馆比赛大厅，结合考虑了球类活动和观众看台所需要的不同高度；悬索结构的电影观众厅，要使电影放映、银幕、座位部分的不同高度要求和悬索结构形成的剖面形状结合起来。

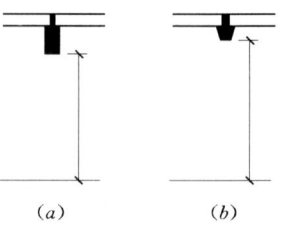

图 5.11 结构对层高、净高的影响
(a) 一般搭接；(b) 花篮梁搭接

5. 室内空间比例的要求

室内空间的封闭和开敞、宽大和矮小、比例协调与否都会给人不同的感受。高而窄的空间易使人产生兴奋、激昂、向上的情感，且具有严肃性；矮而宽的空间使人感觉宁静、开阔、亲切，但也可能带来压抑、沉闷的感觉。一般情况下面积大的房间净高、层高应大一些，避免给人压抑感；面积小的房间高度则应小一些，避免给人局促感。一般建筑的空间比例（高宽比）在 1∶1.5～1∶3 之间较合适，如图 5.12 所示。要改变房间比例不协调或空间观感不好的情况，通常需要改变某些尺度，也就会涉及和影响到房屋的高度。

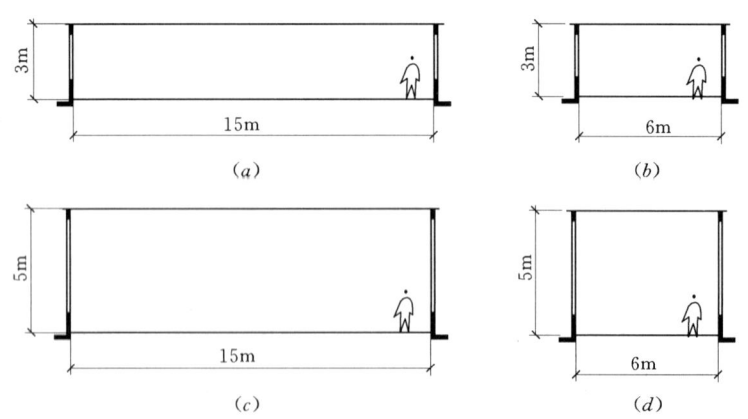

图 5.12 空间比例对净高的影响
(a) 较压抑 (1∶5)；(b) 较合适 (1∶2)；(c) 较合适 (1∶3)；(d) 较空旷 (1∶1.2)

5.2.3 窗台的高度

窗台的高度主要根据室内的使用要求、人体尺度和家具设备的高度来确定，如图 5.13 所示。

一般民用建筑中生活、学习或工作用房，窗台的高度应与房间的工作面一致，通常采用 900mm 左右，这样的尺寸和桌子的高度（约 800mm）、人正坐时的视线高度（约 1200mm）配合比较恰当；幼儿园建筑结合儿童尺度，活动室的窗台高度常采用 700mm 左右；对疗养建筑和风景区的建筑，由于要求室内阳光充足或便于观赏室外景色，常降低窗台高度或做成落地窗；对展览建筑，由于室内需利用墙面布置展品，并保证窗台到陈列品的距离形成 14°保护角，常将窗台提高到 2500mm 左右；一些有私密性要求的房间如浴室等，其窗台高度一般为 1800mm，以利于遮挡视线。

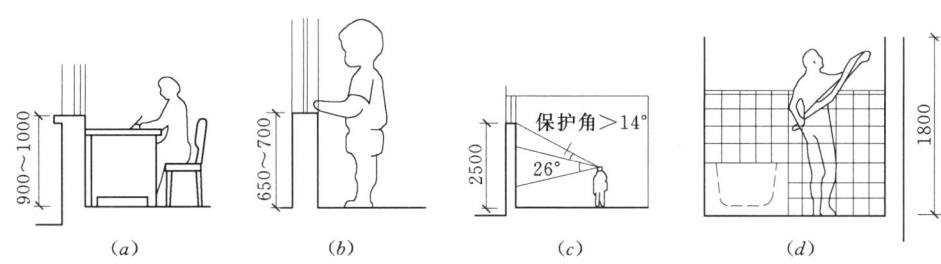

图 5.13 窗台高度

(a) 一般民用建筑；(b) 儿童用房的窗台高度；(c) 展览建筑；(d) 卫生间

5.2.4 室内外高差

为了防止室外雨水倒灌和墙体受潮，同时避免因建筑物沉降导致室内地面降低，室内外地面应有一定高差。考虑到正常的使用、建筑物的沉降量和施工经济因素，室内外高差一般在 150～600mm 之间。纪念性建筑和某些大型公共建筑常借助于增大室内外高差增强严肃、庄重、雄伟的气氛。仓库、厂房等建筑物要求室内外联系方便，保证车辆的出入，高差应做得小一点，并且只作坡道不做台阶。

当建筑物所在基地的地形起伏变化较大时，需要根据地段道路标高、施工时的土方量以及基地的排水条件等因素综合分析后确定合理的室内外高差。

建筑设计常取底层室内地坪相对标高为±0.000，低于底层地坪为负值，高于底层地坪为正值。同一层各个房间的地面标高要一致，以方便行走。对于一些易积水或经常需要冲洗的房间，如开敞的外廊、阳台、浴室、厕所、厨房等，其地面标高应比其他房间稍低一些（约 20～50mm），以免积水外溢，影响其他房间的使用（见图 5.14）。

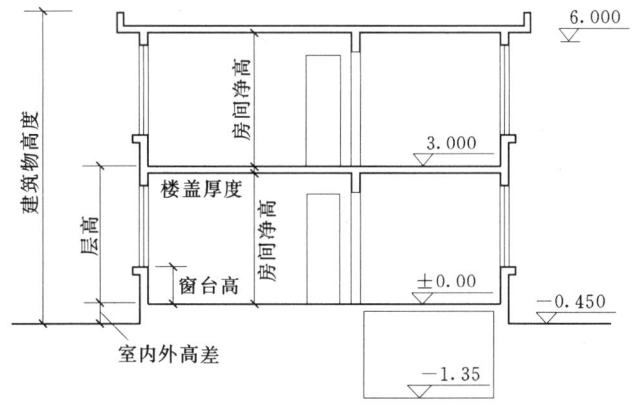

图 5.14 建筑各部分高度示意

5.3 建筑层数的确定

建筑层数是在方案设计阶段就需要确定的问题,它影响着建筑各层平面布置和立面、剖面高度的确定。影响建筑层数确定的因素很多,主要有建筑的使用性质、选用的结构和材料要求、城市规划的要求、建筑防火以及经济因素等。

1. 使用性质对建筑层数的影响

建筑物的使用性质不同,其对房屋的层数要求也不相同。例如,医院门诊楼、幼儿园、疗养院等建筑物,因为使用者活动不便,为安全及方便使用,一般以建1～3层为宜;中小学教学楼不宜超过4层;大量建设的住宅、办公楼、旅馆等宜建成多层,当设置电梯时也可建高层;影剧院、体育馆、车站等建筑物,考虑到人流集散方便,宜建单层或以低层为主。

2. 结构类型和材料对建筑层数的影响

建筑物的结构类型不同,使用的主要建材不同,其合理的层数也不同。如砖混结构一般以6层以下为宜;钢筋混凝土框架结构,不宜超过20层;剪力墙结构不宜超过35层;框架—剪力墙结构不宜超过50层;各种空间结构(如折板、薄壳、悬索结构)适用于单层、低层大跨建筑。如果处在有抗震设防要求的地区,根据结构形式和地震烈度的不同,建筑物允许建造的层数还要受到抗震规范的限制。

3. 基地环境和规划要求对建筑层数的影响

城市规划从改善城市面貌和节约用地考虑,常对位于城市干道两侧、广场周围、道路交叉口的新建房屋,明确规定建造的层数或建筑高度;位于城市航空港附近的一定地区,从飞行安全考虑也对新建房屋层数和总高有所限制;位于风景区的建筑,其体量和造型对周围景观有很大影响,为了使建筑与环境相协调,一般不宜建造体量大、层数多的建筑物。

4. 防火要求对建筑层数的影响

建筑物的耐火等级不同,允许的建筑层数也不同。根据GB50016—2006《建筑设计防火规范》的规定,一、二级耐火等级的多层房屋,层数原则上不受限制;三级耐火等级应建5层及5层以下;四级耐火等级的房屋应建2层及2层以下(见表5.1)。

5. 经济因素对建筑层数的影响

建筑层数和造价关系密切,大量建造的房屋如住宅,在一定范围内适当增加房屋层数,可以降低住宅的造价。一般来说,随着层数的增加,占地面积减少,相应的费用减少;但达到一定层数以上时,受力、结构等发生变化,单方造价会明显上升。通常砖混结构住宅层数以5～6层比较经济,但如果综合考虑征地、拆迁、小区建设及市政设施等投资费用,10～12层住宅也可能是比较经济合理的层数。

建筑层数与造价的关系还体现在建筑群体设计方面,一般单体建筑的层数越多用地越经济,将一幢5层房屋与5幢单层房屋相比,在保证日照间距的情况下,用地面积相差近2倍,如图5.15所示。

5.4 建筑剖面组合和空间处理

表 5.1 民用建筑的耐火等级、层数、长度和建筑面积

耐火等级	最多允许层数	防火分区间		备 注
		最大允许长度（m）	每层最大允许建筑面积（m²）	
一、二级	按本规范规定	150	2500	1. 体育馆、剧院、展览建筑等的观众厅、展览厅的长度和面积可以根据需要确定； 2. 托儿所、幼儿园的儿童用房及儿童游乐厅等儿童活动场所不应设置在4层及4层以上或地下、半地下建筑内
三级	5	100	1200	1. 托儿所、幼儿园的儿童用房及儿童游乐厅等儿童活动场所和医院、疗养院的住院部分不应设置在3层及3层以上或地下、半地下建筑内； 2. 商店、学校、电影院、剧院、礼堂、食堂、菜市场不应超过2层
四级	2	60	600	学校、食堂、托儿所、幼儿园、医院、菜市场等不应超过1层

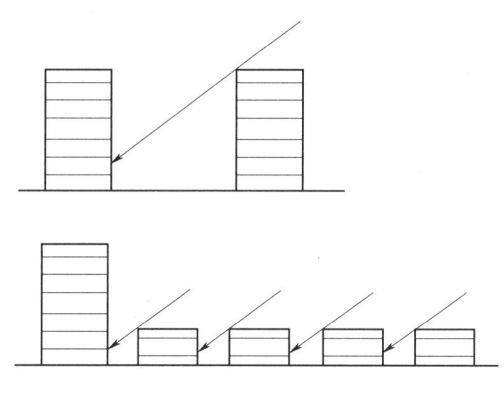

图 5.15 单层与多层房屋用地比较

5.4 建筑剖面组合和空间处理

5.4.1 建筑剖面的组合原则

一栋建筑物包括许多空间，它们的用途、面积和高度各有不同，在垂直方向上应当考虑各种不同高度房间合理的空间组合，以取得协调统一的效果。

建筑剖面的组合方式，主要是由建筑物中各类房间的高度和剖面形状、房屋的使用要求、结构布置特点等因素决定的。建筑剖面组合应遵循以下原则：首先根据功能和使用要求进行剖面组合，一般把对外联系较密切，人员出入多或室内有大型设备的房间放在底层，把对外联系不多、人员出入少、要求安静的房间放在上部；其次根据建筑各部分高度进行剖面组合，高度相同或相近的房间，如果使用关系密切（例如普通教室和实验室、卧

室和起居室等），调整高度相同后布置在同一层上；如果调整成相同高度困难，可根据各个房间实际的高度进行组合，形成高度变化的剖面形式，如图 5.16 所示。

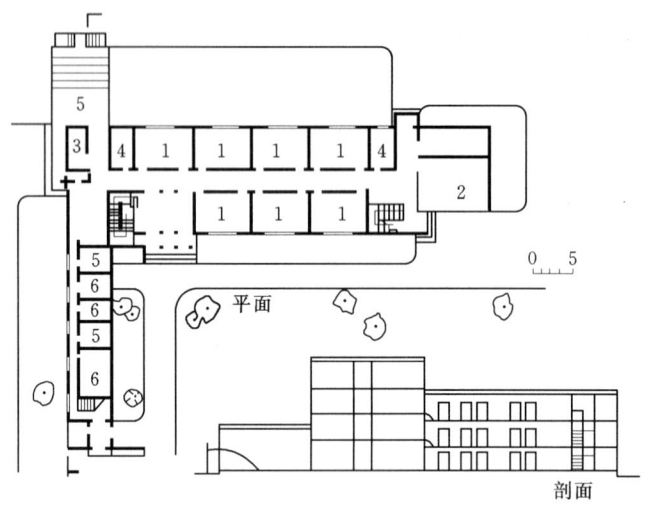

图 5.16 某中学教学楼剖面组合
1—教室；2—阅览室；3—贮藏室；4—厕所；5—阶梯教室；6—办公室

在多层和高层建筑中，对于层高相差较大的房间，可以把少量面积较大、层高较高的房间布置在底层、顶层或作为单独部分以裙房的形式依附于主体建筑之外，如图 5.17 所示。

对于高度相差特别大的建筑，如体育馆和影剧院的比赛厅、观众厅与办公室、厕所等空间，实际设计中常利用大厅的起坡、看台等特点，把辅助用房布置在看台以下或大厅四周。

楼梯在剖面中的位置，是和楼梯在平面中的位置以及平面组合关系紧密联系的。由于采光通风的要求，通常楼梯

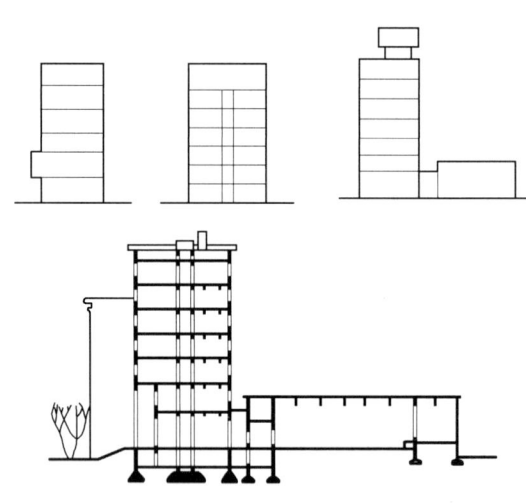

图 5.17 多层建筑中高差较大的房间组合

沿外墙设置，进深较大的外廊式房屋，由于采光通风容易解决，楼梯可在中部。多层住宅为了节约用地，加大房屋的进深，当楼梯设置在房屋中部时，常在楼梯边安排小天井，以解决楼梯和中部房间的采光通风问题。低层房屋也可以楼梯上部的屋顶开设天窗，通过梯段之间的楼梯井采光。

5.4.2 建筑剖面的组合形式

1. 单层组合

单层剖面便于房屋中各部分人流或物品和室外直接联系，它适用于覆盖面及跨度较大

的结构布置，一些顶部要求自然采光和通风的房屋，也常采用单层的剖面组合方式，如体育馆、会场、车站、展览大厅等大多采用单层的组合形式，如图 5.18 所示。

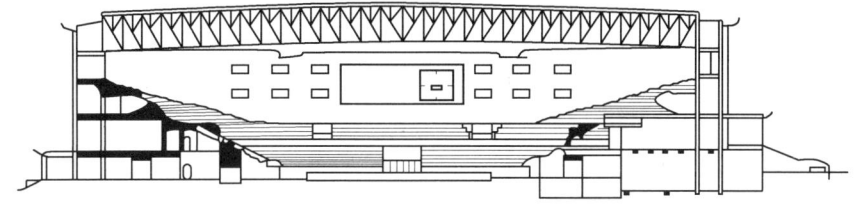

图 5.18　体育馆剖面的组合

2. 多层和高层组合

多层剖面的室内交通联系比较紧凑，适用于有较多相同高度房间的组合，垂直交通通过楼梯联系。多层剖面的组合应注意上下层墙、柱等承重构件的对应关系，以及各层之间相应的面积分配。许多单元式平面的住宅和走廊式平面的学校、宿舍、办公、医院等房屋的剖面，较多采用多层的组合方式，如图 5.19 所示。

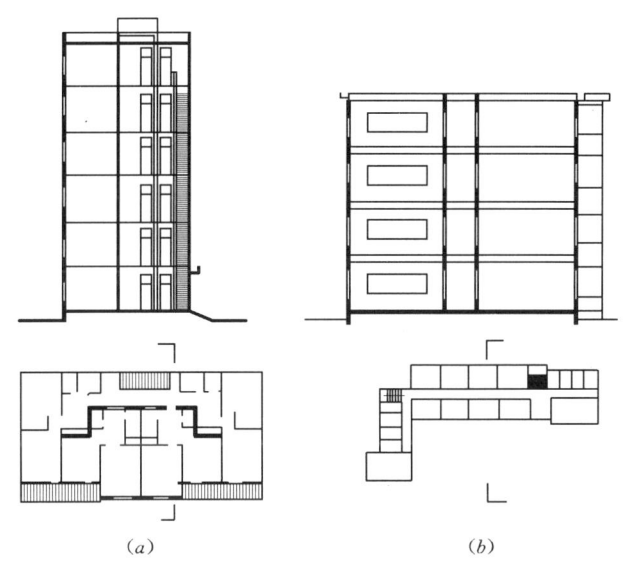

图 5.19　多层剖面组合形式
(a) 单元式住宅；(b) 内廊式教学楼

一些建筑类型如旅馆、办公楼等，由于城市用地、规划布局等因素，也有采用高层剖面的组合方式，大城市中有的居住区内，根据所在地段和用地情况考虑已建成了一些高层住宅。高层剖面能在占地面积较小的条件下建造使用面积较多的房屋，这种组合方式有利于室外辅助设施和绿化等的布置。但是高层建筑的垂直交通需用电梯联系，管道设备等设施也较复杂，使其费用较高。由于高层房屋承受侧向风力的问题比较突出，因此通常以框架结合剪力墙或把电梯间、楼梯间和设备管线组织在竖向筒体中，以加强房屋的刚度，如图 5.20 所示。

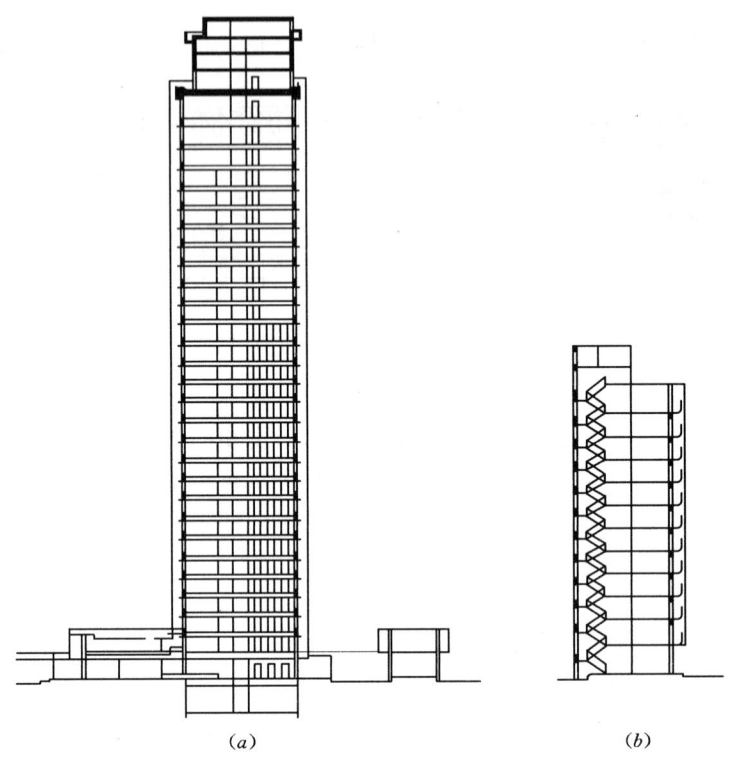

图 5.20 高层的组合形式
(a) 广州白云宾馆；(b) 上海漕溪路高层住宅

3. 错层和跃层组合

当建筑物内部出现高低差或受地形条件限制时，可采用错层。错层还适用于结合坡地地形建造的住宅、宿舍等建筑类型。

房屋剖面中的错层高差常有以下三种方法解决：利用踏步解决错层高差；利用室外台阶解决错层高差；利用楼梯间解决错层高差，即通过选用不同数量的梯段，调整梯段的踏步数，使休息平台的标高和错层楼地面标高一致（见图 5.21）。

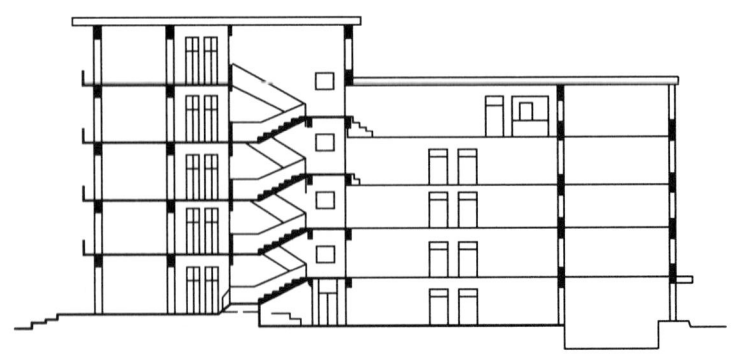

图 5.21 以楼梯间解决错层高差

5.4 建筑剖面组合和空间处理

跃层式住宅是近年来出现的一种新颖住宅建筑形式。这类住宅的特点是住宅占有上下两层楼面，卧室、起居室、客厅、卫生间、厨房及其他辅助用房可以分层布置，上下层之间的交通不通过公共楼梯而采用户内独用小楼梯连接。跃层式住宅的优点是每户都有2层或2层合一的采光面，即使朝向不好，也可通过增大采光面积弥补，通风较好，户内居住面积和辅助面积较大，布局紧凑，功能明确，相互干扰较小，但结构布置和施工比较复杂（见图5.22）。

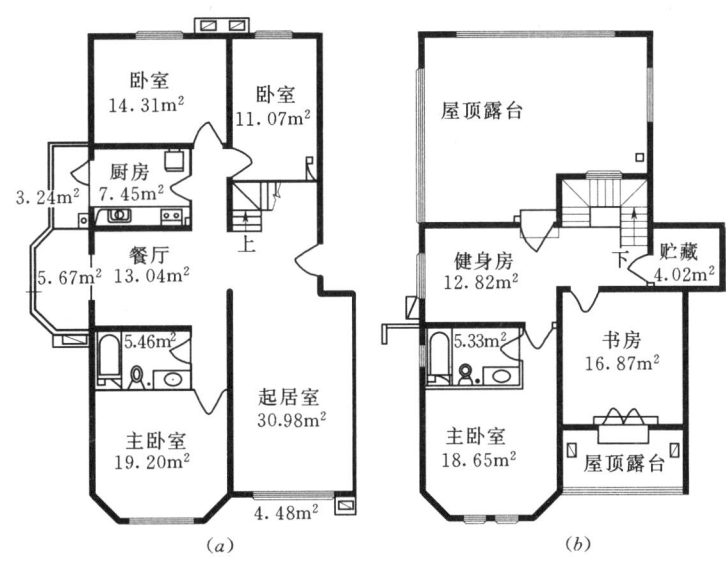

图 5.22 跃层住宅平面
(a) 底层平面；(b) 二层平面

5.4.3 建筑空间处理

建筑空间处理，是在满足建筑功能要求的前提下，对空间进行一定的艺术处理，来满足人们精神上的要求。室内空间处理的手法多种多样，如空间的形状、大小与比例尺度，空间的联系与分隔划分等。

1. 空间的形状、大小与比例尺度

不同形状的室内空间，给人的感觉是不同的。在确定空间形状时，必须把建筑的使用功能和艺术要求结合起来考虑，要获得良好的空间艺术效果，必须认真处理空间的形状、尺度与比例。如一个纵向狭长的空间会自然产生强烈的导向感，能引导人流沿纵深方向前进；一个面积不大而高度较大的空间易形成严肃、庄重的感觉，如图 5.23 所示；而一个面积大而高度低的空间则使人产生压抑、局促的感觉，如图 5.24 所示。

在公共建筑的空间尺度处理中存在功能尺度和视觉尺度的问题，功能尺度是根据建筑使用功能要求确定的尺度，视觉尺度是为了满足人的视觉和心理要求而确定的尺度，在进行空间处理时，我们一般以功能尺度为准，对于有特殊要求的空间再做视觉尺度的

图 5.23 面积小高度大的空间示意图

图 5.24 面积大高度小的空间示意图

处理。

2. 室内空间的划分

室内空间的划分是根据室内使用要求来创造所谓空间里的空间，可以按照功能需求作种种处理，随着应用物质的多样化，加上采光、照明的光影、明暗、虚实，陈设的简繁及空间曲折、大小、高低和艺术造型等种种手法，都能产生形态繁多的空间划分。现代建筑因为具备了新结构、新设备、新材料的物质条件，并且更加强调了人的行为活动，所以新的空间围合手法层出不穷，如采用博古架、落地罩、帷幕进行空间分隔；用家具设备进行空间分隔；用地面、顶棚的升降进行空间分隔；用不同材料进行空间分隔等，如图 5.25 所示。

在进行空间划分时，还应注意空间的过渡处理，过渡空间是为了衬托主体空间，或对两个空间的联系起到承上启下的作用，加强空间层次感。如人们从外界进入建筑物内部时，常经过门廊（雨篷）、前厅，它们位于室内、外空间之间，起到空间过渡的作用。室内两个大体量空间之间，如果简单的相连接，会使人产生突然或单薄的感觉，但在两个大空间之间设置一个过渡空间，就可以加强空间的层次感和节奏感，如图 5.26 所示。

3. 建筑空间的利用

充分利用建筑物内部的空间，实际上是在建筑占地面积和平面布置基本不变的情况下，起到了扩大使用面积、丰富室内空间艺术效果的作用。

在人们室内活动和家具设备布置等必需的空间范围之外，可以充分利用房间内剩余部分的空间。例如在住宅卧室中利用床铺上部的空间设置吊柜；在厨房中设置搁板、壁龛和贮物柜；在室内设置到顶的组合柜；楼梯间的底部和顶部可以利用起来作为贮藏空间（见图 5.27）；坡屋顶住宅屋顶空间可以改造成阁楼加以利用（见图 5.28）。

在公共建筑中的营业厅、体育馆、影剧院、候机楼中，常采取在大空间周围布置夹层的方式，达到利用空间及丰富室内空间的效果；图书馆中净高较高的阅览室内可以设置夹层，以增加开架书库的使用面积（见图 5.29）；走道、门厅、楼梯的空间也可以作有效的利用，由于走道一般较窄并主要用作交通，其净高可以比其他房间低，走廊上部空间可以作为设置通风、照明设备和铺设管线的空间。

5.4 建筑剖面组合和空间处理

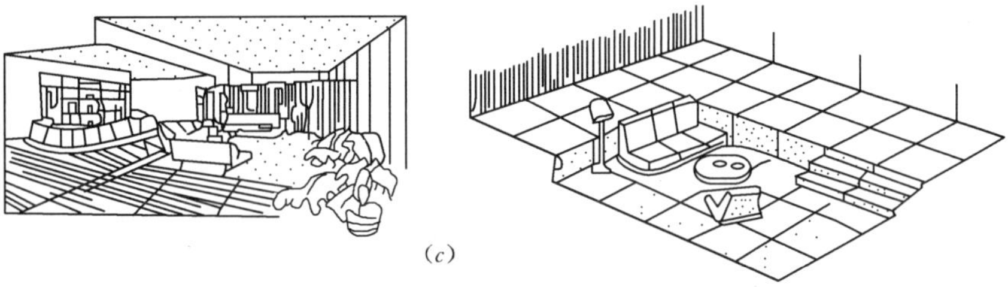

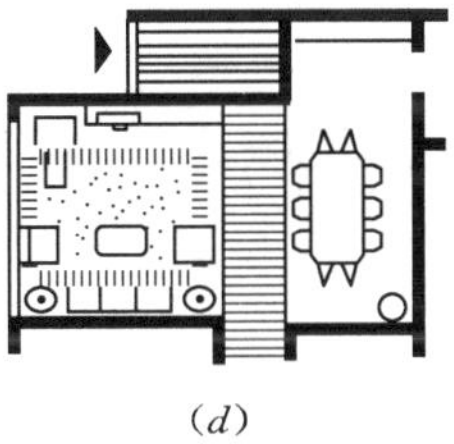

图 5.25 室内空间分隔
(a) 用博古架、帷幕分隔空间；(b) 用家具设备分隔空间；(c) 降低或提高顶棚、地面高度分隔空间；(d) 用不同材料分隔空间

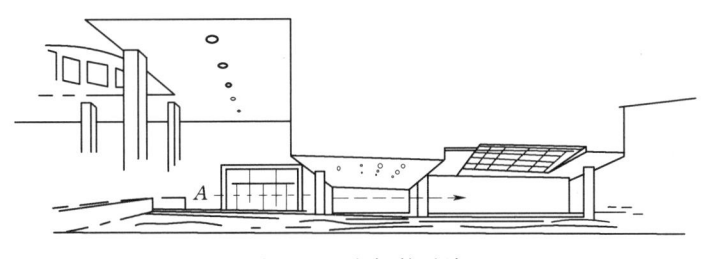

图 5.26 空间的过渡

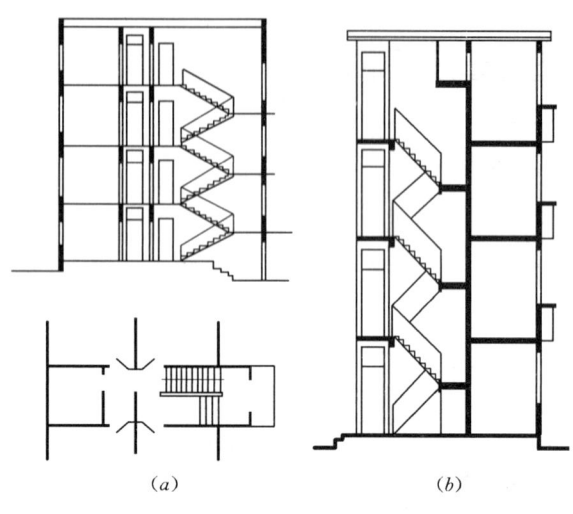

图 5.27 楼梯间的利用　　　　　　　　　　图 5.28 阁楼的空间利用
(a) 做单元出入口；(b) 顶层做贮藏室

图 5.29 阅览室利用空间设置开架书库

本 章 小 结

建筑剖面设计是根据建筑物的用途、规模、环境条件及使用要求解决建筑物各部分在高度方向的布置问题。具体包括确定建筑物的层数，决定建筑各部分在高度方向上的尺寸，进行建筑空间组合，处理室内空间并加以利用，分析建筑剖面中的结构、构造关系等内容。

房间的剖面形状有矩形和非矩形两大类，矩形剖面简单规则、施工方便，便于竖向的空间组合，容易获得简洁而完整的体型。非矩形剖面常用于有特殊使用要求的建筑或是采用特殊结构形式的建筑。影响房间剖面形状的因素有使用要求，结构、材料、施工的影响和采光、通风的要求等。

房间的净高是房间内地坪或楼板面到顶棚或其他突出于顶棚之下的构件底面之间的距离；层高是该层的地坪或楼板面到上层楼板面的距离。影响房间层高和净高的因素有人体活动及家具设备的要求、采光与通风的要求、经济效益的要求、结构类型的要求和室内空间比例的要求。

影响建筑层数确定的因素主要有建筑的使用性质、选用的结构和材料要求、城市规划的要求、建筑防火以及经济因素等。

建筑剖面的组合方式有单层组合、多层和高层组合、错层和跃层组合等，主要是由建筑物中各类房间的高度和剖面形状、房屋的使用要求、结构布置特点等因素决定的。

建筑空间处理，是在满足建筑功能要求的前提下，对空间进行一定的艺术处理，来满足人们精神上的要求。室内空间处理的手法包括空间的形状、大小与比例尺度，空间的联系与分隔划分等。

习　题

5.1　什么是房间的层高、净高？举例说明确定房间高度应考虑的因素。
5.2　如何进行剖面的空间组合？
5.3　影响房间剖面形状的因素有哪些？
5.4　确定建筑物的层数时，应考虑哪些因素？
5.5　窗台的高度是如何确定的？
5.6　室内外高差的作用是什么？如何确定室内外高差？
5.7　常采用的建筑空间处理手法有哪些？
5.8　如何充分合理利用建筑的室内空间？

第6章 民用建筑构造概述

本章学习目标：

通过本章的学习，了解民用建筑工业化体系的意义、途径和发展趋势；理解建筑构造的影响因素和设计原则；掌握建筑物的构件组成及作用、建筑标准化和模数协调。

6.1 民用建筑的构造组成

民用建筑通常由基础、墙体和柱、屋顶、楼层、地层、楼梯、门窗等七大部分组成，它们构成了房屋的主体。由于各部分所处的位置不同，分别起着支承、传递建筑物荷载和围护的作用。除此之外还有阳台、雨篷、台阶、通风道、壁橱等构配件和设施，以保证建筑可以充分发挥功能。民用建筑的构造组成，如图 6.1 所示。

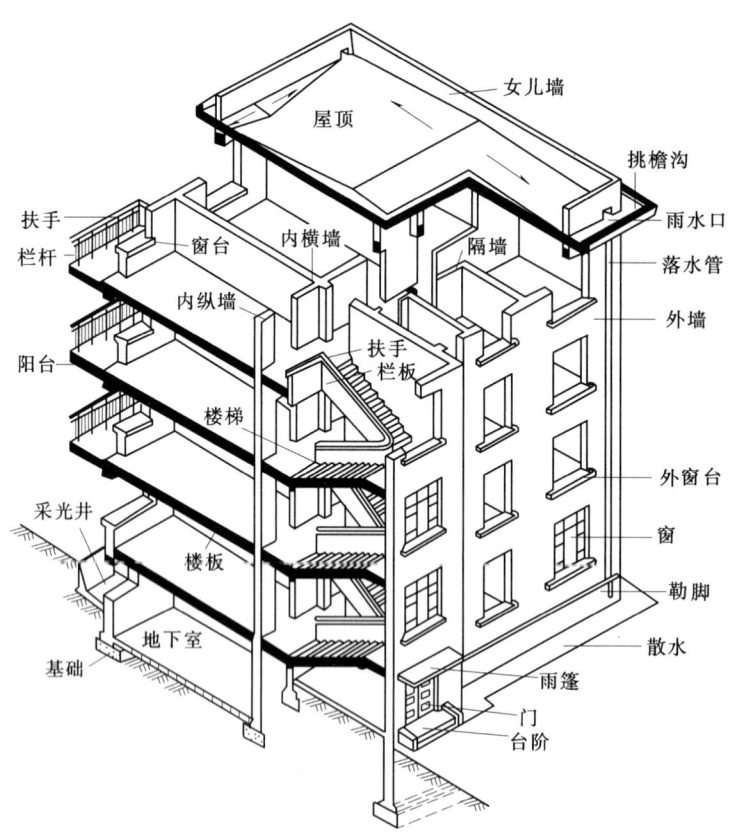

图 6.1 民用建筑的构造组成

1. 基础

基础是埋在自然地面以下、位于建筑物最底部的构件,它承受建筑物的全部荷载并将这些荷载传递给地基。由于基础埋置于地下,属于建筑物的隐蔽部分,安全的要求较高,因此基础要有足够的强度、刚度和稳定性,并能抵御地下各种不良因素的影响。

2. 墙体和柱

墙体是建筑物的重要构造组成部分,作为承重构件,墙体支承着屋顶、楼层、楼梯等构件传来的荷载并将这些荷载传递给基础;外墙作为围护构件,起着抵御自然界各种影响因素对室内的侵袭和分隔房间的作用;内墙起到划分建筑内部空间、创造适用的室内环境的作用。墙体要有足够的强度、稳定性和保温、隔热、隔声、防火、防水等性能。

柱子可以代替墙体支承建筑物上部构件传来的荷载,利用柱子可以扩大建筑空间、提高建筑空间的灵活性。柱子要有足够的强度和稳定性。

3. 屋顶

屋顶是建筑物最上部的承重和围护构件,承受着建筑物顶部的各种荷载并将其传递给垂直方向的承重构件。屋顶抵御着自然界的雨、雪及太阳辐射等对顶层房间的作用,要有足够的强度、刚度和防水、保温、隔热等性能。屋顶又被称为建筑的"第五立面",对建筑体型和立面形象具有较大影响。

4. 楼层

楼层是建筑物中的水平承重构件,承受人群、家具和设备的重量并将这些荷载传递给墙或柱。楼层对墙体起着水平支撑作用,在垂直方向上将整栋建筑物分为若干部分。楼层要有良好的刚度、强度和隔声、防水、防潮能力。

5. 地层

地层是建筑底层房间与下部土层相接触的部分,它承受底层房间内的荷载,并通过垫层传给地基。由于地层下面往往是夯实的土壤,所以地层的强度要求比楼层低。地层要有一定的承载能力和防潮、防水、保温等性能。

6. 楼梯

楼梯是建筑物中用于垂直交通的构件,供人们平时上下楼层和紧急疏散时使用。楼梯设计关系到建筑使用的安全性,因此在宽度、坡度、数量、位置,布局形式、防火安全等方面均有严格要求。楼梯应有足够的强度、刚度和合理的尺寸,并满足防火、防滑等要求。

7. 门窗

门窗均为非承重构件。门主要用于内外交通联系及分隔房间,有时也兼采光通风的作用,门应有足够的宽度和高度,其数量和位置也应符合规范要求;窗的主要作用是采光、通风、分隔和围护,在建筑立面形象中也占有相当重要的地位;对有特殊要求的房间,门窗要具备保温、隔热或隔声等能力。

6.2 影响构造设计的因素

建筑物要受到日常使用和自然环境等诸多因素影响,只有充分考虑到各种因素对建筑构造的影响程度,才能选择出合理的设计方案,满足使用功能和耐久性的要求。影响建筑构造的因素一般可分为以下四个方面。

1. 自然因素

自然因素的影响是指建筑物在使用周期内会受到风、霜、雨、雪、冰冻、地下水、日照等自然现象和气候条件的影响,它们是影响建筑物使用质量和耐久性的重要因素。不能正确估计自然因素的影响,就会带来不利甚至是严重的后果,如出现渗漏水、构件开裂、倒塌等事故。在建筑构造设计时,应对不同部位采用相应的构造措施,如保温、隔热、防潮、防水、防冻胀、防温度变形破坏等或选用合适的建筑材料,把自然因素对建筑物的破坏性降到最低,保证房屋的正常使用。

2. 外力因素

作用在建筑物上的各种外力统称为荷载。荷载可分为恒荷载(如结构自重)和活荷载(如人群、家具、风雪及地震荷载)两类。荷载的大小是建筑结构设计的主要依据,也是结构选型及构造设计的重要基础,起着决定构件尺度、用料多少的重要作用。在确定构造方案时,要准确计算各种荷载大小,充分认识荷载对建筑的影响特征,采取合适的构造措施。

3. 使用因素

人们在使用过程中对建筑物的影响也是不可忽视的,如在从事生产和生活活动中产生的机械振动、化学腐蚀、战争、火灾等都直接影响到建筑物的安全和使用质量。在建筑构造设计时,要采取相应的预防措施,保证建筑物的正常使用和安全。

4. 建筑技术因素

建筑构造措施的具体实施会受到材料、设备、施工方法、经济效益等条件的制约,不能脱离一定的建筑技术条件而存在。随着科学技术的发展,各种新材料、新技术、新工艺不断产生,建筑构造的设计、构造、施工等也要根据行业的发展状况和趋势不断改进和发展。建筑构造没有一成不变的固定模式,构造设计中要以构造原理为基础,在利用原有的、标准的、典型的建筑构造的同时,不断发展或创造新的构造方案。

6.3 建筑构造设计原则

在构造设计过程中,应遵循以下基本原则。

1. 满足使用功能要求

建筑构造设计必须最大限度地满足建筑物的使用功能,这也是整个设计的根本目的。由于建筑物所处的环境和使用性质不同,除了要满足尺度要求外,还要满足某些建筑物的特殊要求,如保温、通风、隔热、吸声、隔声等。在构造设计时要综合相关专业的技术知识,优化设计,选择经济合理的构造措施,满足建筑使用功能要求。

2. 确保结构安全可靠

在构造方案的选择上首先应考虑坚固实用,保证房屋的整体刚度。房屋设计时,除了要进行正确的结构计算,还要认真分析荷载的性质、大小,合理确定构件尺寸以保证建筑物安全。例如对阳台栏杆、楼梯扶手、构件接缝等采用必要的构造措施,保证其在使用过程中的安全和可靠。

3. 注重建筑经济的综合效益

建筑构造设计要处处考虑经济合理，采用合理的构造方案、就地取材、节约材料，在保证质量的前提下降低造价，并减少建筑物的运行费用、维护费用。建筑构造设计应该从材料、结构、施工三方面引入先进技术，但是必须注意因地制宜，不能脱离实际。

4. 适应建筑工业化的需要

建筑工业化是建筑业的发展方向，通过改变建筑业生产方式，可以有效地提高施工速度、改善劳动条件。在建筑构造设计时，要尽可能进行标准化设计、采用定型通用构配件，为构配件生产工业化、施工机械化提供条件。

5. 注重形象美观

建筑构造设计是初步设计的继续和深入，建筑细部构造（如栏杆、台阶、勒脚、门窗、线脚等）对建筑物的整体美观有着很大的影响，在构造设计时要注意与建筑立面和体形相协调，起到有效的装饰作用。

6.4 民用工业化建筑体系简介

6.4.1 民用建筑工业化的基本概念

1. 建筑工业化的意义和基本内容

建筑工业化是指建筑业要从传统的以手工操作为主的小生产方式逐步向社会化大生产方式过渡，即以技术为先导，采用先进、适用的技术和装备，在建筑标准化的基础上发展建筑构配件、制品和设备的生产，培育技术服务体系和市场的中介机构，使建筑业生产、经营活动逐步走上专业化、社会化道路。

建筑工业化的基本内容是：采用先进、适用的技术、工艺和装备，科学合理地组织施工；发展施工专业化，提高机械化水平，减少繁重、复杂的手工劳动和湿作业；发展建筑构配件、制品、设备生产并形成适度的规模经营，为建筑市场提供各类建筑使用的系列化的通用建筑构配件和制品；制定统一的建筑模数和重要的基础标准（模数协调、公差与配合、合理建筑参数、连接等），合理解决标准化和多样化的关系，建立和完善产品标准、工艺标准、企业管理标准等，不断提高建筑标准化水平；采用现代管理方法和手段，优化资源配置，实行科学的组织和管理，培育和发展技术市场和信息管理系统，适应发展社会主义市场经济的需要。

当今建筑工业化的发展趋势是：标准化设计，预制规模化生产，远距离运输，装配式快速施工；建筑结构朝大空间、大柱网、大开间方向发展；采用新型建筑材料应用技术，推动墙体和屋面材料由块状制品向板状制品发展，由单一材料（构件）向复合材料（构件）发展，由构件笨重化向构件轻量化发展，由传统现场湿作业向干作业发展。

2. 民用工业化建筑体系

与一般工业化生产的产品一样，建筑作为工业化生产的产品也有其生产体系，称之为工业化建筑体系。工业化建筑体系是一个完整的建筑生产过程，它是以现代化大工业生产为基础，采用先进的工业化技术和管理手段，配套的解决从设计到建成全部过程的生产体系。

工业化建筑体系可分为通用体系和专用体系。通用体系是使某些建筑体系的构配件和节点构造成为通用的、商品化的建筑体系。通用体系房屋的预制构配件、配套制品和连接技术均标准化、定型化,可在各类建筑中互换使用,有较大的灵活性。专用体系是生产的构配件和生产方式只适用于某类定型化建筑的一种成套建筑体系,在与其他体系配合上通用性和互换性较差。

6.4.2 常用工业化建筑类型

1. 砌块建筑

砌块建筑是指用以混凝土或工业废料(煤矸石、粉煤灰、炉渣等)预制而成的尺寸大于普通砖的各种块材作为墙体材料的一种建筑,如图6.2所示。

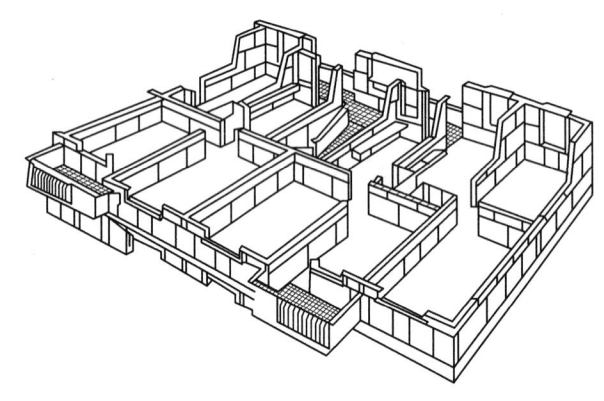

砌块建筑较普通黏土砖建筑有施工方便、工艺简单、适应性强等优点,能有效的减少制砖对耕地的破坏。砌块比普通砖尺寸大,可采用简单的机械吊装和砌筑,但工业化程度不高。

砌块的种类较多,按品种分有实体砌块、空心砌块;按材料分有混凝土砌块、加气混凝土砌块、粉煤灰硅酸盐砌块、炉渣混凝土砌块、陶粒混凝土砌块等;按规格分有小型砌块、

图6.2 砌块建筑

中型砌块和大型砌块。

2. 板材装配式建筑

板材装配式建筑是指由预制板材装配而成的建筑。根据预制板材规格的大小,板材装配式建筑可分为中型板材建筑和大型板材建筑,如图6.3所示。

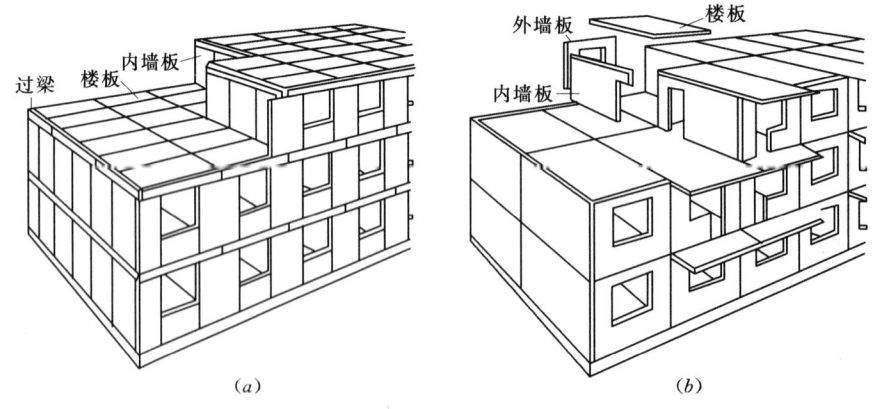

图6.3 板材装配式建筑
(a)中型板材;(b)大型板材

中型板材尺寸小，制作、运输、安装较方便，但接缝多，板材间不易平整。大型板材装配式建筑又称大板建筑，机械化施工程度高，有利于提高生产率、缩短工期、改善劳动条件。与同类砖混结构建筑相比，板材装配建筑可增加使用面积5%～8%，减轻自重15%～20%。但板材装配式建筑需要大型运输和起重设备，一次性投资大，造价较高。

3. 框架轻板建筑

框架轻板建筑是以梁、楼板、柱所组成的框架为承重结构，以各种轻质材料制品作围护与分隔构件的建筑，如图6.4所示。

图6.4 框架轻板建筑

框架轻板建筑与一般框架结构建筑的不同之处是建筑的内外墙体都采用轻质墙板。轻质外墙板按其构造特点可分为单一材料板（如加气混凝土板）和多层复合板（如石棉水泥板、陶粒混凝土矿棉夹芯板）两种；按外墙板的支承方式可分为自承重式和悬挂式两种；轻质内墙板一般有实心板、空心板、多层复合板三种类型。框架轻板建筑除具有一般框架结构建筑的特点外，又有自重轻、使用面积大、节约水泥、施工速度快和合理利用工业废料等优点。

4. 大模板建筑

大模板建筑是采用整块的工具式大模板浇筑混凝土承重内墙，用相当于整个房间大小的台模浇筑楼板（或采用预制楼板），用预制外墙板（或采用砖砌体）作围护结构的建筑类型。外墙采用预制大板的做法称为内浇外挂，外墙采用手工砌筑砖墙的做法称为内浇外砌，内外墙均采用大模板现浇混凝土的做法称为全现浇式（见图6.5）。

大模板建筑的优点是整体性好、抗震能力强、施工工艺设备简单、机械化程度较高、施工速度快。一般用于城市多层或高层住宅建筑和公共建筑，是比较适合我国国情的一种工业化施工方法。

5. 滑升模板建筑

滑升模板也称滑模，由模板系统、操作平台系统、液压系统和支承杆等基本部分组成，是按照建筑的平面形状组装成一定高度的模板系统，利用液压提升设备不断提升模板，下面随即脱模而连续浇注混凝土墙体的施工方法，如图6.6所示。滑升模板只解决墙

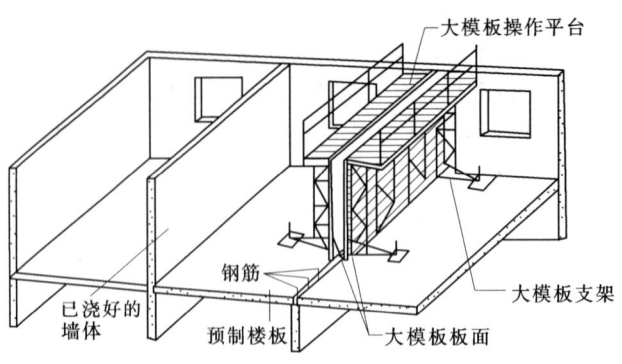

图 6.5 大模板建筑

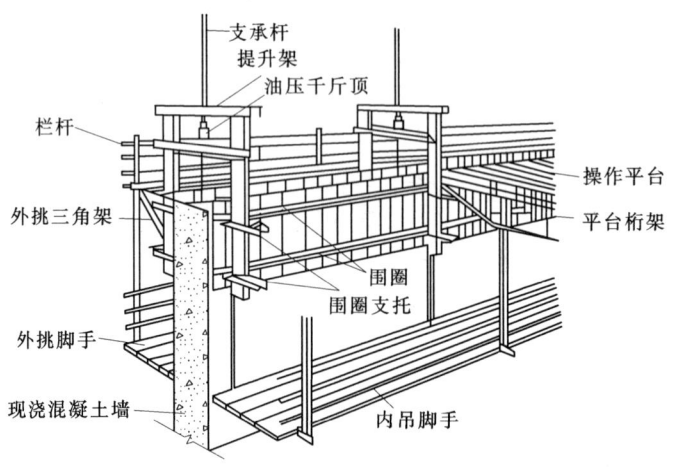

图 6.6 滑升模板

体的浇筑,建筑内部的楼板和梁等还需采用预制或现浇的方法施工。

滑升模板建筑的整体性强、抗震性能好、机械化程度高、施工速度快、节省人工、模板和施工用地,但工艺设备较复杂、施工操作难度高。适用于多层、高层住宅或办公楼,更适用于多高层工业建筑物或构筑物,如多层框架、烟囱、冷却塔、电视塔等。

6. 升板建筑

升板建筑是先将楼板和屋面板在地面上分层重叠浇筑成型,然后沿已建成的柱网,利用安装在柱子上的提升设备将楼板逐层提升并就位固定的施工方法建造的建筑,如图 6.7 所示。如果把围护结构的大型墙板预先安装在楼板上整层提升,再由顶层往下逐层就位固定,这种方法称为升层法,是将升板和大板施工工艺结合起来的施工方法;如果将升板和滑模技术相结合以升代滑,则称为升板滑模法;此外还有集层升板法和悬挂升板法等,都是在升板的基础上发展而来的。

升板建筑施工设备简单、构件运输量小、施工速度快而安全,能够减少高空作业、节省模板和施工场地。适用于钢筋混凝土柱承重、楼面荷载较大、内墙较少、需要室内大空间的多层建筑。

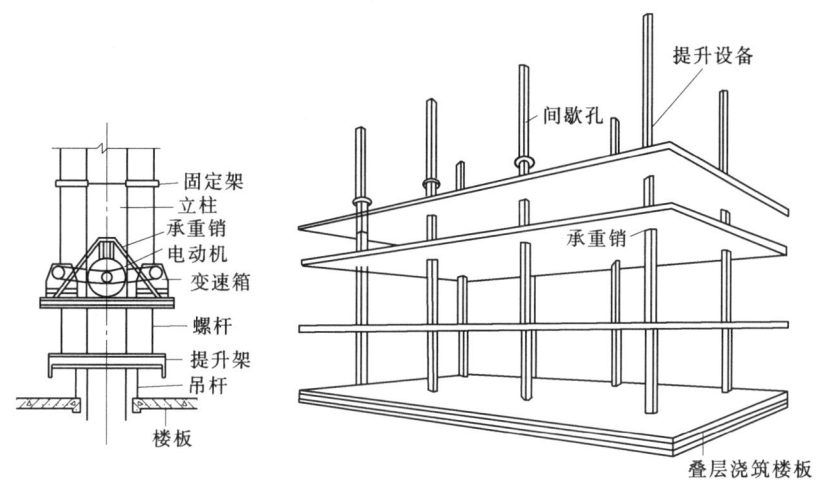

图 6.7 升板建筑

7. 盒子建筑

盒子建筑是以工厂化生产的一个房间或几个房间组成的空间盒子构件，在施工现场吊装组合而成的建筑，如图 6.8 所示。

完善的盒子构件不仅有结构部分和围护部分，而且内部装饰、设备、管线、家具和外部装修等均可在工厂生产完成。盒子建筑工厂化生产程度高、现场工作量小，一般盒子建筑工厂内的工程量大约可占到 80%，现场工程量仅 20% 左右。盒子建筑有较好的刚度，自重较小，但由于盒子构件尺寸大，对生产设备、运输设备、现场吊装设备以及生产施工技术要求较高。比较而言，盒子建筑生产投资大、造价较高。主要适用于住宅、旅馆等低层和多层建筑物；当采用合理的结构体系时，也可以适用于高层建筑物。

图 6.8 盒子建筑

6.5 建筑模数协调统一标准

6.5.1 建筑标准化

建筑标准化包括两个方面：一方面是制定建筑标准（含规范、规程），组织实施标准和对标准的实施进行监督。建筑标准是建筑业进行勘察、设计、生产或施工、检验或验收等技术性活动的依据，是实行建筑科学管理的重要手段，是保证建筑工程和产品质量的有力工具。建筑标准由国家标准、行业标准、地方标准和企业标准构成，分别在相应的范围内适用。另一方面是建筑标准设计问题,即利用通用的标准图集在住宅等大量性建筑中推行标准化设计,以避免无谓的重复劳动。此外,构件生产厂家和施工单位也可以根据构配件的应用情况组织生产和施工,减少构配件规格,以提高生产施工效率,降低造价。

6.5.2 建筑模数协调

1. 统一模数制

在采用标准设计、通用设计时,为了使建筑制品、建筑构配件和组合件实现工业化大规模生产,使不同材料、不同形式和不同构造方法的建筑构配件、组合件符合模数并具有较大的通用性和互换性,以加快设计速度,提高施工质量和效率,降低建筑造价,建筑物及其各部分的尺寸必须统一协调。建筑模数即是选定的标准尺寸,作为建筑空间,构配件以及有关设备尺度协调中的增值单位。我国制定有 GBJ2—86《建筑模数协调统一标准》,作为设计、施工、构件制作的尺寸依据。建筑统一模数制的建立,有利于简化构件类型、保证工程质量、提高施工效率和降低工程造价。

基本模数是模数协调中选用的基本尺寸单位,其数值为100mm,用符号 M 表示,即 1M=100mm。

由于建筑中各部分尺度相差较大,为满足建筑设计中构件尺寸、构造节点以及端面、缝隙等尺寸的不同要求,可采用导出模数,导出模数包括扩大模数和分模数。

扩大模数是基本模数的整数倍数,其中水平扩大模数的基数为 3M、6M、12M、15M、30M、60M,主要适用于门窗洞口、构配件、建筑开间(柱距)和进深(跨度)的尺寸;竖向扩大模数的基数为 3M、6M,主要适用于建筑物的高度、层高和门窗洞口等尺寸。

分模数是用整数除基本模数的数值。分模数基数为 1/2M、1/5M、1/10M 等,主要适用于构件之间的缝隙、构造节点、构配件截面等尺寸。

模数数列是以基本模数、扩大模数、分模数为基础扩展成的一系列尺寸,可以确保尺寸具有合理的灵活性,保证不同建筑及其组成部分之间尺寸的协调和统一,减少建筑尺寸的种类。我国现行的模数数列见表 6.1。

表 6.1 模 数 数 列 单位:mm

基本模数	扩 大 模 数						分 模 数		
1M	3M	6M	12M	15M	30M	60M	$\frac{1}{10}$M	$\frac{1}{5}$M	$\frac{1}{2}$M
100	300	600	1200	1500	3000	6000	10	20	50
100	300						10		
200	600	600					20	20	
300	900						30		
400	1200	1200	1200				40	40	
500	1500			1500			50		50
600	1800	1800					60	60	
700	2100						70		
800	2400	2400	2400				80	80	
900	2700						90		

6.5 建筑模数协调统一标准

续表

基本模数	扩 大 模 数						分 模 数		
1M	3M	6M	12M	15M	30M	60M	$\frac{1}{10}$M	$\frac{1}{5}$M	$\frac{1}{2}$M
1000	3000	3000		3000	3000		100	100	100
1100	3300						110		
1200	3600	3600	3600				120	120	
1300	3900						130		
1400	4200	4200					140	140	
1500	4500			4500			150		150
1600	4800	4800	4800				160	160	
1700	5100						170		
1800	5400	5400					180	180	
1900	5700						190		
2000	6000	6000	6000	6000	6000	6000	200	200	200
2100	6300							220	
2200	6600	6600						240	
2300	6900								250
2400	7200	7200	7200					260	
2500	7500			7500				280	
2600		7800						300	300
2700		8400	8400					320	
2800		9000		9000	9000			340	
2900		9600	9600						350
3000				10500				360	
3100			10800					380	
3200			12000	12000	12000	12000		400	400
3300				15000					450
3400				18000	18000				500
3500				21000					550
3600				24000	24000				600
				27000					650
				30000	30000				700
				33000					750
				36000	36000				800
									850
									900
									950
									1000

2. 几种尺寸

为保证建筑物配件的设计、生产、安装各阶段有关尺寸间的相互协调，在建筑模数协调中把尺寸分为标志尺寸、构造尺寸和实际尺寸，如图6.9所示。

标志尺寸是标注建筑物定位轴线之间的距离（如开间、进深、柱距、跨度、层高等），以及建筑构配件、建筑制品、建筑组合件和有关设备位置界限之间的尺寸。标志尺寸必须符合模数数列的规定。

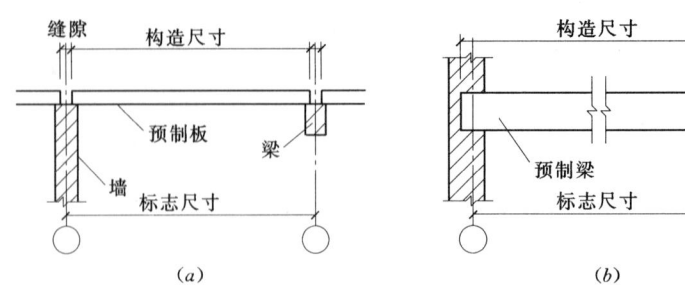

图 6.9 几种尺寸的关系

构造尺寸是建筑构配件和建筑制品等的设计尺寸。一般情况下，构造尺寸加上缝隙尺寸等于标志尺寸。缝隙尺寸的大小应符合模数数列的规定。

实际尺寸是建筑构配件、建筑制品等生产制作后的真实尺寸。实际尺寸与构造尺寸之间的差值应符合允许的偏差限制。

本 章 小 结

民用建筑通常由基础、墙体和柱、屋顶、楼层、地层、楼梯、门窗等七大部分组成，它们构成了房屋的主体，分别起着支承、传递建筑物荷载和围护的作用。除此之外还有阳台、雨篷、台阶、通风道、壁橱等构配件和设施，以保证建筑可以充分发挥功能。

影响建筑构造的因素一般包括自然因素、外力因素、使用因素、建筑技术因素等。

建筑构造设计原则包括满足使用功能要求、确保结构安全可靠、注重建筑经济的综合效益、适应建筑工业化的需要、注重形象美观。

建筑工业化是指建筑业要从传统的以手工操作为主的小生产方式逐步向社会化大生产方式过渡，即以技术为先导，采用先进、适用的技术和装备，在建筑标准化的基础上发展建筑构配件、制品和设备的生产，培育技术服务体系和市场的中介机构，使建筑业生产、经营活动逐步走上专业化、社会化道路。

工业化建筑体系是一个完整的建筑生产过程，它是以现代化大工业生产为基础，采用先进的工业化技术和管理手段，配套的解决从设计到建成全部过程的生产体系。工业化建筑体系可分为通用体系和专用体系。

常用工业化建筑类型包括砌块建筑、板材装配式建筑、框架轻板建筑、大模板建筑、滑升模板建筑、升板建筑、盒子建筑等。

建筑标准化包括制定建筑标准（含规范、规程），组织实施标准并对标准的实施进行监督和进行建筑标准设计两方面。

建筑模数是将选定的标准尺寸作为建筑空间、构配件以及有关设备尺度协调中的增值单位，包括基本模数和导出模数。建筑统一模数制的建立，有利于简化构件类型、保证工程质量、提高施工效率和降低工程造价。

为保证建筑物配件的设计、生产、安装各阶段有关尺寸间的相互协调，在建筑模数协调中把尺寸分为标志尺寸、构造尺寸和实际尺寸。

习 题

6.1 民用建筑由哪些基本部分组成?各部分有什么作用?
6.2 影响建筑构造设计的因素有哪些?
6.3 建筑构造设计原则有哪些?
6.4 建筑工业化的意义和特征是什么?实现建筑工业化的途径是什么?
6.5 建筑模数协调的作用和意义是什么?什么是基本模数?什么是导出模数?
6.6 标志尺寸、构造尺寸和实际尺寸的概念是什么?相互间有什么关系?

第7章 楼电梯与坡道

本章学习目标:

通过本章的学习,了解楼梯的组成、类型及设计要求;理解现浇钢筋混凝土楼梯和预制钢筋混凝土楼梯的构造组成及细部做法,台阶和坡道的构造以及电梯井道构造;掌握楼梯设计的方法。

7.1 楼梯的组成及类型

7.1.1 楼梯的组成

建筑中,凡设置楼梯的房间称为楼梯间。楼梯一般由楼梯段、楼梯平台及栏杆(或栏板)扶手三部分组成,如图7.1所示。

1. 楼梯段

楼梯段又称楼梯跑,是楼梯的主要使用和承重部分,由若干个踏步组成。为减少人们上下楼梯时的疲劳和适应人们行走的习惯,一个楼梯段的踏步数最多不应超过18级,并且不应少于3级。公共建筑中装饰性弧形楼梯可略超过18级。

两楼梯段之间的空隙称为梯井,主要是便于梯段施工,其宽度一般为160~200mm。在某些特殊情况下梯井宽度较大时,应采取相应的安全防护措施。

2. 楼梯平台

楼梯平台是连接两个梯段的水平联系构件,其作用是解决梯段的转向和楼层的连接问题,并可使人们在连续上楼时得到短暂的休息,故又称休息平台。根据楼梯平台在楼层中的位置,可分为楼层平台和中间平台。

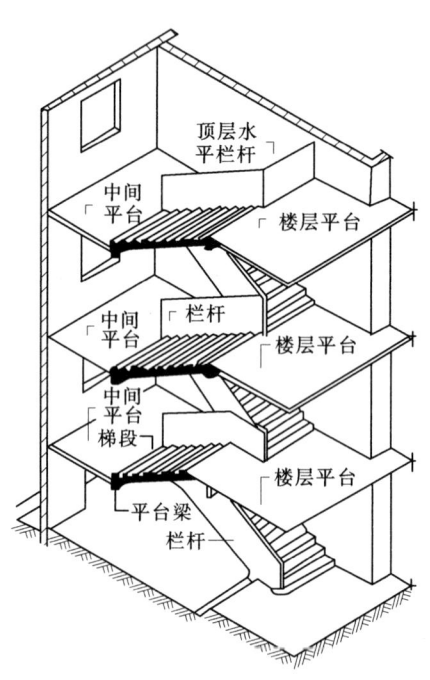

图7.1 楼梯的组成

3. 栏杆和扶手

栏杆是楼梯段的安全设施,一般设置在梯段的边缘和平台临空的一边,要求它必须坚固可靠,并保证有足够的安全高度。栏杆有实心栏杆和漏空栏杆之分。实心栏杆又称栏板,栏杆上供人们倚扶的构件称为扶手。栏杆和扶手是具有较强装饰作用的建筑构件,对材料、形式、色彩、质感等均有较高的要求。

7.1.2 楼梯的类型

楼梯的形式是根据其使用要求、建筑功能、建筑平面和空间特点及楼梯在建筑中的位

7.1 楼梯的组成及类型

置等因素确定的。

1. **按位置不同分**

楼梯有室内楼梯与室外楼梯两种。

2. **按使用性质分**

室内有主要楼梯、辅助楼梯；

室外有安全楼梯、防火楼梯。

3. **按材料分**

有木质、钢筋混凝土、钢质、混合式及金属楼梯。

4. **按楼梯的平面形式分**

单跑楼梯、双跑楼梯、三跑（多跑）楼梯、圆形楼梯、螺旋楼梯、弧形楼梯、交叉楼梯、剪刀楼梯等，如图7.2所示。

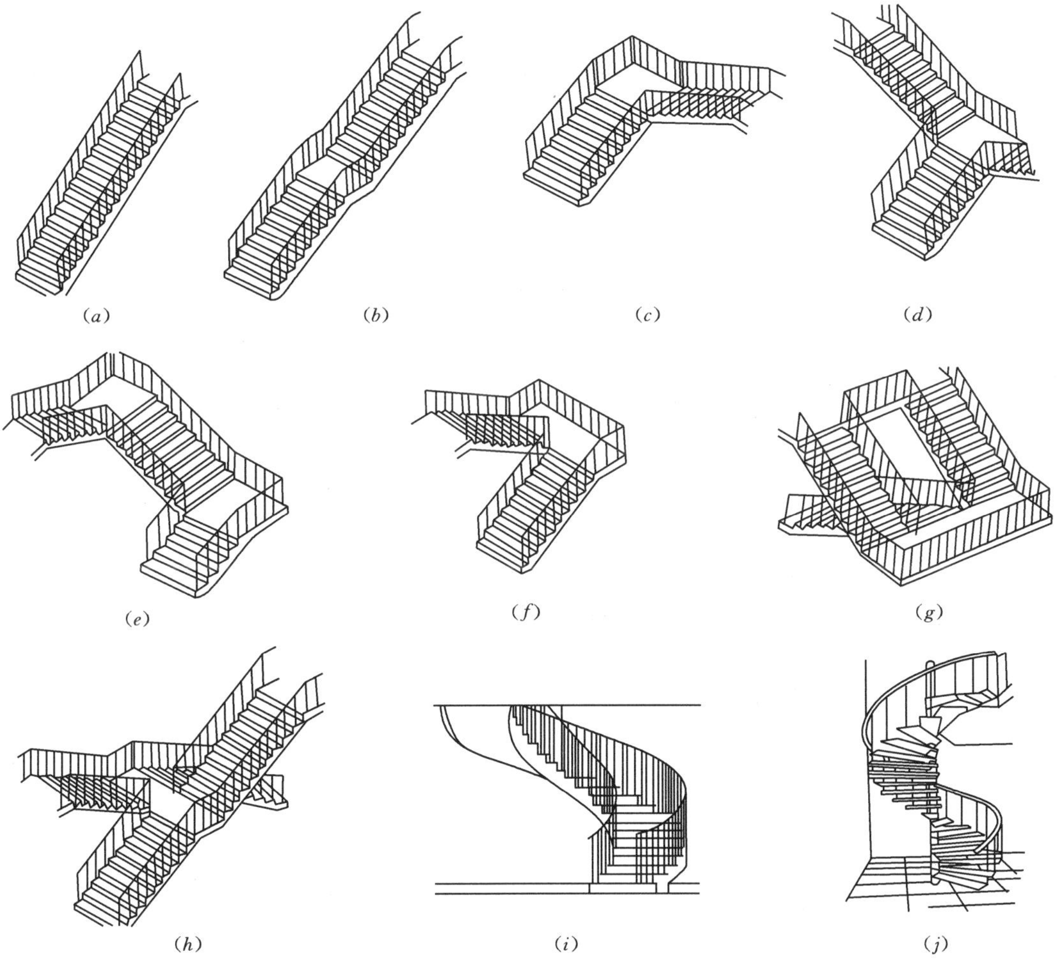

图 7.2 楼梯的形式

(a) 直跑楼梯（单跑）；(b) 直跑楼梯（双跑）；(c) 折角楼梯；(d) 双分折角楼梯；(e) 三跑楼梯；
(f) 双跑楼梯（双跑并列）；(g) 双分平行楼梯；(h) 剪刀楼梯；(i) 圆形楼梯；(j) 螺旋楼梯

7.1.3 楼梯的设计要求

楼梯是建筑中的垂直交通枢纽，也是进行安全疏散的主要工具，为确保使用安全，楼梯的设计必须满足如下要求：

（1）满足一定的强度、刚度和整体稳定性的要求，选择合理的构造措施，方便施工。

（2）满足通行要求，楼梯必须有足够的宽度，适合的坡度，保证通行顺畅，行走舒适。

（3）满足交通导向的要求，作为主要的楼梯应与主要出入口邻近，且位置明显；同时还应避免垂直交通与水平交通在交接处拥挤、堵塞。

（4）满足建筑防火要求，楼梯间除允许直接对外开窗采光外，不得向室内任何房间开窗；楼梯间四周墙体必须为防火墙；对防火要求较高的建筑物特别是高层建筑，应设计成封闭式楼梯或防烟楼梯。

（5）满足良好的自然采光要求。

7.2 楼梯平面及剖面设计

楼梯的尺度涉及到梯段、踏步、平台、净空高度等多个尺寸。各尺寸相互影响，相互制约，设计时应统一协调各部分尺寸，使之符合相关规范的规定，如图7.3所示。

7.2.1 楼梯段的宽度

楼梯的宽度必须满足上下人流及搬运物品的需要。从确保安全角度出发，楼梯段宽度是由通过该梯段的人流数确定的。通常，梯段净宽除应符合防火规范的规定外，供日常主要交通用的楼梯的梯段净宽应根据建筑物使用特征，按每股人流宽为0.55m+（0～0.15）m的人流股数确定，且不少于两股人流，其中0～0.15m是人流在行进中人体的摆幅，人流较多的公共建筑应取上限。为满足梯段中通行大型物品的回转要求，平台深度不应小于楼梯段净宽，并不小于1100mm，楼层平台深度应大于中间平台深度。对有特殊要求的建筑，楼梯平台的宽度应满足具体要求。

7.2.2 楼梯的坡度

楼梯的坡度即楼梯段的斜率。一般可用斜面与水平面的夹角来表示，或以夹角的正切表示。梯段坡度的大小直接影响到楼梯的正常使用，楼梯梯段的最大坡度不宜超过38°。坡度小时，行走舒

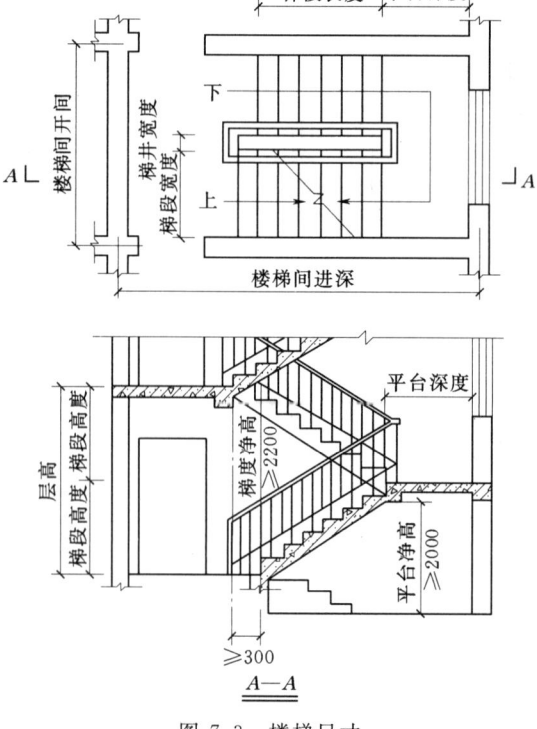

图 7.3 楼梯尺寸

适，但占地面积大；反之可节约面积，但行走较吃力。当坡度小于20°时，采用坡道；大于45°时，则采用爬梯当坡度小于20°时，采用坡道；坡度大于45°时，采用爬梯，如图7.4所示。

梯段宽度应根据建筑物的使用性质和层高来确定。对使用频繁、人流密集的公共建筑，其坡度宜平缓些；对使用人数较少的居住建筑或某些辅助性楼梯，其坡度可适当陡些。

7.2.3 踏步尺寸

1. 踏步的形式

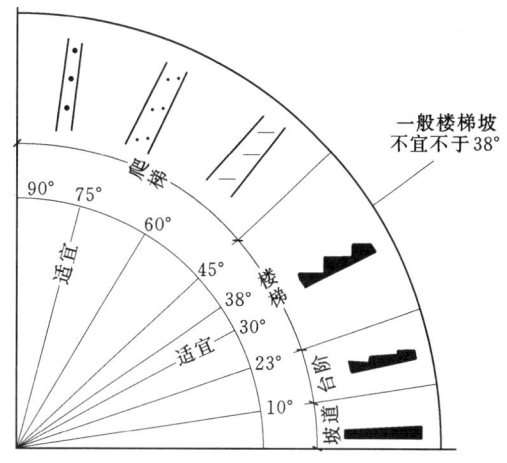

图7.4 楼梯、爬梯及坡道的坡度范围

楼梯踏步由踏面和踢面组成，踏步尺寸包括踏面宽度（b）和踢面高度（h）。一般认为踏面宽度应大于成年男子脚的长度，保证脚可完全落在踏面上，方便行走。当踏面宽度不能保证时，可以采用出挑踏口或将踢面向外倾斜的方法，使踏面实际宽度增加。一般踏口的出挑长为20～25mm，如图7.5所示。

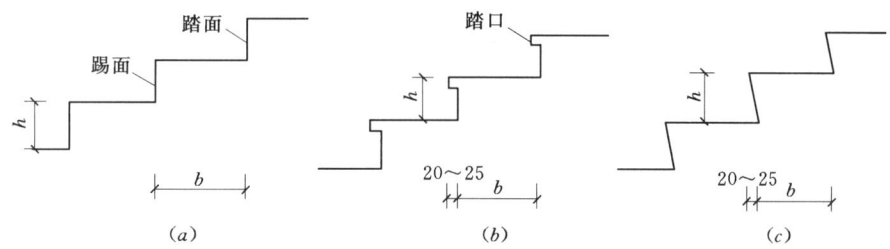

图7.5 踏步形式和尺寸

2. 踏步尺寸的确定

踏步尺寸与人行步距有关，同时它也直接影响到楼梯的坡度。通常采用经验公式表示：

$$2h + b = 600 \sim 630\text{mm}$$

或

$$h + b \approx 450\text{mm}$$

式中　　b——踏步宽度，mm；

　　　　h——踏步高度，一般不应大于180mm；

600～630mm——一般人的平均步距。

在民用建筑中，楼梯踏步的最小宽度与最大高度的限制值见表7.1。

7.2.4 栏杆扶手的高度

楼梯栏杆扶手的高度，指踏面前缘至扶手顶面的垂直距离。楼梯扶手的高度与楼梯的坡度、楼梯的使用要求有关，很陡的楼梯，扶手的高度高些，坡度平缓时高度可稍小。住宅、学校等民用建筑栏杆扶手高度宜不小于900mm；儿童使用的楼梯一般为600mm；顶层平台的水平栏杆高度不小于1000mm，如图7.6所示。为保证儿童的安全使用，楼梯栏杆垂直杆件间的净距应小于110mm，室外楼梯栏杆高度不小于1050mm。

表 7.1　　　　　　　　　楼梯踏步最小宽度和最大高度　　　　　　　　　单位：mm

楼梯类别	最小宽度 b	最大高度 h
住宅公用楼梯	250（260～300）	180（150～175）
幼儿园楼梯	260（260～280）	150（120～150）
医院、疗养院等楼梯	280（300～350）	160（120～150）
学校、办公楼等楼梯	260（280～340）	170（140～160）
剧院、会堂等楼梯	220（300～350）	200（120～150）

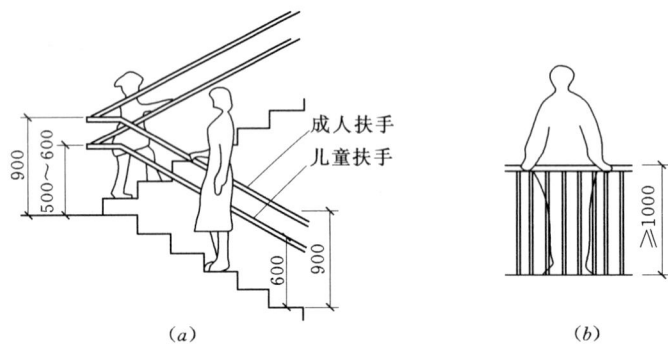

图 7.6　楼梯栏杆和扶手的高度
（a）梯段处；（b）顶层平台处安全栏杆

7.2.5　楼梯净空高度

（1）楼梯的净空高度。楼梯的净空高度指楼梯段某一处底面到下部相邻梯段踏步前沿的垂直距离或平台面到上部相邻平台梁底面的垂直距离。为保证在这些部位通行或搬运物件时不受影响，其净高在平台处应大于2m；在梯段处应大于2.2m，并且梯段起始或终止踏步的前缘与顶部突出物的内边缘水平投影距离不应小于300mm，如图7.7所示。

（2）当楼梯底层中间平台下做通道时，为求得下面空间净高不小于2000mm，常采用以下几种处理方法：

1）将楼梯底层设计成"长短跑"，让第一跑的踏步数目多些，第二跑踏步少些，利用踏步的多少来调节下部净空的高度，这种做法会加大楼梯间的进深尺寸，如图7.8（a）所示。

2）利用室内外高差，保持楼梯长度不变，降低底层中间平台下的地面标高，增大入口处中间平台与地面的相对高度，如图7.8（b）所示。

3）将上述两种方法结合，即降低底层中间平台下的地面标高，同时增加楼梯底层第一个梯段的踏步数量，如图7.8（c）所示。

4）将底层采用单跑楼梯，如图7.8（d）所示。这种方式多用于少雨地区的住宅建筑，但要注意入口处雨篷底面标高的位置，保证通行净空高度的要求。

7.2 楼梯平面及剖面设计

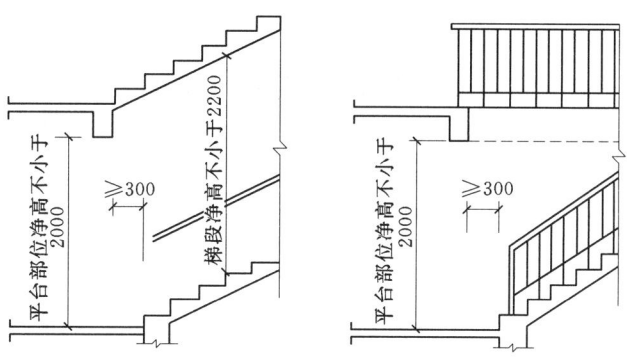

图 7.7 梯段及平台部位净高要求

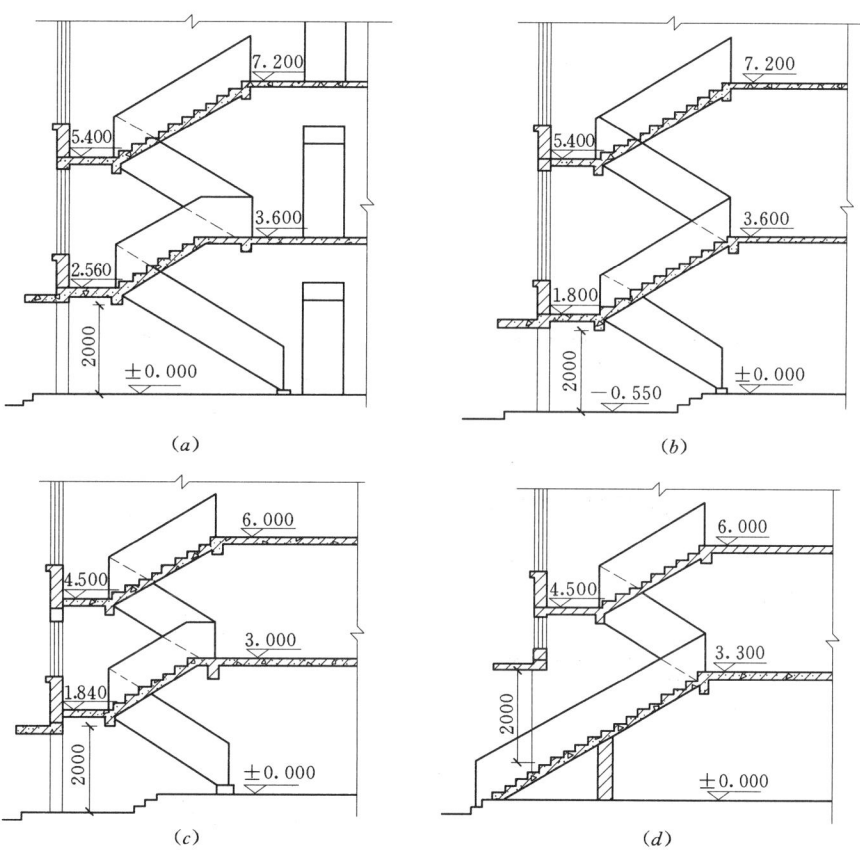

图 7.8 平台下作出入口时楼梯净高设计的几种方式
(a) 底层设计成"长短跑"；(b) 增加室内外高差；
(c) 指 (a) 与 (b) 相结合；(d) 底层采用单跑梯段

7.2.6 设计实例

如图 7.9 所示，某内廊式综合楼的层高为 3.60m，楼梯间的开间为 3.30m，进深为 6m，室内外地面高差为 450mm，墙厚为 240mm，轴线居中，试设计该楼梯。

解：

（1）选择楼梯形式。对于开间为 3.3m，进深为 6m 的楼梯间，适合选用双跑平行楼梯。

（2）确定踏步尺寸。作为公共建筑楼梯，初步选取踏步宽度 $b=300\text{mm}$；由经验公式：$2h+b=600\text{mm}$，可求得踏步高度 $h=150\text{mm}$。

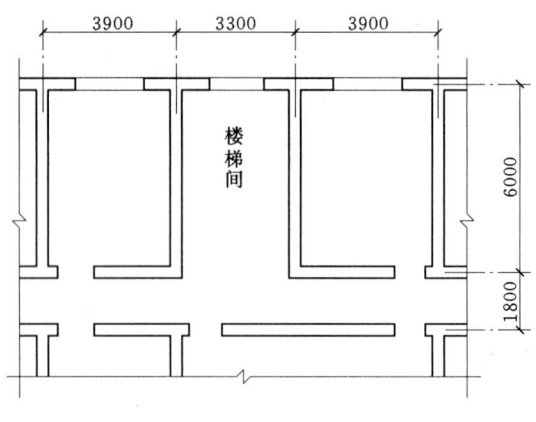

图 7.9 实例图

（3）确定踏步数量。各层踏步数量 $N=H/h=3600/150=24$ 级。各层两梯段采用等跑，则各层两个梯段踏步数量为：$n=N/2=24/2=12$ 级。

（4）取梯井宽为 160mm。

（5）确定梯段宽度。楼梯间净宽为 $3300-2\times120=3060\text{mm}$，则梯段宽度为：$B=(3060-160)/2=1450\text{mm}$。

（6）确定梯段长度。梯段长度：$L=(n-1)\times b=(12-1)\times300=3300\text{mm}$。

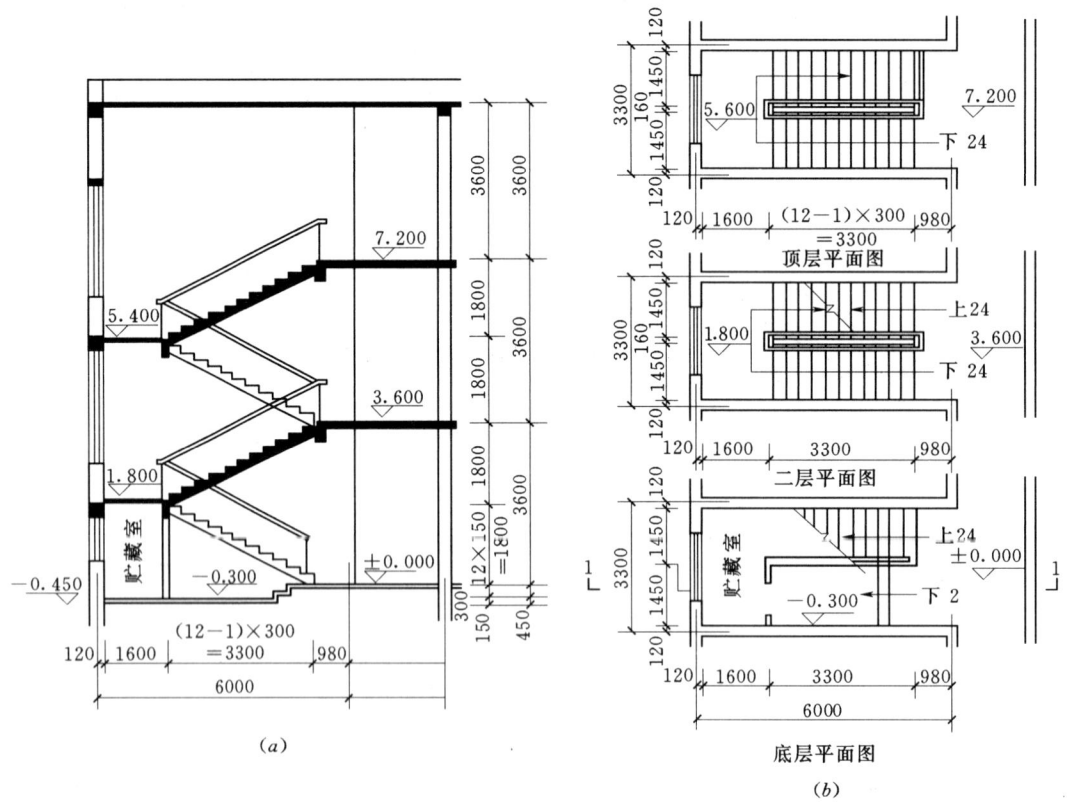

图 7.10 楼梯平面图和剖面图
(a) 1—1 剖面图；(b) 平面图

(7) 确定平台深度。中间平台深度 B_1 不小于 1450mm（梯段宽度），取 B_1 = 1600mm，取楼层平台深度 B_2 = 600mm。

(8) 调整楼层平台深度。$L + B_1 + B_2 + 120 = 3300 + 1600 + 600 + 120 = 5620$mm < 6000mm（进深）。

将楼层平台深度加大至 $600 + (6000 - 5620) = 980$mm。

(9) 调整底层平台地面标高。由于层高较大，楼梯底层中间平台下的空间可有效利用，作为储藏空间。为增加净高，可降低平台下的地面标高至 -0.300，确保楼梯平台净高不小于 2000mm。

根据以上设计结果，绘制楼梯各层平面图和楼梯剖面图，见图 7.10。

7.3 钢筋混凝土楼梯

钢筋混凝土楼梯按施工方法不同有现浇式和预制装配式两种类型。

7.3.1 现浇钢筋混凝土楼梯

现浇钢筋混凝土楼梯指的是楼梯段、楼梯平台等整浇在一起的楼梯。它整体性好、刚度大，对抗震有利。但由于耗费模板较多，且施工速度较慢，因而较适合于工程较小且抗震设防要求较高的建筑中，特别对螺旋楼梯、弧形楼梯由于形状复杂，也可采用现浇较为有利。

现浇楼梯按梯段的传力特点，有板式梯段和梁板式梯段之分。

1. 板式楼梯

梯段板承受梯段的全部荷载，其作为一块整板，斜搁在楼梯的平台梁上，再由平台梁将荷载传到墙上，如图 7.11（a）。平台梁之间的距离便是这块板的跨度。另外也有带平台板的板式楼梯，平台板和梯段连在一起，将荷载直接传给墙体，如图 7.11（b）。

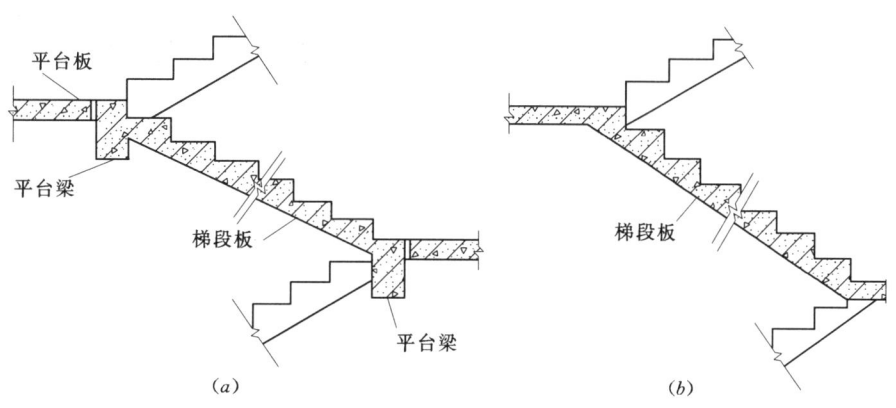

图 7.11 板式楼梯

板式楼梯底面光洁平整，外形美观，便于支模施工。但是当梯段跨度较大时，梯段板较厚，混凝土和钢筋的用量随之增加，因此板式楼梯在梯段跨度不大（一般在 3m 以下）

时采用较为经济。

2. 梁板式楼梯

当梯段较宽或楼梯负载较大时，采用板式梯段往往不经济，须增加梯段斜梁（简称梯梁）以承受板的荷载，并将荷载传给平台梁，这种梯段称梁板式梯段。

梁板式梯段在结构布置上有双梁布置和单梁布置之分。双梁式梯段将梯梁布置在梯段踏步的两端，踏步板的跨度即梯段的宽度，这样板跨小，对受力有利；单梁式梯段是目前公共建筑中采用较多的一种结构形式，每个梯段只有一根梯梁支承踏步，梯梁布置在踏步一端形成单梁悬臂楼梯或在踏步的中间形成单梁挑板楼梯，如图7.12（a）所示。

根据梯梁与踏步的位置关系，可分为明步和暗步两种形式。明步梯段的梯梁在踏步板的下部，踏步完全突出，也称为正梁式梯段，如图7.12（b）；暗步梯段的梯梁在踏步的两侧，遮挡住踏步，梯段底表面平整，也称为反梁式梯段，如图7.12（c）所示。

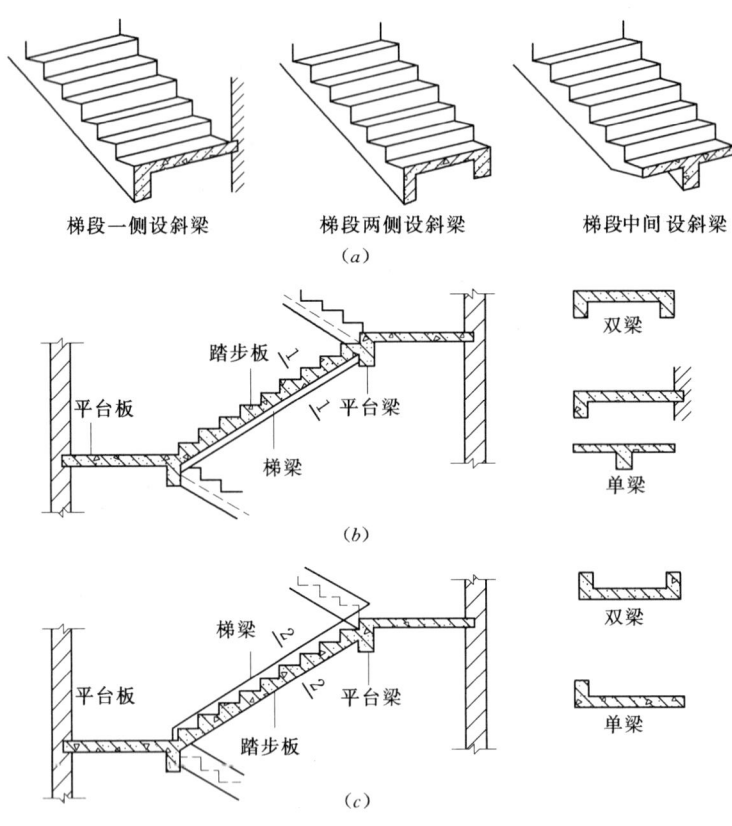

图7.12 现浇钢筋混凝土梁板式楼梯
(a) 斜梁的设计；(b) 明步楼梯；(c) 暗步楼梯

梁板式楼梯的受力较为复杂，支模施工难度大，但可节约材料、减轻自重，梁板式楼梯多用于梯段跨度较大的楼梯。

7.3.2 预制装配式钢筋混凝土楼梯

预制装配式钢筋混凝土楼梯是将楼梯构件在工厂或施工现场进行预制，施工时将预制构件在现场进行装配。这种楼梯现场湿作业少，施工速度快，但整体性较差。

按照组成楼梯的构件尺寸和装配程度，预制装配式楼梯有小型构件装配式、中型构件装配式和大型构件装配式等形式。

1. 小型构件装配式楼梯

（1）特点。小型构件装配式楼梯是将踏步板与承重结构分开预制，将踏步板作为基本构件。这种楼梯具有构件尺寸小、质量轻、加工容易，以及运输、安装方便等特点，但施工工序较多，建筑工业化水平较低。

（2）预制踏步断面形式。常用的有一字形、L形、ㄱ形和三角形踏步等，见图7.13。

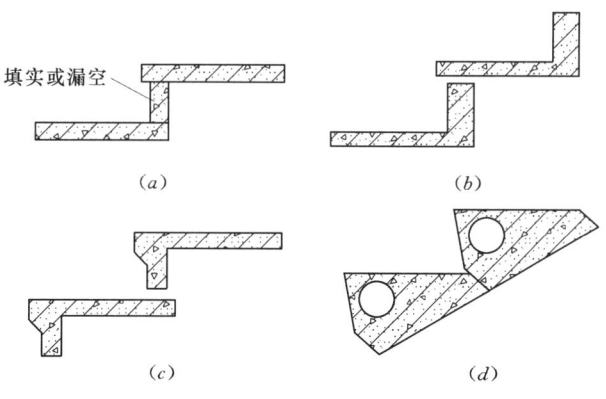

图 7.13 预制踏步板的断面形式
(a) 一字形；(b) L形；(c) ㄱ形；(d) 三角形

（3）预制踏步的支承方式。主要有梁承式、墙承式和悬挑式三种类型。

①梁承式预制踏步楼梯是将踏步支撑在预制斜梁上，形成梯段，斜梁支承在平台梁上。梁承式预制踏步楼梯在构造设计中要考虑两个方面：一方面是踏步在梯梁上的搁置构造；另一方面是梯梁在平台梁上的搁置构造。

踏步在梯梁上的搁置构造，主要涉及到踏步和梯梁的形式。三角形踏步应搁置在矩形梯梁上，如图7.14（a）所示，楼梯为暗步时，可采用L形梯梁，如图7.14（b）所示，L形和一字形踏步应搁置在锯齿形梯梁上，如图7.14（c）所示。

梯梁在平台梁的搁置构造与平台处上下行梯段的踏步相对位置有关。平台处上下行梯段的踏步相对位置一般有三种：一是上下行梯段同步，搁置构造如图7.15（a）；二是上下行梯段错开一步，搁置构造如图7.15（b）；三是上下行梯段错开多步，搁置构造如图7.15（c）。平台梁可采用等截面的L形梁，也可采用两端带缺口的矩形梁，如图7.16所示。

②墙承式预制踏步楼梯。是将预制的踏步板在施工过程中按顺序搁置在两侧的墙体上。墙承式预制踏步楼梯不需设置梯梁和平台梁，预制构件只有踏步和平台板，踏步可采用L形或一字形。这种楼梯多用于直跑楼梯或电梯井组合设计的三折楼梯等；若用于双跑楼梯，为使中间承重墙不完全遮挡上下人员的视线，可在中间墙上适当的位置开设观察孔，图7.17所示。

③悬挑式预制踏步楼梯。是将预制踏步的一端固定在墙上，一端悬挑，形成悬臂构件，

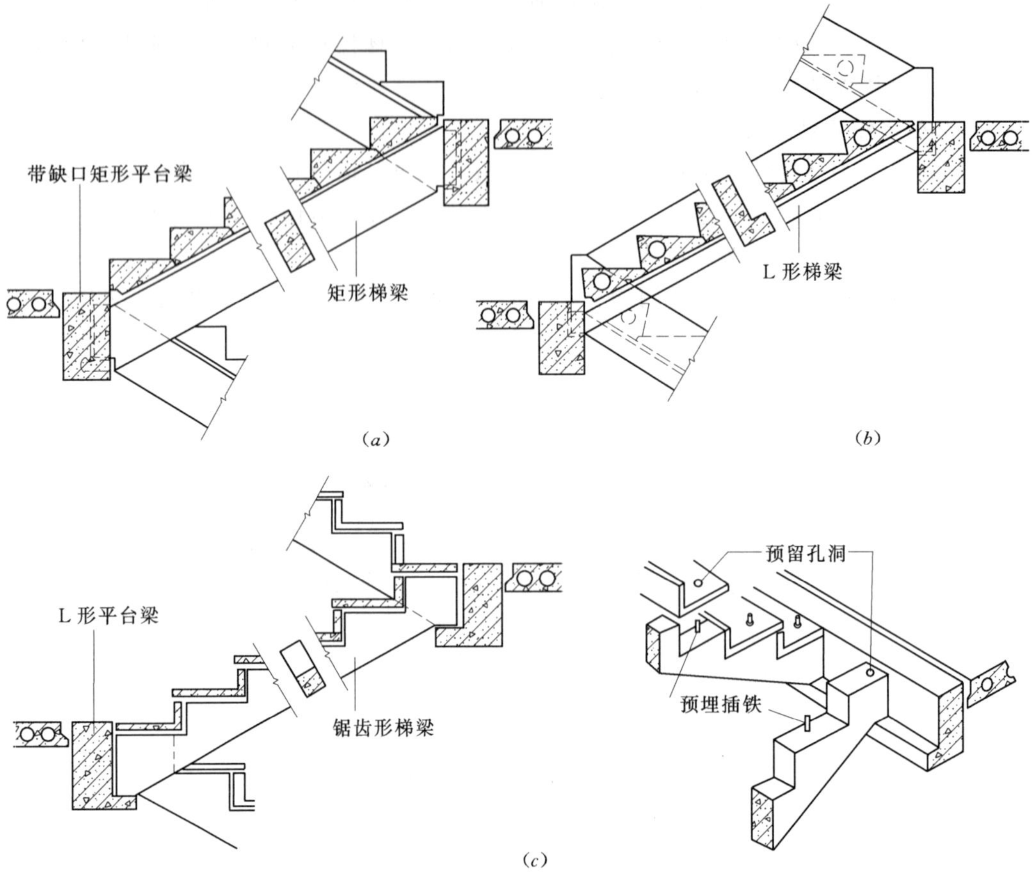

图 7.14 梁承式预制踏步楼梯构造

(a) 三角形踏步与矩形梯梁组合（明步楼梯）；(b) 三角形踏步与L形梯梁组合（暗步楼梯）；
(c) L形（或一字形）踏步与锯齿形梯梁组

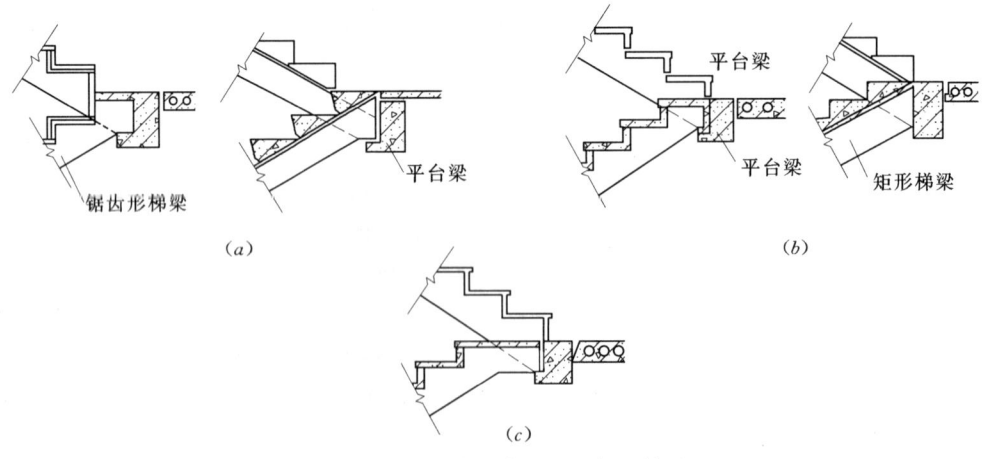

图 7.15 梯梁在平台梁上的搁置构造

(a) 上下行梯段同步；(b) 上下行梯段错一步；(c) 上下行梯段错多步

7.3 钢筋混凝土楼梯

全部荷载通过踏步传递到墙体，如图 7.18 所示。预制踏步一般有 L 形和一字形，楼梯间两端的墙体厚度不应小于 240mm，踏步的悬挑长度一般不超过 1500mm。

（4）预制平台板。平台板可根据需要采用钢筋混凝土空心板、槽板或平板。需要注意的是，在平台上有管道井处，不宜布置空心板。平台板一般平行于平台梁布置，以利于加强楼梯间整体的刚度。当垂直于平台梁布置时，常用小平板，如图 7.19 所示。

2. 中型构件装配式楼梯

中型构件装配式楼梯，是将平台板和楼梯分别预制成单独的构件，在现场装配而成的楼梯。该种装配式楼梯构件种类和数量少，施工速度快，对运输和施工的设备要求高。

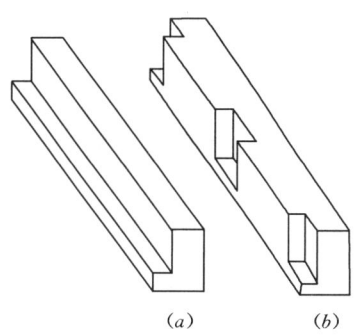

图 7.16 平台梁
（a）等截面 L 形平台梁；
（b）带缺口矩形平台梁

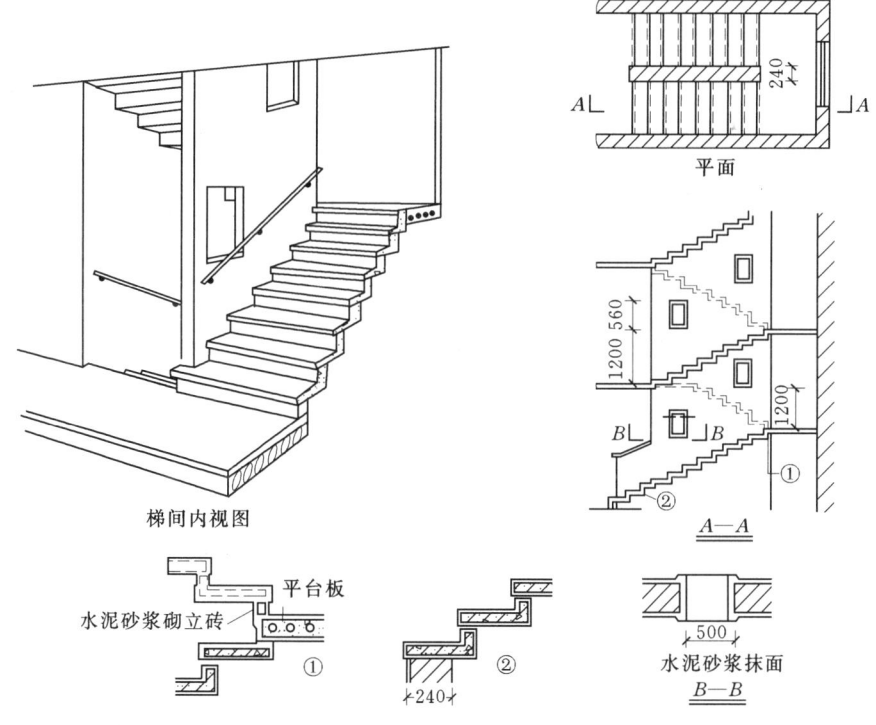

图 7.17 墙承式预制踏步楼梯构造

（1）平台板。一般将平台板和平台梁组合成一个构件。平台板通常为槽形板，于梯段板连接一侧的板肋做成 L 形，以便装配梯段；为使平台板底面平整，也可采用空心板，见图 7.20（a）、（b）。根据设备能力，也可将平台板和平台梁分别预制，平台梁为 L 形截面，平台板采用普通的预制钢筋混凝土楼板，两端支承在楼梯间横墙上，如图 7.20（c）所示。

（2）预制梯段。与现浇钢筋混凝土构件相似，预制梯段有板式和梁式两种形式。

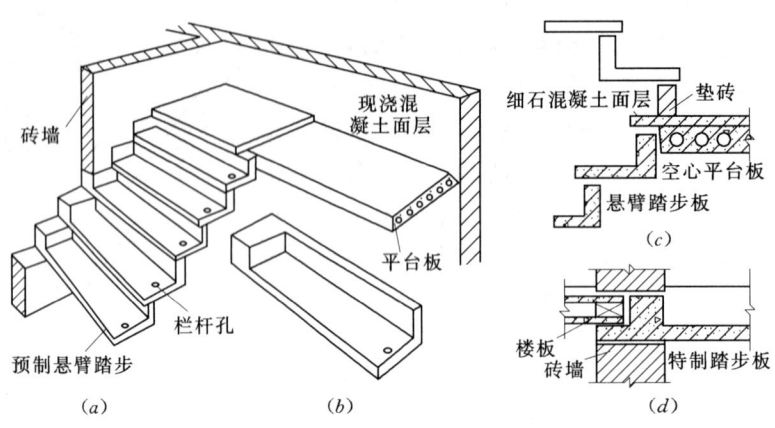

图 7.18 悬臂式预制踏步楼梯构造

(a) 悬臂踏步楼梯示意；(b) 踏步构件；(c) 平台转换处剖面；(d) 遇楼板处构件

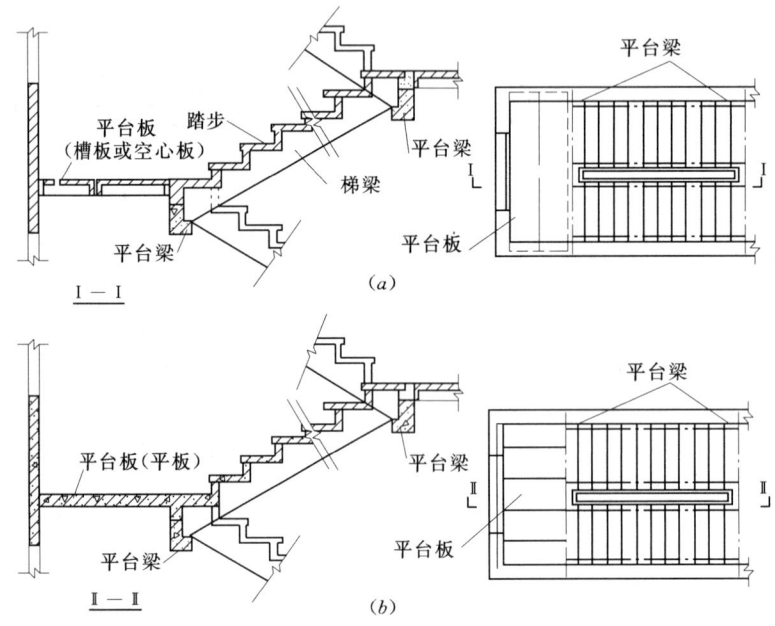

图 7.19 梯段与平台的结构布置形式

(a) 平台板两端支承在楼梯间侧墙上，与平台梁平行布置；(b) 平台板与平台梁垂直布置

　　板式梯段按构造方法，有实心和空心两种类型，如图 7.20 所示。实心梯段板自重较大，在起重或运输设备不足时，可沿梯段宽度方向分块预制，安装时拼成整体。空心梯段板有纵向抽孔和横向抽孔两种形式，孔型有圆形和三角形。当板厚较大时，宜采用纵向抽孔，否则应横向抽孔。

　　梁式梯段由踏步和斜梁组合而成。为减轻自重，可采用 L 形踏步板和抽孔的三角形踏步。斜梁可设在踏步两端，或只在梯段一侧设置，另一侧由墙体代替，也可以只在中间设置一根斜梁。

7.3 钢筋混凝土楼梯

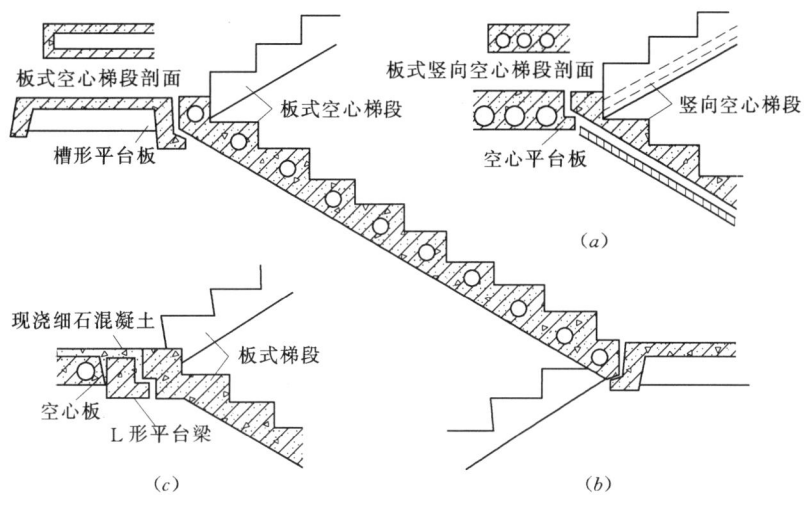

图 7.20 中型装配式楼梯平台与板式梯段形式
(a) 板式竖孔梯段、空心平台板；(b) 板式横孔梯段、槽形平台板；
(c) 板式梯段、平台梁、空心板平台

(3) 梯段的搁置。用来搁置梯段平台梁的断面一般为 L 形，其出挑翼缘的顶面有平面和斜面两种形式。梯段与平台梁有两种连接方法：一是通过预埋铁件焊接，见图 7.21 (a)；另一是将梯段预留孔套接在平台梁的预埋插件上，孔内用水泥砂浆填实，见图 7.21 (b)。底层第一跑梯段的下端应设基础或基础梁，见图 7.21 (c)、(d)。

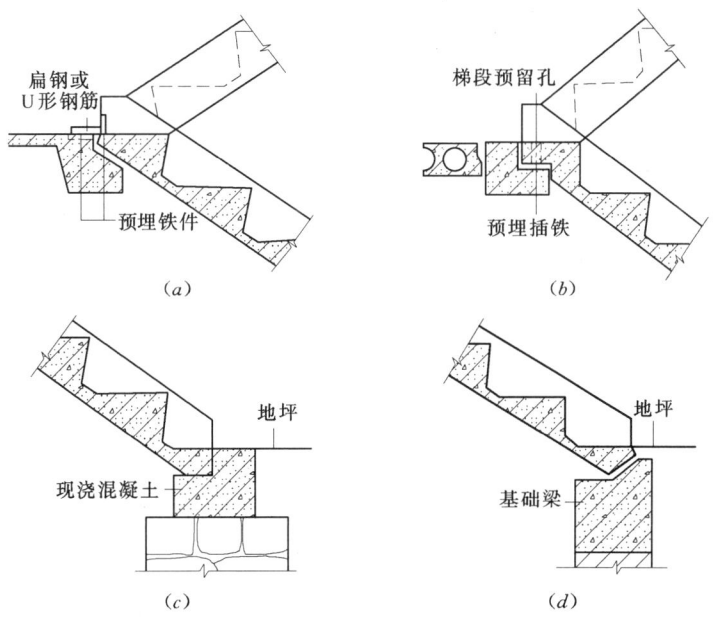

图 7.21 梯段的搁置
(a) 预埋铁件焊接；(b) 预埋插铁套接；(c) 梯段与基础的连接；
(d) 梯段与基础梁的连接

3. 大型构件装配式楼梯

大型构件装配式楼梯，是将梯段与平台预制成一个构件。这种类型构件数量少，装配化程度高，施工速度快，但对起重和运输设备要求高，主要用于大型装配式建筑，或有特殊需要的场所。按构造形式，有板式楼梯和梁式楼梯，如图 7.22 所示。

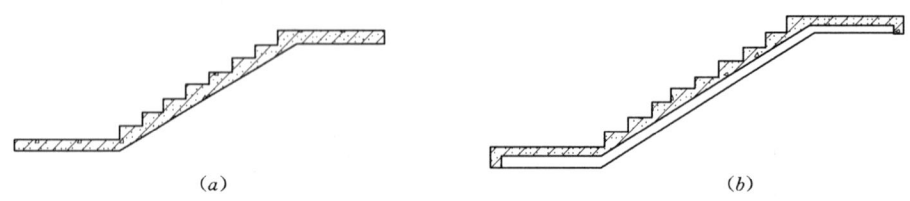

图 7.22 大型构件装配式楼梯
（a）板式楼梯；（b）梁式楼梯

7.4 电 梯

7.4.1 电梯

电梯是高层住宅和公共建筑、工厂不可缺少的重要垂直运输设备。

1. 电梯的分类

（1）按使用性质分：

1）客梯，主要用于人们在建筑物中的垂直联系。

2）货梯，主要用于运送货物及设备。

3）消防电梯，发生火灾、爆炸等紧急情况下作安全疏散人员和消防人员紧急救援使用。

（2）按电梯行驶速度分：

1）高速电梯，速度大于 2m/s，梯速随层数增加而提高，消防电梯常用高速。

2）中速电梯，速度在 2m/s 之内，一般货梯，按中速考虑。

3）低速电梯，运送食物电梯常用低速，速度在 1.5m/s 以内。

其他分类：有按单台、双台分；按电梯的载重量分，如 400kg、1000kg 和 2000kg 等；按交流电梯、直流电梯分；按轿厢容量分；按电梯门开启方向分等。

观光电梯：是把竖向交通工具和登高流动观景相结合的电梯，透明的轿厢使电梯内外景观相互沟通。

2. 电梯的组成

电梯由电梯井道、轿厢和运载设备三个部分组成，如图 7.23 所示。电梯井道属土建工程内容，涉及到井道、地坑和机房三部分，井道的尺寸由轿厢的尺寸确定；轿厢要求坚固、耐用和美观；运载设备包括动力、传动和控制系统。

3. 电梯的设计要求

电梯井道：井道的防火，井道是建筑中的垂直通道，极易引起火灾的蔓延，因此井道四周应为防火结构，井道壁一般采用现浇钢筋混凝土或框架填充墙井壁。同时当井道内超过两部电梯时，需用防火围护结构予以隔开；井道的隔振与隔声，电梯运行时产生振动和

7.4 电梯

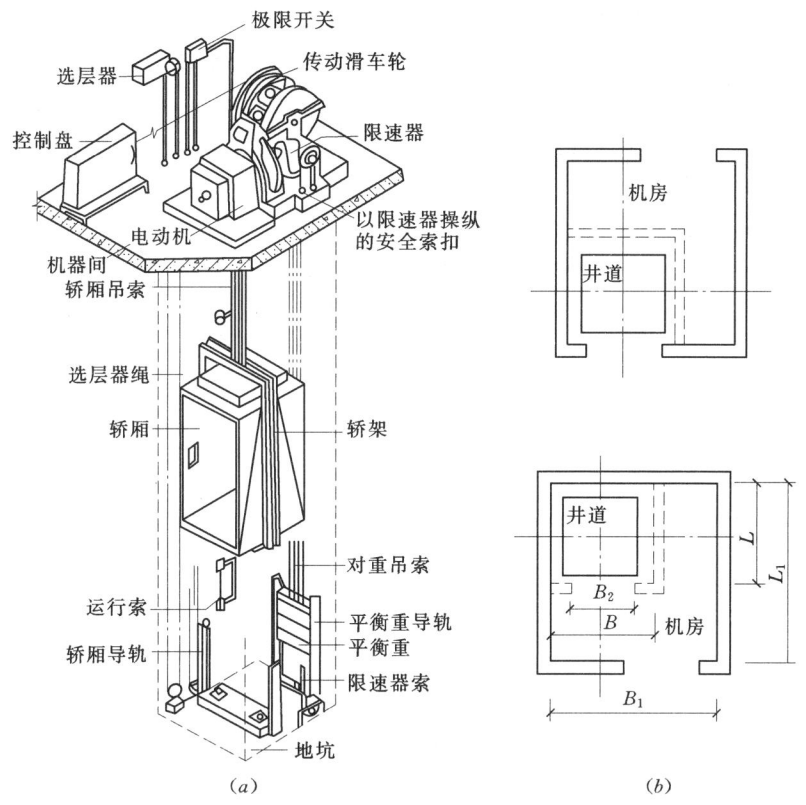

图 7.23 电梯的组成
(a) 电梯井道；(b) 井道平面

噪音，一般在机房机座下设弹性垫层隔振，在机房与井道间设高 1.5m 左右的隔声层；井道的通风，为使井道内空气流通，火警时能迅速排除烟和热气，应在井道肩部和中部适当位置（高层时）及地坑等处设置不小于 300mm×600mm 的通风口，上部可以和排烟口结合，排烟口面积不少于井道面积的 3.5%，通风口总面积的 1/3 应经常开启，通风管道可在井道顶板上或井道壁上直接通往室外；其他方面如地坑应注意防水、防潮处理，坑壁应设爬梯和检修灯槽等。

电梯井道细部构造：电梯厅门和门套构造见图 7.24，由于电梯厅门系人流或货流频繁经过的部位，故不仅要求做到坚固适用，而且还要满足一定的美观要求，具体的措施是在厅门洞口上部和两侧装上门套。门套装修可采用多种做法，如水泥砂浆抹面、贴水磨石板、大理石板以及硬木板或金属板贴面，除金属板为电梯厂定型产品外，其余材料均系现场制作或预制，门套上方应预留安装指示灯的孔洞位置；电梯厅门牛腿构造，电梯厅的牛腿采用钢筋混凝土牛腿，挑向井道壁内侧，牛腿上面用来安装推拉门的金属滑槽。

电梯机房：通常设置在井道上部，机房平面应大于井道平面，净高一般为 2.2～2.8m。机房的围护结构应保温隔热，室内应有良好的通风、防潮和防尘，机房与井道之间应采取隔声和隔振措施，如图 7.25 所示，一般在机房的设备底座下设置弹性垫层，必要时增设隔声层，高度不小于 1500mm。

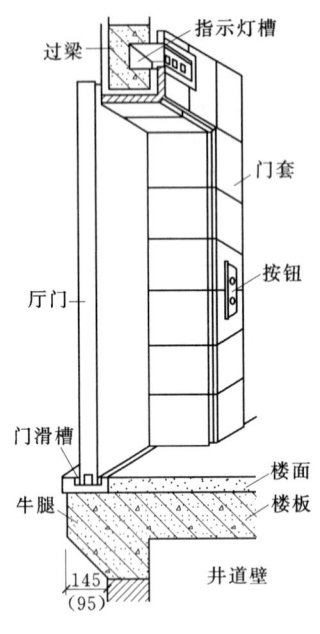
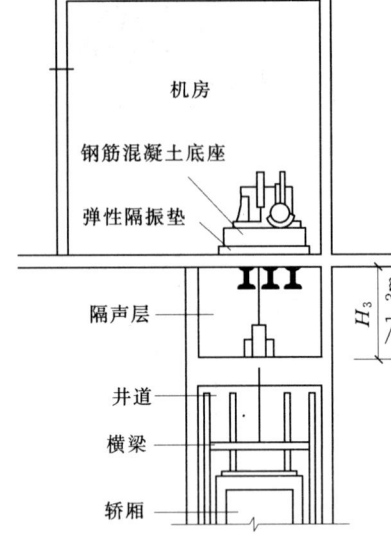

图 7.24 门套构造　　　　图 7.25 电梯机房隔声、隔振处理

7.4.2 自动扶梯

自动扶梯适用于有大量人流上下的公共场所，如车站、超市、商场、地铁车站等。自动扶梯可正、逆两个方向运行，可作提升及下降使用，机器停转时可作普通楼梯使用。

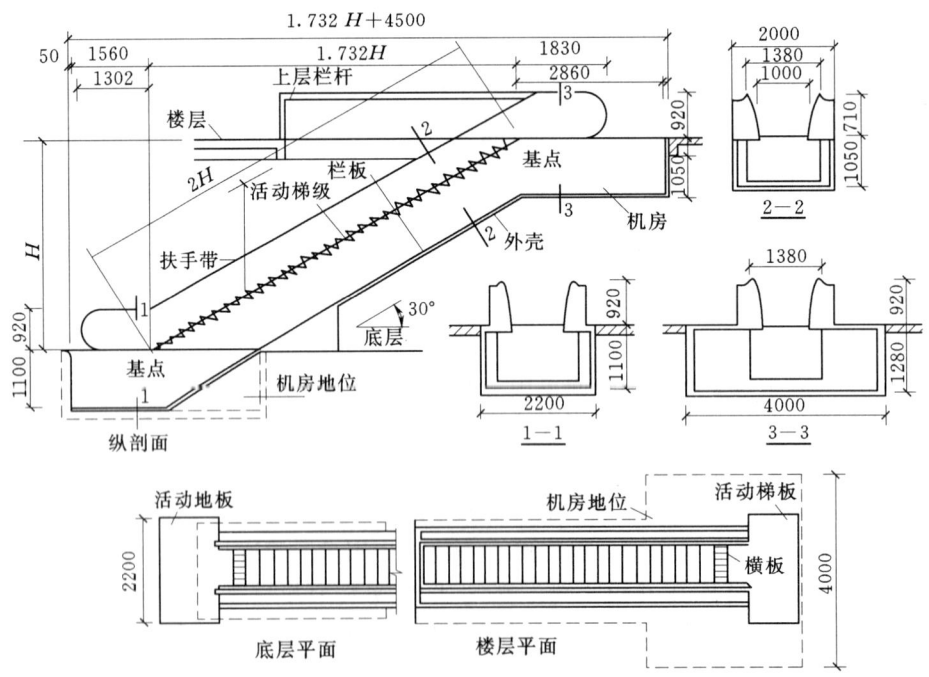

图 7.26 自动扶梯的基本尺寸

其布置形式有平行排列、交叉排列、连贯排列等方式；平面布置可单台设置或双台并列设置。自动扶梯的坡度较为平缓，通常为30°，宽度一般为600mm或1000mm，运行速度为0.5m/s；自动扶梯是电动机械牵动梯段踏步连同栏杆扶手带一起运转的；机房悬挂在楼板下面，该部分楼板须制成活动的，楼层下做装饰外壳处理，底层做地坑，见图7.26。

7.5 室外台阶和坡道

台阶与坡道主要用于室外入口处，是联系标高不同地面的交通构件。台阶供人们行走，坡道供车辆使用，通常将台阶与坡道同时设置。

7.5.1 台阶与坡道的形式

台阶由踏步和平台组成。其形式有单面踏步式、三面踏步式等，如图7.27（a）、（b）所示。台阶坡度较楼梯平缓，每级踏步高为100～150mm，踏面宽为300～400mm。台阶顶部平台的宽度应大于所连通的门洞宽度，一般至少每边宽出500mm；室外台阶顶部平台的深度不应小于1000mm。当台阶高度超过1m时，宜有护栏设施。

坡道多为单面坡形式，极少有三面坡的，坡道坡度应以有利推车通行为佳，一般为1/10～1/8，也有1/30的。还有些大型公共建筑，为考虑汽车能在大门入口处通行，常采用台阶与坡道相结合的形式，如图7.27（c）、（d）所示。

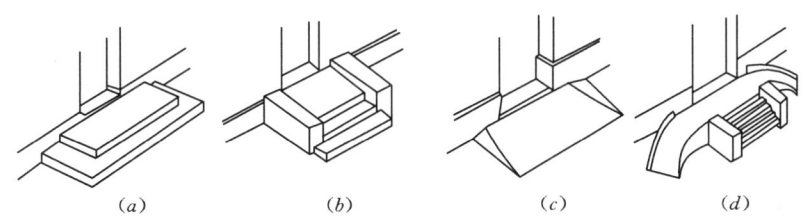

图 7.27 台阶与坡道的形式
（a）三面踏步式；（b）单面踏步式；（c）坡道式；（d）踏步坡道结合式

7.5.2 台阶构造

室外台阶的平台应与室内地坪有一定的高差，一般为40～50mm，而且台阶表面应做1%～2%的外排水坡，以免雨水流向室内。

台阶构造与地坪构造相似，由面层和结构层构成。结构层材料应采用抗冻、抗水性能好且质地坚实的材料，常见的台阶基础有就地砌造、勒脚挑出、桥式三种，如图7.28所示。台阶踏步有砖砌踏步、混凝土踏步、钢筋混凝土踏步、石踏步四种。高度在1m以上的台阶需考虑设栏杆或栏板。

面层材料应采用抗冻、耐磨材料。常见的有水泥砂浆、水磨石、缸砖以及天然石板等。水磨石在冰冻地区容易造成滑坡，故应慎用。若使用时必须采取防滑措施。缸砖、天然石板等多用于大型公共建筑的大门入口处。

7.5.3 坡道构造

坡道材料常见的有混凝土或石块等，面层亦以水泥砂浆居多，对经常处于潮湿、坡度较陡或采用水磨石作面层的，在其表面必须作防滑处理，如图7.29所示。

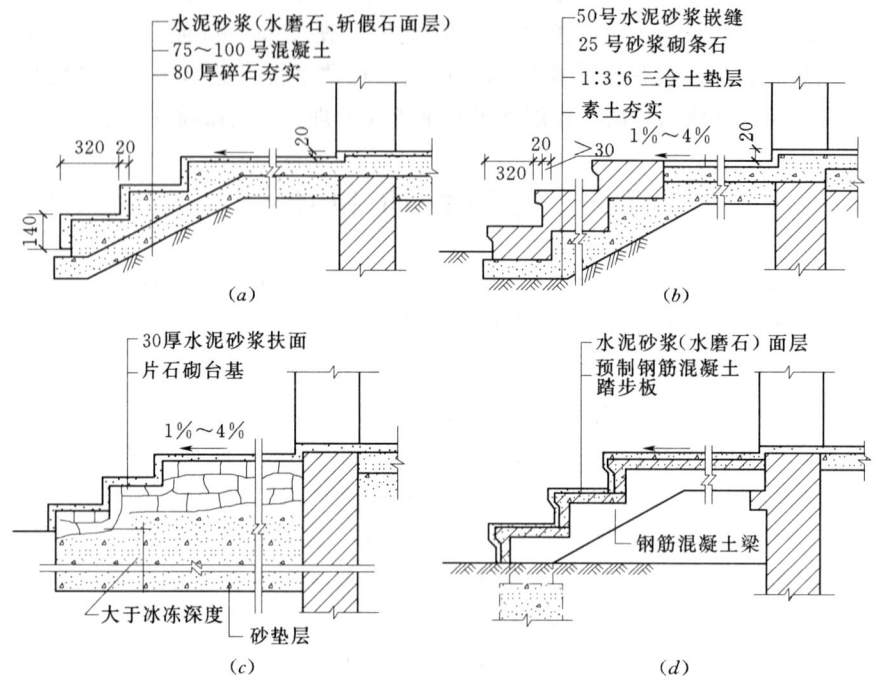

图 7.28　台阶构造示意
(a) 混凝土台阶；(b) 石台阶；(c) 换土地基台阶；(d) 预制钢筋混凝土架空台阶

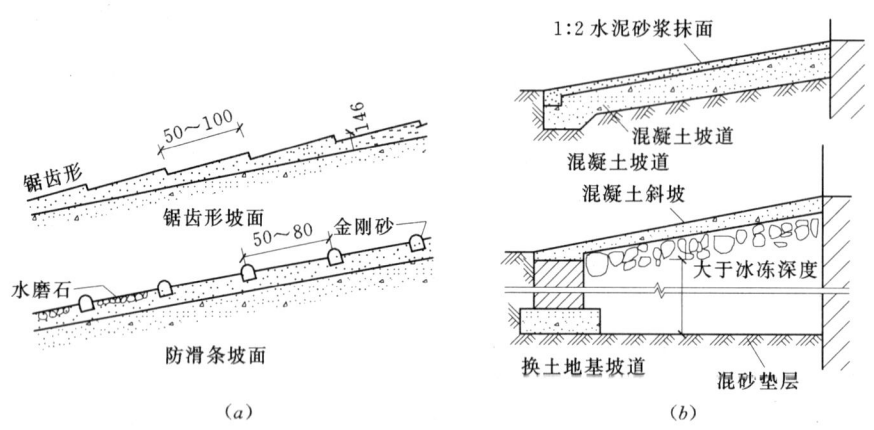

图 7.29　坡道构造
(a) 坡道防滑；(b) 坡道做法

为方便残疾人通行而设计的无障碍坡道，其坡度应较为平缓，一般不宜大于 1/12，每节坡道最大水平长度不大于 9m，最大高度不大于 0.75m。坡道的宽度应满足通行轮椅股数的宽度要求，并且平台的宽度应满足残疾人休息和轮椅的回转半径，如图 7.30 所示。

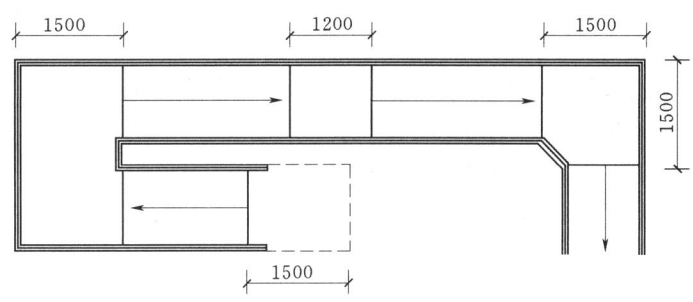

图 7.30 无障碍设计坡道

本 章 小 结

楼梯是建筑物中重要的结构构件。它是由楼梯段、平台和栏杆所构成。常见楼梯的形式有直跑楼梯、双跑楼梯、交叉楼梯等。楼梯在建筑内部的位置应明显易找，要求其采光充足，避免交通拥挤、堵塞，同时必须满足防火要求。

楼梯段和平台的宽度应按人流股数确定，且应保证人流和货物的通行。

楼梯段尺度要根据建筑物的使用性质和层高确定其坡度，一般最大坡度不超过38°。梯段坡度与梯段踏步尺寸密切相关，可以参照不同楼梯类别确定踏步高度和宽度。

楼梯的净高在平台部位应大于2m；在梯段部位应大于2.2m。在平台下设出入口时，当净高不足2m，可采用长短跑或利用室内外地面高差等方法予以解决。

钢筋混凝土楼梯有现浇式和预制装配式两大类，现浇式楼梯可分为板式楼梯和梁板式楼梯两种类型，而梁板式楼梯有双梁布置和单梁布置之分。

中小型预制构件楼梯可分为预制踏步和预制楼梯斜梁两种，其构造方式有墙承式、梁承式和墙悬臂式等类型。预制踏步有实心三角形、空心三角形、L形和一字形踏步板等形式，预制梯梁有矩形和锯齿形梯梁。

室外台阶和坡道是建筑物入口处解决室内外地面高差、方便行人进出的辅助构件，其平面布置形式有单面踏步式、三面踏步式、坡道式和踏步、坡道结合式之分。

电梯是高层建筑的主要交通工具。由电梯井道、轿厢和运载设备三个部分组成，其细部构造包括厅门的门套装修、厅门牛腿的处理、导轨撑架与井壁的固结处理等。

自动扶梯适用于有大量人流上下的公共场所。

习 题

7.1 楼梯由哪几部分组成？各部分的作用及要求如何？

7.2 常见的楼梯有哪几种形式？

7.3 确定楼梯段宽度应以什么为依据？

7.4 楼梯坡度如何确定？踏步高与踏步宽和行人步距的关系如何？

7.5 楼梯的净高一般指什么？为保证人流和货物的顺利通过，要求楼梯净高一般是多少？

7.6 钢筋混凝土楼梯常见的结构形式是哪几种？各有何特点？

7.7 预制装配式楼梯的构造形式有哪些？

7.8 台阶与坡道的形式有哪些？

7.9 电梯由哪几部分组成？电梯井道的设计应满足什么要求？

第8章 基础与地下室

本章学习目标：

通过本章的学习，了解影响基础埋置深度的因素；理解地下工程常用防潮、防水构造做法；掌握基础的概念，基础与地基的关系，常用基础的类型、特点及其应用范围。

8.1 地基与基础的关系

8.1.1 地基、基础及与其荷载的关系

基础是建筑物的墙或柱埋在地下的扩大部分。基础的作用是承受建筑物上部结构传来的全部荷载，并把这些荷载连同本身的自重一起传给地基，如图8.1所示。地基是指基础底面以下，受到荷载作用影响范围内的部分岩体、土体。基础是建筑物的重要组成部分，而地基则不是建筑物的组成部分，它只是基础下面承受建筑物荷载的土壤层。地基和基础虽然不同，但是又有着不可分割的关系，他们共同保证建筑物的坚固、耐久和安全。

建筑物的全部荷载都是通过基础传给地基的。作为地基的岩体、土体，以其强度（地基承载力）和抗变形能力保证建筑物的正常使用和整体的稳定性，并使地基在防止整体破坏方面有足够的安全储备。地基承受荷载有一定的限度，每平方米面积所承受的最大垂直压力，称为地基承载力。为了保证建筑物的稳定和安全，必须满足建筑物基础底面的平均压力不过地基承载力。地基上所承受的全部荷载是通过基础传递的，因此当荷载一定时，可通过加大基础底面积来减少单位面积上地基所受到的压力。基础底面 A 可通过下式来确定：

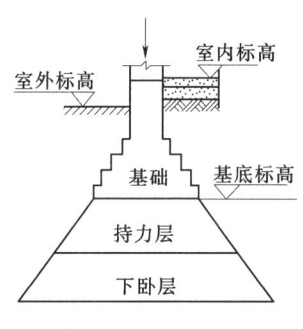

图 8.1 地基与基础

$$A \geqslant N/f$$

式中　N——建筑物的总荷载；

　　　f——地基承载力。

从上式可以看出，当地基承载力不变时，建筑总荷载越大，基础底面积也要求越大。或当建筑物总荷载不变时，地基承载力越小，基础底面积越大。

8.1.2 地基的分类

地基可分为天然地基和人工地基两种类型。天然地基是指天然状态下即可满足承载力要求、不需经人工处理的地基。可做天然地基的岩土体包括岩石、碎石、砂土、黏性土等。当达不到上述要求时，可以对地基进行补强和加固。经人工处理的地基称为人工地基。处理方法有多种，如换填法、预压法、强夯法、振冲法、深层搅拌法等。

换填法是指用砂石、灰土、素土、工业废渣等强度较高的材料，置换地基浅层软弱

土，并在回填土的同时，采用机械逐层压实。

预压法指在建筑基础施工之前，对地基土预先进行加载预压，使地基土被预先压实，从而提高地基土的强度和抵抗沉降的能力。

强夯法是利用强大的夯击功，迫使深层土液化和动力固结而密实。该方法用 80～300kN 的重锤和 8～20m 的落距，强力对地基施加冲击能。强夯对地基土有加密作用、固结作用和预加变形作用，从而提高了地基承载力，降低了压缩性。目前强夯法又发展为强夯置换法，在加密的同时对部分软弱土用粗骨料取代，然后再夯实；或者是用砂石以及其他颗粒材料填入夯坑内，这样便形成夯扩短桩。

8.1.3 地基与基础的设计要求

1. 地基应具有足够的承载力和均匀程度

建筑物应尽量选择在地基承载力较高而且均匀的地段，如岩石、碎石等。地基土质应均匀，如果地基土质分布不均匀，处理不当就会使建筑物产生不均匀沉降，此时极易产生墙体开裂，严重时会影响建筑物的正常使用。

2. 基础应具有足够的强度和耐久性

基础是建筑物的重要承重构件，它承受着上部结构传来的全部荷载，是建筑物安全的重要保证。因此基础必须有足够的强度，才能够保证将建筑物的荷载可靠地传给地基。

基础埋于地下，建成后检查和维修困难，所以在选择基础的材料与构造形式时，应考虑其满足耐久性要求。

3. 经济方面的要求

基础工程约占建筑总造价的 10%～40%，降低基础工程的造价是减少建筑总投资的有效方法。这就要求选择土质好的地段来建造建筑物，以减少地基处理的费用。需要特殊处理的地基，也要尽量选用地方材料及合理的构造形式。

8.2 基础的埋置深度

8.2.1 基础埋置深度

基础埋置深度是指从室外设计地面至基础底面的垂直距离，如图 8.2 所示。基础按其埋置深度大小可分为浅基础和深基础。基础埋置深度不超过 5m 时称为浅基础，大于 5m 的属于深基础。在确定基础埋置深度时，应优先选择浅基础，它的优点是不需要特殊的施工设备，施工技术也较简单。一般情况下，基础尽量浅埋，但不应小于 0.5m。若浅层土质不良，需将基础加大埋深，此时需采取一些特殊的施工手段和相应的基础形式，如采用桩基、沉箱、沉井和地下连续墙等深基础。

基础埋置深度的大小关系到地基的可靠性、施工的难易程度和造价的高低。

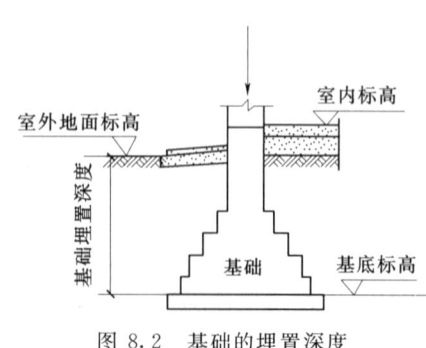

图 8.2 基础的埋置深度

8.2.2 影响基础埋置深度的因素

1. 建筑物的使用要求、基础形式及荷载

当建筑物设置地下室、设备基础或地下设施时,基础埋深应满足其使用要求;高层建筑基础埋置深度随建筑高度增加适当增大,才能满足稳定性的要求;荷载大小和性质也影响基础埋置深度,一般荷载较大时应加大基础埋深;受向上拔力的基础,应有较大埋深以满足抗拔力的要求。

2. 工程地质和水文地质的条件

基础应建造在坚实可靠的地基上,而不能设置在承载力低、压缩性高的软土层上。地基土通常由多层土组成,直接支承基础的土层称为持力层,下部各层土为下卧层。

在满足地基稳定和变形要求的前提下,基础尽量浅埋。如浅层土作持力层不能满足要求,可考虑深埋,但应与其他方案比较。地基软弱土层在2m之内,下卧层为压缩性低的土时,一般应将基础埋在下卧层上;如软弱土层厚在2~5m之间,低层轻型建筑应争取将基础埋于表层软弱土层内,可加宽基础,必要时可用换土、压实等方法进行地基处理;如软弱土层大于5m,低层轻型建筑应尽量浅埋于软弱土层内,必要时可加强上部结构或进行地基处理;如地基土由多层土组成且均属于软弱土层或上部荷载很大时,常采用深基础方案,如桩基等。按地基条件选择埋深时,还经常要求从减少不均匀沉降的角度考虑,当土层分布明显不均匀或各部分荷载差别很大时,对同一建筑物可采用不同的埋深来调整不均匀沉降量,图8.3所示是不同土层条件下的六种基础埋深。

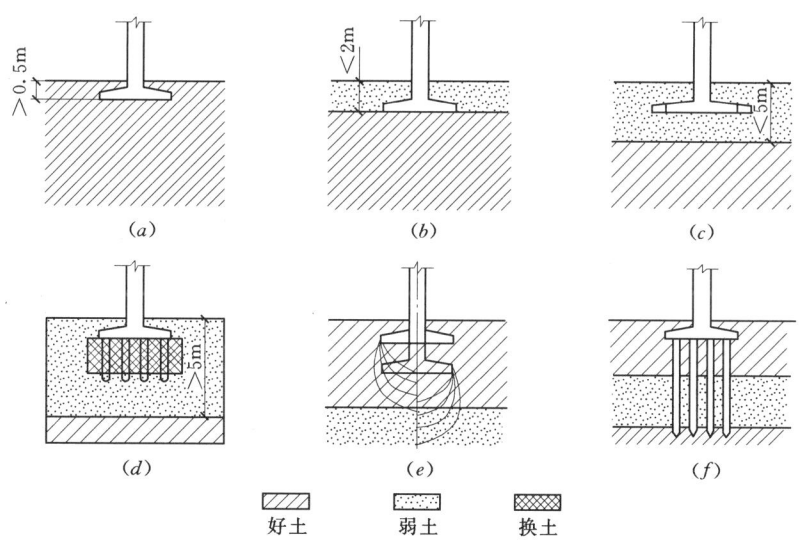

图 8.3 地质构造与基础埋深的关系

(1) 地基土质分布均匀时,基础应尽量浅埋,但也不得低于500mm,如图8.3(a)所示。

(2) 地基土层的上层为软土,厚度在2m以内,下层为好土时,基础应埋在好土层内,此时土方开挖量不大,既可靠又经济,如图8.3(b)所示。

(3) 地基土层的上层为软土,且高度在2~5m时,荷载小的建筑(低层、轻型)仍可将基础埋在软土内,但应加强上部结构的整体性,并增大基础底面积。若建筑总荷载较大（高层、重型）时，则应将基础埋在好土上，如图8.3（c）所示。

（4）地基土层的上层软土厚度大于5m时，对于建筑总荷载较小的建筑，应尽量利用引层的软弱土层为地基，将基础埋在软土内。必要时应加强土部结构，增大基础底面积或进行人工加固。否则，是采用人工地基还是把基础埋至好土层内，应进行经济比较后确定，如图8.3（d）所示。

（5）地基土层的上层为好土，下层为软土，此时，应力争把基础埋在好土里，适当提高基础底面，以有足够厚度的持力层，并验算下卧层的应力和应变，确保建筑的安全，如图8.3（e）所示。

（6）地基土层由好土和软土交替组成，低层轻型建筑应尽可能将基础埋在好土内；总荷载大的建筑可采用打端承桩穿过软土层，也可将基础深埋到下层好土中，两方案可经技术经济比较后选定，如图8.3（f）所示。

存在地下水时，基础埋深一般应考虑埋于最高地下水位以上不小于0.2m处。当地下水位较高，基础不能埋置在地下水位以上时，宜将基础埋置在最低地下水位以上不少于0.2m的深度，且同时考虑施工时基坑的排水和坑壁的支护等因素。地下水位以下的基础，选材时，应考虑地下水对地基有腐蚀性的可能而要采取防腐措施，如图8.4所示。

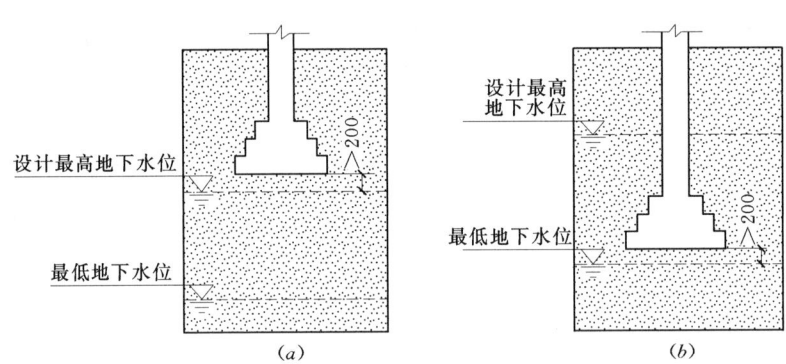

图 8.4　地下水位对基础埋置深度的影响

3. 土的冻结深度影响

粉砂、粉土和黏性土等细粒土具有冻胀现象，冻胀时会将基础向上拱起。土层解冻融化，基础又会下沉，使基础处于不稳定状态。冻融的不均匀会使建筑物发生变形，严重时产生开裂等破坏情况。因此，建筑物的基础应埋置在冰冻层以下且不小于200mm。

4. 相邻建筑物基础埋置深度

新建的建筑物基础埋置深度不宜大于相邻原有建筑物基础，如果新建基础大于原有建筑物的基础时，基础间的净距应根据荷载大小和性质等确定，一般为相邻基础底面高差的1～2倍，即$L \geqslant (1～2)H$，如图8.5所示。若不能满足时，应加固原有地基或分段施工、设临时加固支撑、打板桩、地下连续墙等施工措施。

5. 其他

为保护基础，一般要求基础顶面低于设计室外地面不少于0.1m，地下室或半地下室基础的埋置深度则要结合建筑设计的要求确定。

8.3 基础的类型

8.3.1 按材料分
按所用的材料分为：砖基础、生石基础、混凝土基础、钢筋混凝土基础等。

8.3.2 按受力特点分
1. 刚性基础

刚性基础是指由刚性材料制作的基础。一般指抗压强度高，而抗拉、抗剪强度较低的材料就称为刚性材料，常用的有砖、灰土、混凝土、三合土、毛石等。为满足地基容许承载力的要求，需要加大基础底面积。基础底面尺寸的放大应根据材料的刚性角来决定。刚性角是指基础放宽的引线与墙体垂直线之间的夹角（α 角），如图 8.6 所示。

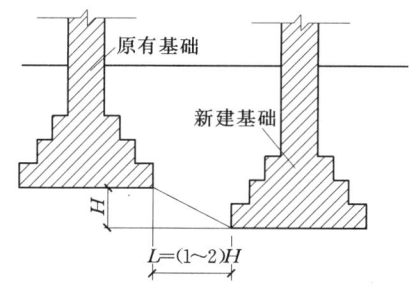

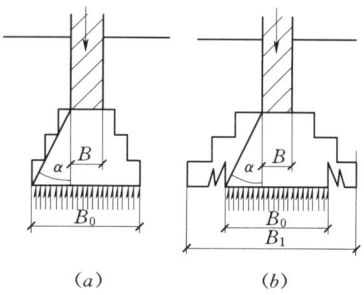

图 8.5 基础埋置深度与相邻基础的关系　　图 8.6 刚性基础的受力、传力特点

凡受刚性角限制的基础称为刚性基础，为设计施工方便，将刚性角 α 换算成正切值 b/h，即宽高比。表 8.1 是各种材料基础的宽高比 b/h 的容许值。如砖基础的大放脚宽高比不大于 1:1.5。大放脚的做法，一般采用每两皮砖挑出 1/4 砖或每两皮砖挑出 1/4 砖与一皮砖挑出 1/4 砖相间砌筑。

表 8.1　　　　　　　　　刚性基础台阶宽高比的容许值

基础材料	质量要求	台阶宽高比的容许值		
		$P \leqslant 100$	$100 < P \leqslant 200$	$200 < P \leqslant 300$
混凝土基础	C10 混凝土	1:1.00	1:1.00	1:1.00
	C7.5 混凝土	1:1.00	1:1.25	1:1.50
毛石混凝土基础	C7.5~C10 混凝土	1:1.00	1:1.25	1:1.50
砖基础	砖不低于 MU7.5	M5 砂浆	1:1.50	1:1.50	1:1.50
		M2.5 砂浆	1:1.50	1:1.50	
毛石基础	M2.5~M5 砂浆	1:1.25	1:1.50	
	M1 砂浆	1:1.50		
灰土基石	体积比为 3:7 或 2:8 的灰土，其最小干密度： 粉土：15kN/m³ 粉质黏土：15.0kN/m³ 黏土：14.5kN/m³	1:1.25	1:1.50	

续表

基础材料	质量要求	台阶宽高比的容许值		
		$P \leq 100$	$100 < P \leq 200$	$200 < P \leq 300$
三合土基础	体积比 1∶2∶4～1∶3∶6（石灰∶砂∶骨料），每层约虚铺 220mm，夯至 150mm	1∶1.50	1∶2.00	

注 表中 P 为承载力设计值（单位：kPa）。

2. 柔性基础

钢筋混凝土基础称为柔性基础。钢筋混凝土的抗弯和抗剪性能好，可在上部结构荷载较大、地基承载力不高以及水平力和力矩等荷载的情况下使用，这类基础的高度不受台阶宽高比 b/h 的限制，故适宜在宽基浅埋的场合下采用。在同样情况下，与混凝土基础比较，采用钢筋混凝土可节省大量材料和挖土的工作量。钢筋混凝土基础的构造，如图 8.7 所示。

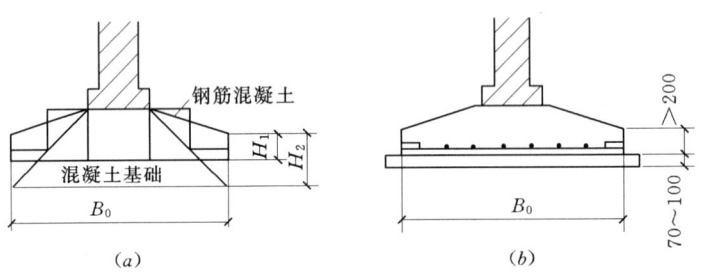

图 8.7 钢筋混凝土基础
（a）混凝土与钢筋混凝土基础比较；（b）基础构造

8.3.3 按构造形式分

1. 独立式基础

当建筑物上部结构采用框架结构或单层排架结构承重时，基础常采用方形或矩形的独立式基础，这类基础称为独立基础或柱式基础，如图 8.8（a）、（b）所示，常用断面形式有踏步形、锥形、杯形。适合于多层框架结构或厂房排架柱下基础，地基承载力不低于 80kPa 时，其材料通常采用钢筋混凝土、素混凝土等。当柱为预制时，则将基础做成杯口形，然后将柱子插入并嵌固在杯口内，故称杯口基础，有时因建筑物场地起伏或局部工程地质条件变化，以及避开设备基础等原因，可将个别柱基础底面降低，做成高杯口基础，或称长颈基础，如图 8.9（a）、（b）所示。

2. 条形基础

当建筑物上部结构采用墙承重时，基础沿墙身设置，多做成长条形，这类基础称为条形基础或带形基础，是墙承式建筑基础的基本形式，有墙下条形基础和柱下条形基础两类。

（1）墙下条形基础。一般用于多层混合结构的墙下，低层或小型建筑常用砖、混凝土等刚性条形基础。如上部为钢筋混凝土墙，或地基较差、荷载较大时，可采用钢筋混凝土条形基础，如图 8.10 所示。

8.3 基础的类型

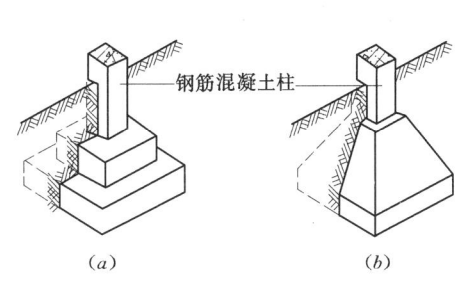

图 8.8 独立基础
(a) 阶梯形基础；(b) 锥形基础

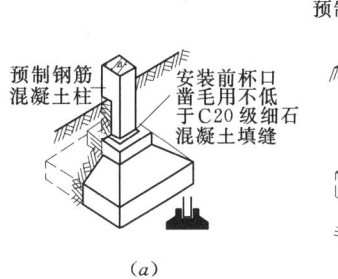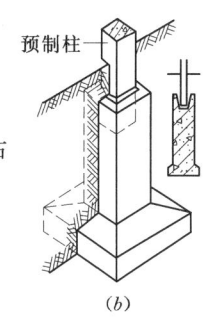

图 8.9 杯口基础
(a) 普通杯形基础；(b) 高杯口基础

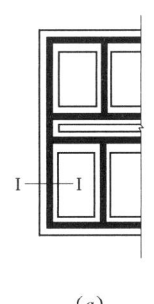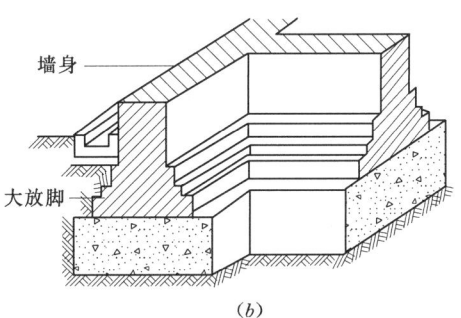

图 8.10 条形基础
(a) 平面；(b) Ⅰ—Ⅰ剖面

（2）柱下条形基础。因为上部结构为框架结构或排架结构，荷载较大或荷载分布不均匀，地基承载力偏低，为增加基底面积或增强整体刚度，以减少不均匀沉降，常用钢筋混凝土条形基础，将各柱下基础用基础梁相互连接成一体，形成井格基础，如图 8.11 所示。

3. 筏片基础

建筑物的基础由整片的钢筋混凝土

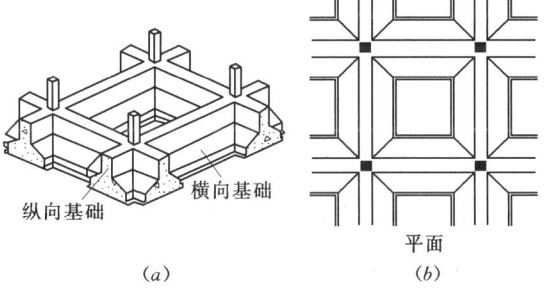

图 8.11 井格基础

板组成，板直接作用于地基上，称为筏片基础。筏片基础的整体性好，可以跨越基础下的局部软弱土。

筏片基础常用于地基软弱的多层砌体结构、框架结构、剪力墙结构的建筑，以及上部结构荷载较大且不均匀或地基承载力低的情况，按其结构布置分为梁板式和无梁式，其受力特点与倒置的楼板相似，如图 8.12 所示。

4. 箱形基础

当上部建筑物为荷载大、对地基不均匀沉降要求严格的高层建筑、重型建筑以及软弱

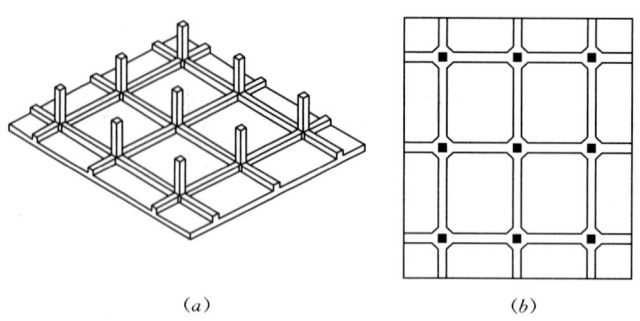

图 8.12 筏片基础

土地基上多层建筑时,为增加基础刚度,将地下室的底板、顶板和墙整体浇成箱子状的基础,称为箱形基础。

箱形基础的整体空间刚度大,整体性强,能抵抗地基的不均匀沉降,同时有较好的地下空间可以利用(基础的中空部分可用作地下室或停车库),能承受很大的弯矩,较适用于高层建筑或在软弱地基上建造的重型建筑物,如图 8.13 所示。

5. 桩基础

当浅层地基上不能满足建筑物对地基承载力和变形的要求,而又不适宜采取地基处理措施时,就要考虑以下部坚实土层或岩层作为持力层的深基础,一般地广泛采用桩基础。

桩基础一般由设置于土中的桩身和承接上部结构的承台组成,如图 8.14 所示。桩基是按设计的点位将桩身置于土中,桩的上端灌注钢筋混凝土承台梁,承台梁上接柱或墙体,以便使建筑荷载均匀地传给桩基。在寒冷地区,承台梁下一般铺设 100~200mm 厚的粗砂或焦渣,以防土壤冻胀引起承台的反拱破坏。

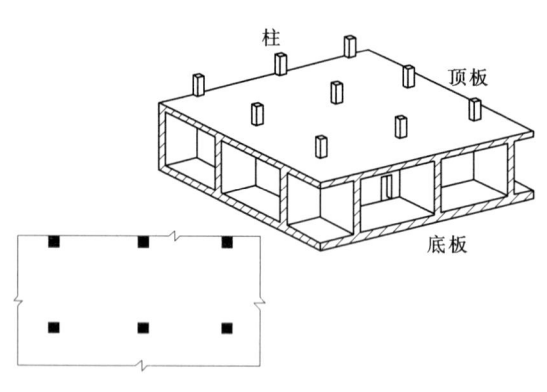

图 8.13 箱形基础

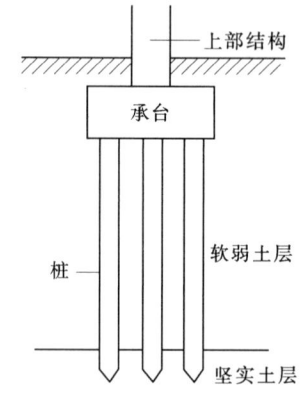

图 8.14 桩基础示意图

桩的类型很多,按材料可分为钢管桩、钢筋混凝土桩;按照桩的施工特点可以分为振入桩、压入桩、打入桩、钻孔灌入桩等;按桩的受力性能可分为摩擦桩和端承桩;按桩的断面形式可分为圆形、方形、六角形等。常用的桩基有钻孔桩、振动桩、爆扩桩等。

8.4 地 下 室

8.4.1 地下室分类

建筑物下部的地下使用空间称为地下室。利用地下空间，可节约建设用地。地下室可用作设备房间、贮藏房间、旅馆、餐厅、商场、车库以及用作战备人防工程。高层建筑常利用深基础如箱形基础，建造一层或多层地下室，既增加了使用面积又省掉室内填土的费用。

地下室按使用性质分，有普通地下室（普通的地下空间，一般按地下楼层进行设计）和防空地下室（有人民防空要求的地下空间，应妥善解决紧急状况下的人员隐蔽与疏散，应有保证人身安全的技术措施）；按顶板标高分，有半地下室（埋深为1/3～1/2倍的地下室净高）和全地下室（埋深为地下室净高的1/2以上）；按结构材料分，有砖混结构地下室和钢筋混凝土结构的地下室。图8.15所示为地下室示意图。

8.4.2 地下室的组成

地下室一般由墙体、底板、顶板、门窗、楼梯五大部分组成。

1. 墙体

地下室的外墙不仅承受垂直荷载，还承受土、地下水和土壤冻胀的侧压力。因此地下室的外墙应按挡土墙设计，如用钢筋混凝土或素混凝土墙，应按计算来确定，其最小厚度除应满足结构要求外，还应满足抗渗厚度的要求。其最小厚度不低于300mm，外墙应做防潮或防水处理，如用砖墙（现在较少采用），其厚度不小于490mm。

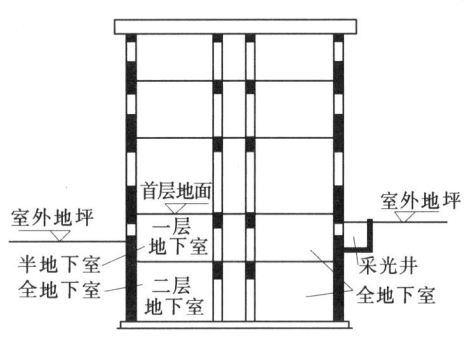

图 8.15 地下室示意图

2. 底板

底板处于最高地下水位以上，并且无压力作用时，可按一般地面工程处理，即垫层上现浇混凝土60～80mm厚，再做面层；如底板处于最高地下水位以下时，底板不仅承受上部垂直荷载，还承受地下水的浮力荷载，因此应采用钢筋混凝土底板，并双层配筋，底板下垫层上还应设置防水层，以防渗漏。

3. 顶板

可用现浇板、预制板或者预制板上做现浇层（装配整体式楼板）。如为防空地下室，必须采用现浇板，并按有关规定决定厚度和混凝土强度等级，在无采暖的地下室顶板上，即首层地板处应设置保温层，以利于首层房间的使用舒适。

4. 门窗

普通地下室的门窗与地上房间门窗相同，地下室外窗如在室外地坪以下时，应设置采光井和防护箅，以利室内采光、通风和室外行走安全。防空地下室一般不允许设窗，如需开窗，应设置战时堵严措施。防空地下室的外门应按防空等级要求，设置相应的防护构造。

5. 楼梯

可与地面上房间结合设置，层高小或用作辅助房间的地下室，可设置单跑楼梯，有防空要求的地下室，至少要设置两部楼梯通向地面的安全出口，并且必须有一个是独立的安全出口，这个安全出口周围不得有较高建筑物，以防空袭倒塌，堵塞出口，影响安全疏散。

8.4.3 地下室的防潮、防水构造

地下室外墙和底板都埋于地下，地下水通过地下室围护结构渗入室内，不仅影响使用，而且当水中含有酸、碱等腐蚀性物质时，还会对结构产生腐蚀，影响其耐久性。因此防潮、防水往往是地下室构造处理的重要问题。

当设计最高地下水位高于地下室底板标高或有地面水下渗的可能时，应采用防水做法。当设计最高地下水位低于地下室底板300～500mm，且地基范围内的土壤及回填土无形成上层滞水可能时，应采用防潮做法。

1. 地下室防潮

当设计最高地下水位低于地下室底板，且无形成上层滞水可能时，地下水不会侵入地下室内部，地下室底板和外墙可以只做防潮处理，地下室防潮只适用于防无压水。

地下室防潮的构造要求：砖墙必须采用水泥砂浆砌筑，灰缝必须饱满；在外墙外侧设垂直防潮层，做法一般为1∶2.5水泥砂浆找平、刷冷底子油一道、热沥青两道，防潮层做至室外散水处，然后在防潮层外侧回填低渗透性土壤如黏土、灰土等，并且逐层夯实，底宽500mm左右；此外，地下室所有墙体，必须设两道水平防潮层，一道设在底层地坪附近，一般设置在结构层之间，另一道设在室外地面散水以上150～200mm的位置，如图8.16所示。

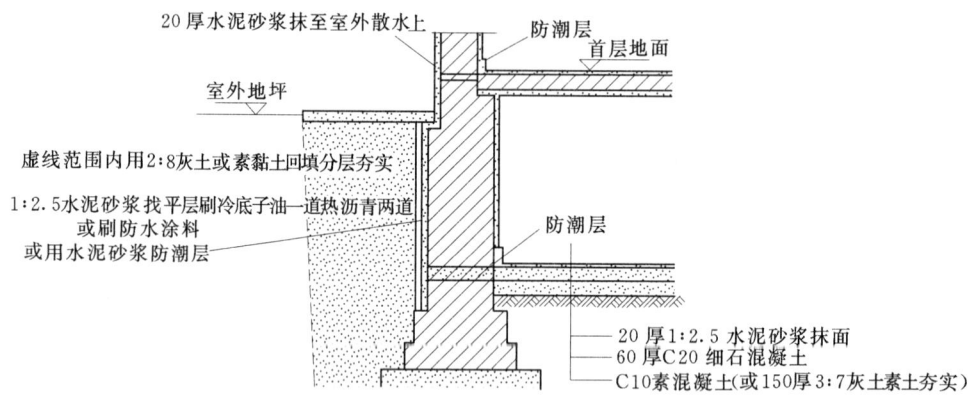

图8.16 地下室防潮构造

2. 地下室防水

当设计最高地下水位高于地下室地层时，需做好地下室外墙和地层的防水处理。目前采用的防水措施有自防水和材料防水两类。自防水是用防水混凝土作外墙和地板，使承重、围护、防水功能三者合一。这种防水措施施工较为简便。材料防水是在外墙和地板表面敷设防水材料，如卷材、涂料、防水水泥砂浆等，以阻止地下水的渗入。卷材防水是常

用的一种防水材料,根据卷材与墙体的关系,可分为外防水和内防水,如图 8.17 和图 8.18 所示。

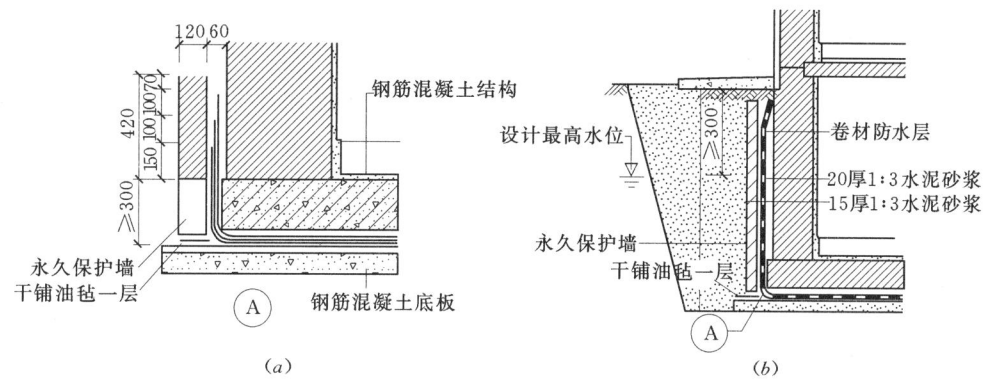

图 8.17 地下室卷材外防水构造

卷材防水层设在地下工程围护结构外侧(即迎水面)时,称为外防水,这种方法防水效果好,采用较多,但维修困难。外防水的具体作法是:先在混凝土垫层上将油毡满铺整个地下室,在其上浇筑细石混凝土或水泥砂浆保护层,以便浇筑钢筋混凝土底板。底层防水油毡须留出足够的长度,以便与墙面垂直防水油毡搭接。

墙体防水是先在外墙外侧抹 20mm 厚 1∶2.5 水泥砂浆找平层,涂刷冷底子油一道,再按一层油毡一层沥青胶顺序粘贴好防水层。油毡从底板下包上来沿墙身由上而下连续密封

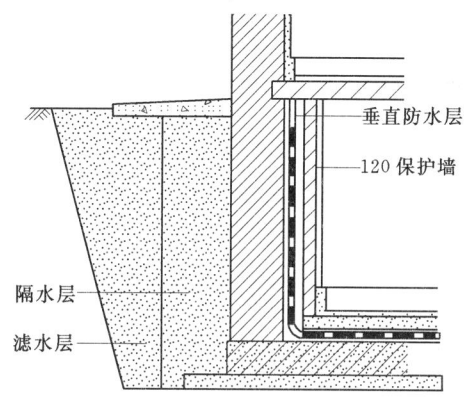

图 8.18 地下室卷材内防水构造

粘贴,在设计水位以上 0.5～1m 处收头。然后在防水层外侧砌厚为 120mm 的保护墙以保护防水层并使防水层均匀受压,在保护墙与防水层之间缝隙中灌以水泥砂浆,保护墙下干铺油毡一层并沿其长度方向每隔 3～5m 设一通高竖向断缝,以保证紧压防水层。

卷材粘贴于结构内表面时称为内防水,这种作法防水效果较差,但施工简单,便于修补,常用于修缮工程。

本 章 小 结

基础和地基是两个不同的概念,基础是建筑物的重要组成部分,是我们重点研究的对象;而地基不是建筑物的组成部分,但是与基础有着不可分割的关系,也是我们应当十分关注的。

基础的种类较多,每一种类都有各自的特性和适用情况,应当根据地质、水文、建筑功能、施工技术、材料供应和周边环境的具体情况做出适当的选择。

地下室是建筑中较为隐蔽的组成部分，应做好防潮和防水构造处理，满足使用功能要求。

习　题

8.1　什么是地基和基础？地基和基础有何区别？它们之间的关系如何？

8.2　地基和基础的设计要求有哪些？

8.3　地基处理常用的方法有哪些？

8.4　什么是基础的埋置深度？影响它的因素有哪些？

8.5　什么是刚性基础、柔性基础？

8.6　砖基础大放脚的构造如何？

8.7　常见的基础构造形式有哪些？一般适用于什么情况？

8.8　桩基础由哪些部分组成？

8.9　地下室由哪些部分组成？

8.10　为什么要对地下室做防潮和防水处理？构造上有何相同点和不同点？

第 9 章 墙 体

本章学习目标：

通过本章的学习，了解砖墙和其他材料的墙体的尺度、组砌方式；理解墙体的隔墙与隔断构造；掌握墙的类型及墙的设计要求、材料组成及墙段尺寸、砖墙的细部构造；掌握墙面装修的类型、作用、材料组成及构造层次要求。

墙体是建筑物的重要组成部分，在总重量及造价上都占有较大的比重。在一般民用建筑中，墙体的造价约占工程总造价的 30%～40%，墙的重量约占房屋总重量的 40%～45%。因此，合理地选择、确定墙体材料和构造方法具有重要的意义。

9.1 墙体的作用与类型

9.1.1 墙体的作用

在民用建筑中，墙体一般有以下三个作用。

（1）承重作用：墙体承受屋顶、楼板（梁）传给它的荷载，本身的自重荷载和风荷载。

（2）围护作用：墙体隔住了自然界的风、雨、雪的侵袭，防止太阳辐射、噪声干扰以及室内热量的散失，起保温、隔热、隔声、防水等作用。

（3）分隔作用：墙体把房屋内部划分为若干房间和使用空间。

并不是所有的墙都同时具有这三个作用，有的既起承重作用又起围护作用，有的只起分隔作用，有的具有承重和分隔双重作用。

9.1.2 墙体的类型

墙体的分类方法很多，根据墙体在建筑物中的位置、受力情况、材料选用、构造施工方法的不同，可将墙体分为不同的类型。

1. 按位置分类

墙体按所处的位置不同分为外墙和内墙。外墙指房屋四周与室外接触的墙；内墙是位于房屋内部的墙。墙体按轴线方向又可以分为纵墙和横墙。沿建筑物长轴方向布置的墙称为纵墙，沿建筑物短轴方向布置的墙称为横墙，外横墙又称为山墙。另外，窗与窗、窗与门之间的墙称为窗间墙，窗洞下部的墙称为窗下墙，屋顶上部的墙称为女儿墙等，见图 9.1。

2. 按受力情况分类

根据受力情况不同，墙体可分为承重墙和

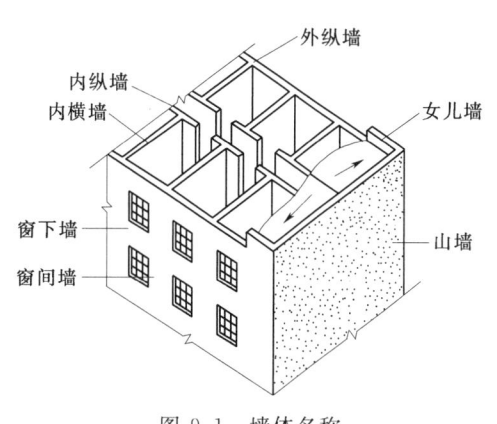

图 9.1 墙体名称

非承重墙。直接承受楼板、屋顶等传来荷载的墙称为承重墙；不承受这些外来荷载的墙称为非承重墙。

在非承重墙中，不承受外来荷载，仅承受自身重量并将其传至基础的墙称为自承重墙；仅起空间分隔作用，自身重量由楼板或梁来承担的墙称为隔墙；在框架结构中，填充在柱子之间的墙称为填充墙，内填充墙是隔墙的一种；悬挂在建筑物外部的轻质墙称为幕墙，有金属幕、玻璃幕等。幕墙和外填充墙，虽不能承受楼板和层顶的荷载，但承受着风荷载，并把风荷载传给骨架结构。

3. 按材料分类

按所用材料的不同，墙体有砖墙、石墙、土墙、混凝土墙、钢筋混凝土墙、轻质板材墙以及各种砌块墙等。

4. 按构造方式分类

按构造方式不同，可分为实体墙、空体墙和复合墙三种。实体墙是由普通黏土砖及其他实体砌块砌筑而成的墙；空体墙内部的空腔可以靠组砌形成，如空斗墙，也可用本身带孔的材料组合而成，如空心砌块墙等；复合墙由两种以上材料组合而成的，目的是提高墙体的保温、隔声或其他功能方面的要求，如加气混凝土复合板材墙，其中混凝土起承重作用，加气混凝土起保温、隔热作用。

5. 按施工方法分类

根据施工方法不同，墙体可分为块材墙、板筑墙和板材墙三种。块材墙是用砂浆等胶结材料将砖、石、砌块等组砌而成的，如实砌砖墙；板筑墙是在施工现场立模板现浇而成的墙体，如现浇钢筋混凝土墙；板材墙是预先制成墙板，在施工现场安装、拼接而成的墙体，如预制混凝土大板墙。

9.1.3 墙体的承重方案

1. 横墙承重

横墙承重是将楼板及屋面板等水平承重构件，搁置在横墙上，如图9.2（a）所示，楼面及屋面荷载依次通过楼板、横墙、基础传递给地基。由于横墙起主要承重作用且间距较密，建筑物的横向刚度较强，整体性好，有利于抵抗水平荷载（风荷载、地震作用等）和调整地基不均匀沉降。而且由于纵墙只承担自身重量，因此在纵墙上开门窗限制较少。但是横墙间距受到限制，建筑开间尺寸不够灵活。这一布置方案适用于房间开间尺寸不大、墙体位置比较固定的建筑，如住宅、宿舍、旅馆等。

2. 纵墙承重

纵墙承重是将楼板及屋面板等水平承重构件均搁置在纵墙上，横墙只起分隔空间和连接纵墙的作用，如图9.2（b）所示，楼面及屋面荷载依次通过楼板（梁）、纵墙、基础传递给地基。由于纵墙承重，故横墙间距可以增大，能分隔出较大的空间。在北方地区，外纵墙因保温需要，其厚度往往大于承重所需的厚度，纵墙承重使较厚的外纵墙充分发挥了作用。但由于横墙不承重，这种方案抵抗水平荷载的能力比横墙承重差。故此方案纵向刚度强而横向刚度弱，而且承重纵墙上开设门窗洞口有时受到限制。这一布置方案适用于使用上要求有较大空间的建筑，如办公楼、商店、教学楼中的教室、阅览室等。

3. 纵、横墙混合承重

这种承重方案的承重墙体由纵横两个方向的墙体组成，如图 9.2（c）所示。纵横墙承重方式平面布置灵活，两个方向的抗侧力都较好。这种方案适用于房间开间、进深变化较多的建筑，如医院、幼儿园等。

4. 墙与柱混合承重

房屋内部采用柱、梁组成的内框架承重，四周采用墙承重，由墙和柱共同承受水平承重构件传来的荷载，称为墙与柱混合承重，见图 9.2（d）。房屋的刚度主要由框架保证，因此水泥及钢材用量较多。这种方案适用于室内需要大空间的建筑，如大型商店，餐厅等。

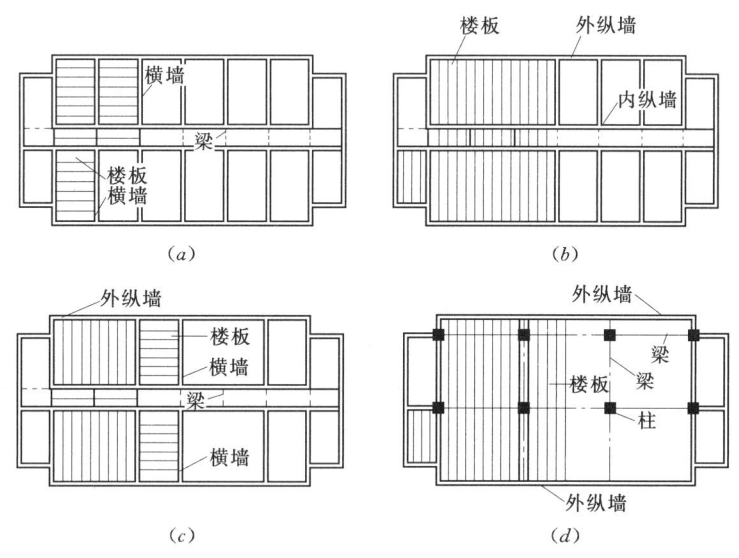

图 9.2 墙体的承重方案
（a）横墙承重体系；（b）纵墙承重体系；（c）纵、横墙
混合承重体系；（d）墙与柱混合承重体系

9.1.4 墙体的设计要求

1. 具有足够的强度和稳定性

强度是指墙体承受荷载的能力，它与所用材料的强度等级、墙体的截面积、构造和施工方式有关；作为承重墙体的墙体，必须具有足够的强度，以保证结构的安全。稳定性与墙的高度、长度和厚度及纵横向墙体间的距离有关；墙的稳定性可通过验算确定，通常可通过增加墙体厚度、提高墙体材料标号、增设墙垛、设置构造柱和圈梁等方法增加墙体稳定性。

2. 满足保温隔热等热工方面的要求

我国北方地区气候寒冷，要求外墙具有较好的保温能力，以减少室内热损失；构造上选择导热系数小的墙体材料，墙体砌筑灰缝饱满，提高墙体的保温能力；墙厚应根据热工计算确定。我国南方地区气候炎热，为防止夏季室内温度过高，除设计中考虑朝阳、通风外，外墙应具有一定的隔热性能。可以采用导热系数小的材料砌墙，也可以砌成中空的墙，还可以采用浅色而平滑的外饰面、设置遮阳设施等措施增强隔热效果。

3. 满足隔声要求

为保证建筑的室内有一个良好的声学环境，墙体必须具有一定的隔声能力。设计中可通过选用容重大的材料、加大厚度、在墙中设空气间层等措施提高墙体的隔声能力。

4. 满足防火要求

墙体材料的燃烧性能和耐火极限，都应符合防火规范中相应的规定。当建筑的占地面积或长度较大时，还应按防火规范要求设置防火墙，防止火灾蔓延。

5. 满足防水防潮要求

在卫生间、厨房、实验室等用水房间的墙体以及地下室的墙体应满足防水防潮要求。通过选用良好的防水材料及恰当的构造做法，保证墙体的坚固耐久，使室内有良好的卫生环境。

6. 满足建筑工业化要求

在大量民用建筑中，墙体工程量占有相当的比重，同时劳动力消耗大，施工工期长。因此，建筑工业化的关键是墙体改革，逐步改革以黏土砖为主的墙体材料的现状，向高强、轻质等方向发展，减轻自重，降低成本，为建筑工业化创造条件。

9.2 砖墙的构造

砖墙是由砖和砂浆按一定的规律和组砌方式砌筑而成的砌体。砖墙具有较好的保温、隔热及隔声效果，具有防火和防冻性能，有一定的承载能力，并且容易取材，生产制造及施工操作简单，不需要大型的设备等优点；同时也有施工速度慢、劳动强度大、黏土砖生产占用农田等缺点。我国素有"秦砖汉瓦"的称谓，砌墙砖，特别是烧结黏土砖，如今仍占主导地位。不过，这一局面正在加速改观。

9.2.1 砖墙的组砌方式

组砌是指砌块在砌体中的排列。为了保证墙体的强度，以及保温、隔声等要求，砌筑用砖在砌合前，应浇水湿润，砌筑时，满足砖缝砂浆应饱满、厚薄均匀，并且应保证砖缝横平竖直、上下错缝、内外搭接，避免形成竖向通缝等基本要求，以保证墙体的强度和稳定性。当外墙面作清水墙时，组砌还应考虑墙面图案美观。

在砖墙的组砌中，长边平行于墙面砌筑的砖称为顺砖，垂直于墙面砌筑的砖称为丁砖。实体砖墙通常采用一顺一丁、多顺多丁、十字式（也称梅花丁）等砌筑方式，如图9.3所示。

9.2.2 实心砖墙的尺度

我国现行标准黏土砖的规格是240mm×115mm×53mm（长×宽×厚）。长宽厚之比为4：2：1（包括10mm灰缝）。用标准砖砌筑墙体时以砖宽度的倍数（115+10=125mm）为模数，与我国现行GBJ2—86《建筑模数协调统一标准》中的基本模数 $M=$ 100mm不协调，这是由于砖尺寸的确定时间要早于模数协调的确定时间。因此，在使用中必须注意标准砖的这一特征。

砖墙的尺度包括墙体厚度、墙段长度和墙体高度等。

9.2 砖墙的构造

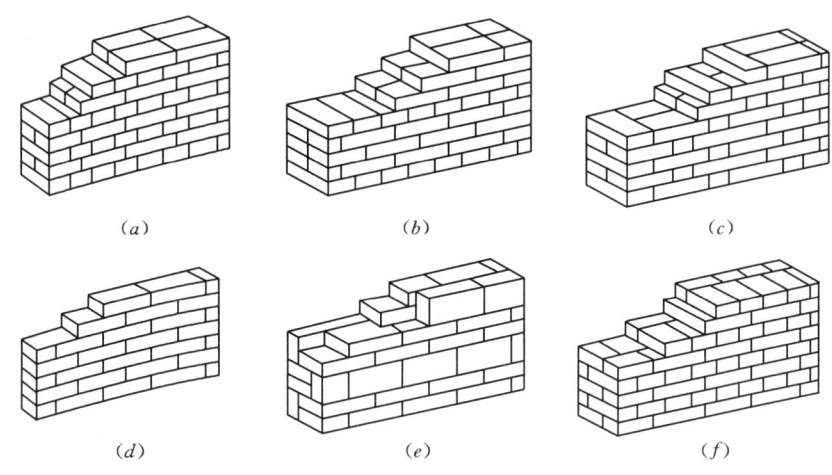

图 9.3 砖墙的组砌方式

(a) 240 砖墙一顺一丁式；(b) 240 砖墙多顺一丁式；(c) 240 砖墙十字式；
(d) 120 砖墙；(e) 180 砖墙；(f) 370 砖墙

1. 砖墙的厚度

砖墙的厚度习惯上以砖长为基数来称呼，如半砖墙、一砖墙、一砖半墙等，工程上以其标志尺寸来称呼，如一二墙、二四墙、三七墙等；常用墙厚的尺寸规律，见表 9.1。

表 9.1　　　　　　　　　　砖墙厚度的组成

砖墙断面					
尺寸组成	115×1	115×1+53+10	115×2+10	115×3+20	115×4+30
构造尺寸	115	178	240	365	490
标志尺寸	120	180	240	370	490
工程称谓	一二墙	一八墙	二四墙	三七墙	四九墙
习惯称谓	半砖墙	3/4 砖墙	一砖墙	一砖半墙	两砖墙

2. 墙段长度和洞口尺寸

普通黏土砖墙的砖模数为 125mm，所以墙段长度和洞口宽度都应以此为递增基数。即墙段长度为 (125n−10) mm，洞口宽度为 (125n+10) mm。这样，符合砖模数的墙段长度系列为 115mm、240mm、365mm、490mm、615mm、740mm、865mm、990mm、1115mm、1240mm、1365mm、1490mm 等；符合砖模数的洞口宽度系列为 135、260mm、385mm、510mm、635mm、760mm、885mm、1010mm 等。我国的《建筑模数协调统一标准》的基本模数 100mm，房屋的开间、进深采用了扩大模数 3M 的倍数，门窗洞口亦采用3M的倍数，1m内的小洞口可采用100mm的倍数。这样，在一栋房屋中采用两种模数，必然会在设计施工中出现不协调现象，而砍砖过多会影响砌体强度，也给施工带来麻烦，解决这一矛盾的另一办法是调整灰缝大小。由于施工规范允许竖缝宽度为8～12mm，使墙段有少许的调整余地。但是，墙段短时，灰缝数量少，调整范围小故墙段长度小于1.5m时，设计时宜使其符合砖模数；墙段长度超过1.5m时，可不再考虑砖模数。

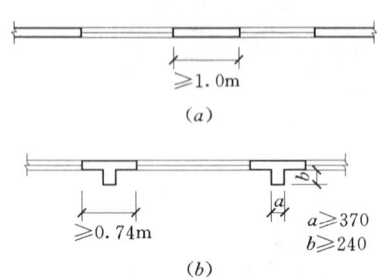

图 9.4 多层房屋窗间墙宽度限值
（a）采用砖墙承重；（b）采用砖垛

另外，墙段长度尺寸尚应满足结构需要的最小尺寸，以避免应力集中在小墙段上而导致墙体的破坏，对转角处的墙段和承重窗间墙尤其应注意。图9.4所示为多层房屋窗间墙宽度限值，提供设计参考。

在抗震设防地区，墙段长度应符合现行 GB50011—2001《建筑抗震设计规范》，具体尺寸见表9.2。

表 9.2　　　　　抗震设计规范的最小墙段长度　　　　　单位：mm

构造类型	设计烈度			备注
	6、7度	8度	9度	
承重窗间墙	1000	1200	1500	在墙角设钢筋混凝土构造柱时，不受此限制
承重外墙尽端墙段	1000	1500	2000	
内墙阳角至门洞边	1000	1500	2000	

3. 砖墙高度

按砖模数要求，砖墙的高度应为53+10=63（mm）的整倍数。但现行统一模数协调系列多为 3M，如 2700mm、3000mm、3300mm 等，住宅建筑中层高尺寸则按 1M 递增，如 2700mm、2800mm、2900mm 等，均无法与砖墙皮数相适应。为此，砌筑前必须事先按设计尺寸反复推敲砌筑皮数，适当调整灰缝厚度，并制作若干根皮数杆以作为砌筑的依据，见图9.5。

9.2.3 砖墙的细部构造

砖墙的细部构造包括：勒脚、墙身防潮层、散水、明沟、门窗过梁、墙身加固措施等。

1. 勒脚

勒脚一般是指室内地坪以下与室外地面以上的这段墙体。勒脚有三方面的作用：一

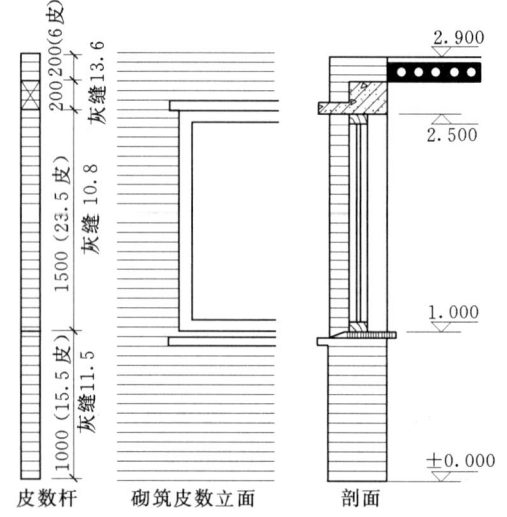

图 9.5 砖墙高度与砖皮数协调实际

是保护墙脚，防止外界碰撞；二是防止地表水对墙脚的侵蚀破坏；三是增强建筑物立面美观。所以要求勒脚坚固、防水和美观。一般采用以下几种构造做法，见图 9.6：一般建筑，可采用 20mm 厚 1∶3 水泥砂浆抹面，1∶2 水泥白石子水刷石或斩假石抹面；标准较高的建筑，可用天然石材或人工石材贴面，如花岗石、水磨石等；整个勒脚采用强度高，耐久性和防水性好的材料砌筑，如条石、混凝土等。

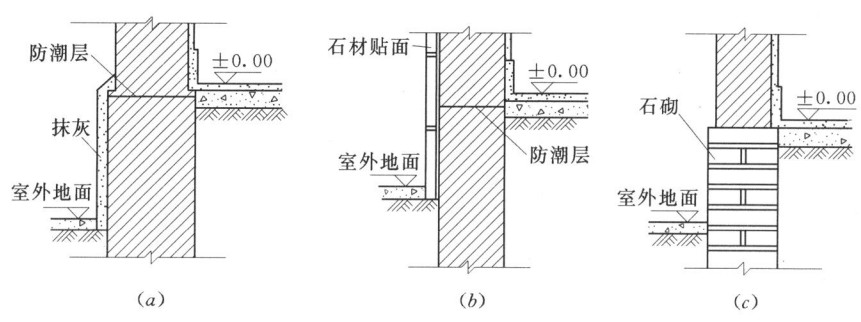

图 9.6 勒脚构造做法
(a) 抹面；(b) 贴面；(c) 石砌

2. 墙身防潮层

在墙身中设置防潮层的目的是防止土壤中的水分沿基础墙上升，使位于勒脚处的地面水渗入墙内，而导致墙身受潮。因此，必须在内、外墙脚部位连续设置防潮层。构造形式上有水平防潮层和垂直防潮层。

水平防潮层一般应在室内地面不透水垫层（如混凝土）范围以内，通常在 −0.060m 标高处设置，而且至少要高于室外地坪 150mm，以防雨水溅湿墙身。当地面垫层为透水材料（如碎石、炉渣等）时，水平防潮层的位置应平齐或高于室内地面 60mm，即在 +0.060m 处。当两相邻房间室内地面有高差时，应在墙身内设置高低两道水平防潮层，并在靠土壤一侧设置垂直防潮层，以避免回填土中的潮气侵入墙身。墙身防潮层位置，如图 9.7 所示。

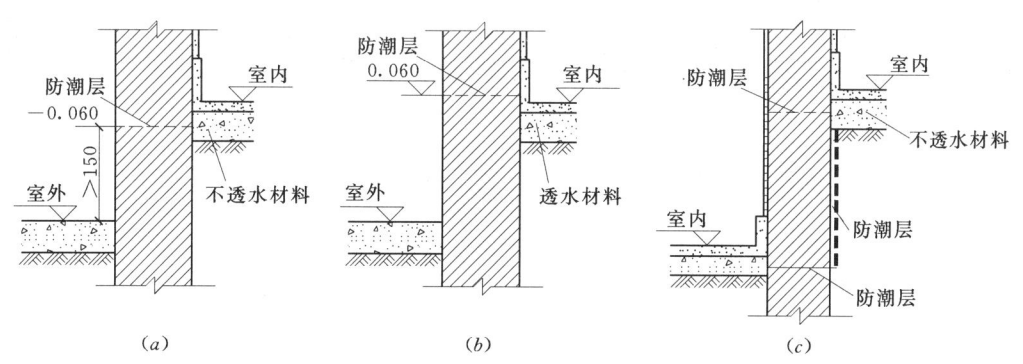

图 9.7 墙身防潮层的位置
(a) 地面垫层为密实材料；(b) 地面垫层为透水材料；(c) 室内地面有高差

墙身防潮层一般有以下几种做法：

（1）油毡防潮层。在防潮层部位先抹 20mm 厚的水泥砂浆找平层，然后干铺油毡一层或用沥青粘贴一毡二油。油毡防潮层具有一定的韧性、延伸性和良好的防潮效果，但日久易老化失效，同时由于油毡使墙体隔离，削弱了砖墙的整体性和抗震能力，不宜用于有抗震要求的建筑中，见图 9.8（a）。

（2）防水砂浆防潮层。在防潮层位置抹一层 20～25mm 厚、1∶2.5 水泥砂浆中加入 3%～5%的防水剂配制成的防水砂浆，也可以用防水砂浆砌筑 4～6 皮砖。用防水砂浆作防潮层适用于抗震地区、独立砖柱和振动较大的砌体中，但砂浆开裂或不饱满时影响防潮效果；不宜用于地基会产生不均匀变形的建筑中，见图 9.8（b）。

（3）细石混凝土防潮层。在防潮层位置铺设 60mm 厚 C15 或 C20 细石混凝土，内配 3 φ6、分布钢筋 φ4@250 的钢筋网以抗裂。由于混凝土密实性好，有一定的防水性能，并与砌体结合紧密，故适用于整体刚度要求较高的建筑中，见图 9.8（c）。

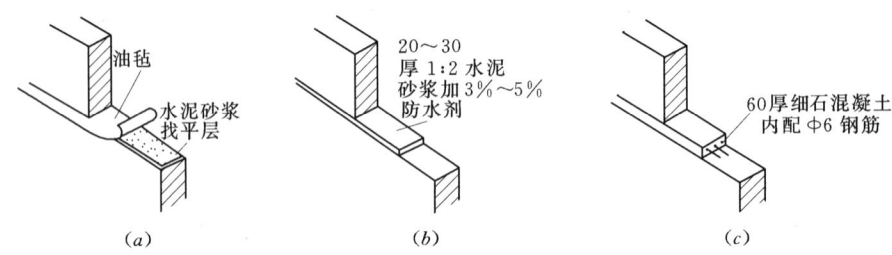

图 9.8 墙身水平防潮层构造
(a) 油毡防潮；(b) 水泥砂浆防潮；(c) 细石混凝土防潮

（4）垂直防潮层。在需设垂直防潮层的墙面（靠回填土一侧）先用水泥砂浆抹面，刷上冷底子油一道，再刷热沥青两道；也可以采用掺有防水剂的砂浆抹面的做法。

3．明沟与散水

为了防止屋顶落水或地表水下渗侵蚀基础，必须沿外墙四周设置明沟或散水，以便将建筑物周围的积水及时排离。

明沟是设置在外墙四周的排水沟，将水有组织地导向集水井，然后流入排水系统。明沟一般用素混凝土现浇，或用砖石铺砌成 180mm 宽、150mm 深的沟槽，然后用水泥砂浆抹面。沟底应有不小于 1%的坡度，以保证排水畅通。明沟常用于降雨量较大的南方地区，其构造如图 9.9 所示。

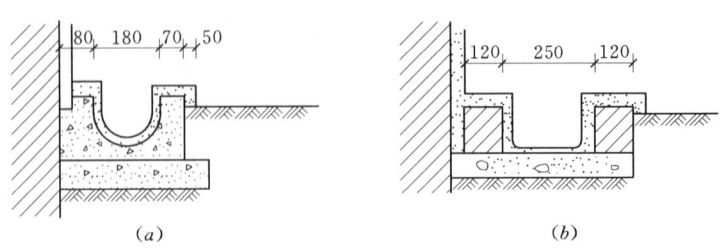

图 9.9 明沟构造做法
(a) 混凝土明沟；(b) 砖砌明沟

9.2 砖墙的构造

散水又称为排水坡或护坡，沿建筑物外墙四周地面作成3%～5%的倾斜坡面。散水可用水泥砂浆、混凝土、砖、石块等材料做面层，其宽度一般为600～1000mm。当屋面为自由落水时，其宽度应比屋檐挑出的宽度大200～300mm，一般外缘高出室外地坪30～50mm。由于建筑物的沉降，勒脚与散水施工时间的差异，在勒脚与散水交接处应留有缝隙，缝内填粗砂或碎石子，上嵌沥青胶盖缝，以防渗水。散水整体面层纵向距离宜每隔6～12m做一道伸缩缝，缝宽可为20～30mm。缝内处理同勒脚与散水相交处，见图9.10。

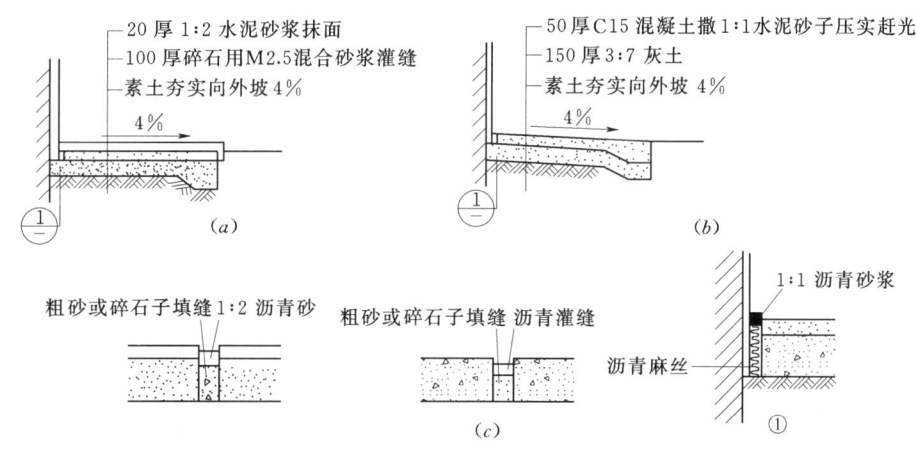

图9.10 散水构造做法
(a) 水泥砂浆散水；(b) 混凝土散水；(c) 散水伸缩缝构造

散水适用于降雨量较小的北方地区。季节性冰冻地区的散水，还需在垫层下加设防冻胀层，防冻胀层应选用中、粗砂或混合砂、炉渣石灰土等非冻胀材料，其厚度可结合当地经验按表9.3采用。

表9.3　　　　　　　防 冻 胀 层 厚 度

序　号	土壤标准冻深 (mm)	防冻胀层厚度（mm）	
		土壤为冻胀土	土壤为强冻胀土
1	600～800	100	150
2	1200	200	300
3	1800	350	450
4	2200	500	600

4. 门窗过梁

门窗过梁专指门窗洞口上的横梁。过梁的作用是支承洞口上部砌体和楼板传来的荷载，并把这些荷载传给洞口两侧的墙体。选用时根据洞口的跨度和洞口以上的荷载不同而异。过梁一般采用钢筋混凝土材料，个别也有采用砖砌平拱过梁和钢筋砖过梁的形式；但在较大振动荷载，或可能产生不均匀沉降，或有抗震设防要求的建筑中，不宜采用砖砌平拱过梁和钢筋砖过梁。

钢筋混凝土过梁。钢筋混凝土过梁承载力强，一般不受跨度的限制，预制装配施工速度快，是最常用的一种过梁。过梁的截面尺寸，应根据跨度及荷载计算确定，但为了施工方便，梁高应与砖的皮数相适应，如 60mm、120mm、180mm、240mm 等。过梁在洞口的两侧伸入墙内的长度不应小于 240mm。为了防止雨水沿门窗过梁向外墙内侧流淌，过梁底部的外侧抹灰时要做滴水。过梁的截面形式有矩形和 L 形，矩形截面多用于内墙和混水墙；L 形截面用于外墙和清水墙。在寒冷地区，为防止钢筋混凝土过梁产生"冷桥"问题，也可将外墙洞口的过梁断面作成 L 形。钢筋混凝土过梁形式，如图 9.11 所示。

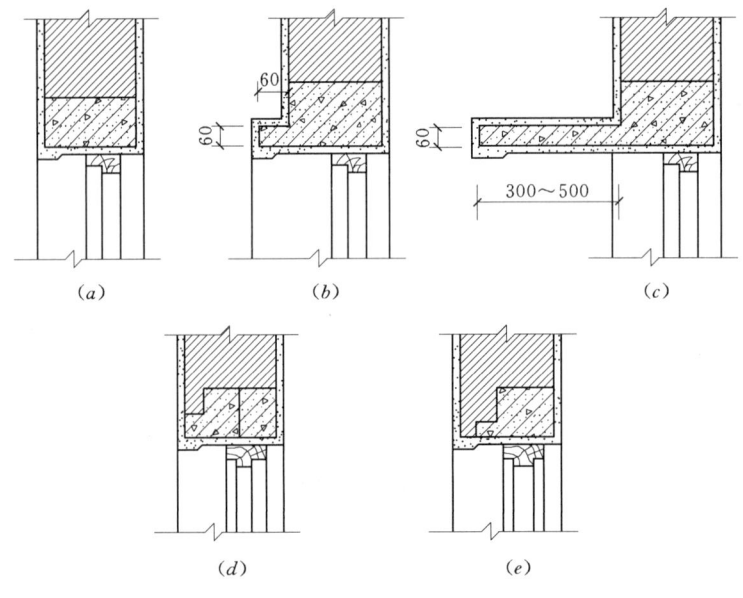

图 9.11　钢筋混凝土过梁形式

砖砌平拱过梁。是我国传统做法，由竖砖砌筑而成的，它利用灰缝上大下小，使砖向两边倾斜、相互挤压形成拱的作用来承担荷载。砖砌平拱的高度多为一砖长，灰缝上部宽度不宜大于 15mm，下部宽度不应小于 5mm，两端下部伸入墙内 20～30mm，中部起拱高度为洞口跨度的 1/50。砖不应低于 MU7.5，砂浆不低于 M2.5。它的优点是不用钢筋，水泥用量少，较经济。但其跨度一般不超过 1.2m（当拱高为 1.5 砖时可达 1.4m），见图 9.12。

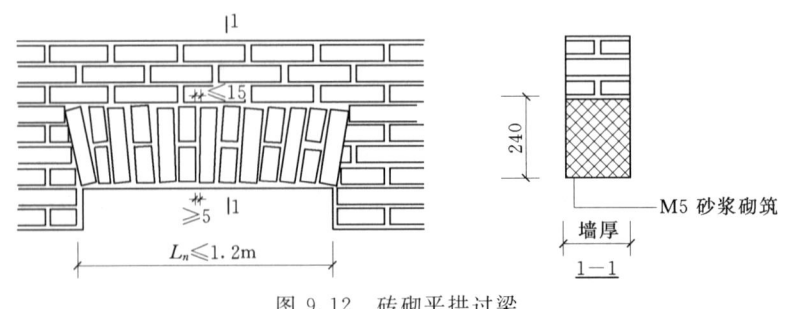

图 9.12　砖砌平拱过梁

钢筋砖过梁。是配置了钢筋的平砌砖过梁,将间距小于120mm的φ6钢筋埋在梁底部厚度为30mm的水泥砂浆层内,钢筋伸入洞口两侧墙内的长度不应小于240mm,并设90°直弯钩,埋在墙体的竖缝内。在洞口上部不小于1/4洞口跨度的高度范围内(且不应小于5皮砖),用不低于MU7.5的砖和不低于M5的砂浆砌筑。钢筋砖过梁最大跨度为2m,见图9.13。

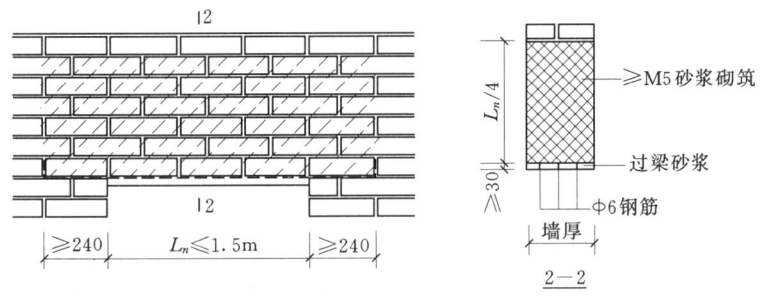

图9.13 钢筋砖过梁

5. 窗台

为避免雨水顺窗流下聚集在窗洞底部,侵入墙身,并向室内渗透,在窗洞下部应设窗台。窗台构造做法分为外窗台和内窗台两个部分,如图9.14所示。

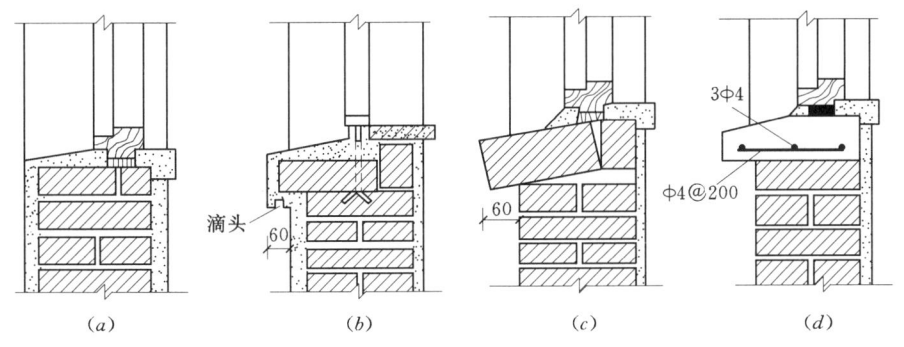

图9.14 窗台构造
(a) 不悬挑窗台;(b) 滴水窗台;(c) 侧砌砖窗台;(d) 预制钢筋混凝土窗台

外窗台应设置排水构造。其目的是防止雨水积聚在窗下,侵入墙身和向室内渗透。因此,外窗台应有不透水的面层,并向外形成10%左右的坡度,以利于排水。外窗台有悬挑窗台和不悬挑窗台两种。处于阳台等处的窗不受雨水冲刷,可不必设悬挑窗台;外墙面材料为贴面砖时,也可不设悬挑窗台。悬挑窗台常采用顶砌一皮砖出挑60mm或将一砖侧砌并出挑60mm,也可采用钢筋混凝土窗台。悬挑窗台底部边缘处抹灰时应做宽度和深度均不小于10mm的滴水线或滴水槽。

内窗台一般为水平放置,通常结合室内装修做成水泥砂浆抹灰、木板或贴面砖等多种饰面形式。在寒冷地区,室内如为暖气采暖时,为便于安装暖气片,窗台下应预留凹龛。此时应采用预制水磨石板或预制钢筋混凝土窗台板形成内窗台,如图9.15所示,板厚

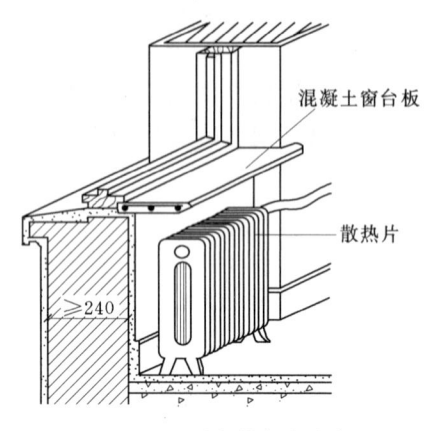

图 9.15 暖气槽与内窗台

30mm，两侧伸出洞口各 30mm 左右。装修要求更高的房间还可以采用木窗台板或天然石材窗台板。

6. 墙身加固措施

对于多层砖混结构的承重墙，由于可能承受上部集中荷载、开洞以及其他因素，会造成墙体的强度及稳定性有所降低，因此要考虑对墙身采取加固措施。

增加壁柱和门垛。当墙体承受集中荷载，强度不能满足要求，或由于墙体长度和高度超过一定限度而影响墙体的稳定性时，常在墙身局部适当位置增设壁柱，使之和墙体共同承担荷载并稳定墙身。壁柱突出墙面的尺寸应符合砖规格，一般为 120mm×370mm、240mm×370mm、240mm×490mm，或根据结构计算确定，见图 9.16（a）。如果在墙体转角处或在丁字墙交接处开设门窗洞口时，为了保证墙体的承载力及稳定性和便于门窗板安装，应设门垛。门垛凸出墙面不少于 120mm，宽度同墙厚，见图 9.16（b）。

设置圈梁。圈梁是沿外墙四周及部分内墙的水平方向设置的连续闭合的梁。圈梁配合楼板共同作用，可提高建筑物的空间刚度及整体性；增加墙体的稳定性；减少地基不均匀沉降引起的墙体开裂。在抗震设防地区，圈梁与构造柱一起形成骨架，可提高抗震能力。圈梁有两种，即钢筋砖圈梁和钢筋混凝土圈梁。钢筋砖圈梁多用于非抗震区，结合钢筋砖

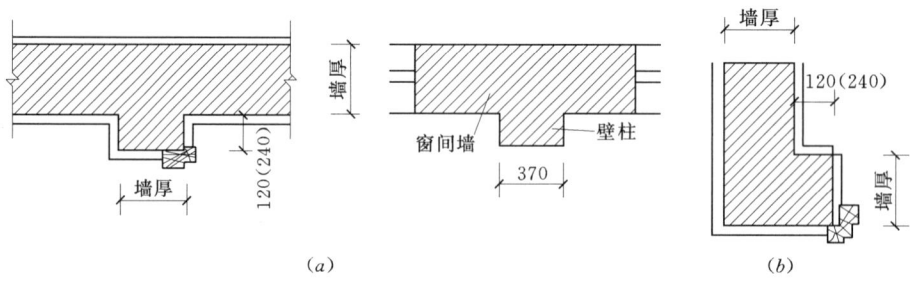

图 9.16 壁柱与门垛
(a) 壁柱；(b) 门垛

过梁沿外墙形成；钢筋混凝土圈梁的宽度同墙厚度且不小于 180mm，高度不应小于 200mm。外墙圈梁顶一般与楼板持平，铺预制楼板的内承重墙的圈梁一般设在楼板之下。圈梁最好与门窗过梁合一。在特殊情况下，当遇有门窗洞口致使圈梁局部被截断时，应在洞口上部增设相应截面的附加圈梁。附加圈梁与圈梁搭接长度不应小于其垂直间距的 2 倍，且不得小于 1m，如图 9.17 所示，但对有抗震要求的建筑物，圈梁不宜被洞口截断。

设置构造柱。钢筋混凝土构造柱是从抗震角度考虑设置的，一般设在外墙转角、内墙交接处、较大洞口两侧及楼梯、电梯间四角等。由于房屋的层数和地震的烈度不同，构造柱的设置要求也有所不同。构造柱必须与圈梁紧密连接，形成空间骨架，以增强房屋的整体刚度，提高墙体抵抗变形的能力，并使砖墙在受震开裂后，也能裂而不倒。

9.2 砖墙的构造

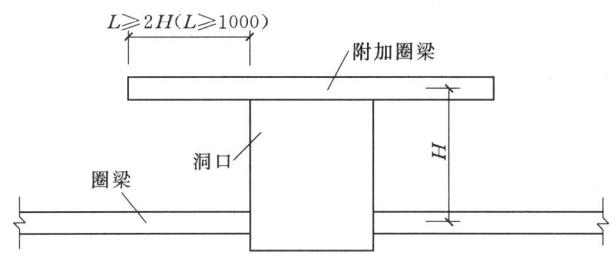

图 9.17 附加圈梁

构造柱的最小截面尺寸为 240mm×180mm，一般为 240mm×240mm；构造柱的最小配筋量是：纵向钢筋 4 φ12，箍筋 φ6，间距不宜大于 250mm，在柱的上、下端宜适当加密。设防烈度 7 度时房屋超过 6 层、8 度时超过 5 层和 9 度时，纵向钢筋采用 4 φ14，箍筋用 φ6 间距不应大于 200mm，房屋四角的构造柱可适当加大截面及配筋。构造柱下端应伸入地梁内，无地梁时应伸入底层地坪下 500mm 处。为加强构造柱与墙体的连接，该处墙体宜砌成马牙槎，并应沿墙高每隔 500mm 设 2 φ6 拉结钢筋，每边伸入墙内不少于 1m。施工时应先放置构造柱钢筋骨架，后砌墙，随着墙体的升高而逐段现浇混凝土构造柱身，如图 9.18 所示。由于女儿墙的上部是自由端而且位于建筑的顶部，在地震时易受破坏。一般情况下构造柱应通至女儿墙顶部，并与钢筋混凝土压顶相连，而且女儿墙内的构造柱间距应当加密。

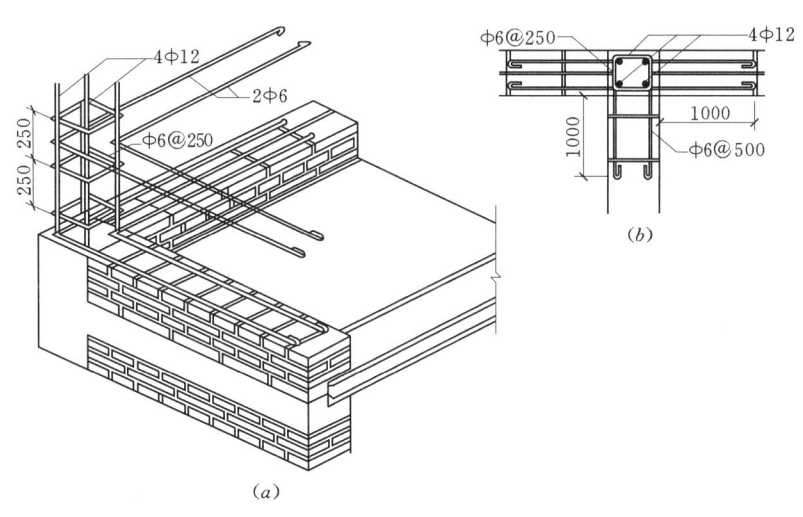

图 9.18 砖砌体中的构造柱
(a) 外墙转角处；(b) 内外墙交接处

7. 烟道与通风道

在住宅或其他民用建筑中，为了排除炉灶的烟气或其他污浊气体，通常在墙内设置烟道与通风道。

排烟和通风不得使用同一管道系统。烟道与通风道应用非燃烧体材料制作，有现场砌筑和预制拼接两种做法。

砖砌烟道和通风道的断面尺寸应根据排气量来决定，但不应小于120mm×120mm。烟道和通风道均应有进气口和排气口，烟道的排气口在下，距楼板1m左右较适合；通风道的排气口应靠上，距楼板底300mm较适合。烟道和通风道应伸出屋面，伸出高度应根据屋面形式、排出口周围遮挡物的高度、距离及积雪深度等因素来确定，但至少不应小于0.60m，顶部应有防倒灌措施。每层烟道的进烟口应设密封盖，通风道的进风口应设网片。

混凝土烟道、风道，一般为每层一个预制构件，上下拼接而成。

9.3 砌块墙的构造

砌块墙是采用预制块材按一定技术要求砌筑而成的墙体。预制砌块利用工业废料和地方材料制成，既不占用耕地，又解决了环境污染，具有生产投资小、见效快、生产工艺简单、节约能源等优点。采用砌块墙是我国目前墙体改革的主要途径之一。

9.3.1 砌块的类型与规格

砌块按单块重量和幅面大小分为小型砌块、中型砌块和大型砌块。小型砌块高度为115～380mm，单块重量不超过20kg，便于人工砌筑；中型砌块高度为380～980mm，单块重量在20～350kg之间；大型砌块高度大于980mm，单块重量大于350kg。大中型砌块由于体积和重量较大，不便于人工搬运，必须采用起重运输设备施工。砌块按形式分为实心砌块和空心砌块；空心砌块有方孔、圆孔和窄孔等。我国目前采用的砌块以中型和小型为主。常用砌块类型与规格，见表9.4。

表 9.4　　　　　　　　　　砌 块 类 型 与 规 格

分类	小型砌块	中型砌块		大型砌块
用料及配合比	C15细石混凝土，配合比经计算与实验确定	C20细石混凝土，配合比经计算与实验确定	粉煤灰：30～580kg/m³ 石灰：50～160kg/m³ 磷石膏：350kg/m³ 煤渣：960kg/m³	粉煤灰：68%～75% 石灰：21%～23% 石膏：4% 泡沫剂：1%～2%
规格 厚×高×长 (mm)	90×190×190 190×190×190 190×190×390	180×845×630 180×845×830 180×845×1030 180×845×1280 180×845×1480 180×845×1680 180×845×1880 180×845×2130	190×380×280 190×380×430 190×380×580 190×380×880	厚：200 高：600、700、800、900 长：2700、3000、3300、3600
最大块质量(kg)	13	295	102	大型：650
使用情况	广州、陕西等地区，用于住宅建筑和单层厂房等	浙江，用于3～4层住宅和单层厂房	上海，用于4～5层宿舍和住宅	天津，用于4层宿舍、3层学校、单层厂房

9.3.2 砌块墙的排列与组合

砌块的尺寸比较大,砌筑不够灵活。因此,在设计时,应做出砌块的排列组合图,便于施工时按图进料和安装。砌块排列组合图一般有各层平面、内外墙立面分块图,如图 9.19 所示。在进行砌块的排列组合时,应按墙面尺寸和门窗布置,对墙面进行合理的分块,正确选择砌块的规格尺寸,尽量减少砌块的规格类型,优先采用大规格的砌块做主要砌块,并且尽量提高主要砌块的使用率,减少局部填砖的数量。

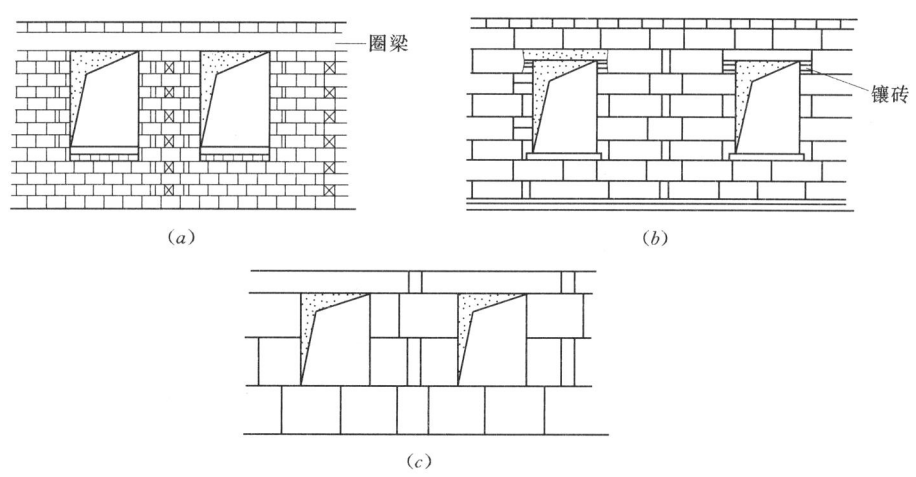

图 9.19 砌块的排列与组合图
(a) 小型砌块排列;(b) 中型砌块排列;(c) 大型砌块排列

9.3.3 砌块墙构造

1. 增加墙体整体性措施

(1) 砌块墙接缝处理。砌块在厚度方向大多没有搭接,因此对砌块的长向错缝搭接要求比较高。中型砌块上下皮搭接长度不少于砌块高度的 1/3,且不小于 150mm。小型空心砌块上下皮搭接长度不小于 90mm。当搭接长度不足时,应在水平灰缝内设置不小于 2φ4 的钢筋网片,网片每端均应超过该垂直缝不小于 300mm,如图 9.20 所示。砌筑砌块的砂浆一般采用强度不小于 M5 水泥砂浆。灰缝的宽度主要根据砌块材料和规格大小确定,一般情况下,小型砌块为 10~15mm,中型砌块为 15~20mm。当竖缝宽大于 30mm 时,需用 C20 细石混凝土灌实。

(2) 设置圈梁。为加强砌块的整体性,砌块建筑应在适当的位置设置圈梁。当圈梁与过梁位置接近时,往往用圈梁取代过梁。圈梁分现浇和预制两种。现浇圈梁整体性好,对加固墙身有利,但施工复杂。预制圈梁一般采用 U 形预制块代替模板,然后在凹槽内配筋,再现浇混凝土,如图 9.21 所示。

(3) 设置构造柱。砌块墙的竖向加强措施是在外墙转角以及交接处增设构造柱,将砌块在垂直方向连成整体。构造柱多利用空心砌块上下孔洞对齐,并在孔中用 φ12~14 的钢筋分层插入,再用 C20 细石混凝土分层灌实。构造柱与砌块墙连接处的拉结钢筋网片,每边深入墙内不少于 1m。混凝土小型砌块房屋可采用 φ4 点焊钢筋网

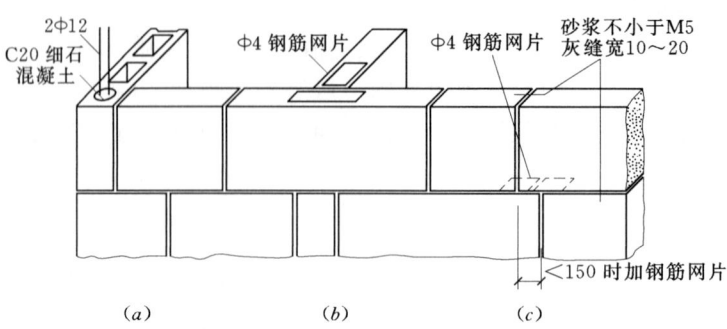

图 9.20 砌缝处理

(a) 转角配筋（以空心砌块为例）；(b) 丁字墙配筋（以实心砌块为例）；
(c) 错缝配筋（以实心砌块为例）

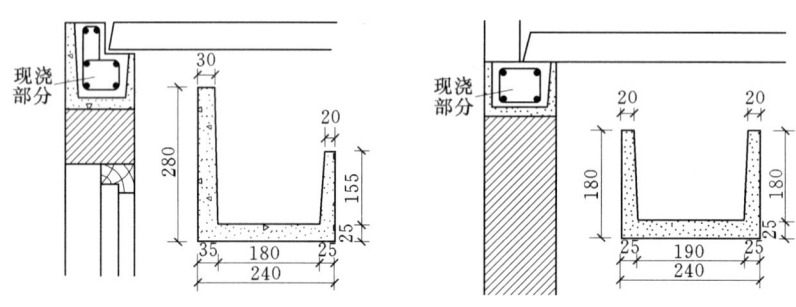

图 9.21 砌块预制圈梁

片，沿墙高每隔 600mm 设置；中层砌块可采用 φ6 钢筋网片，并隔皮设置，如图 9.22 所示。

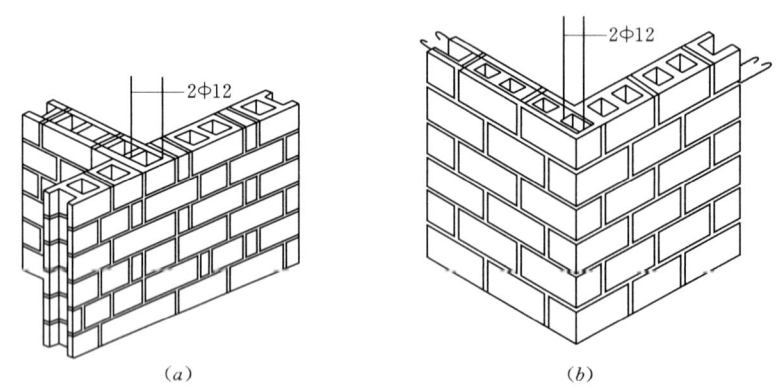

图 9.22 砌块墙构造柱

(a) 内外墙交接处构造柱；(b) 外墙转角处构造柱

2．门窗框与墙体的连接

砖砌与门窗框的连接一般是在砌体中预埋木砖，用钉子将门窗框固定或在砌体中预埋铁件与钢门窗框焊接牢固。由于砌块的块体较大且不宜砍切，或因空心砌块边壁较薄，门窗框与墙体的连接方式，除采用在砌块内预埋木砖的做法外，还有利用膨胀木楔、膨胀螺栓、铁杆锚固以及利用砌块凹槽固定等做法。图9.23是根据砌块种类选用相应的连接方法。

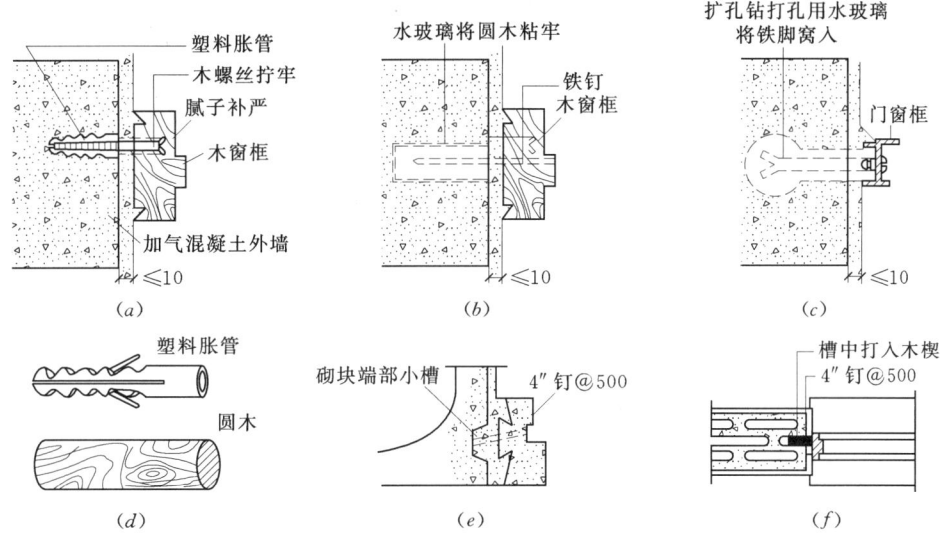

图 9.23 门窗框与砌块的连接

3. 防潮构造

由于砌块吸水性强、易受潮，砌块建筑在室内地坪以下部分的墙体，应做好防潮处理。除了应设防潮层以外，对砌块材料也有一定的要求，通常应选用密实且耐久的材料，不选用吸水性强的砌块材料。图9.24为砌块墙勒脚的防潮处理。

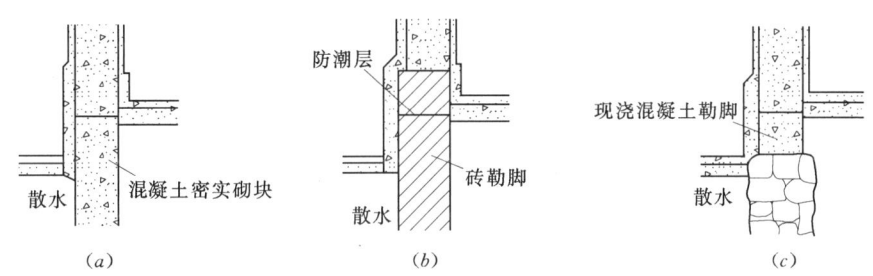

图 9.24 勒脚防潮构造
（a）密实混凝土砌块；（b）实心砖砌块；（c）现浇混凝土勒脚

9.4 隔墙的构造

在建筑中用于分隔室内空间的非承重内墙统称为隔墙。由于隔墙布置灵活，可以适应使用功能的变化，在现代建筑中应用广泛。隔墙为非承重墙，其自身重量由楼板或墙下小梁承受，因此设计时要求隔墙质量轻、厚度薄、便于安装和拆卸，同时根据房间的使用特点，还要具备隔声、防水、防火和防潮等性能，以满足建筑的使用功能。

常见的隔墙按构造方式的不同，可分为块材隔墙、立筋隔墙和板材隔墙三大类。

9.4.1 块材隔墙

块材隔墙是指用普通砖、空心砖、加气混凝土砌块等块材砌筑的墙。常用的有普通砖隔墙和砌块隔墙。

1. 普通砖隔墙

普通砖隔墙坚固耐久，有一定的隔声性能，但自重大，湿作业量大，不宜拆装。有半砖隔墙和1/4砖隔墙之分，一般采用半砖隔墙。

对半砖隔墙，其标志尺寸为120mm，采用普通砖顺砌而成。当采用M2.5砂浆砌筑时，墙的高度不宜超过3.6m，长度不宜超过5m；当采用M5砂浆砌筑时，墙的高度不宜超过4m，长度不宜超过6m；高度超过4m时，应在门过梁处设通长钢筋混凝土带，长度超过6m时，应设砖壁柱。由于墙体轻且薄，稳定性差，因此构造上要求隔墙与承重墙或柱之间连接牢固，一般沿高度每隔0.5m砌入2φ6钢筋，伸入隔墙长度为1m，内外墙之间不能留直槎。还应沿隔墙高度每隔1.2m设一道30mm厚水泥砂浆层，内放2φ6钢筋。在隔墙顶部与楼板相接处，应将砖斜砌一皮，或留约30mm的空隙塞木楔打紧，然后用砂浆填缝，使墙和楼板挤紧。隔墙上有门时，需预埋防腐木砖、铁件，或将带有木楔的混凝土预制块砌入隔墙中，以便固定门框，如图9.25所示。

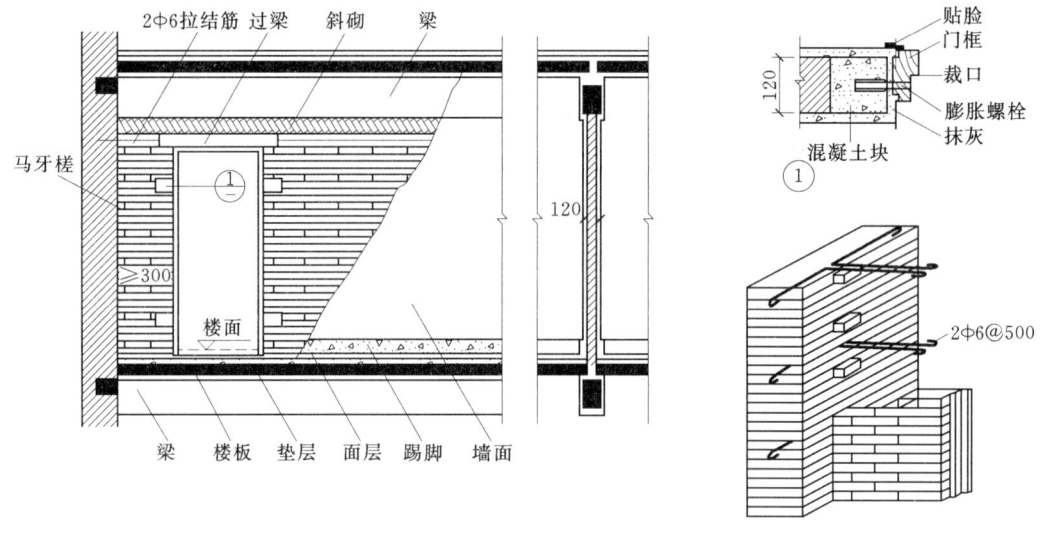

图 9.25 半砖隔墙

对1/4砖隔墙，其高度不应超过2.8m，长度不宜超过3.0m，需用M5砂浆砌筑。多用于面积不大且无窗的部位，如住宅中厨房与卫生间之间的分隔。

2. 砌块隔墙

为了减轻隔墙自重和节约用砖，可采用轻质砌块，目前常采用加气混凝土砌块、粉煤灰硅酸盐砌块，以及水泥炉渣空心砖等砌筑隔墙。砌块隔墙厚由砌块尺寸决定，一般为90～120mm。砌块墙吸水性强，故在砌筑时应先在墙下部实砌3～5皮黏土砖再砌砌块。砌块不够整块时宜采用普通黏土砖填补。砌块隔墙的其他加固构造方法同普通砖隔墙，见图9.26。

9.4 隔墙的构造

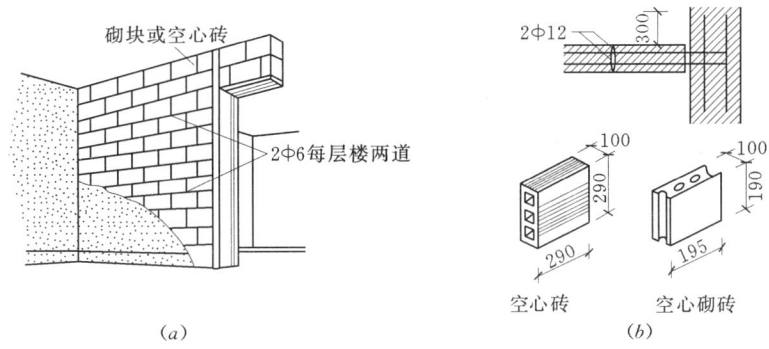

图 9.26 砌块隔墙构造

9.4.2 立筋隔墙

立筋隔墙也称骨架隔墙，它是以木材、钢材或其他材料构成骨架，把面层钉结、涂抹或粘贴在骨架上形成的隔墙，所以隔墙由骨架和面层两部分组成。

1. 骨架

骨架有木骨架、轻钢骨架、石膏骨架、石棉水泥骨架和铝合金骨架等。木骨架自重轻、构造简单、便于拆装，故应用较广。但防水、防潮、防火、隔声性能较差，耗费大量木材；轻钢骨架常采用 0.8~1mm 厚的槽钢或工字钢，它具有强度高、刚度大、质量轻、整体性好、易于加工和大批量生产，且防火、防潮性能好等优点；石膏骨架、石棉水泥骨架和铝合金骨架，是利用工业废料和地方材料及轻金属制成的，具有良好的使用性能，同时可以节约木材和钢材，应推广采用。骨架由上槛、下槛、墙筋、横撑或斜撑组成。

墙筋的间距取决于面板的尺寸，一般为 400~600mm。当饰面为抹灰时取 400mm，饰面为板材时取 500mm 或 600mm。骨架的安装过程是先用射钉将上槛、下槛（也称导向骨架）固定在楼板上，然后安装龙骨（墙筋和横撑）。

2. 面层

骨架隔墙的面层有人造面板和抹灰面层。根据不同的面板和骨架材料可分别采用钉子、自攻螺钉、膨胀铆钉或金属夹子等，将面板固定于立筋骨架上。隔墙的名称是依据不同的面层材料而定的，如板条抹灰隔墙和人造板面层骨架隔墙等。

板条抹灰隔墙是先在木骨架的两侧钉灰板条，然后抹灰。灰板条的尺寸一般为 1200mm×30mm×6mm，其间隙为 9mm 左右，以便让底灰挤入板条间隙的背面"咬"住灰板条；同时为避免灰板条在一根墙筋上接缝过长而使抹灰层产生裂缝，板条的接头一般连续高度不应超过 500mm，如图 9.27 所示。

人造板面层骨架隔墙常用的人造板面层（即面板）有胶合板、纤维板、石膏板等。胶合板、硬质纤维板以木材为原料，多采用木骨架。石膏板多采用石膏或轻金属骨架。面板可用镀锌螺钉、自攻螺钉或金属夹子固定在骨架上，如图 9.28 所示。

隔墙一侧为卫生间或盥洗室用水房间，应做好防水、防潮处理，在构造处理上应先在楼板四周用细石混凝土浇筑一段不小于 150mm 高的墙体，然后再立骨架。在有水一侧的墙面可采用绑扎钢筋、固定钢板网并以水泥砂浆粉刷，可加贴面砖；而隔墙的另一面仍可采用纸面石膏板等面板。隔墙遇有门窗或特殊部位处，应使用附加龙骨来加固。

第9章 墙 体

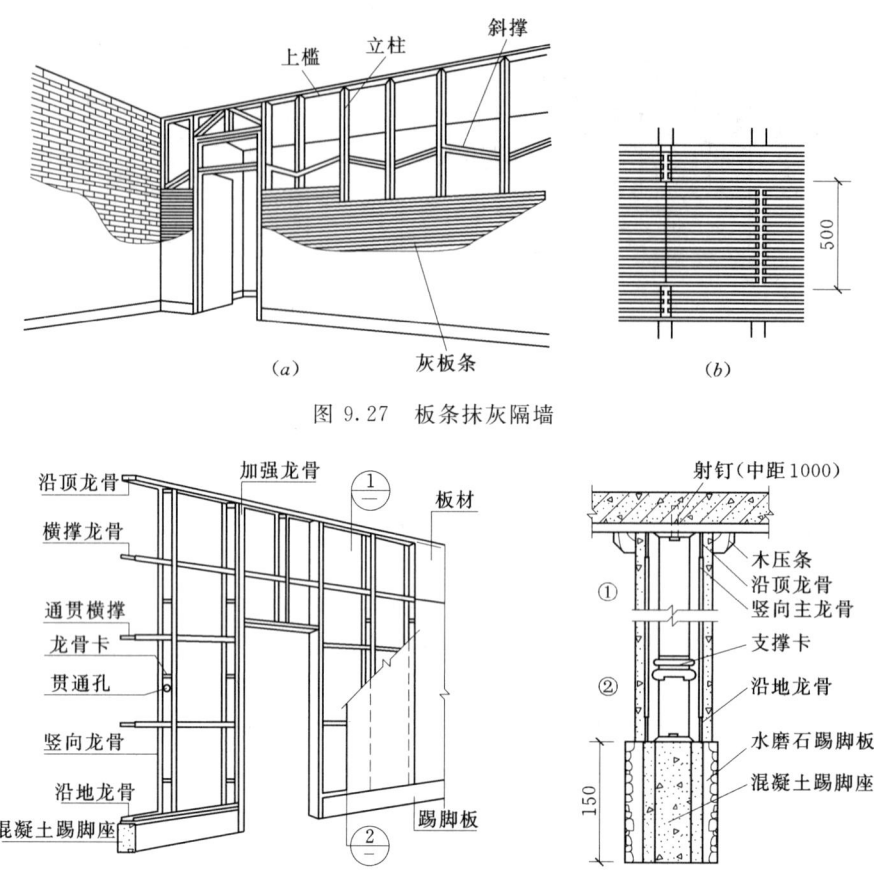

图 9.27 板条抹灰隔墙

图 9.28 人造板面层骨架隔墙

9.4.3 板材隔墙

板材隔墙是指采用各种轻质材料制成的各种预制条形板材，现场裁切、安装而成的隔墙。目前多采用条板，常见的板材有加气混凝土条板、石膏条板、炭化石条板、石膏珍珠岩条板以及各种复合板等。为减轻自重，常做成空心板。条板隔墙直接拼装，不依赖骨架，因此它具有自重轻、安装方便、施工速度快、工业化程度高的特点。条板厚度大多为60～100mm，宽度为600～1000mm，长度略小于房间净高。安装时，先将条板下部用一对对口木楔顶紧，然后用细石混凝土堵严，板缝用粘结砂浆或黏结剂进行粘结，并用胶泥刮缝平整后，再做表面装修，如图9.29所示。

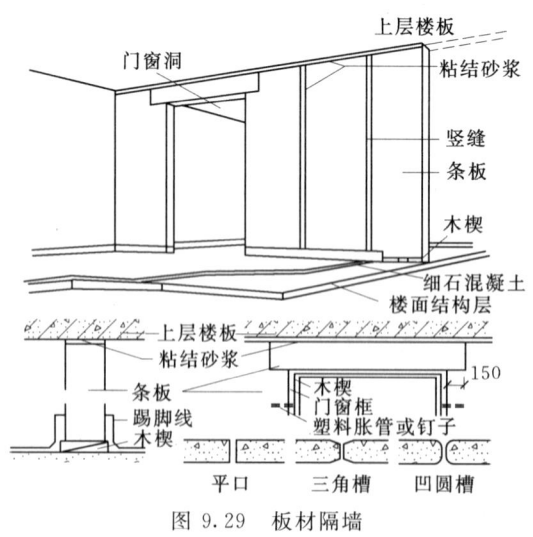

图 9.29 板材隔墙

隔断与隔墙都是具有一定功能或装饰作用的建筑构件。其共同点是具有分隔室内或室外空间的功能,在建筑中不起承重作用;不同点是隔墙比较固定,一般都是到顶的,能在较大程度上限定空间,满足隔声、遮挡视线等要求;而隔断一般不到顶,也可到顶,具有一定的空透性,使分隔的空间有一定的视觉交流,当有隔声和遮挡视线要求时,应容易移动或拆除。

隔断的形式很多,常见的有屏风式、移动式、漏空式、玻璃墙式和家具式等。

9.5 墙 体 饰 面

9.5.1 墙体饰面的作用及分类

墙体饰面,即墙面装修,是指墙体工程完成以后,为满足使用功能、耐久及美观等要求,而在墙面进行的装饰和修饰。墙面装修是建筑装修中的重要内容。其主要作用是:

(1) 对墙面进行装修,可以保护墙体、增强墙体的坚固性和耐久性。
(2) 密实和平整墙体,改善墙体的热工、声、光、卫生等环境条件。
(3) 美化环境,丰富建筑的艺术形象。

墙面装修按其所处的部位不同可分为室外装修和室内装修。室外装修应选择强度高、耐水性好、抗冻性强、抗腐蚀、耐风化的建筑材料;室内装修应根据房间的功能要求及装修标准来确定。按材料及施工方式的不同,常见的墙面装饰可分为抹灰类、贴面类、涂料类、裱糊类和铺钉类等五大类,见表9.5。

表 9.5 墙 面 装 修 分 类

类　别	室　外　装　修	室　内　装　修
抹灰类	水泥砂浆、混合砂浆、聚合物水泥砂浆、拉毛、水刷石、干粘石、斩假石、假面砖、喷涂、滚涂等	纸筋灰、麻刀灰粉面、石膏粉面、膨胀珍珠岩灰浆、混合砂浆、拉毛、拉条等
贴面类	外墙面砖、马赛克、水磨石、天然石板等	釉面砖、人造石板、天然石板等
涂料类	石灰浆、水泥浆、溶剂型涂料、乳胶涂料、彩色胶砂涂料、彩色弹涂等	大白浆、石灰浆、油漆、乳胶漆、水溶性涂料、弹涂等
裱糊类		塑料墙纸、金属面墙纸、木纹壁纸、花纹玻璃纤维布、纺织面墙纸及绵缎等
铺钉类	各种金属饰面板、石棉水泥板、玻璃	各种木夹板、木纤维板、石膏板及各种装饰面板等

9.5.2 墙面装修的构造

1. 抹灰类墙面装修

抹灰又称粉刷,是我国传统的饰面做法。其主要优点在于材料来源广泛,施工操作简便和造价低廉,通过改变工艺可获得不同的装饰效果,因此在墙面装修中应用广泛。但也存在着耐久性差、易开裂、湿作业量大、劳动强度高、工效低等缺点。

为了避免出现裂缝,保证抹灰层牢固和表面平整,施工时需分层操作。抹灰装饰层由底层、中层和面层三个层次组成，如图 9.30 所示。

普通抹灰分底层和面层；对一些标准较高的中级抹灰和高级抹灰，在底层和面层之间还要增加一层或数层中间层。各层抹灰不宜过厚，总厚度一般为 15～20mm。

底层抹灰的作用是与基层（墙体表面）粘贴和初步找平，厚度为 5～15mm。底层灰浆用料视基层材料而异：普通砖墙常用石灰砂浆和混合砂浆；混凝土墙应采用混合砂浆和水泥砂浆；板条墙的底灰用麻刀石灰浆或纸筋石灰砂浆；另外，对湿度较大的房间或有防水、防潮要求的墙体，底灰应选用水泥砂浆或水泥混合砂浆。

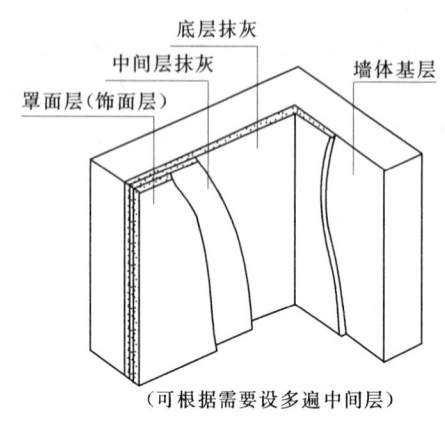

图 9.30 墙面抹灰分层

中层抹灰主要起找平作用，其所用材料与底层基本相同，也可以根据装修要求选用其他材料，厚度一般为 5～10mm。

面层抹灰主要起装修作用，要求表面平整、色彩均匀、无裂纹，可以作成光滑、粗糙等不同质感的表面。根据面层所用材料，抹灰装修有很多类型，常见抹灰的具体构造做法见表 9.6。

表 9.6　　　　　　　　　墙面抹灰做法举例

抹灰名称	做法说明	适用范围
水泥砂浆墙（1）	8 厚 1∶2.5 水泥砂浆抹面 12 厚 1∶3 水泥砂浆打底扫毛 刷界面处理剂一道（随刷随抹底灰）	混凝土基层的外墙
水刷石墙面（1）	8 厚 1∶1.5 水泥石子（小八厘）罩面，水刷露出石子 刷素水泥浆一道 12 厚 1∶3 水泥砂浆打底扫毛 刷界面处理剂一道（随刷随抹底灰）	混凝土基层的外墙
水刷石墙面（2）	8 厚 1∶1.5 水泥石子（小八厘）罩面，水刷露出石子 刷素水泥浆一道 6 厚 1∶1∶6 水泥石灰膏砂浆抹平扫毛 6 厚 1∶0.5∶4 水泥石灰膏砂浆打底扫毛 刷加气混凝土界面处理剂一道	加气混凝土等轻型外墙
斩假石（剁斧石）墙面	剁斧斩毛两遍成活 10 厚 1∶1.25 水泥石子抹平（米粒石内掺 30% 石屑） 刷素水泥浆一道 10 厚 1∶3 水泥砂浆打底扫毛 清扫集灰，适量洇水	砖基层的外墙
水泥砂浆墙（2）	刷（喷）内墙涂料 5 厚 1∶2.5 水泥砂浆抹面，压实赶光 13 厚 1∶3 水泥砂浆打底	砖基层的内墙

9.5 墙体饰面

续表

抹灰名称	做法说明	适用范围
水泥砂浆墙（3）	刷（喷）内墙涂料 5厚1∶2.5水泥砂浆抹面，压实赶光 5厚1∶1∶6水泥石膏砂浆扫毛 6厚1∶0.5∶4水泥石膏砂浆打底扫毛 刷界面处理剂一道	加气混凝土等轻型内墙
纸筋（麻刀）墙面（1）	刷（喷）内墙涂料 2厚纸筋（麻刀）灰抹面 6厚1∶3石灰膏砂浆 10厚1∶3∶9水泥石灰膏砂浆打底	砖基层的内墙
纸筋（麻刀）墙面（2）	刷（喷）内墙涂料 2厚纸筋（麻刀）灰抹面 9厚1∶3石灰膏砂浆 5厚1∶3∶9水泥石灰膏砂浆打底划出纹理 刷加气混凝土界面处理剂一道	加气混凝土等轻型内墙

在室内抹灰中，对人群活动频繁，易受碰撞的墙面，或有防水、防潮要求的墙身，常采用1∶3水泥砂浆打底，1∶2水泥砂浆或水磨石罩面，高约1.5m的墙裙，如图9.31所示。

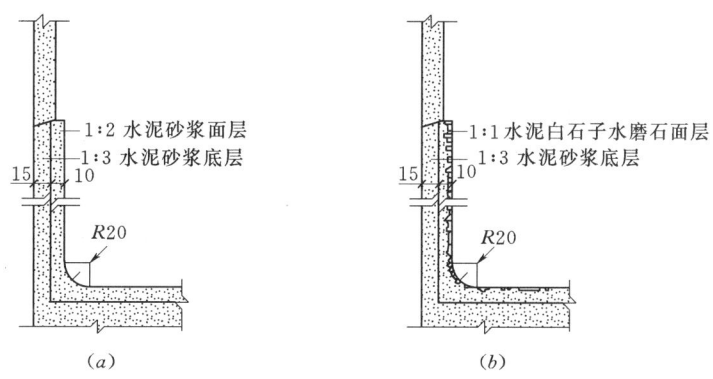

图9.31 墙裙构造
(a) 水泥砂浆墙裙；(b) 水磨石墙裙

对于宜被碰撞的内墙阳角，宜用1∶2水泥砂浆做护角，高度不应小于2mm，每侧宽度不应小于50mm，如图9.32所示。

外墙面因抹灰面积较大，由于材料干缩和温度变化，容易产生裂缝，常在抹灰面层做分格，称为引条线。引条线的做法是在底灰上埋放不同形式的木引条，面层抹灰完毕后及时取下引条，再用水泥砂浆勾缝，以提高抗渗能力，如图9.33所示。

2. 贴面类墙面装修

贴面类装修是指将有各种天然石材或人造板、块，通过绑、挂或直接粘贴于基层表面的装修做法。它具有耐久性好、施工方便、装饰性强、容易清洗等优点。常用的贴面材料

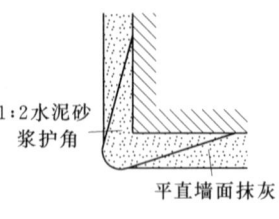
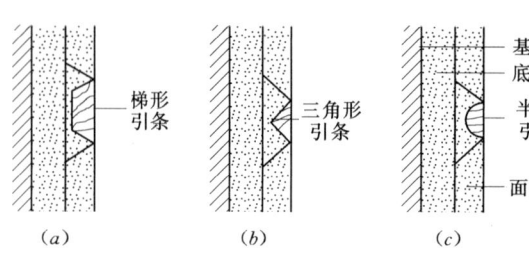

图 9.32 护角做法

图 9.33 外墙抹灰面的引条做法
(a) 梯形线脚；(b) 三角形线脚；(c) 半圆形线脚

有花岗岩板和大理石板等天然石材；水磨石板、水刷石板、剁斧石板等人造石板；以及面砖、瓷砖、锦砖等陶瓷和玻璃制品。质地细腻、耐酸性差的各种大理石、瓷砖等一般适用于内墙面的装修，而质感粗犷、耐酸性好的材料，如面砖、锦砖、花岗岩板等适用于外墙装修。

（1）天然石板及人造石板墙面装修。常见的天然石板有花岗岩板、大理石板两类。它们具有强度高、结构密实、不易污染、装修效果好等优点。但由于它们加工复杂、价格昂贵，故多用于高级墙面装修中。

人造石板一般由白水泥、彩色石子、颜料等配合而成，具有天然石材的花纹和质感、重量轻、表面光洁、色彩多样、造价低等优点，常见的有水磨石板、仿大理石板等。

天然石板和人造石板的安装方法相同，由于石板面积大，重量大，为保证石板饰面的坚固和耐久，一般应先在墙身或柱内预埋φ6铁箍，在铁箍内立φ8～10竖筋和横筋，形成钢筋网，再用双股铜线或镀锌铁丝穿过事先在石板上钻好的孔眼（人造石板则利用预埋在板中的安装环），将石板绑扎在钢筋网上。上下两块石板用不锈钢卡销固定。石板与墙之间一般留30mm缝隙，上部用定位活动木楔做临时固定，校正无误后，在板与墙之间分层浇筑1:2.5水泥砂浆，每次灌入高度不应超过200mm。待砂浆初凝后，取掉定位活动木楔，继续上层石板的安装，如图9.34所示。由于湿挂法施工的天然石墙面具有基底透色、板缝砂浆污染等缺点。在装饰要求较高的工程中，常采用干挂法施工，干法是用不锈钢材的挂具直接固定石板，在石板间用密封胶嵌缝。

（2）陶瓷面砖、陶瓷锦砖墙面装修。面砖多数是以陶土和瓷土为原料，压制成型后煅烧而成的饰面块，面砖即能用于墙面，又能用于地面，所以也称为墙地砖。面砖分挂釉和不挂釉两种，这两种又都有平滑的和有一定纹理的两类。无釉面砖主要用于高级建筑外墙面装修，釉面砖主要用于高级建筑内外墙面及厨房、卫生间的墙裙贴面。面砖质地坚固、防冻、耐蚀、色彩多样。

陶土面砖常用的规格有113mm×77mm×17mm、145mm×113mm×17mm、233mm×113mm×17mm 和 265mm×113mm×17mm 等多种。

瓷土面砖常用的规格有108mm×108mm×5mm、152mm×152mm×5mm、100mm×200mm×7mm、200mm×200mm×7mm 等。

陶瓷面砖又名"马赛克"，是以优质陶土烧制而成的小块瓷砖，有挂釉和不挂釉两种。常用规格有 18.5mm×18.5mm×5mm、39mm×39mm×5mm、39mm×18.5mm×5mm

9.5 墙体饰面

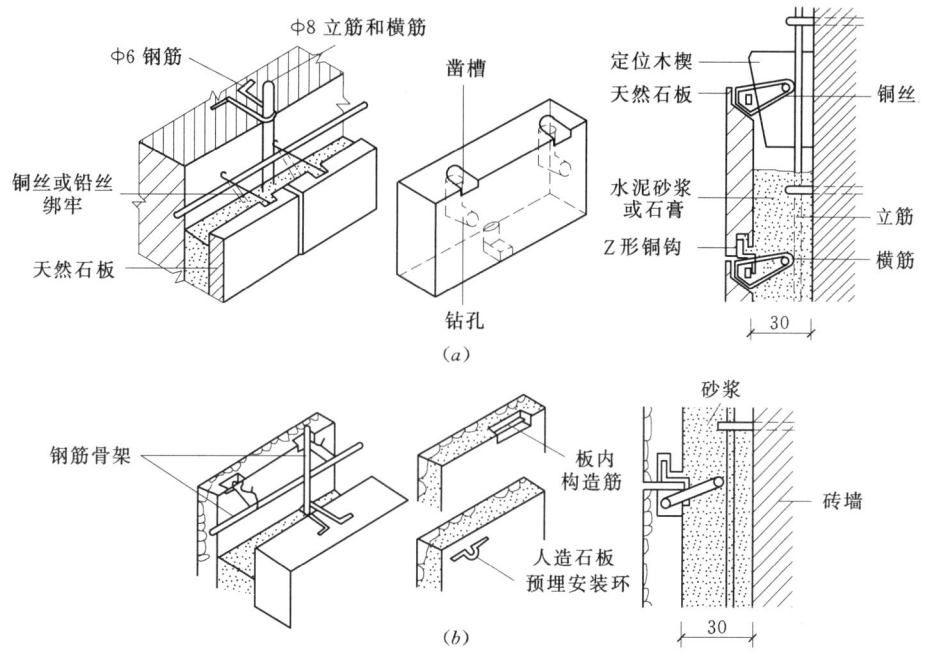

图9.34 天然石板与人造石板墙面装修
(a)天然石板墙面装修；(b)人造石板墙面装修

等，有长方形、方形和其他不规则形。锦砖一般用于内墙面，也可用于外墙面装修。锦砖与面砖相比，造价较低。与陶瓷锦砖相似的玻璃锦砖是透明的玻璃质饰面材料，它质地坚硬、色泽柔和，具有耐热、耐蚀、不龟裂、不褪色、造价低的特点。

面砖等类型贴面材料通常是直接用水泥砂浆粘于墙上。一般将墙面清洗干净后，先抹15厚1∶3水泥砂浆打底找平，再抹5厚1∶1水泥细砂砂浆粘贴面层制品。镶贴面砖需留出缝隙，面砖的排列方式和接缝大小对立面效果有一定的影响，通常有横铺、竖铺、错开排列等几种方式。锦砖一般按设计图纸要求，在工厂反贴在标准尺寸为325mm×325mm的牛皮纸上，施工时将纸面朝外整块粘贴在1∶1水泥细砂砂浆上，用木板压平，待砂浆硬结后，洗去牛皮纸即可。

此外，严寒地区选择贴面类外墙饰面砖应注意其抗冻性能，按规范规定，外墙饰面砖的吸水率不得大于10%，否则因其吸水率过大，宜造成冻裂脱落而影响美观。凡镶贴于室外突出的檐口、窗口、雨篷等处的面砖饰面，均应做出流水坡度和滴水线（槽）。粘贴于外墙的饰面砖在同一墙面上的横竖排列，均不得有一行以上的非整砖。非整砖行应排在次要部位或阴角处。

3. 涂料类墙面装修

（1）材料特点。涂料类墙面装修是指利用各种涂料敷于基层表面而形成完整牢固的膜层，从而起到保护和装饰墙面作用的一种装修作法。它具有造价低、装饰性好、工期短、工效高、自重轻，以及操作简单、维修方便、更新快等特点，因此在建筑上得到广泛的应用和发展。

涂料按其成膜物的不同可分为无机涂料和有机涂料两大类。

1) 无机涂料。无机涂料有普通无机涂料和无机高分子涂料。普通无机涂料，如石灰浆、大白灰、可赛银浆等，多用于一般标准的室内装修。无机高分子涂料有JH80—1型、JH80—2型、JHN84—1型、F832型、LH—82型、HT—1型等。无机高分子涂料有耐水性、耐酸碱、耐冻融、装饰效果好、价格较高等特点，多用于外墙面装修和有耐擦洗要求的内墙面装修。

2) 有机涂料。有机涂料依其主要成膜物质与稀释剂不同，有溶剂型涂料，水溶型涂料和乳胶漆涂料三类。溶剂型涂料有传统的油漆涂料、苯乙烯内墙涂料、聚乙烯醇缩丁醛内（外）墙涂料、过氯乙烯内墙涂料等；常见的水溶性涂料有聚乙烯醇水玻璃内墙面涂料（即106涂料）、聚合物水泥砂浆饰面涂层、改性水玻璃内墙涂料、108内墙涂料、ST—803内墙涂料、JGY—821内墙涂料、801内墙涂料等；乳液涂料又称乳胶漆，常见的有乙丙乳胶涂料、苯丙乳胶涂料等，多用于内墙装饰。

（2）构造做法。建筑涂料的施涂方法，一般为刷涂、滚涂和喷涂。施涂溶剂型涂料时，后一遍涂料必须在前一遍涂料干燥后进行，否则易发生皱皮、开裂等质量问题。施涂水溶性涂料时，要求与做法同上。每遍涂料均应施涂均匀，各层结合牢固。当采用双组分和多组分的涂料时，应严格按产品说明书规定的配合比使用，根据使用情况可分批混合，并在规定的时间内用完。在湿度较大，特别是遇明水部位的外墙和厨房、厕所、浴室等房间内施涂涂料时，为确保涂层质量，应选用耐洗刷性较好的涂料和耐水性能好的腻子材料（如聚醋酸乙烯乳液水泥腻子等）。涂料工程使用的腻子，应坚实牢固，不得粉化、起皮和裂纹。待腻子干燥后，还应打磨平整光滑，并清理干净。

用于外墙的涂料，考虑到其长期直接暴露在自然界中，经受日晒雨淋的侵蚀，因此要求除应具有良好的耐水性、耐碱性外，还应具有良好的耐洗刷性、耐冻性、循环性、耐久性和耐玷污性。当外墙施涂涂料面积过大时，可以外墙的分格缝、墙的阴角处或落水管等处为分界线，在同一墙面应用同一批号的涂料，每遍涂料不宜施涂过厚，涂料要均匀，颜色要一致。

4．裱糊类墙面装修

裱糊类墙面装修是将各种装饰性的墙纸、墙布、织锦等卷材类的装饰材料裱糊在墙面上的一种装修作法。常用的装饰材料有PVC塑料壁纸、复合壁纸、玻璃纤维墙布等。裱糊类墙体饰面装饰性强、造价较经济、施工方法简捷高效、材料更换方便，并且在曲面和墙面转折处粘贴，可以顺应基层，获得连续的饰面效果。

在裱糊类墙面工程中，基层涂抹的腻子应坚实牢固，不得粉化、起皮和裂缝。当有铁帽等凸现时，应先将其嵌入基层表面并涂防锈涂料，钉眼接缝处用油性腻子填平，后用砂纸磨平。为达到基层平整效果，通常在清洁的基层上用胶皮刮板刮腻子数遍。刮腻子的变数视基层的情况而定，抹完最后一遍腻子时应打磨，光滑后再用软布擦净。对有防水或防潮要求的墙体，应对基层做防潮处理，在基层涂刷均匀的防潮底漆。

墙面应采用整幅裱糊，并统一预排对花拼缝。不足一幅的应裱糊在较暗或不明显的部位。裱糊的顺序为先上后下，先高后低，应使饰面材料的长边对准基层上弹出的垂直准线，用刮板或胶辊赶平压实。阴阳转角应垂直，棱角分明。阴阳处墙纸（布）搭接顺光，阳面处不得有接缝，并应包角压实。

裱糊工程的质量标准是粘贴牢固，表面色泽一致，无气泡、空鼓、翘边、皱摺和斑污，斜视无胶痕，正视（距墙面1.5m处）不显拼缝。

5. 铺钉类墙面装修

铺钉类墙面装修是将各种天然或人造薄板钉在墙面上的装修做法，其构造与骨架隔墙相似，由骨架和面板两部分组成。施工时先在墙面上立骨架（墙筋），然后在骨架上铺钉装饰面板。

骨架分木骨架和金属骨架两种，采用木骨架时，为考虑防火安全，应在木骨架表面涂刷防火材料。骨架间及横挡的距离一般根据面板的尺度而定。为防止因墙面受潮而损坏骨架和面板，常在立筋先于墙面抹一层10mm厚的混合砂浆，并涂刷热沥青两道，或粘贴油毡一层。

室内墙面装修用面板，一般采用硬木条、胶合板、纤维板、石膏板及各种吸声板等。硬木条装修是将各种截面形式的条板密排竖直镶钉在横撑上，其构造如图9.35所示，胶合板、纤维板等人造薄板可用圆钉或木螺丝直接固定在木骨架上，板间留有5～8mm缝隙，以保证面板有微量伸缩的可能，也可用木压条或铜、铝等金属压盖缝石膏板与金属骨架的连接一般用自攻螺丝或电钻钻孔后用镀锌螺丝。

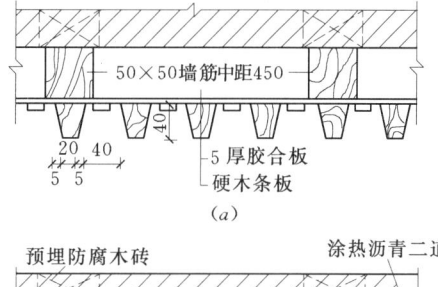
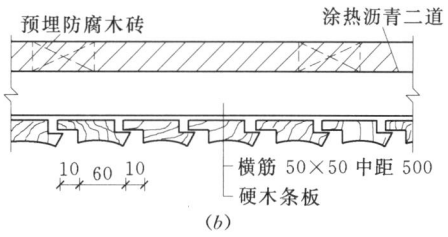

图9.35 硬木条板墙面装修构造

本 章 小 结

墙体是建筑中占主要地位的建筑构件，其承重方案、选材和构造对建筑的正常使用、安全性、经济性和施工环境将产生重要的影响。

砖墙作为传统的墙体材料已经不能适应建筑发展的需要，正在逐步退出市场。

合适的墙体细部构造是确保墙体发挥其功能的重要保证。

隔墙布置灵活，应根据使用功能要求选择适合的构造类型，使其发挥功能。

墙体饰面是建筑中的重要内容，已经完成了由单一功能向综合考虑物理性能和美学要求的转变。

习 题

9.1 简述墙体类型的分类方式及类别。

9.2 墙体的设计要求有哪些？墙体的四种承重方案各有什么优缺点？各适用于哪些建筑？

9.3 标准砖自身尺度有何关系？

9.4 砖墙组砌的原则是什么？

9.5 什么是砖模？它与建筑模数如何协调？
9.6 勒脚的作用是什么？常用构造做法有哪些？
9.7 墙体水平防潮层的作用是什么？常用做法有哪些？防潮层的位置应设在何处？
9.8 什么情况下要设垂直防潮层？为什么？
9.9 绘出常用散水和明沟的构造图。为什么季节性冰冻地区的散水下要设防冻层？
9.10 常见的过梁有几种？它们的适用范围和构造特点是什么？
9.11 窗台构造中应考虑哪些问题？
9.12 墙身有哪些加固措施？
9.13 砌块墙的组砌要求有哪些？
9.14 常见隔墙、隔断有哪些？简述其构造做法。
9.15 简述墙体饰面的作用和基本类型。
9.16 举例说明每类墙面装修的一至两种构造做法及使用范围。

第 10 章 门窗与遮阳

本章学习目标：

通过本章的学习，重点掌握门、窗的类型、尺寸与构造要求；了解木门窗、铝合金门窗和塑钢门窗的构造，以及遮阳的类型和构造要点。

窗和门是建筑物的重要组成部分。窗在建筑中的主要作用是采光、通风和日照；门的主要作用是交通联系，并兼有采光、通风之用。在构造上，窗和门还具有保温、隔声、防雨、防火、防风沙等作用；另外，窗和门对建筑物的体型与立面设计有很大影响。因此，窗和门要满足开启灵活、关闭紧密、坚固耐久、便于擦洗、符合模数等方面的要求。

10.1 门

10.1.1 门的分类

1. 按开启方式分类

按开启方式不同，可分为：平开门、弹簧门、推拉门、折叠门、转门等，见图 10.1。

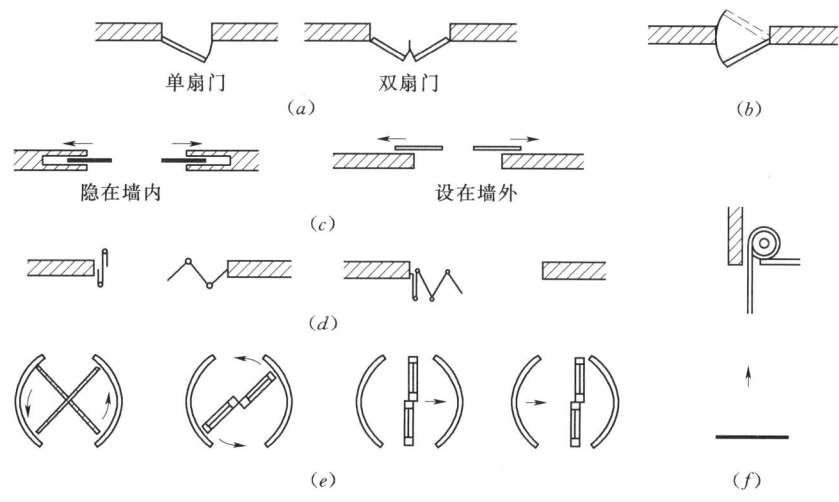

图 10.1 门的开启方式
(a) 平开门；(b) 弹簧门；(c) 推拉门；(d) 折叠门；(e) 转门；(f) 卷帘门

(1) 平开门。平开门是水平方向开启的门，门扇绕侧边安装的铰链转动，分单扇、双扇，内开和外开等形式。具有构造简单，开启灵活，制作安装和维修方便等特点。是一般建筑中最常见的门。

(2) 弹簧门。弹簧门的开启方式同平开门，也是水平方向开启的门，区别在于侧边用弹簧铰链或下边用地弹簧代替普通铰链，开启后能自动关闭。有单向弹簧门和双向弹簧门之分，单向弹簧门常用于有自闭要求的房间，一般为单扇，如卫生间的门、纱门等；双向弹簧门多用于人流出入频繁或有自动关闭要求的公共场所，多为双扇门，如建筑物出入口的门、商场商店的门等。双向弹簧门扇上一般要安装玻璃，避免出入人流相互碰撞。

（3）推拉门。门扇开启时沿上、下设置的轨道左右滑行，有单扇和双扇两种；按轨道设置位置不同分为上挂式和下滑式。推拉门占用面积小，受力合理，不易变形，但构造复杂。

（4）折叠门。由多扇门拼合而成，开启后门扇可折叠在一起推移到洞口的一侧或两侧，占用空间少。简单的折叠门，可以只在侧边安装铰链，复杂的还要在门的上边或下边装导轨及转动五金配件。

（5）转门。由两个对称的圆弧形门套和多个门扇组成。它可以作为人员进出频繁、且有采暖或空调设备的公共建筑的外门。门扇有三扇或四扇之分，用同一竖轴组合成夹角相等、在圆弧形门套内水平旋转的门，对防止内外空气对流有一定的作用；在转门的两旁还应设平开门或弹簧门，以作为不需要空气调节的季节或大量人流疏散之用。转门构造复杂，造价较高，一般工程中使用很少。

另外，还有上翻门、升降门、卷帘门等形式，一般适用于门洞口较大，有特殊要求的房间，如工业厂房的门、车库的门等。

2．按门所用的材料分

按所用材料不同，可分为木门、钢门、铝合金门、塑料门及塑钢门等。木门制作加工方便，价格低廉，应用广泛，但防火能力较差。钢门强度高，防火性能好，透光率高，在建筑上应用很广，但钢门保温较差、易锈蚀。铝合金门美观，有良好的装饰性和密闭性，但成本高、保温差。塑料门同时具有木材的保温性和铝材的装饰性，是近年来为节约木材和有色金属发展起来的新品种，其刚度和耐久性还有待于进一步提高。另外，还有一种全玻璃门，主要用于标准较高的公共建筑中的出入口，它具有简洁、美观、视线无阻挡及构造简单等特点。

3．按门的功能分

按门的功能不同可分为：普通门、保温门、隔声门、防火门、防盗门以及其他特殊要求的门（如防 X 射线门）等。

10.1.2　平开木门的组成和尺度

平开木门主要由门框、门扇、亮子和五金零件组成。门框又称门樘，由上框、中框和边框等组成，多扇门还有中竖框；门扇由上冒头、中冒头、下冒头和边梃等组成。为了通风采光，可在门的上部设亮子，有固定、平开及上、中、下悬等形式，其构造同窗扇。门框与墙间的缝隙常用木条盖缝，称门头线，俗称贴脸。门上常见的五金零件有铰链、门锁、插销、拉手、停门器、风钩等，如图10.2所示。

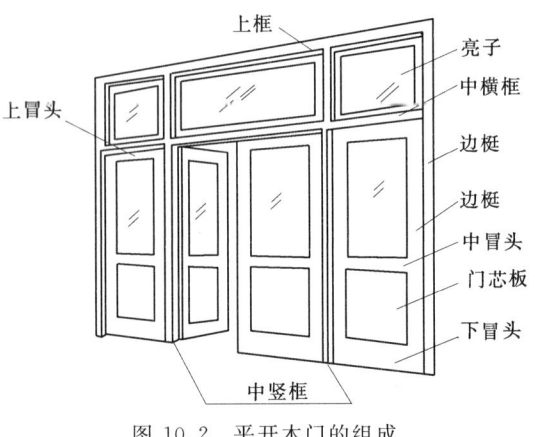

图 10.2　平开木门的组成

平开木门的尺度是指洞口的高和宽，可根据交通、运输以及疏散要求来确定。一般情况下，门的宽度为：800～1000mm（单扇），1200～1800mm（双扇）；门的高度为：2000～2100mm，有亮子时可适当增高300～600mm。对于大型公共建筑，门的尺度可根据需要另行确定。

10.1.3 平开木门的构造

1. 门框

（1）门框的断面形状和尺寸。门框的断面形状与窗框类似，但由于门受到的各种冲撞荷载比窗大，故门框的断面尺寸要适当增加，如图10.3所示。

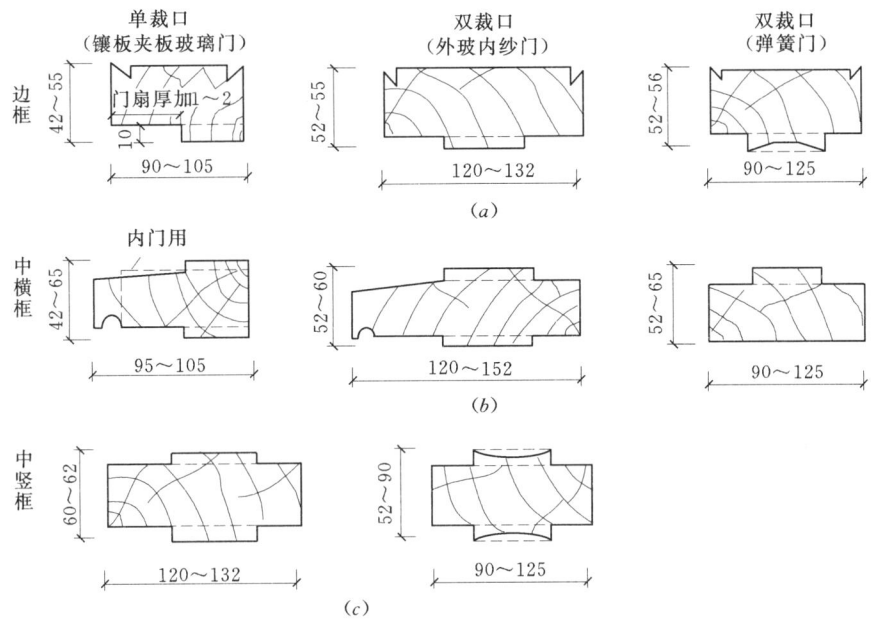

图 10.3 门框的断面形状和尺寸

（2）门框的安装。门框的安装与窗框相同，分立口和塞口两种施工方法。工厂化生产的成品门，其安装多采用塞口法施工。

（3）门框与墙的关系。门框在墙洞中的位置同窗框一样，有门框内平、门框居中和门框外平三种情况，一般情况下多做在开门方向一边，与抹灰面平齐，使门的开启角度较大。对较大尺寸的门，为牢固地安装，多居中设置，如图10.4所示。

门框的墙缝处理与窗框相似，但应更牢固，门框靠墙一边也应开防止因受潮而变形的背槽，并做防潮处理，门框外侧的内外角做灰口，缝内填弹性密封材料。

2. 门扇

根据门扇的不同构造形式，民用建筑中常见的门可分为夹板门和镶板门两大类。

（1）夹板门。夹板门门扇由骨架和面板组成，骨架通常用（32～35）mm×（34～36）mm的木料做框子，内部用小木料做成格形纵横肋条，肋距视木料尺寸而定，一般为300mm左右。在上部设小通气孔，保持内部干燥，防止面板变形。面板可用胶合板，硬质纤维板或塑料板等，用胶结材料双面胶结在骨架上。门的四周可用15～20mm厚的木

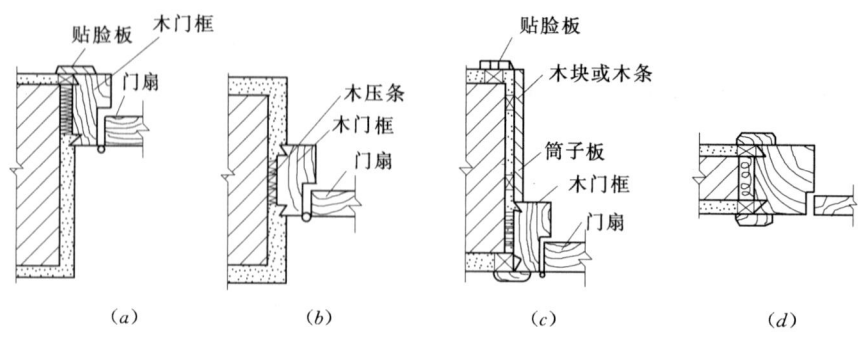

图 10.4 门框在墙洞中的位置
(a) 外平；(b) 中立；(c) 内平；(d) 内外平

条镶边，以取得整齐美观的效果。根据功能的需要，夹板门上也可以局部加玻璃或百叶，一般在装玻璃或百叶处，做一个木框，用压条镶嵌。图 10.5 是常见的夹板门构造实例。

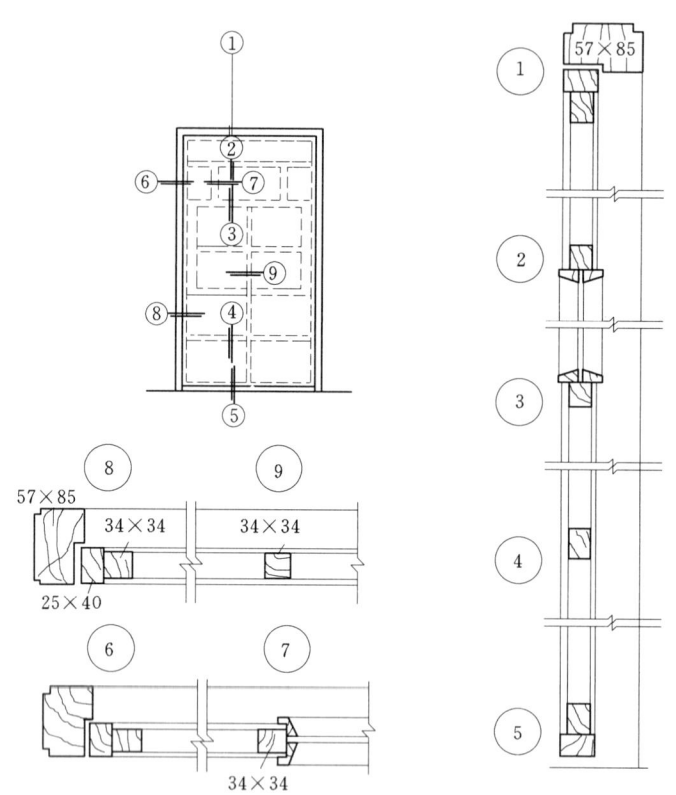

图 10.5 夹板门构造

（2）镶板门。镶板门门扇由骨架和门芯板组成。骨架一般由上冒头、下冒头及边梃组成，有时中间还有中冒头或竖向中梃。门芯板可采用木板、胶合板、硬质纤维板及塑料板等。有时门芯板可部分或全部采用玻璃，则称为半玻璃（镶板）门或全玻璃（镶板）门。与镶板门类似的还有纱门、百叶门等。

木制门芯板一般用 10~15mm 厚的木板拼装成整块，镶入边梃和冒头中，板缝应结合紧密，实际工程中常用的接缝形式为高低缝和企口缝。门芯板在边梃和冒头中的镶嵌方式有暗槽、单面槽及双边压条三种，用得较多的是暗槽，另两种方法多用于玻璃、纱门及百叶门。

镶板门门扇骨架的厚度一般为 40~45mm。上冒头、中冒头和边梃的宽度一般为 75~120mm，下冒头的宽度习惯上同踢脚高度，一般为 200mm 左右，中冒头为了便于开槽装锁，其宽度可适当增加，以弥补开槽对中冒头材料的削弱。图 10.6 是常用的镶板门构造实例。

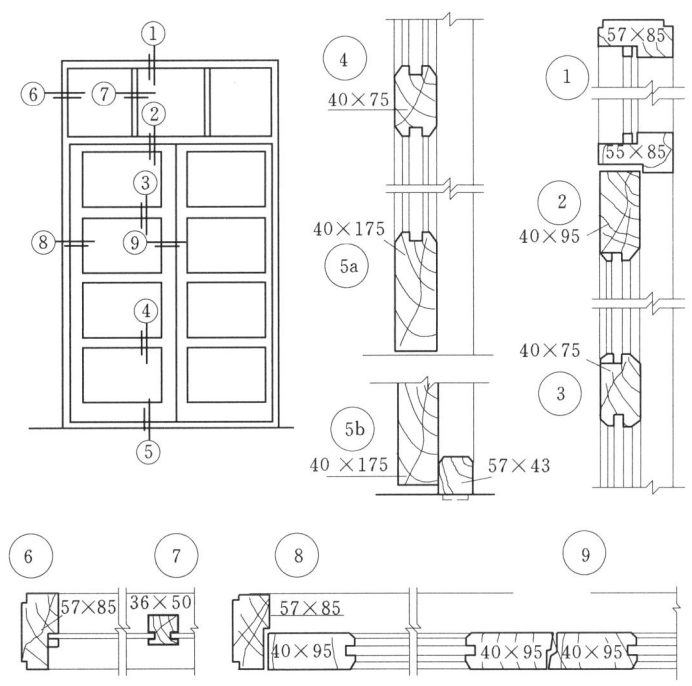

图 10.6 镶板门的构造

10.1.4 其他材料门的构造

1. 钢门

钢门与钢窗一样，具有强度高、刚度大、耐久、耐火性能好，外形美观以及便于工厂化生产等特点。钢门的料型有实腹式和空腹式两大类型。钢门的安装方法采用塞口法，门框与洞口四周通过预埋铁件用螺钉牢固连接。钢门的构造可参照钢窗的构造做法。

2. 铝合金门

铝合金门的特性与铝合金窗相同。铝合金门的开启方式可以推拉，也可采用平开。铝合金门的构造及施工方法可参照铝合金窗的构造做法。

3. 塑料门与塑钢门

塑料门与塑钢门的特性、材料、施工方法及细部构造可参照塑料窗与塑钢窗的构造做法。

10.2 窗

10.2.1 窗的分类

1. 按开启方式分类

依据窗的开启方式不同,可分为:固定窗、平开窗、上悬窗、中悬窗、下悬窗、立转窗、水平推拉窗、垂直推拉窗等,如图 10.7 所示。

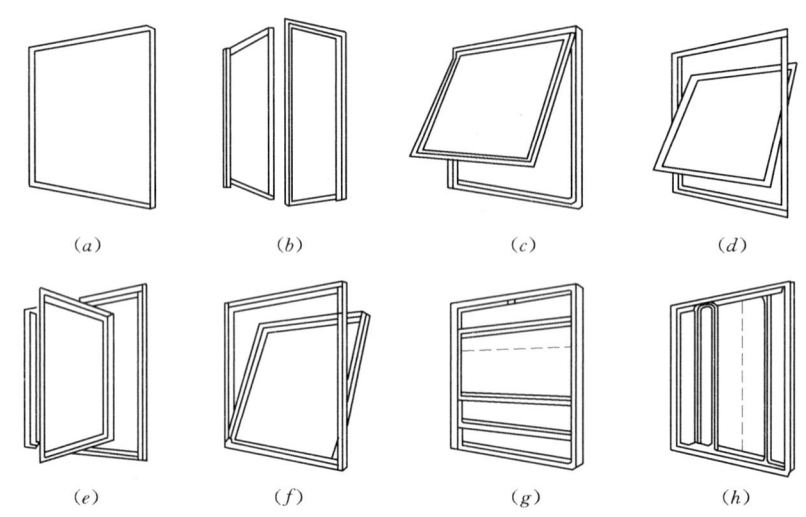

图 10.7 窗的开启方式
(a) 固定窗;(b) 平开窗;(c) 上悬窗;(d) 中悬窗;(e) 立转窗;
(f) 下悬窗;(g) 垂直推拉窗;(h) 水平推拉窗

(1) 固定窗。固定窗将玻璃安装在窗框上,不设窗扇,不能开启,仅作采光、日照和眺望用,构造简单,密闭性能较好。

(2) 平开窗。平开窗将玻璃安装在窗扇上,窗扇通过铰链与窗框连接,有内开和外开之分。它构造简单,制作、安装、维修、开启等都比较方便,在一般建筑中应用较为广泛。

(3) 悬窗。悬窗按旋转轴的位置不同,可分为上悬窗、中悬窗和下悬窗三种。上悬和中悬窗向外开,防雨效果好,且有利于通风,尤其用于高窗,开启较为方便;下悬窗不能防雨,且开启时占据较多的室内空间,多用于有特殊要求的房间。

(4) 立转窗。立转窗为窗扇可以沿竖轴转动的窗。竖轴可设在窗扇中心,也可以略偏于窗扇一侧。立转窗的通风效果好,可以根据风向调整角度,但密闭性能较差。

(5) 推拉窗。推拉窗按推拉方向不同分为水平推拉和垂直推拉窗。水平推拉窗需要在窗扇上下设轨槽,垂直推拉窗要有滑轮及平衡措施。推拉窗开启时不占据室内外空间,窗扇和玻璃的尺寸可以较大,但它不能全部开启,通风效果受到影响。多用于铝合金窗和塑钢窗等。

2. 按材料分类

按窗所用的材料不同，可分为：木窗、钢窗、铝合金窗和塑料窗，以及塑钢窗、铝塑窗等复合材料的窗。

另外，按层数不同分为单层窗和多层窗。

10.2.2 窗的组成和尺度

窗一般由窗框、窗扇和五金零件三部分组成。窗框又称窗樘，一般由上框、下框、中横框、中竖框及边框等组成。窗扇由上冒头、中冒头（窗芯）、下冒头及边梃组成。依镶嵌材料的不同，有玻璃窗扇、纱窗扇和百叶窗扇等。窗扇与窗框用五金零件连接，常用的五金零件有铰链、风钩、插销、拉手及导轨、滑轮等。窗框与墙的连接处，为满足不同的要求，有时加贴脸、窗台板、窗帘盒等。图10.8为平开木窗的组成。

窗的尺度既要满足采光、通风与日照的需要，又要符合建筑立面设计及建筑模数协调的要求。我国大部分地区标准窗的尺寸均采用3M的扩大模数，即常用的高、宽尺寸

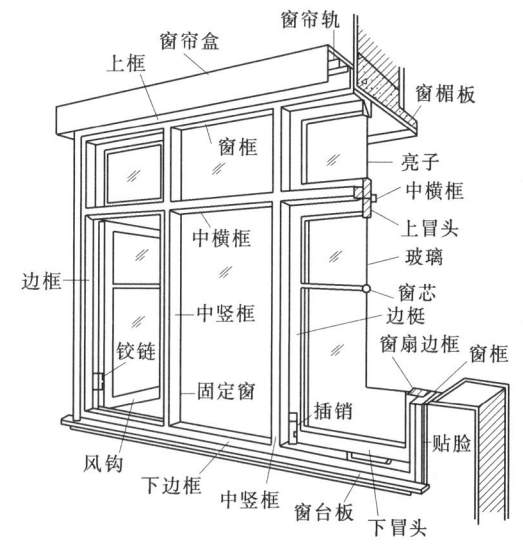

图 10.8 平开木窗的组成

有600mm、900mm、1200mm、1500mm、1800mm、2100mm、2400mm 等。

10.2.3 平开木窗的构造

1. 窗框

窗框的断面形式与尺寸。主要由窗扇的层数、窗扇厚度、开启方式、窗洞口大小及当地风力大小来确定，一般多为经验尺寸，如图10.9所示。图中虚线为毛料尺寸，粗实线为刨光后的设计尺寸（净尺寸），中横框若加披水或滴水槽，其宽度还需增加20～30mm。

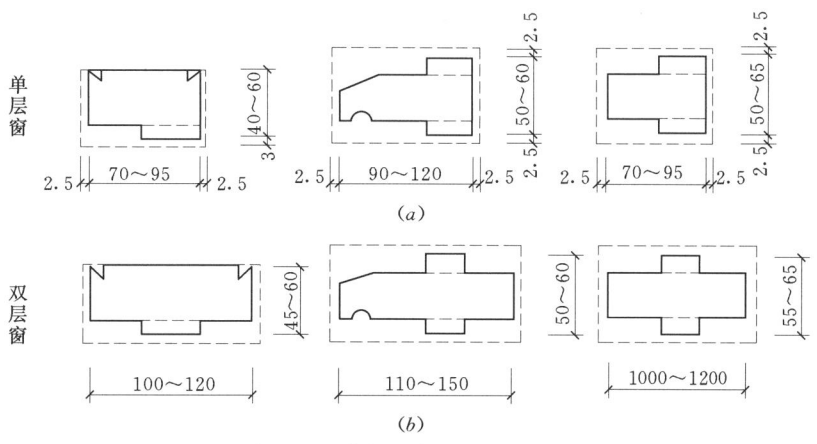

图 10.9 窗框的断面形式与尺寸

(1) 窗框的安装。安装方式有立口和塞口两种。立口又称立樘子，施工时先将窗框立好，后砌窗间墙，称为立口。立口的优点是窗框与墙体结合紧密、牢固；缺点是施工中安窗和砌墙相互影响，若施工组织不当，影响施工进度，一般木窗采用。塞口是砌墙时先留出窗洞口，然后再安装窗框。在洞口两侧每隔500～700mm高预埋一块防腐木砖，安装窗框时，用长钉或螺钉将窗框钉在木砖上，每边的固定点不少于2个，为便于安装，预留洞口应比窗框外缘尺寸稍大20～30mm。塞口安装施工方便，但框与墙间的缝隙较大，目前铝合金窗、塑钢窗均属塞口安装。

(2) 窗框与墙的关系。窗框在墙洞中的位置，要根据房间的使用要求、墙体的材料与厚度确定。有窗框内平、窗框居中和窗框外平三种情况，如图10.10所示。窗框内平时，对内开的窗扇，可贴在内墙面，少占室内空间。当墙体较厚时，窗框居中布置，外侧可设窗台，内侧可做窗台板。窗框外平多用于板材墙或厚度较薄的外墙。

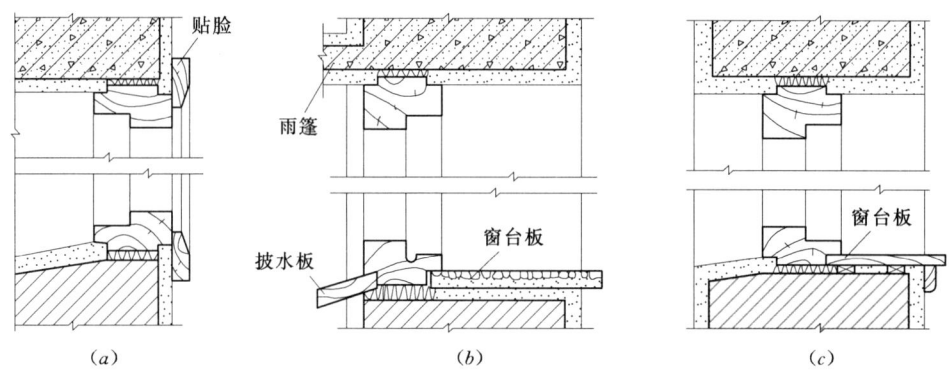

图 10.10 窗框在墙洞中的位置
(a) 窗框内平；(b) 窗框外平；(c) 窗框居中

窗框与墙间的缝隙应填塞密实，以满足防风、挡雨、保温、隔声等要求。一般情况下，洞口边缘可采用平口，用砂浆或油膏嵌缝。为保证嵌缝牢固，常在窗框靠墙一侧内外两角做灰口；寒冷地区在洞口两侧外缘做高低口为宜，缝内填弹性密封材料，以增强密闭效果；标准较高的常做贴脸或筒子板。木窗框靠墙一面，易受潮变形，通常当窗框的宽度大于120mm时，在窗框外侧开槽，俗称背槽，并做防腐处理，如图10.11所示。

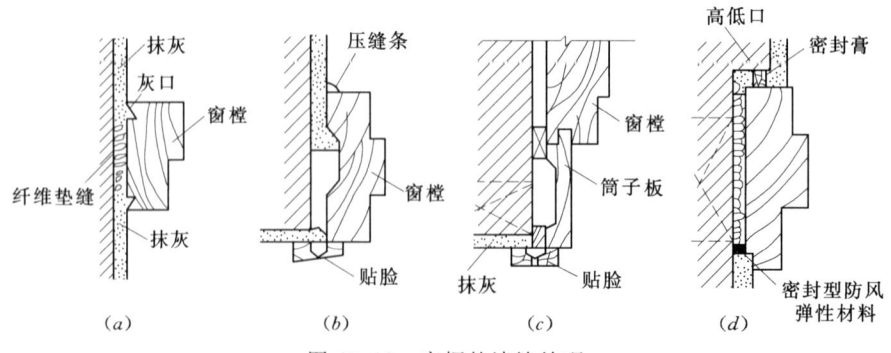

图 10.11 窗框的墙缝处理
(a) 平口抹灰；(b) 贴脸；(c) 筒子板和贴脸；(d) 高低缝填密封材料

(3)窗框与窗扇的连接。窗扇与窗框之间既要开启方便,又要关闭紧密。通常在窗框上做裁口,深度约10~12mm,也可以钉小木条形成裁口,以节约木料,见图10.12(a)、(b);在窗框接触面处窗扇一侧做斜面,可以保证扇、框外表面接口处缝隙最小,见图10.12(c);为了提高防风挡雨能力,可以在裁口处设回风槽,以减小风压和渗透量,见图10.12(d);或在裁口处装密封条,见图10.12(e)。

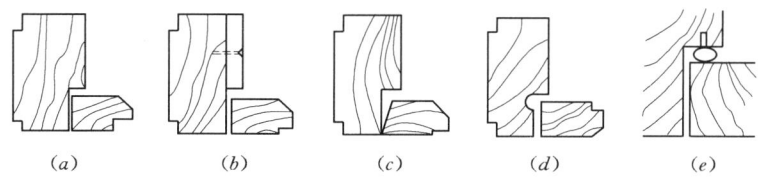

图10.12 窗框与窗扇间的缝隙处理

2. 窗扇

(1)窗扇的断面形状和尺寸。窗扇的厚度约为35~42mm。上、下冒头和边梃的宽度为50~60mm,下冒头若加披水板,应比上冒头加宽10~25mm。窗芯宽度一般为27~40mm。为镶嵌玻璃,在窗扇外侧要做裁口,其深度为8~12mm,但不应超过窗扇厚度的1/3。各杆件的内侧常做装饰性线脚,既少挡光又美观。两窗扇之间的接缝处,常做高低缝的盖口,也可以一面或两面加钉盖缝条,以提高防风雨能力和减少冷风渗透,如图10.13所示。

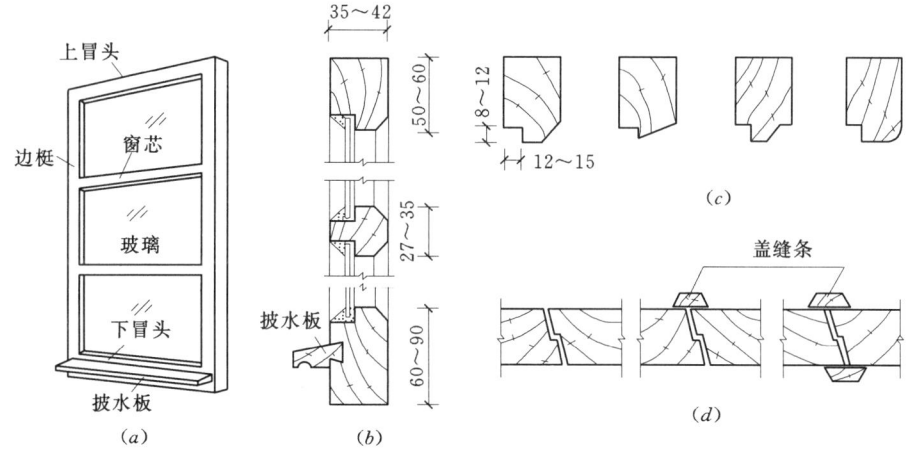

图10.13 窗扇的构造
(a)窗扇立面;(b)窗扇剖面;(c)线脚示例;(d)盖缝处理

(2)玻璃的选择和安装。普通窗一般均采用3mm厚无色透明的平板玻璃,若单块玻璃的面积较大时,可选用6mm加厚玻璃,同时应加大窗扇用料的尺寸与刚度。为了满足保温隔声、遮挡视线以及防晒等特殊要求,可选用双层中空玻璃、磨砂玻璃、压花玻璃或钢化玻璃等。玻璃的安装,一般先用小铁钉固定在窗扇上,然后用油灰(桐油石灰)或玻璃密封膏镶嵌成斜角形,或者用小木条镶钉。

3. 双层窗

房间为了满足密闭、保温以及隔声等特殊要求，常需设置双层窗，依据其窗扇和窗框的构造方法不同，常用有以下几种形式：

（1）子母扇窗。子母扇窗是由一个窗框和两个大小稍有差异的子母窗扇组成，如图10.14（a）所示。子扇略小于母扇，但玻璃尺寸相同，窗扇以铰链与窗框相连，子扇与母扇相连，子母扇一般都采用内开。这种窗较其他双层窗节省材料，透光率高，密闭性能较好。

（2）内外开窗。在一个窗框上设内外双裁口，安装两个窗扇，一扇外开，一扇内开，如图10.14（b）所示。这种窗内外扇的形式、尺寸完全相同，构造简单；夏季为防蚊蝇，内扇可以取下，改换成纱扇，纱扇重量轻，窗料可小一些。

（3）分框双层窗。这种窗的窗扇可以内开或外开，但为了方便擦玻璃，内外窗扇通常都采用内开。寒冷地区的墙体较厚，宜采用这种双层窗，内外窗扇之间净距不宜过大，一般为100mm左右，以免形成空气对流，加大窗子的对外传热，如图10.14（c）所示。

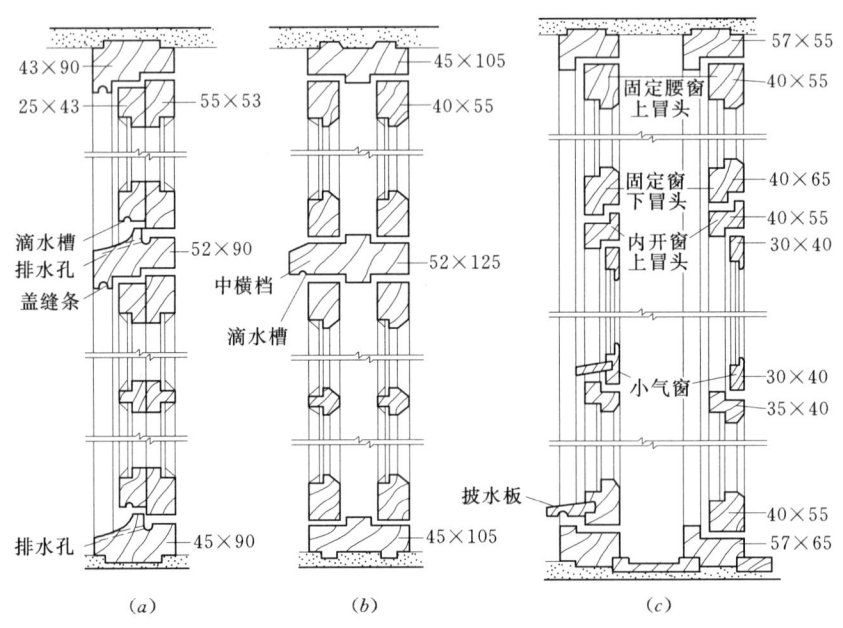

图 10.14　双层窗构造
（a）内开子母窗扇；（b）单框内外开双层窗；（c）分框内开双层窗

由于寒冷地区的通风要求不如南方高，较大面积的窗子可设置一些固定扇，既能满足通风要求，又能利用固定扇而省去一些中横框或中竖框。

双层玻璃窗和中空玻璃窗。双层玻璃窗即在一个窗扇上安装两层玻璃。增加玻璃的层数主要是利用玻璃间的空气间层来提高保温和隔声能力；其间层宜控制在10～15mm之间，一般不宜封闭，在窗扇的上、下冒头须做透气孔。双层玻璃如改用中空玻璃，可简化窗的构造，节省材料；中空玻璃是由两层或三层平板玻璃四周用夹条粘接密封而成，中间抽换干燥空气或惰性气体，并在边缘夹干燥剂；它是保温窗的发展方向之一，但生产工艺复杂，成本较高，目前应用尚少。

10.2.4 金属窗的构造

建筑工程中常用的金属窗有钢窗和铝合金窗两种。

1. 钢窗

钢窗与木窗相比具有强度高、刚度大、耐久、耐火性能好，外形美观以及便于工厂化生产等特点。另外，钢窗的透光系数较大，与同样大小洞口的木窗相比，其透光面积高15%左右，但钢窗易受酸碱和有害气体的腐蚀。目前，我国钢窗的生产已具备标准化、工厂化和商品化的特点，各地均有钢窗的标准图供选用。

（1）钢窗料型。有实腹式和空腹式两大类型。实腹式钢窗料用的热轧型钢有25mm、32mm、40mm三种系列，肋厚2.5～4.5mm，适用于风荷载不超过$0.7kN/m^2$的地区。民用建筑中窗料多用25mm和32mm两种系列。部分实腹式钢窗料的料型与规格见图10.15。

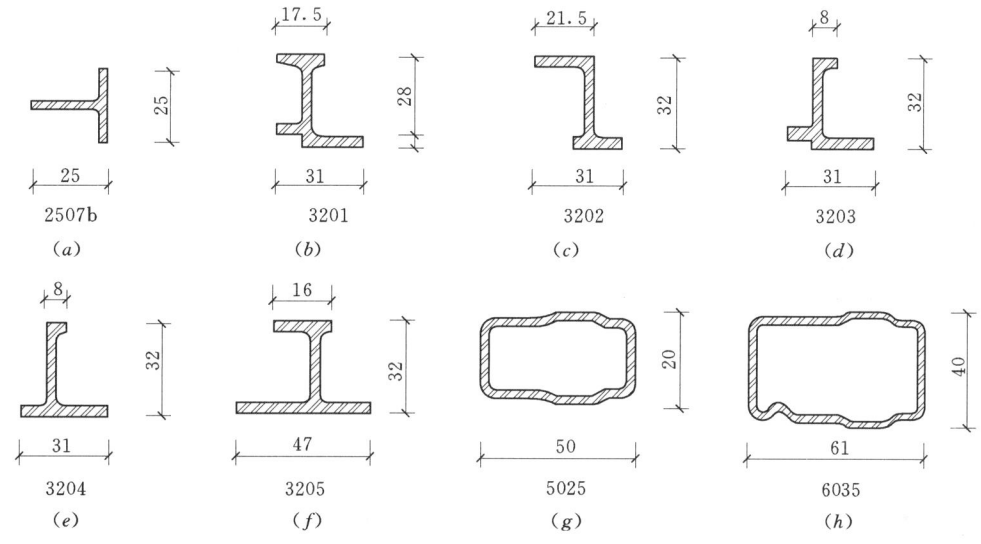

图10.15 实腹式钢窗料的料型与规格

空腹式钢门窗料是采用低碳钢经冷轧、焊接而成的异型管状薄壁钢材，壁厚1.2～2.5mm。目前在我国分京式和沪式两种类型，如图10.16所示。空腹式钢窗料壁薄，重量轻，节约钢材，但不耐锈蚀，耐久性差，应注意保护和维修。一般在成型后，内外表面需作防锈处理，以提高防锈蚀的能力。

（2）钢窗的构造。为了适应不同窗洞口尺寸的需要，便于窗的组合和运输，钢窗都以标准化的系列窗规格作为基本单元；其高度和宽度均以3M（300mm）为模数，常用的钢窗高度和宽度为600mm、900mm、1200mm、1500mm、1800mm、2100mm。大型钢窗就是由这些基本单元进行组合而成的。实腹式钢窗的构造如图10.17所示；空腹式钢窗的构造如图10.18所示。

钢窗的安装方法采用塞口法，窗框与洞口四周通过预埋铁件用螺钉牢固连接。固定点的间距为500～700mm。在砖墙上安装时多预留孔洞，将燕尾形铁脚插入洞口，并用砂浆嵌牢。在钢筋混凝土梁或墙柱上则先预埋铁件，将钢窗的Z形铁脚焊接在预埋铁板上。

图 10.16 空腹钢窗料型与规格

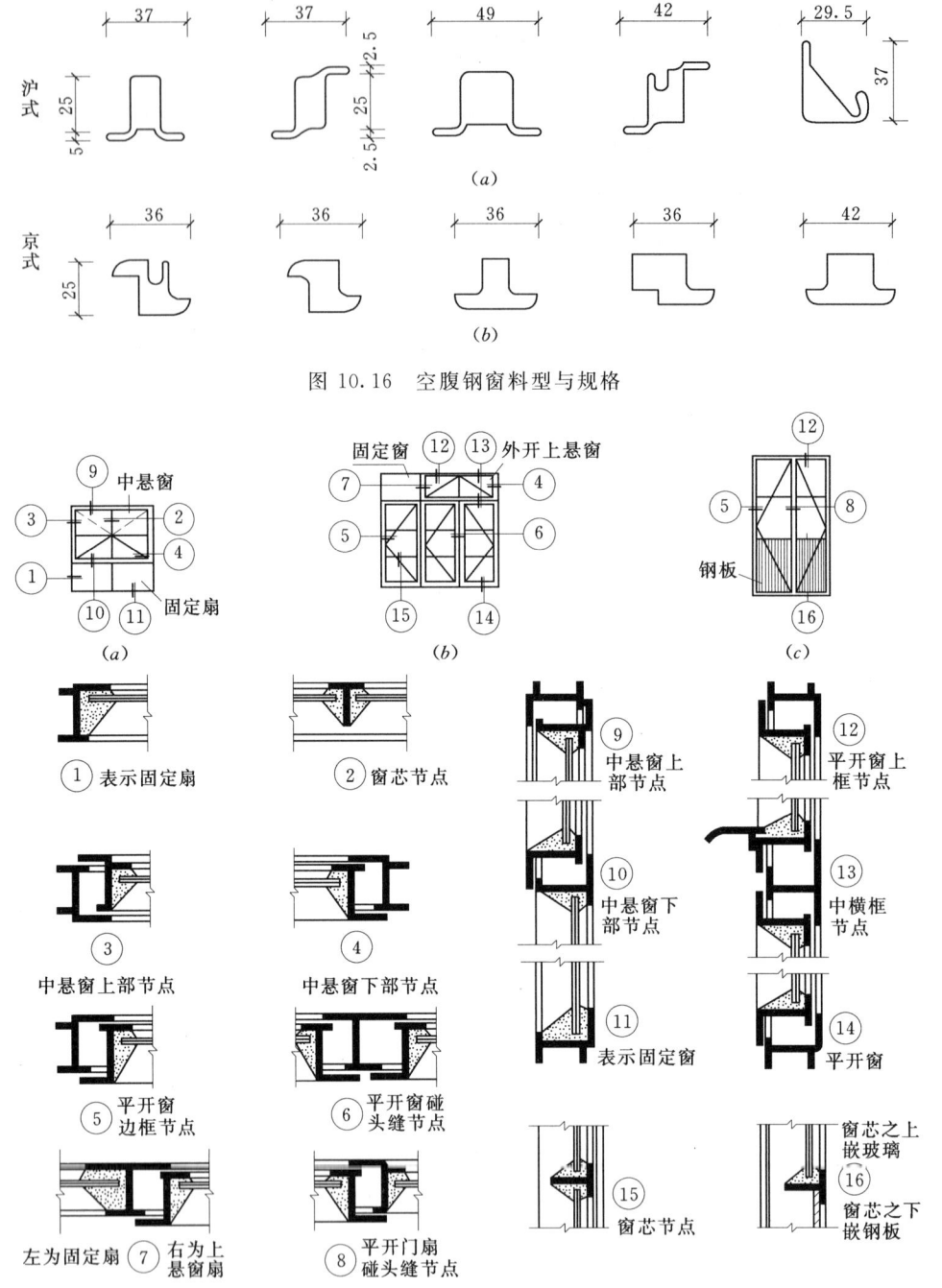

图 10.17 实腹式钢窗构造

钢窗玻璃的安装方法与木窗不同，一般先用油灰打底，然后用弹簧夹子或钢皮夹子将玻璃嵌固在钢窗上，然后再用油灰封闭。

钢窗洞口尺寸不大时，可采用基本钢窗，直接安装在洞口上；较大的窗洞口则需用标准的基本单元和拼料拼接而成，拼料支承着整个窗，以及保证钢门窗的刚度和稳定性。

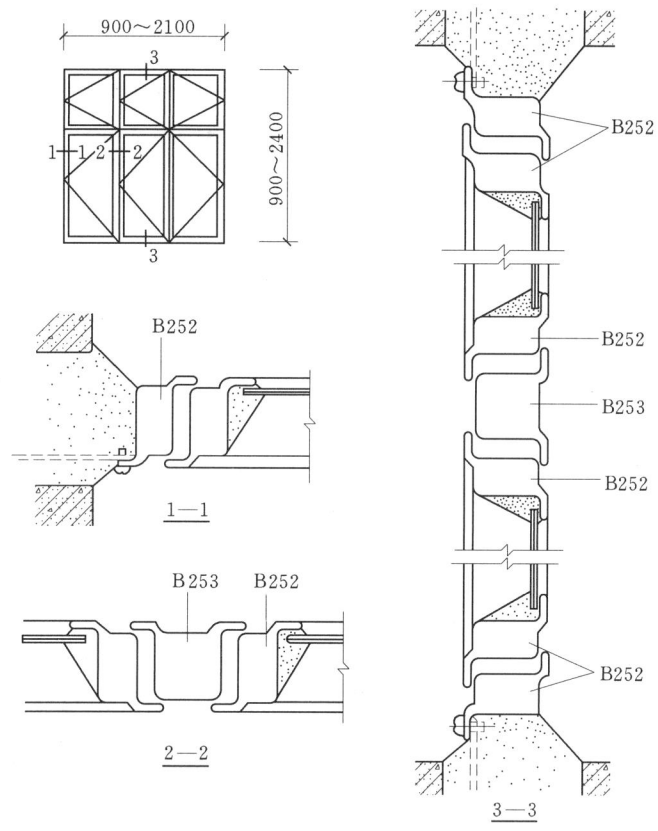

图 10.18 空腹式钢窗构造

基本单元的组合方式有三种,即竖向组合、横向组合和横竖向组合。基本钢窗与拼料间用螺栓牢固连接,并用油灰嵌缝。

2. 铝合金窗

钢窗容易锈蚀,使用中需要经常维修和保护,并且密封性和保温性能较差,而铝合金耐腐蚀,并能加工成各种复杂的断面形状,不仅美观、耐久,而且密封性很好,重量比钢窗减轻 20%,但在目前造价较高,应用受到一定的限制。

铝合金窗的开启方式多采用水平推拉式,为了便于铝合金窗的安装,一般先在窗框外侧用螺钉固定钢质锚固件,安装时与洞口四周墙中的预埋铁件焊接或锚固在一起,玻璃是嵌固在铝合金窗料中的凹槽内,并加密封条。常见推拉式铝合金窗的构造见图 10.19。

10.2.5 塑料窗的构造

塑料窗是采用添加耐候、耐腐蚀等多种添加剂的塑料,经挤压成型的型材组装成的窗。其主要特性是刚性强、耐冲击;耐腐蚀性能好,使用寿命长;隔热性能好;气密性、水密性、隔音性能好;装饰性能好,价格合理;阻燃性好,电绝缘性好等。

塑料窗按其型材尺寸分 50、60、80、90 和 100 系列;各系列的号码为型材断面的名称宽度。窗扇面积越大,所需型材的断面尺寸也越大。按开启方式分为平开窗、推拉窗、

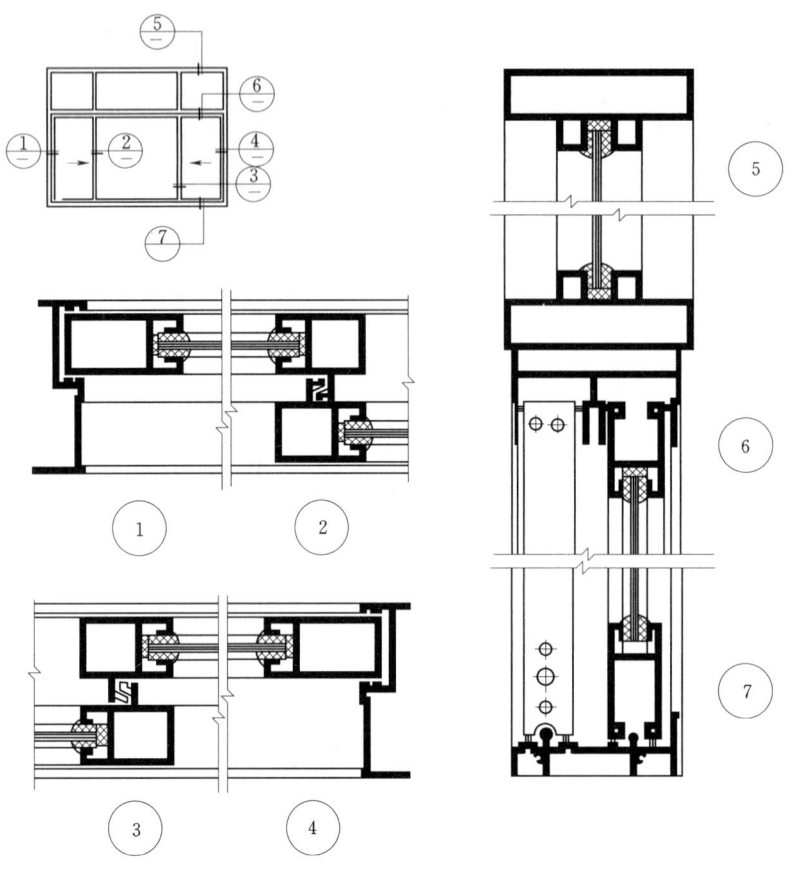

图 10.19 推拉式铝合金窗的构造

旋转窗及固定窗；按窗扇结构方式分为单玻、双玻、三玻、百叶窗和气窗。塑料门窗构造与铝合金门窗相似，玻璃安装示意如图 10.20 所示；塑料窗安装节点如图 10.21 所示。

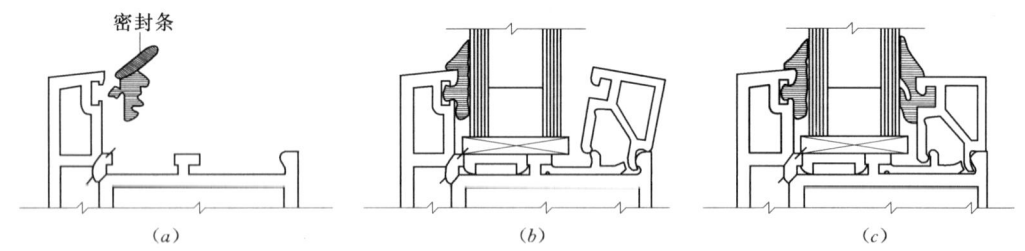

图 10.20 塑料窗玻璃安装示意图
(a) 嵌入密封条；(b) 放中空玻璃；(c) 将嵌入密封条的压玻璃条卡

10.2.6 塑钢窗的构造

塑钢窗是以聚乙烯（PVC）与氯化聚乙烯共混树脂为主体，加上一定比例的添加剂，经挤压加工成型材，在型材内腔中填入增加拉弯作用的钢衬，通过切割、钻孔、熔接等方法，制成窗框，装上五金配件组成。具有耐酸、耐碱、耐腐蚀、防尘、阻燃自熄、强度高、不变形、色调和谐等特点。气密性、水密性比一般同类窗大 2～5 倍。

塑钢窗的开启方式同其他材料窗相同，主要有平开窗、推拉窗（分左右、上下推拉两种）、射窗（射窗的结构与平开窗相似，只是铰链或合页安装的位置不同，安装在顶部）、翻转平开窗（这是德国应用得最广泛的窗型，其技术含量相对较高；它通过转动执手选择门窗的关闭，向内平开及顶部向内上悬，从而达到密封、通风、适量通风及防盗的目的；其五金件多为国外进口，价格相对较高）。

塑钢窗按其使用性能分为"一般型"和"全防腐型"两大类。两者的区别是除其塑料型材本身均具有抗腐蚀性能外，两者所不同的是五金件的材质选择不同。"一般型"塑钢窗所选用的五金件，主要是金属制品，适用于一般工业与民用建筑；"全防腐型"塑钢窗，除紧固件特制外，所有配套的"五金件"均为优质工程塑料制品，适用于有氯、

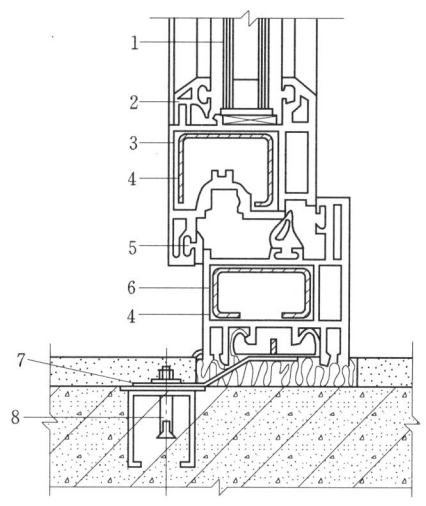

图 10.21　塑料门窗安装节点
1—玻璃；2—玻璃压条；3—内扇；
4—内钢衬；5—密封条；6—外框；
7—地脚；8—膨胀螺栓

氯化氢、硫化氢、二氧化硫等腐蚀性气体作用下的化工、冶金、造纸、纺织等工业建筑，以及沿海盐雾地区的民用建筑。

10.3　遮　　阳

遮阳的作用是为了防止阳光直接射入室内，减少太阳辐射热量进入室内，避免出现局部过热和产生眩光。建筑遮阳设施有简易活动遮阳和固定遮掩板遮阳两种形式。

简易遮阳有篷布遮阳、百叶板遮阳等，其特点是布置灵活、拆除方便和经济，但耐久性较差。固定遮掩板遮阳具有美观、耐久，并可兼挡雨板等特点，但在考虑夏季遮阳的同时，还要注意其对采光和冬季日照的影响。

10.3.1　遮阳板的设置

1. 遮阳板的基本形式

遮阳板的基本形式有水平遮阳、垂直遮阳、综合遮阳和挡板式遮阳，如图 10.22 所示。

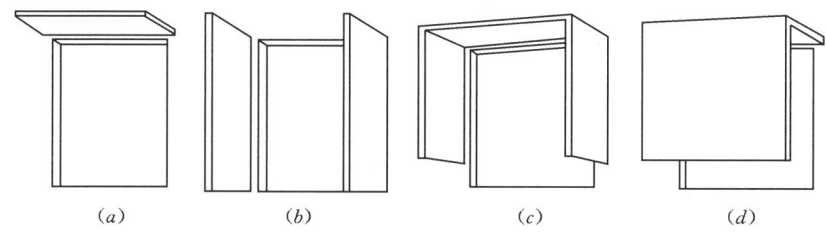

图 10.22　遮阳板的基本形式
(a) 水平遮阳；(b) 垂直遮阳；(c) 综合遮阳；(d) 挡板遮阳

水平遮阳是在窗口上方设置一定宽度的水平方向遮阳板。能够遮挡高度角较大的从窗口上方射下的阳光。适用于南向窗口。遮阳板可以是普通实心平板，也可以是空格板。

垂直遮阳是在窗口两侧设置垂直方向遮阳板，能够遮挡高度角小的、从窗口侧边射进来的阳光。适用于偏东、偏西的南或北向及其附近的窗口。垂直遮阳板可垂直于墙角，也可与墙面形成一定的角度。

综合遮阳是将水平遮阳和垂直遮阳组合应用的遮阳形式，能够遮挡从窗口前上方及左右侧阳光的照射，遮挡效果较好。适用于南、西南、东南及其附近的窗口。

挡板遮阳是在窗口前方一定距离设置于窗口平行方向垂直的挡板，能够遮挡高度角较小的、正射窗口的阳光。适用于东、西向及其附近的窗口。

2. 连续遮阳

连续遮阳是以遮阳的基本形式组合并连续设置，形成良好的立面效果，如图10.23所示。

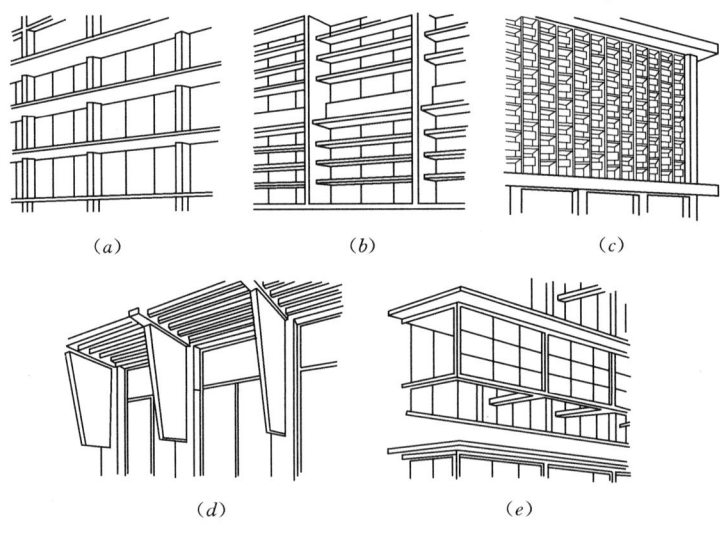

图 10.23 连续遮阳

10.3.2 遮阳板构造要点

固定遮阳板多为钢筋混凝土板，是建筑构件的一部分。遮阳板的构造应注意以下几点：

（1）水平遮阳板的板底应比窗上口提高200mm左右，以减少热空气进入室内。

（2）水平遮阳板可做成空格或百叶板，百叶板格片与太阳光垂直，既能减少板重，又能使热量随气流上升散发。

（3）实心水平遮阳板与墙面交接处，需做防水处理，避免雨水渗入墙内。

（4）设置多层悬挑式水平遮阳板时，应留出窗扇开启所需的空间，保证窗扇的正常开启。

本 章 小 结

门按其开启方式不同，可分为平开门、弹簧门、推拉门、折叠门、转门等。按门所用的材料不同，可分为木门、钢门、铝合金门、塑料门及塑钢门等。按门的功能不同可分为普通门、保温门、隔声门、防火门、防盗门以及其他特殊要求的门等。

依据窗的开启方式不同，可分为固定窗、平开窗、上悬窗、中悬窗、立转窗、水平推拉窗、垂直推拉窗等。按窗所用的材料不同，可分为木窗、钢窗、铝合金窗和塑料窗以及塑钢窗、铝塑窗。按层数不同分为单层窗和多层窗。窗一般由窗框、窗扇和五金零件三部分组成。窗的尺度既要满足采光、通风与日照的需要，又要符合建筑立面设计及建筑模数协调的要求。

遮阳的作用是为了防止阳光直接射入室内，减少太阳辐射热量进入室内，避免出现局部过热和产生眩光。建筑遮阳设施有简易活动遮阳和固定遮掩板遮阳两种形式。简易遮阳有篷布遮阳、百叶板遮阳等，其特点是布置灵活、拆除方便和经济，但耐久性较差。固定遮掩板遮阳具有美观、耐久，并可兼挡雨板等特点，但在考虑夏季遮阳的同时，还要注意其对采光和冬季日照的影响。

习　题

10.1　门和窗在建筑中的作用是什么？门和窗各有哪几种开启方式？各适用于什么情况？

10.2　木门窗框的安装有哪两种方式？各有什么特点？

10.3　叙述铝合金门窗的安装及玻璃的固定方法。

10.4　比较镶板门和夹板门的优缺点。并说明各适用于什么情况。

10.5　遮阳板有哪些设置形式？

第 11 章 楼 地 面

本章学习目标：

通过本章的学习，主要掌握楼地面的构造要求、组成和类型，钢筋混凝土楼板的类型与构造特征，了解楼地面、顶棚的构造做法和细部做法，阳台、雨篷的结构和构造方法。

地坪层是分隔建筑物最底层房间与土壤的水平构件，它承受着作用在上面的各种荷载，并将这些荷载安全地传给地面下面的土层。

楼板层是用来分隔建筑空间的水平承重构件，它沿着竖向将建筑物分成若干个楼层。楼板层将使用荷载连同其自重有效地传递给它的支撑结构，即墙或柱，再由墙或柱传递给基础；楼板层对墙体也起着水平支撑作用；同时它还具有一定的隔声、防火等功能。

楼地层要求具有足够的强度和刚度，以保证在荷载作用下安全和正常使用；正确选择材料和构造做法，满足建筑防火、防水和隔声的要求；在楼板层设计中，合理安排各种设备管线的走向，以满足其灵活敷设的布置要求；同时也应满足经济要求。

阳台和雨篷也是建筑物中的水平构件。阳台是楼板层伸出建筑物外墙以外的部分，主要用于室外活动；雨篷设在建筑物外墙出入口的上方，用来遮挡雨雪。

11.1 地 面

地面也称地坪。一般由面层、垫层和基层组成。对有特殊要求的地层，可在面层与垫层之间增设一附加层，如图 11.1 所示。

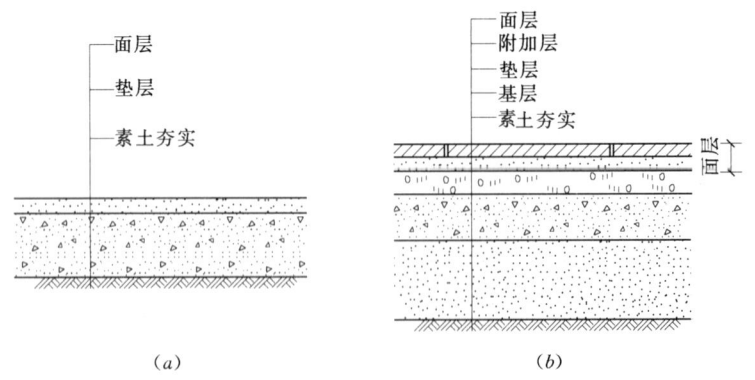

图 11.1 地坪的组成

1. 基层

基层一般为土壤层，是地层的承重层。当土壤条件较好或地层上荷载不大时，一般采用原土夯实或填土分层夯实。当地层上荷载较大或土壤条件较差时，需对土壤进行换土或夯入砾石、碎砖等提高承载能力，如150mm厚2∶8灰土，或100～150mm厚三合土等。

2. 垫层

垫层是地层的结构层，一般起传递荷载和找平作用。通常用C15混凝土、三合土、灰土、碎砖等构成；垫层厚度一般为80～100mm。

3. 面层

面层又称地面，是人、家具、设备等直接接触的部分，起着保护垫层和室内装饰作用。根据使用和装饰要求，面层有多种做法。

4. 附加层

附加层是为满足建筑物某些特殊要求而设置的构造层，如保温层、防水层、防潮层及埋置管线层等。

11.2 钢筋混凝土楼面

11.2.1 楼层的基本组成与分类

1. 楼板层的构造组成

为满足楼板层的各种功能要求，楼板层一般由面层、结构层、附加层和顶棚层等组成。各层所起的作用不同，如图11.2所示，现分述如下：

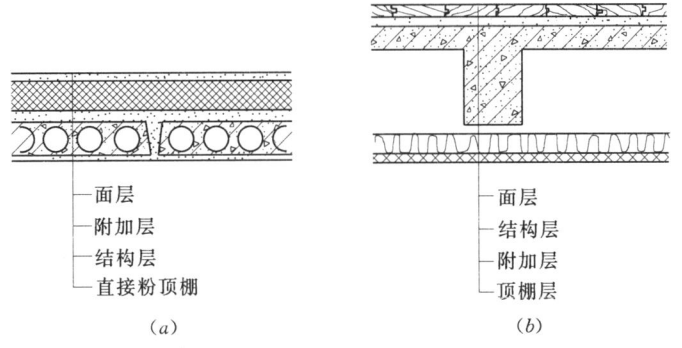

图 11.2 楼板层的组成

（1）面层。又称楼面或地面，是楼板上表面的铺筑层，也是室内空间下部的装修层。对结构层起着保护作用，使结构层免受损坏，同时，也起装饰室内的作用。根据各房间的功能要求不同，有多种不同的做法，详见有关章节内容。

（2）结构层。位于面层和顶棚层之间，是楼板层的承重部分，一般包括板、梁等构件。结构层承受整个楼板层的全部荷载，并对楼板层的隔声、防火等起主要作用。

（3）附加层。通常设置在面层和结构层之间，或结构层和顶棚之间，主要有管线敷设层、隔声层、防水层、保温或隔热层等。管线敷设层是用来敷设水平设备暗管线的构造层；隔声层是为隔绝撞击声而设的构造层；防水层是用来防止水渗透的构造层；保温或隔热层是改善热工性能的构造层。

(4) 顶棚层。是楼板层下表面的构造层,也是室内空间上部的装修层,又称天花或天棚。顶棚的主要功能是保护楼板、安装灯具、装饰室内以及满足室内的特殊使用要求。

2. 楼板的类型

根据楼板结构层所使用的材料不同,常见有以下几种类型,如图 11.3 所示。

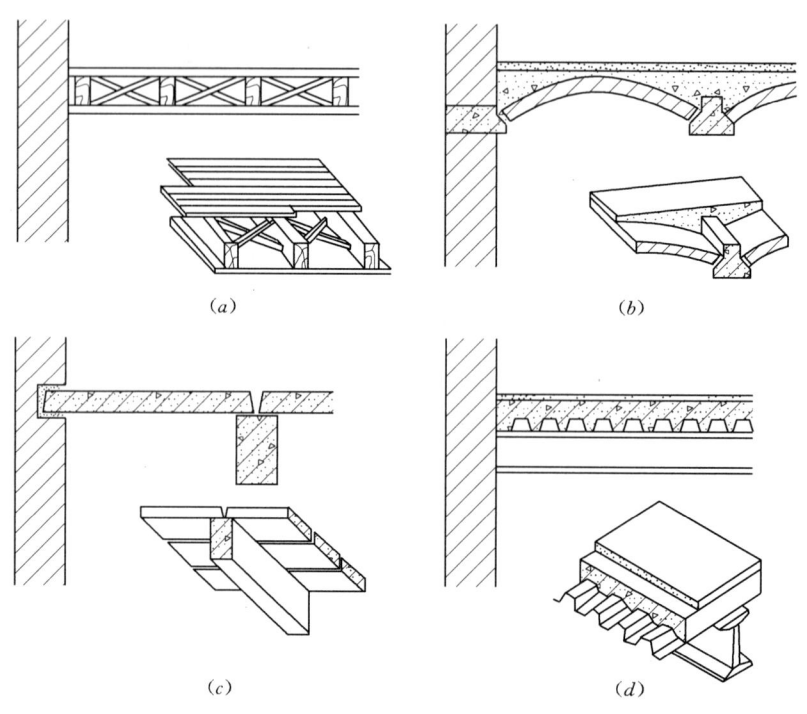

图 11.3 楼板的类型
(a) 木楼板;(b) 砖拱楼板;(c) 钢筋混凝土楼板;(d) 压型钢板组合楼板

(1) 木楼板。是我国传统的做法,采用木梁承重,上做木地板,下做板条抹灰顶棚。具有自重轻、构造简单等优点,但其耐火性、耐久性、防水、隔声能力较差,为节约木材,现在已很少采用。

(2) 砖拱楼板。可以节约钢材、水泥,但自重较大,抗震性能差,而且楼板厚度较大,施工复杂,目前已经很少使用。

(3) 钢筋混凝土楼板。钢筋混凝土楼板强度高,刚度好,有较强的耐久性和防火性能,具有良好的可塑性,并便于工业化生产和机械化施工,是目前我国房屋建筑中采用最广的一种楼板形式。

(4) 钢衬板组合楼板。是在钢筋混凝土基础上发展起来的,这种组合体系是利用凹凸相间的压型薄钢板作衬板与现浇混凝土浇筑在一起而形成的钢衬板组合楼板,既提高了楼板的强度和刚度,又加快了施工进度,近年来在大空间、高层民用建筑和大跨度工业厂房中广泛应用。

11.2.2 钢筋混凝土楼板

钢筋混凝土楼板按施工方式不同,有现浇整体式钢筋混凝土楼板、预制装配式钢筋混凝土楼板和装配整体式钢筋混凝土楼板三种类型。

11.2.2.1 现浇整体式钢筋混凝土楼板

现浇整体式钢筋混凝土楼板是在施工现场经过支模、扎筋、浇注混凝土等施工工序，再养护达一定强度后拆除模板而成型的楼板结构。由于楼板为整体浇注成型，结构的整体性强、刚度好，有利于抗震，但现场湿作业量大，施工速度较慢，工期较长，主要适用于平面布置不规则，尺寸不符合模数要求或管道穿越较多的楼面，以及对整体刚度要求较高的高层建筑。但随着高层建筑的日益增多，以及施工技术的不断革新和工具式钢模板的发展，现浇钢筋混凝土楼板的应用逐渐增多。

现浇钢筋混凝土楼板按其结构类型不同，可分为板式楼板、梁板式楼板、井式楼板、无梁楼板等，此外，还有压型钢板混凝土组合楼板。

1. 板式楼板

将楼板现浇成一块平板，并直接支承在墙上，这种楼板称为板式楼板。板式楼板底面平整，便于支模施工，是最简单的一种形式，适用于平面尺寸较小的房间（如住宅中的厨房、卫生间等）以及公共建筑的走廊。

楼板按其受力特点和支撑情况分为单向板和双向板。当板的长边尺寸 l_2 与短边尺寸 l_1 之比 $l_2/l_1 > 2$ 时，在荷载作用下，楼板基本上只在 l_1 方向上挠曲变形，而在 l_2 方向上的挠曲很小，这表明荷载基本沿 l_1 方向传递，称为单向板，如图 11.4（a）所示；当 $l_2/l_1 \leq 2$ 时，楼板在两个方向都挠曲，即荷载沿两个方向传递，称为双向板，如图 11.4（b）所示。

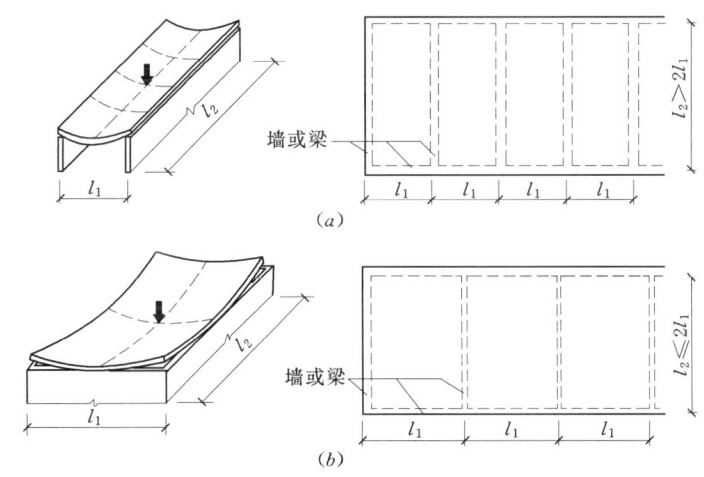

图 11.4 楼板的传力方式
(a) 单向板；(b) 双向板

2. 梁板式楼板

当房间的跨度较大时，若仍采用板式楼板，会因板跨较大而增加板厚。这不仅使材料用量增多，板的自重加大，而且使板的自重在楼板荷载中所占的比重增加。为了使楼板结构的受力和传力更为合理，应采取措施控制板的跨度，通常可在板下设梁来增加板的支点，从而减小板跨。这时，楼板上的荷载先由板传给梁，再由梁传给墙或柱。这种由板和梁组成的楼板称为梁板式楼板，如图 11.5 所示。

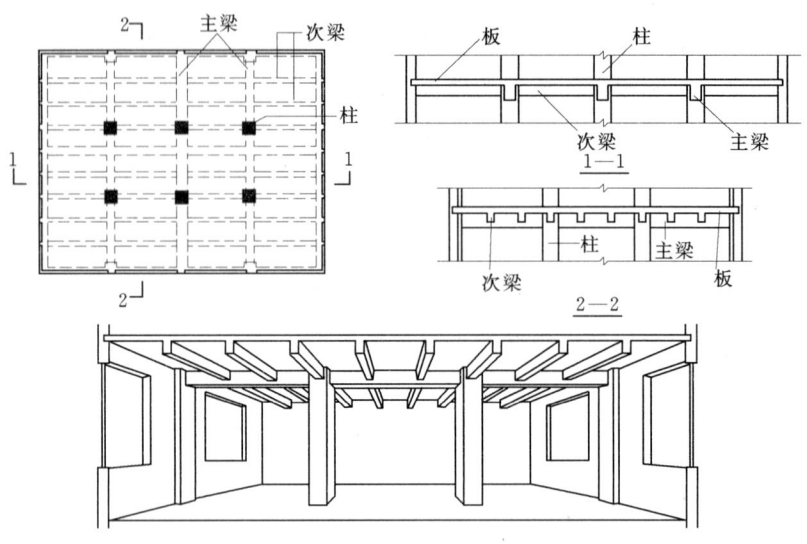

图 11.5 梁板式楼板

梁板式楼板通常在纵横两个方向都设置梁，有主梁和次梁之分。主梁和次梁的布置应整齐有规律，并应考虑建筑物的使用要求、房间的大小形状以及荷载作用情况等。一般主梁沿房间短跨方向布置，次梁则垂直于主梁布置。对短向跨度不大的房间，可只沿房间短跨方向布置一种梁即可。在设有重质隔墙或承重墙的楼板下部也应布置梁。另外，梁的布置还应考虑经济合理性，一般主梁的经济跨度为 5～8m，主梁的高度一般为跨度的 1/14～1/8，主梁的宽度为高度的 1/3～1/2；主梁的间距即是次梁的跨度，一般为 4～6m，次梁的高度一般为跨度的 1/18～1/12，次梁的宽度为高度的 1/3～1/2。次梁的间距即板的跨度，一般为 1.7～2.7m，板的厚度一般为 60～80mm。

3. 井式楼板

对平面尺寸较大且平面形状为方形或近于方形的房间或门厅，可将两个方向的梁等间距布置，并采用相同的梁高，形成井字形梁，无主梁和次梁之分，这种楼板称为井字梁式楼板或井式楼板（见图 11.6），它是梁式楼板的一种特殊布置形式。井式楼板的梁通常采用正交正放或正交斜放的布置方式，由于布置规整，故具有较好的装饰性，一般多用于公共建筑的门厅或大厅。

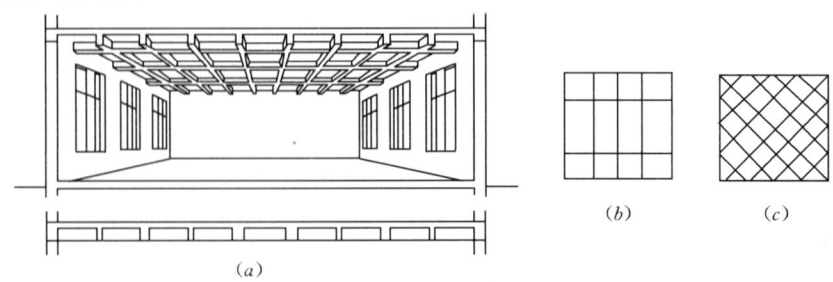

图 11.6 井式楼板
(a) 示意；(b) 正交正放梁格；(c) 正交斜放梁格

4. 无梁楼板

对平面尺寸较大的房间或门厅，也可以不设梁，直接将板支承于柱上，这种楼板称为无梁楼板（见图11.7）。无梁楼板分为无柱帽和有柱帽两种类型，当荷载较大时，为避免楼板太厚，应采用有柱帽无梁楼板，以增加板在柱上的支承面积。当楼面荷载较小时，可采用无柱帽楼板。无梁楼板的柱网应尽量按方形网格布置，跨度在6m左右较为经济，板的最小厚度通常为150mm，且不小于板跨的1/35～1/32。这种楼板多用于楼面荷载较大的展览馆、商店、仓库等建筑。

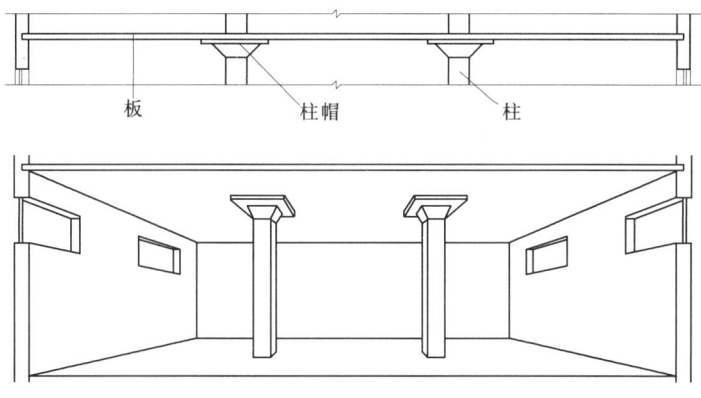

图11.7 无梁楼板

5. 压型钢板混凝土组合楼板

此种楼板是利用凹凸相间的压型薄钢板做衬板与现浇混凝土浇筑在一起支承在钢梁上构成整体型楼板，又称钢衬板组合楼板。压型钢板混凝土组合楼板主要由楼面层、组合板和钢梁三部分组成。组合板包括混凝土和钢衬板，此外还可根据需要设吊顶棚（见图11.8）。组合楼板的经济跨度为2～3m之间。

压型钢板混凝土组合楼板，以压型钢板作衬板来现浇混凝土，使压型钢板和混凝土浇筑在一起共同作用。压型钢板用来承受楼板下部的拉应力，同时也是浇筑混凝土的永久性模板，此外，还可利用压型钢板的空隙敷设管线。这种楼板不仅具有钢筋混凝土楼板的强度高、刚度大和耐久性好等优点，而且比钢筋混凝土楼板自重轻，施工速度快，承载能力更好，适用于大空间建筑和高层建筑，在国际上已普遍采用。但其耐火性和耐锈蚀的性能不如钢筋混凝土楼板，且用钢量大，造价较高，在国内目前采用较少。

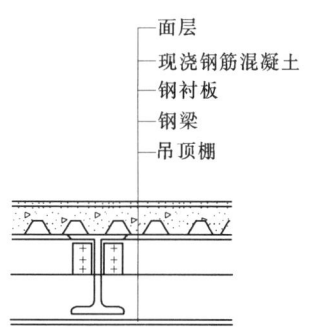

图11.8 压型钢板组合楼板的组成

压型钢板混凝土组合楼板构造形式较多，根据压型钢板形式的不同有单层钢衬板组合楼板和双层钢衬板组合楼板之分。单层钢衬板组合楼板构造见图11.9。双层压型钢板通常是由两层截面相同的压型钢板组合而成，也可由一层压型钢板和一层平钢板组成。采用双层压型钢板的楼板承载能力更好，两层钢板之间形成的空腔便于设备管线敷设，见图11.10。

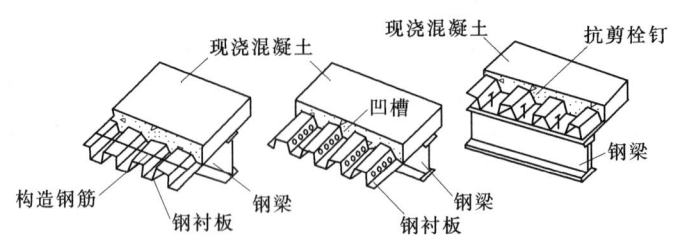

图 11.9 单层钢衬板组合楼板

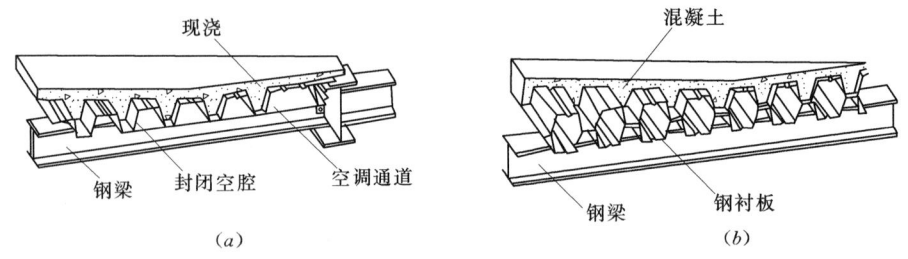

图 11.10 双层压型钢板楼板

11.2.2.2 预制装配式钢筋混凝土楼板

预制装配式钢筋混凝土楼板是指在构件预制厂或施工现场外预先制作，然后再运到施工现场装配而成的钢筋混凝土楼板。这种楼板可节省模板，改善劳动条件，提高劳动生产率，加快施工进度，缩短工期，而且提高了施工机械化的水平，有利于建筑工业化的推广；但楼板的整体性较差。

预制装配式钢筋混凝土楼板按板的应力状况可分为预应力和非预应力两种。预应力构件与非预应力构件相比，可推迟裂缝的出现和限制裂缝的开展，并且节省钢材 30%～50%，节约混凝土 10%～30%，可以减轻自重，降低造价。

常用的预制装配式钢筋混凝土楼板类型有实心平板、槽形板、空心板三种。

1. 实心平板

预制实心平板跨度较小，上下表面平整，制作简单，隔声效果较差，一般用于跨度较小的房间或走廊。实心平板的两端支承在墙或梁上，其跨度一般不超过 2.4m，板宽多为 500～900mm，板厚可取跨度的 1/30，常用 60～80mm，如图 11.11 所示。

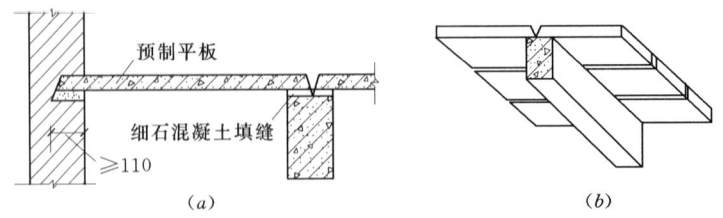

图 11.11 实心平板

2. 槽形板

槽形板是一种梁板合一的构件。肋设于板的两侧，相当于小梁，以承受板的荷载，为便于搁置和提高板的刚度,在板的两端常设端肋封闭,跨度较大的板,为提高刚度,还应在板的中部增设横肋。槽形板有预应力和非预应力两种。

由于楼面的荷载主要由板两侧的肋来承担,故槽形板的厚度较小,而跨度可以较大,特别是预应力板,一般槽形板的板厚约为 25~30mm,肋高为 150~300mm,板宽为 500~1200mm,板跨为 3~6m。槽形板的搁置方式有两种:一种是正置,即肋向下搁置,这种搁置方式,板的受力合理,但板底不平,有碍观瞻,也不利于室内采光,通常需要设吊顶棚来解决美观和隔声等问题,也可直接用于观瞻要求不高的房间,如图 11.12(a)所示;另一种是倒置,即肋向上搁置,这种搁置方式可使板底平整,但板受力不甚合理,材料用量稍多,且常需另做面板。为提高板的隔声能力,可在槽内填充隔声材料,如图 11.12(b)所示。

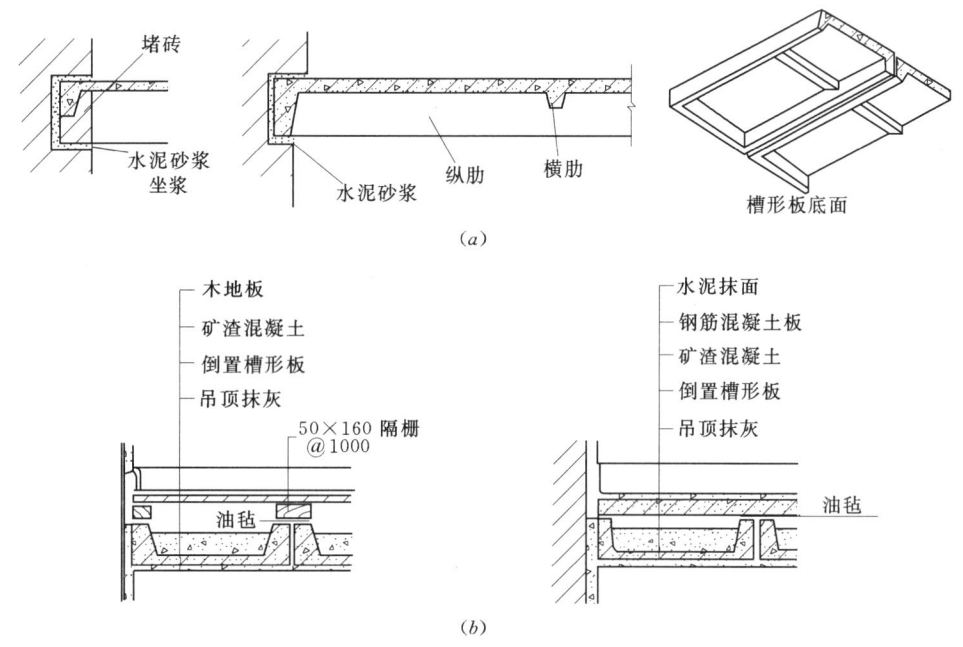

图 11.12 槽形板
(a)正置槽形板;(b)倒置槽形板

3. 空心板

钢筋混凝土楼板属受弯构件,楼面荷载作用后,板截面上部受压、下部受拉,中和轴附近应力较小,为节省混凝土、减轻楼板自重,将楼板中部沿纵向抽孔而形成空心板。孔的断面形式有圆形、方形和长方形等,由于圆形孔制作时抽芯脱模方便且刚度好,故应用最普遍。空心板有预应力和非预应力之分,一般多采用预应力空心板。

空心板上下表面平整,隔声效果较实心平板和槽形板好,是预制板中应用最广泛的一种类型。但空心板上不能任意开洞,故不宜用于管道穿越较多的房间。空心板的厚度一般为 110~240mm,视板的跨度而定,宽度为 500~1200mm,跨度为 2.4~7.2m,较为经济的跨度为 2.4~4.2m,如图 11.13 所示。

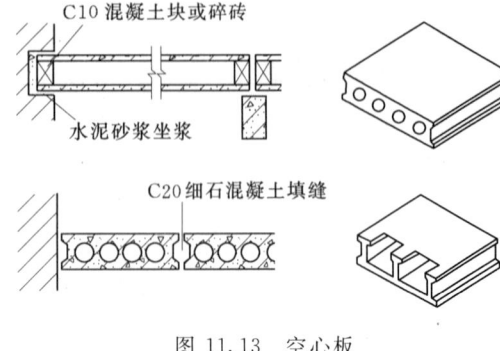

图 11.13 空心板

预制装配式钢筋混凝土楼板的结构布置与细部构造如下所述。

（1）板的布置。板的结构布置应综合考虑房间的开间与进深尺寸，合理选择板的布置方式。板的布置方式有两种：一种是预制楼板直接搁置在承重墙上，形成板式结构布置；另一种是预制楼板搁置在梁上，梁支承于墙或柱上，形成梁式结构布置。前者多用于横墙较密的住宅、宿舍、旅馆等建筑，后者多用于教学楼、实验楼、办公楼等较大空间的建筑物，如图 11.14 所示。

在进行板的布置时，一般要求板的规格、类型愈少愈好，如果板的规格过多，不仅给板的制作增加麻烦，而且施工也较复杂，甚至容易搞错。为不改变板的受力状况，在板的布置时应避免出现三边支承的情况，如图 11.15 所示。

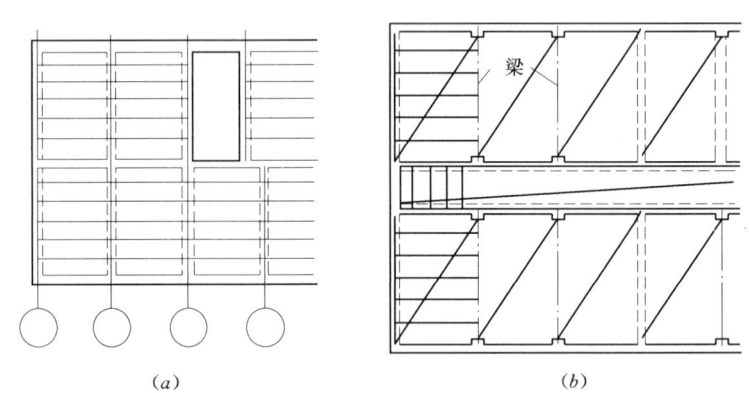

图 11.14 板的结构布置
（a）板式结构布置；（b）梁板式结构布置

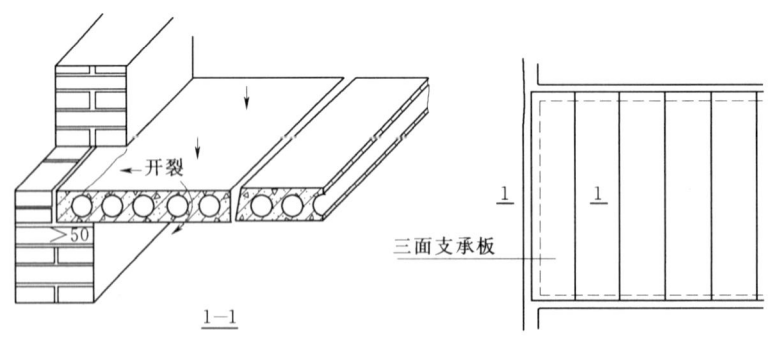

图 11.15 三边支承的板

（2）板的细部构造：

1）板的搁置要求。当板在墙上搁置时，必须有足够的搁置长度，一般不宜小于

100mm。为使板与墙有较好的连接,在板安装时,应先在墙上铺设水泥砂浆即坐浆,厚度不小于10mm,板端缝内须用细石混凝土或水泥砂浆灌实。若采用空心板,在板安装前,应在板的两端用砖块或混凝土堵孔,以防板端在搁置处被压坏,同时,也可避免板缝灌浆时细石混凝土流入孔内。

板在梁上的搁置方式有两种:一种是搁置在梁的顶面,如矩形梁[见图11.16(a)];另一种是搁置在梁出挑的翼缘上,如花篮梁[见图11.16(b)]、十字梁[见图11.16(c)]。后一种搁置方式,板的上表面与梁的顶面相平齐,若梁高不变,楼板结构所占的高度就比前一种搁置方式小一个板厚,使室内的净空高度增加。但应注意板的跨度并非梁的中心距,而是减去梁顶面宽度之后的尺寸。板搁置在梁上的构造要求和做法与搁置在墙上时基本相同,只是板在梁上的搁置长度应不小于60mm。

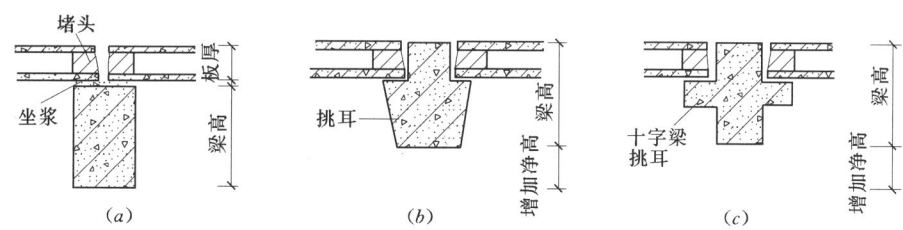

图 11.16 板在梁上的搁置
(a) 板搁在矩形梁顶上;(b) 板搁在花篮梁牛腿上;(c) 板搁在十字梁挑耳上

为了增加建筑物的整体刚度,可用钢筋将板与墙、板与板或板与梁之间进行拉结,拉结钢筋的配置视建筑物对整体刚度的要求及抗震要求而定,图11.17为板的拉结构造示意。

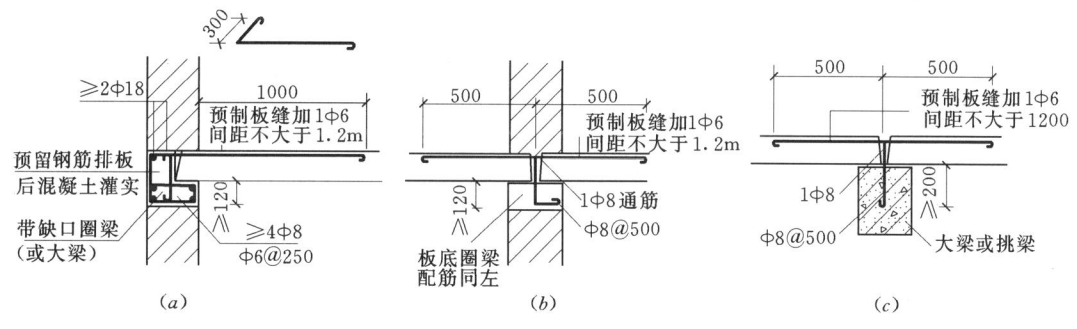

图 11.17 板的锚固筋配置
(a) 预制板端搁置在外墙上;(b) 预制板端搁置在内墙上;(c) 预制板与大梁拉结

2) 板缝处理。板的接缝有端缝和侧缝之分。端缝的处理一般是用细石混凝土灌缝,使之相互连接,为了增强建筑物的整体性和抗震性能,可将板端外露的钢筋交错搭接在一起,或加钢筋网片,并用细石混凝土灌实。板的侧缝起着协调板与板之间共同工作的作用,为了加强楼板的整体性,侧缝内应用细石混凝土灌实。板的侧缝一般有V形缝、U形缝和凹槽缝三种形式,V形缝和U形缝便于灌缝,多在板较薄时采用，凹槽缝连接牢固，楼板整体性好，相邻的板之间共同工作的效果较好，如图 11.18 所示。

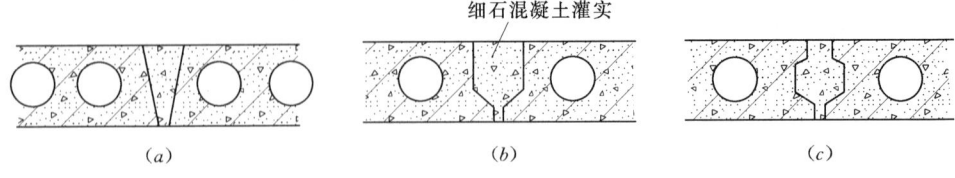

图 11.18 侧缝接缝形式
(a) V 形缝；(b) U 形缝；(c) 凹槽缝

在布置房间楼板时，板宽方向的尺寸（即板的宽度之和）与房间的平面尺寸之间可能会出现差额，即不足以排开一块板的缝隙。可根据不同情况采取相应的措施来解决：当剩余缝隙较小时，可调整板缝的宽度，即将各板缝的宽度适当加大，调整后的板缝宽度宜小于 50mm。当板缝宽度大于或等于 50mm 时，应在灌缝的混凝土中配置钢筋；当缝隙为 120~200mm 之间，且在靠墙处有管道穿过时，可用局部现浇钢筋混凝土板带的办法补缝。当缝隙大于 200mm 时，需重新调整板的规格。

3) 楼板与隔墙。在楼板上需设置隔墙时，宜采用轻质隔墙，由于自重轻，可搁置于楼板的任一位置。若为自重较大的隔墙，如砖隔墙、砌块隔墙等，则应避免将隔墙搁置在一块板上。当隔墙与板跨平行时，通常将隔墙设置在两块板的接缝处：采用槽形板的楼板，隔墙可直接搁置在板的纵肋上，见图 11.19 (a)；若采用空心板，须在隔墙下的板缝处设现浇钢筋混凝土板带或梁来支承隔墙，见图 11.19 (b)、(c)。当隔墙与板跨垂直时，应通过结构计算选择合适的预制板型号，并在板面加配构造钢筋，见图 11.19 (d)。

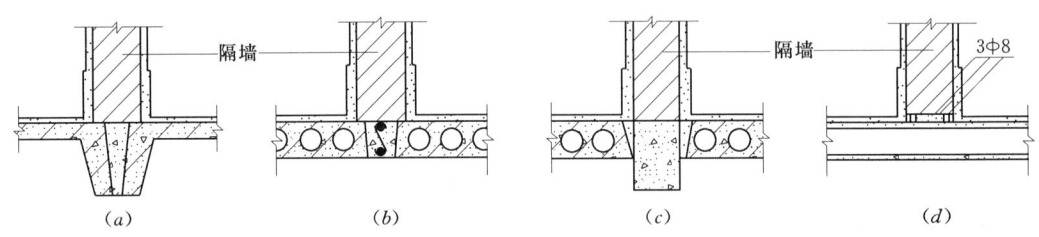

图 11.19 楼板上布置隔墙的构造

11.2.2.3 装配整体式钢筋混凝土楼板

装配整体式钢筋混凝土楼板是先将楼板中的部分构件预制，现场安装后，再浇筑混凝土面层而形成的整体楼板。这种楼板的整体性较好，又可节省模板，施工速度也较快，集中了现浇和预制钢筋混凝土楼板的双重优点。

叠合楼板。是由预制板和现浇钢筋混凝土层叠合而成的装配整体式楼板。预制板既是楼板结构的组成部分之一，又是现浇钢筋混凝土叠合层的永久性模板，现浇叠合层内可敷设水平设备管线。叠合楼板整体性好，刚度大，可节省模板，而且板的上下表面平整，便于饰面层装修，适用于对整体刚度要求较高的高层建筑和大开间建筑。

11.2 钢筋混凝土楼面

叠合楼板的预制板部分,通常采用预应力或非预应力薄板,板的跨度一般为4～6m,预应力薄板最大可达9m,板的宽度一般为1.1～1.8m,板厚通常为50～70mm。叠合楼板的总厚度一般为150～250mm。为使预制薄板与现浇叠合层牢固地结合在一起,可将预制薄板的板面做适当处理,如板面刻槽、板面露出结合钢筋等,如图11.20所示。叠合楼板的预制板部分,也可采用钢筋混凝土空心板,现浇叠合层的厚度较薄,一般为30～50mm,如图11.20(c)所示。

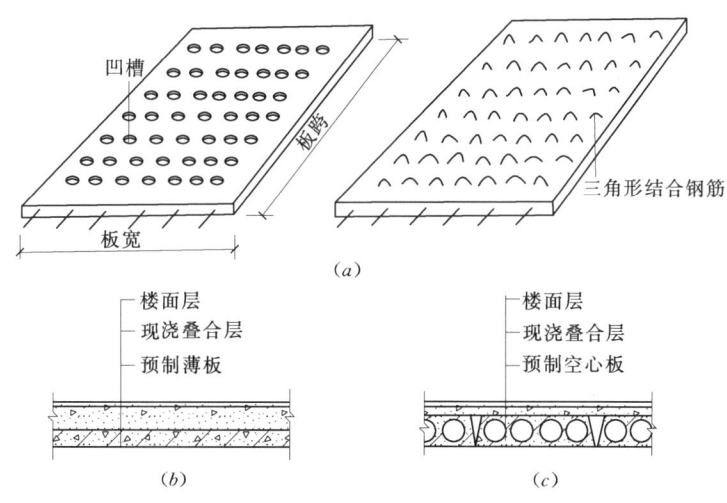

图 11.20 叠合楼板
(a)预制薄板的板面处理;(b)预制薄板叠合楼板;(c)预制空心板叠合楼板

密肋填充块楼板。是采用间距较小的密肋小梁做承重构件,小梁之间用轻质砌块填充,并在上面整浇面层而形成的楼板。

密肋小梁有现浇和预制两种。现浇密肋填充块楼板是以陶土空心砖、矿渣混凝土空心块等作为肋间填充块来现浇密肋和面板而成,填充块与肋和面板相接触的部位带有凹槽,用来与现浇的肋、板咬接,加强楼板的整体性;肋的间距一般为300～600mm,面板的厚度一般为40～50mm,见图11.21(a)。预制小梁填充块楼板的小梁采用预制倒T形断面混凝土梁,在小梁之间填充陶土空心砖、矿渣混凝土空心块、煤渣空心砖等填充块,上面现浇混凝土面层而成,见图11.21(b)。

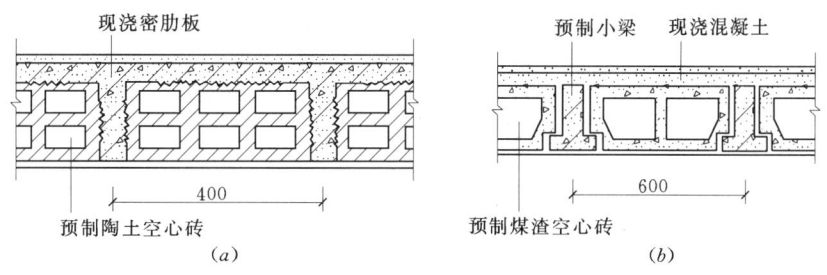

图 11.21 密肋填充块楼板
(a)现浇密肋填充块楼板;(b)预制小梁填充块楼板

11.3 楼地面构造

楼面、地面分别为楼层与地层的面层，是日常生活、工作和生产时必须接触的部分。它们的构造要求和做法基本相同，对室内装修而言，又统称为地面。地面的构造要求体现在以下几个方面：

（1）要有足够的强度和刚度，保证在各种外力作用下不易磨损，且表面平整光洁、易清扫、不起灰。

（2）具有良好的吸声、消声和隔声能力，能有效地控制室内噪声，满足不同功能房间的要求，如办公室、图书阅览室、居室等。

（3）满足保温要求，使人行走时感到温暖舒适，不易疲劳。

（4）对有水的房间，地面应做好防水、防潮；对实验室等有酸碱作用的房间，地面具有耐腐蚀能力；在某些房间内，地面还要有较高耐火性能。

（5）地面是建筑物空间的重要组成部分，应满足室内装饰的美观要求。

地面按材料和构造做法有整体浇筑地面、板块地面、卷材地面、涂料地面等形式。

11.3.1 整体浇筑地面

整体浇筑地面是指在现场用浇筑的方法做成的整片地面。常见的有水泥砂浆地面、细石混凝土地面和水磨石地面。

1. 水泥砂浆地面

水泥砂浆地面又称水泥地面，它构造简单、坚固耐磨、防水性能好、造价低廉，但易结露、起灰、热传导性能高、无弹性。常见的有普通水泥地面、干硬性水泥地面、防滑水泥地面、磨光水泥地面和彩色水泥地面等。

水泥砂浆地面有单层做法和双层做法。单层做法为 15～20mm 厚 1∶2～1∶2.5 水泥砂浆抹光压平。双层做法是先以 15～20mm 厚 1∶3 水泥砂浆打底找平，再用 5～10mm 厚 1∶1.5～1∶2 水泥砂浆抹面，如图 11.22 所示。双层抹面可以提高地面的耐磨性能，避免水泥砂浆的干缩裂缝。

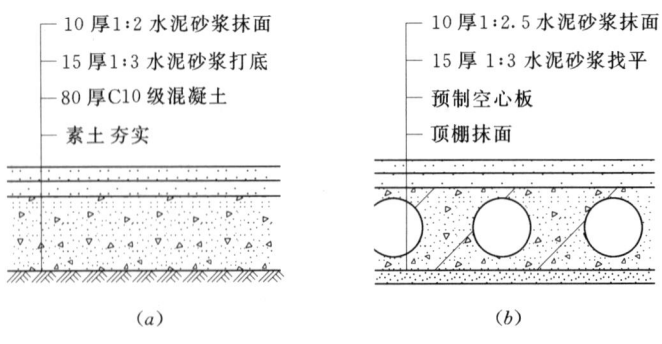

图 11.22 水泥砂浆地面
(a) 底层地面；(b) 楼板层地面

2. 细石混凝土地面

细石混凝土地面是浇筑 30～40mm 厚 C20 细石混凝土层,在混凝土初凝时用铁滚压出浆水抹平,终凝前用铁板压光直接形成的地面。细石混凝土地面刚性好,强度高,不易起尘。为增加地面的整体性和抗震性能,可在细石混凝土中加配直径为 4mm 间距 200 的钢筋网片。

3. 水磨石地面

水磨石地面是将天然石料的石屑用水泥砂浆拌和在一起,浇筑抹平结硬后再磨光、打蜡而成的地面。水磨石地面质地坚硬、耐磨、表面光洁美观。水磨石地面为分层构造,先在结构层上用 15～20mm 厚 1:3 水泥砂浆打底找平,面层铺 1:1.5～1:2.5 的水泥石屑浆,厚度为 10～15mm,底层和面层之间刷素水泥浆结合层。

为防止地面变形引起面层开裂,便于施工和维修,水磨石地面应设分隔条,如图 11.23 所示。分隔条有玻璃条和铝、铜等金属条,分隔条的高度与水磨石面层的厚度相同。分隔条在浇筑面层之前用 1:1 水泥砂浆固定。水泥砂浆应形成八字角,高应比分隔条高度低 3mm。

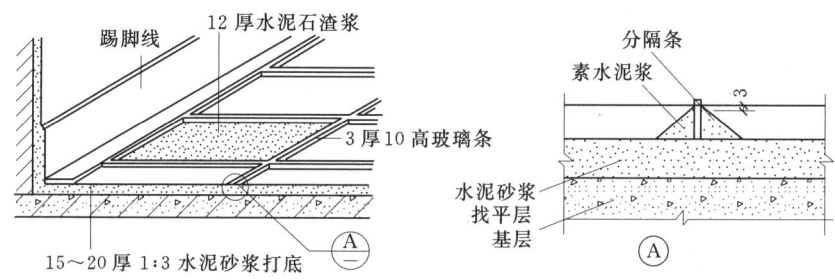

图 11.23 水磨石地面

11.3.2 板块地面

板块地面是利用各种预制块材或板材镶铺在基层上的地面。按材料分有陶瓷板块地面、石板地面、木地面。

1. 陶瓷板块地面

用于地面的陶瓷板块有缸砖、釉面砖、无釉防滑地砖、抛光同质地砖和陶瓷锦砖等类型。这类地面具有表面光洁、质地坚硬、耐压耐磨、抗风化、耐酸碱等特点。常用陶瓷地面砖的性能及适用场合,见表 11.1。

表 11.1　　　　　　　陶瓷地面砖的性能及适用场合

品　种	性　　能	适　用　场　合
彩釉砖	吸水率不大于 10%,炻器材质,强度高,化学稳定性、热稳定性好,抗折强度不小于 20MPa	室内地面铺贴,以及室内外墙面装饰
釉面砖	吸水率不大于 22%,精陶材质,釉面光滑,化学稳定性良好,抗折强度不小于 17MPa	多用于厨房、卫生间
仿石砖	吸水率不大于 5%,质地酷似天然花岗岩,外观似花岗岩粗磨板或剁斧板。具有吸声、防滑和特别装饰功能,抗折强度不低于 25MPa	室内地面及外墙装饰,庭院小径地面铺贴及广场地面

续表

品 种	性 能	适 用 场 合
仿花岗岩抛光地砖	吸水率不大于1%,质地酷似天然花岗岩,外观似花岗岩抛光板,抗折强度不低于27MPa	适用于宾馆、饭店、剧院、商业大厦、娱乐场所等室内大厅走廊的地面、墙面
瓷质砖	吸水率不大于2%,烧结程度高,耐酸耐碱,耐磨度高,抗折强度不小于25MPa	特别适用人流量大的地面、楼梯踏步的铺贴
劈开砖	吸水率不大于8%,表面不挂釉的,其风格粗犷,耐磨性好;有釉面的则花色丰富,抗折强度大于18MPa	室内外地面、墙面铺贴,釉面劈开砖不宜用于室外地面
缸地砖	吸水率不大于8%,具有一定吸湿防潮性	适宜地面铺贴

陶瓷板块地面的铺贴是在结构层找平的基础上,用5～10mm厚1∶1水泥砂浆粘贴,必要时在砖块间留有一定宽度的灰缝,如图11.24所示。

2. 石板地面

石板地面包括天然石板地面和人造石板地面。

天然石板地面有花岗岩地面和大理石地面,它们具有很高的抗压性能、耐磨、色彩艳丽,属高档地面装饰材料。天然石板地面的尺寸较大,铺设时需预先试铺,合适后再正式粘贴,粘贴表面的平整度要求较高。一般是用30mm厚1∶3～1∶4干硬性水泥砂浆结合层粘结,板缝用稀水泥砂浆擦缝,如图11.25所示。

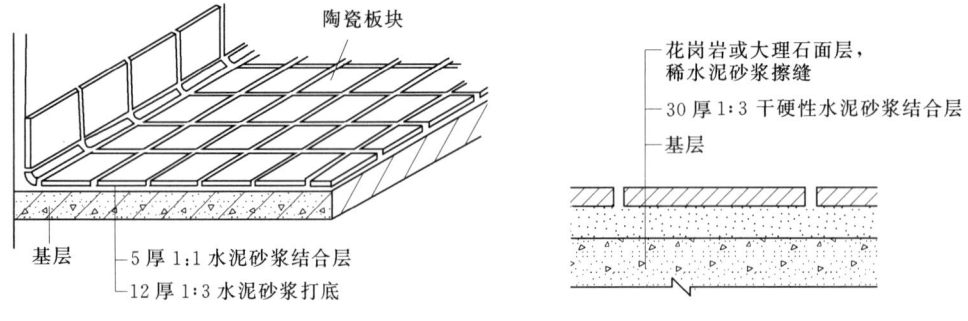

图 11.24　陶瓷板块地面　　　　图 11.25　天然石板地面

人造石板有人造大理石板、预制水磨石板等,其构造做法与天然石板地面基本相同。

3. 木地面

木地面是由木板粘贴或铺钉形成面层的地面。木地面具有良好的弹性、耐磨、不起尘、易清扫等特点。木地面按面层的形式分为普通木地板、硬木条地板和拼花木地板等。为增加木地板的整体性,并避免木材变形引起的裂缝,木地板块之间需做拼缝处理。常用的拼缝形式如图11.26所示。

拼花木地板是用小块木条按一定规则拼接而成的一种硬木地板。小块木条可以现场拼装也可以在工厂预制成200mm×200mm～400mm×400mm的板块,然后运到工地粘贴或铺钉。拼花形式根据设计图案确定,如图11.27所示。

木地面按构造方式有粘贴式木地面、实铺式木地面和空铺式木地面。

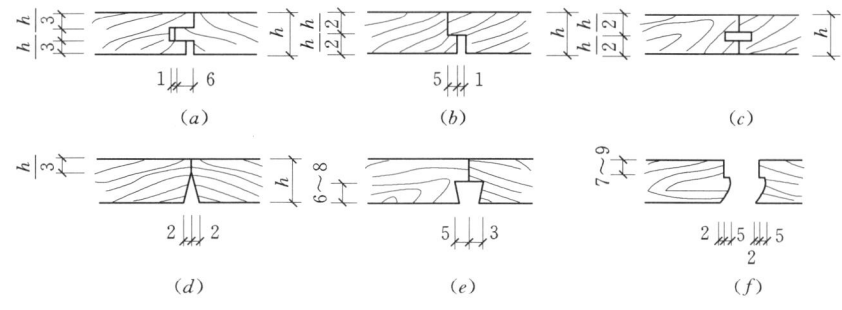

图 11.26 木地面拼缝形式
(a)、(f) 企口；(b) 错口；(c) 销板；(d) 平口；(e) 裁口

图 11.27 硬木地板拼花示例

（1）粘贴式木地面。它是在基层上做好找平层，然后用环氧树脂、乳胶或热沥青等粘结材料将木板直接粘贴上制成的，如图 11.28 所示。为了防潮，可在找平层上涂热沥青一道或 20～30mm 厚沥青砂浆层。粘贴式木地面省去隔栅，具有防水耐蚀、施工方便、造价经济等特点。

（2）实铺式木地面。它是在混凝土垫层或钢筋混凝土结构层上每隔 400mm 铺设 50mm×60mm 的木隔栅，将木地板铺钉在隔栅上。地层地面为了防潮，需在基层和木隔栅的侧面、底面刷涂冷底子油和热沥青各一道。为保证潮气散发，还应在踢脚板上设置通风口。实铺式木地面有单层实铺式木地面和双层实铺式木地面，如图 11.29 所示。

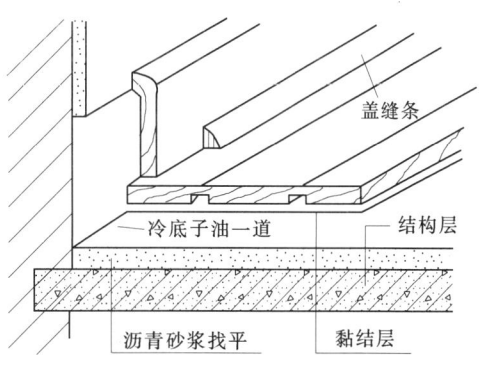

图 11.28 粘贴式木地面

（3）空铺式木地面。也称为架空式木地面，多用于底层地面。其做法是先砌筑地垄墙或砖墩，在其上搁置木隔栅，再做面层。隔栅与砖砌体之间应设垫木，垫木满涂沥青防腐。为增加整个地面的刚度，可根据需要在木隔栅间增设剪刀撑。为防止土壤中潮气和杂草生长，地垄间夯填 100mm 厚的灰土，空铺木地面应在勒脚和地垄墙上留出通风口，如图 11.30 所示。

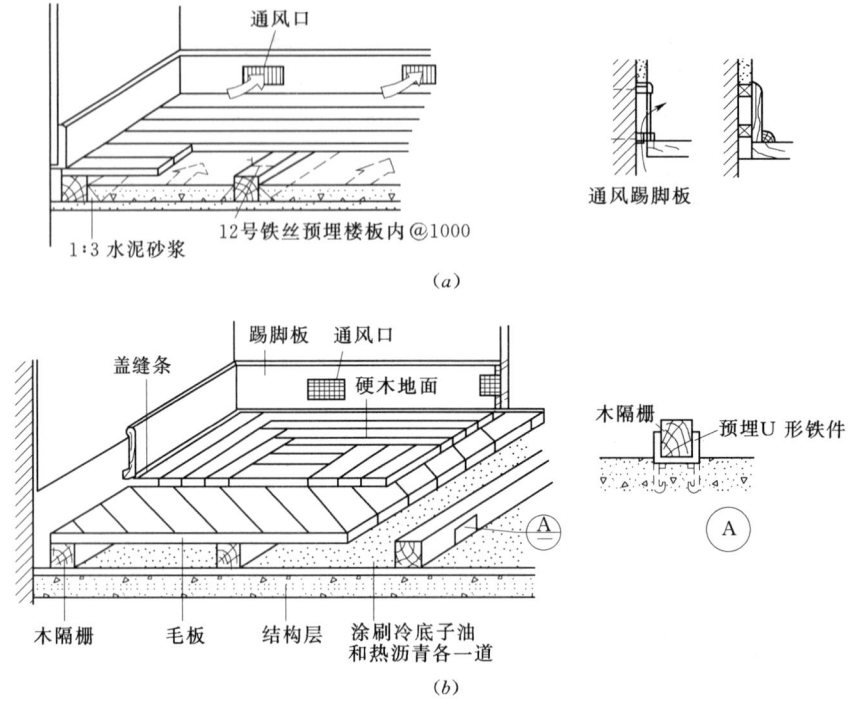

图 11.29 实铺式木地面
（a）单层木地板；（b）双层木地板

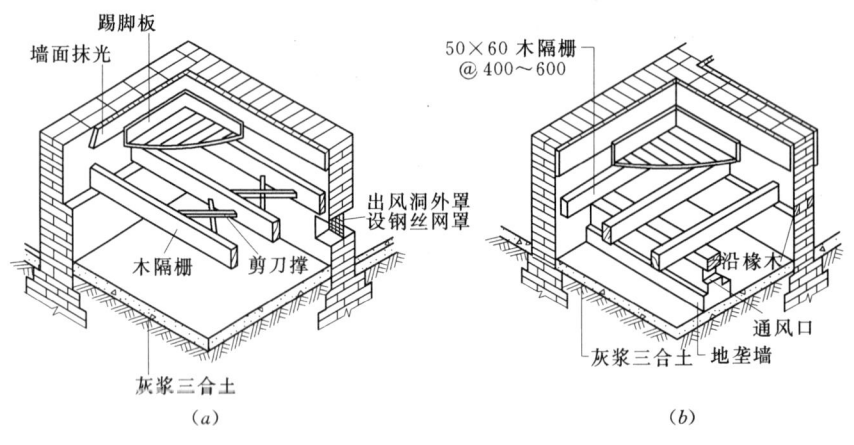

图 11.30 空铺式木地面

11.3.3 卷材地面

常见的卷材地面有塑料地板地面、橡胶地毡地面和地毯地面等。

1. 塑料地板地面

塑料地板地面是用聚氯乙烯树脂塑料地板为饰面材料铺设的楼地面。塑料地板地面具有美观、耐磨、消音、柔韧性强、保暖、易清洗和有一定弹性等特点。

塑料地板按成品形状有卷材和块材；按厚度有薄地板和厚地板。

11.3 楼地面构造

塑料地板铺贴前一般要求地面干燥，基层表面平整、坚硬结实、不空鼓、不起砂。塑料地板可以用黏结剂与基层粘贴牢固，也可以用拼焊法将塑料地面接成整张地毡，不用黏结剂空铺于找平层上，四周与墙身留有伸缩缝，以防地毡热胀拱起。塑料地面的拼焊是将拼接边切成斜口，用三角形塑料焊条和电热焊枪进行焊接，如图 11.31 所示。

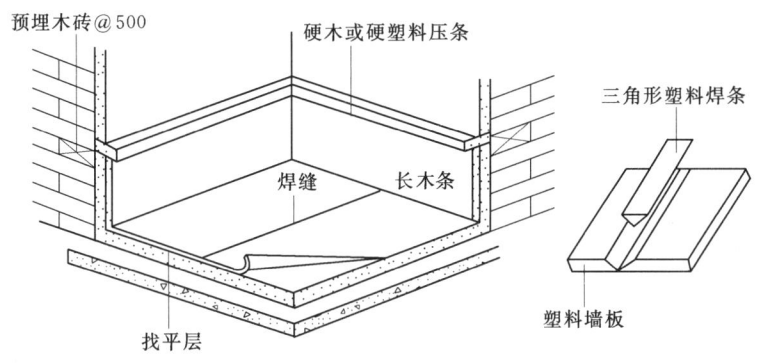

图 11.31 塑料地面

2. 橡胶地毡地面

橡胶地毡是以橡胶粉为基料，掺入软化剂经高温高压解聚后，加着色剂、补强剂，经混炼塑化、压制成卷的地面材料。这种材料具有弹性好、耐磨、消音、价格低廉等特点。

橡胶地毡地面施工时首先进行基层处理，要求水泥砂浆找平层平整、光洁、无灰尘和砂粒等。橡胶地毡地面可以干铺或用黏结剂粘贴在找平层上。

3. 地毯地面

地毯的种类较多，按材料分有化纤地毯、人造纤维地毯、纯羊毛地毯等。地毯地面平整美观、柔软舒适，具有很强的吸引和室内装饰效果。地毯地面可直接干铺或固定铺置，固定铺法是用黏结剂粘贴，四周用倒刺条或用带钉板条和金属条固定。

11.3.4 涂料地面

涂料地面是用涂料在水泥砂浆或混凝土地面的表面上涂刷或涂刮而成的地面。

目前常用的人工合成高分子涂料是由合成树脂代替水泥或部分代替水泥，再加入填料、颜料等拌和而成的材料，经现场涂布施工，硬化后形成整体的涂料地面。它易于清洁、施工方便、造价较低，有一定的耐磨性、韧性和防水性能。

11.3.5 楼地面的细部构造

1. 踢脚线

踢脚线又称踢脚板，是对楼地面与墙面相交处的构造处理，它所用的材料一般与地面材料相同，踢脚线应与地面一起施工。踢脚线的作用是保护墙脚，防止脏污或碰坏墙面，踢脚线的高度为 100~150mm。常用的踢脚线有水泥砂浆、水磨石、木材、石材等。踢脚线构造做法，如图 11.32 所示。

2. 楼地面防水

在厕所、盥洗室、淋浴室和实验室等用水频繁的房间，地面容易积水，应处理好楼地面的防水。楼地层防水有楼地面排水和楼地面防水两种措施。

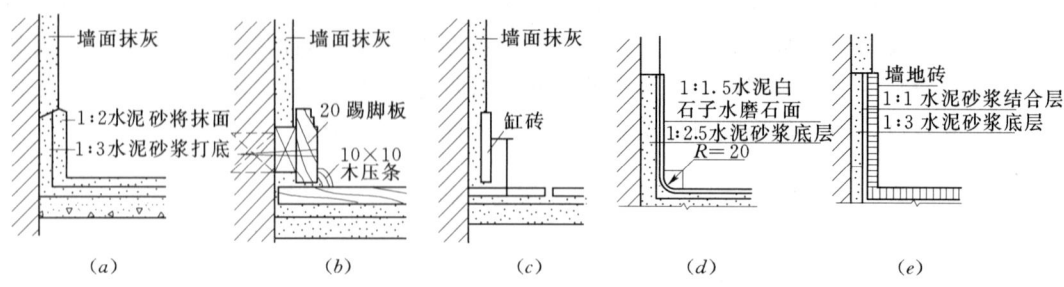

图 11.32 踢脚线

(a) 水泥踢脚线；(b) 木踢脚线；(c) 缸砖踢脚线；(d) 现浇水磨石踢脚线；(e) 陶板踢脚线

(1) 楼地面排水。其通常做法是将面层按需要设置1‰~1.5‰的排水坡度，并配置地漏。为防止用水房间地面积水外溢，用水房间地面应比相邻房间或走道等地面低20~30mm，也可用门槛挡水。

(2) 楼地面防水。现浇钢筋混凝土楼板是用水房间防水的常用做法。当房间有较高的防水要求时，还需在现浇楼板上设置一道防水层，再做地面面层。为防止积水沿房间四周侵入墙身，应将防水层沿墙角向上翻起成泛水，高度一般高出楼地面150~200mm，如图11.33所示。

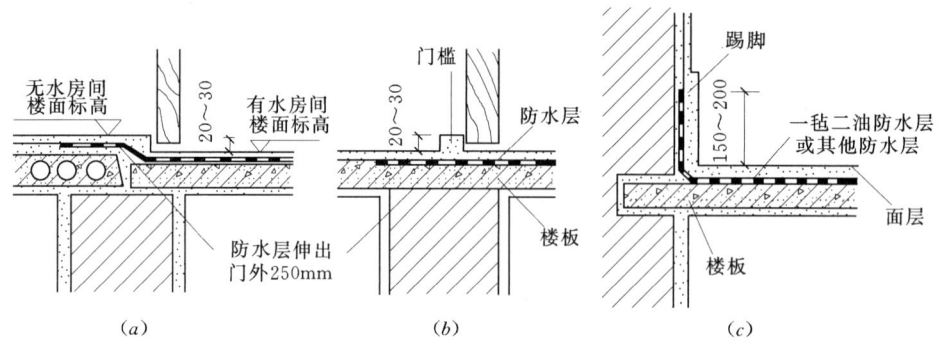

图 11.33 楼地面防水

(a) 地面降低；(b) 设置门槛；(c) 楼板层与墙身防水

管道穿过楼板的防水构造。当房间内有设备管道穿过楼板层时，必须做好防水密封。对常温普通管道的做法是将管道穿过的楼板孔洞用C20干硬性细石混凝土捣实，再用二布二油橡胶酸性沥青防水涂料做密封，也可在管道上焊接钢板止水片，如图11.34(a)所示。当热力管道穿过楼板时，需增设防止温度变化引起混凝土开裂的热力套管，保证热力管自由伸缩，套管应高出楼地面面层30mm，如图11.34(b)所示。

3. 地层防潮

地层一般与土壤直接接触，土壤中的水分会通过毛细作用引起地面受潮，影响正常使用。为避免潮湿对地层的影响，应做防潮处理。

对防潮要求较高的房间，一般是在地面垫层与面层之间铺设热沥青、油毡等防潮层，并在垫层下设置粒径均匀的卵石、碎石或粗砂等切断毛细水的通道，如图11.35(a)所

11.4 顶　　棚

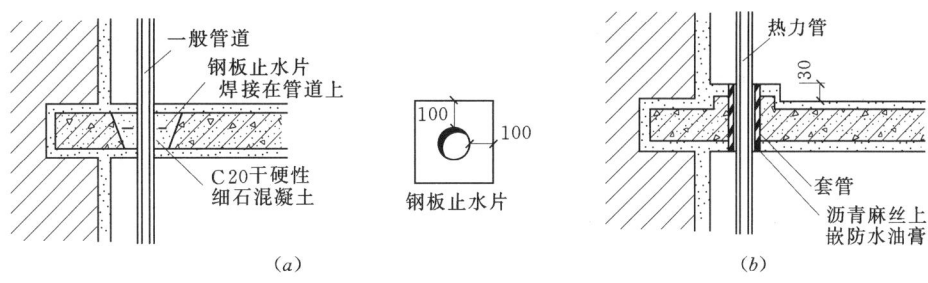

图 11.34　管道穿过楼板时的处理
(a) 普通管道的处理；(b) 热力管道的处理

示。在空气相对湿度较大的地区，由于地表温度低于室内空气温度，地面上易产生凝结水，引起地面返潮。在必要时可在垫层上设保温层并在其下设置防水层，如图 11.35 (b) 所示；或选用黏土砖、大阶砖、陶土板等材料做面层改善冷凝水现象，如图 11.35 (c) 所示；对温差较大、地下水位高的房间，可采用架空式地坪构造，将地层底板搁置在地垄墙上，形成通风层，但造价较高，如图 11.35 (d) 所示。

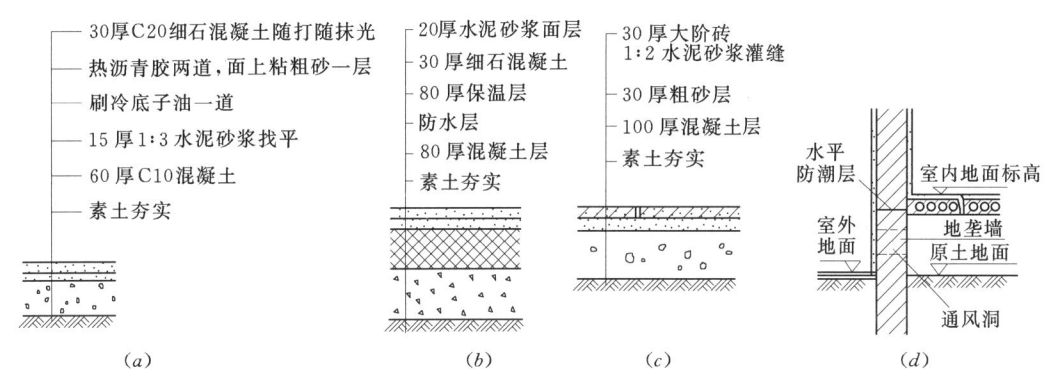

图 11.35　地面防潮
(a) 设防潮层；(b) 保温地面；(c) 吸湿地面；(d) 架空式地面

4. 变形缝构造

一般民用建筑楼地面变形缝的位置与整个建筑物变形缝的位置一致。楼地面变形缝的构造做法，详见变形缝一章。

11.4　顶　　棚

顶棚是屋面和楼板层下面的装饰层。顶棚的装饰处理能够改善室内的光环境、热环境和声环境，对室内艺术环境的创造和提高舒适度起着重要作用。顶棚构造要满足耐久性、安全性要求，顶棚施工还应以安装方便、操作简单、省工省料为原则。对特殊房间还要具有防火、隔声、保温和隐蔽管线的功能。按顶棚装饰面层与屋面、楼面结构基层的关系，顶棚分为直接式顶棚和悬吊式顶棚两大类。

11.4.1 直接式顶棚

直接式顶棚是指直接在屋面板、楼板等的底面直接进行喷刷、抹灰或粘贴壁纸等面层形成的顶棚。这种顶棚施工方便、造价低、构造层次少，能节省室内空间。

1. 直接喷刷顶棚

当室内对装饰要求不高时，可在屋面板或楼板的底面上直接用浆料喷刷，形成直接喷刷顶棚。当钢筋混凝土楼板的底面有模板及板缝空隙时，须先用1∶3水泥砂浆填缝抹平，再喷刷涂料。

2. 直接抹灰顶棚

直接抹灰顶棚是在屋面板或楼板的底面上抹灰后再喷刷涂料形成的顶棚。常用抹灰有水泥砂浆抹灰和纸筋灰抹灰等。

水泥砂浆抹灰的做法是先将板底清扫干净，打毛或刷素水泥浆一道，用5mm厚1∶3水泥砂浆打底，再用5mm厚1∶2.5水泥砂浆粉面，最后喷刷涂料，如图11.36所示。抹灰的遍数按设计的抹灰质量等级确定，对要求较高的房间，可在底板下增加一层钢丝网，在钢丝网上再抹灰。这种做法强度高，抹灰层结合牢固，不易开裂脱落。

3. 贴面顶棚

贴面顶棚是在屋面板或楼板的底面上用水泥砂浆打底找平，然后用黏结剂粘贴壁纸、泡沫塑料板、铝塑板或装饰吸音板等，形成贴面顶棚，如图11.37所示。

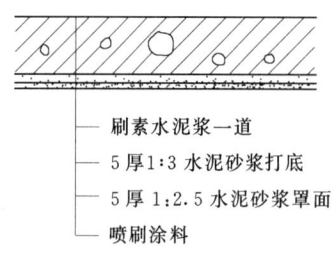

图 11.36　水泥砂浆抹灰顶棚

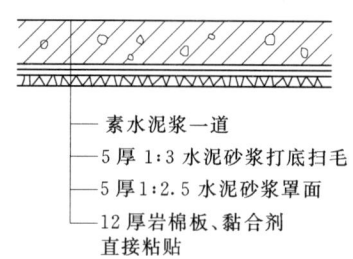

图 11.37　贴面顶棚

11.4.2 吊顶棚

悬吊顶棚又称吊顶，是指悬挂在屋面板或楼板下，由骨料和面板组成的顶棚。吊顶能美化室内环境，遮挡结构构件和各种管线、设备、灯具，并满足室内保温、隔热、防火等要求，吊顶对施工技术要求较高、造价较高。

1. 吊顶棚的组成

吊顶棚由吊筋、龙骨和面层三部分组成。

吊筋是连接龙骨与楼板的承重传力构件。其作用是承受吊顶面层和龙骨的荷载，并将这些荷载传递给屋面板、楼板或屋架等构件；利用吊筋还能调节吊顶的悬挂高度，满足不同的吊顶要求。吊筋的材料和形式与吊顶的荷载和龙骨形式有关，常用的吊筋有直径不小于4～6mm的圆钢，也可采用40mm×40mm或50mm×50mm的方木。吊筋与屋面板或楼板的连接固定方式有预埋钢筋锚固、预埋锚件锚固、膨胀螺栓锚固和射钉锚固等。

龙骨又称隔栅。龙骨与吊筋连接，承担吊顶的面层荷载，并为面层装饰板提供安装节点。吊顶龙骨一般由主龙骨、次龙骨和小龙骨组成，主龙骨由吊筋固定在屋面板或楼板等构件上,次龙骨固定在主龙骨上,小龙骨固定在次龙骨上并起支承和固定面板的作用。龙骨按材料有木龙骨和金属龙骨,常用的金属龙骨有铝合金龙骨和轻钢龙骨。龙骨断面的大小应根据结构计算确定。

面层分为抹灰类、板材类和隔栅类。其作用是装饰室内空间,满足使用功能。抹灰面层为湿作业,有板条抹灰、板条钢丝网抹灰等;板材面层有木质板、防火石膏板、铝合金板等。隔栅类面层吊顶也称为开敞式吊顶,有木隔栅、金属隔栅和灯饰隔栅等。隔栅类吊顶具有既遮又透的效果,可减少吊顶的压抑感。

2. 金属龙骨吊顶构造

金属龙骨吊顶具有自重轻、刚度大、防火性能好、施工速度快等特点,应用较为广泛。

铝合金龙骨吊顶根据面层与骨架的关系,分为明装系统和暗装系统。明装系统铝合金吊顶是将面板直接搁置在骨架内,铝合金骨架部分外露;暗装系统铝合金吊顶是将面层固定在龙骨外侧,龙骨隐蔽在面层内。

轻钢龙骨吊顶的轻钢龙骨截面形式多为U形。一般在主龙骨下悬吊次龙骨,为铺钉装饰面板和保证龙骨的整体刚度,可在龙骨之间增设横撑,并根据面板类型和规格确定间距,面层板材用自攻螺丝固定或直接搁置在龙骨上。

3. 木龙骨吊顶构造

木龙骨吊顶通常由主龙骨和次龙骨组成。主龙骨钉接或拴接于吊筋上,主龙骨底部钉装次龙骨,次龙骨一般沿纵横双向布置,间距应根据材料规格确定,面层板材一般用木螺丝或圆钢钉固定在次龙骨上。木质吊顶构造,如图11.38所示。

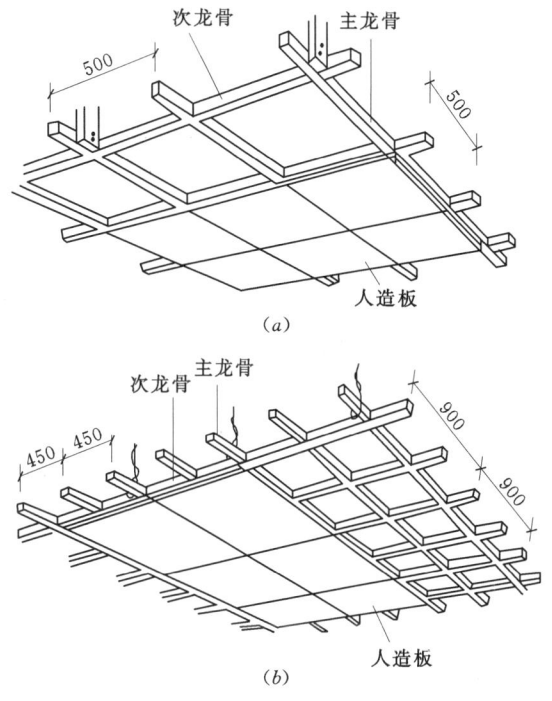

图11.38 木质吊顶

11.5 阳台和雨篷

11.5.1 阳台

阳台是多层和高层建筑中人们接触室外的平台,可以在上面休息、眺望、晾晒衣物或从事其他活动。而且良好的阳台造型设计,还可以增加建筑物的外观美感。

1. 阳台的形式

按阳台与外墙的相对位置不同,可分为凸阳台、凹阳台、半凸半凹阳台及转角阳台,如图11.39所示;按施工方法不同,可分为预制阳台和现浇阳台。

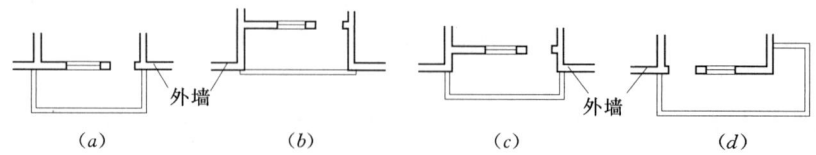

图 11.39 阳台的形式
(a) 挑阳台；(b) 凹阳台；(c) 半凸半凹阳台；(d) 转角阳台

(1) 凸阳台。阳台的结构形式、布置方式及材料应与建筑物的楼板结构布置统一考虑。目前采用最多的是现浇钢筋混凝土结构或预制装配式钢筋混凝土结构。阳台的平面尺寸应与相连的房间开间或进深尺寸进行统一布置，以利于室内和阳台的使用及结构布置。凸阳台的承重结构一般为悬挑式结构，按悬挑方式不同，又有挑梁式、挑板式和压梁式三种。

1) 挑梁式：由内承重横墙上挑出悬臂梁，在悬臂梁上铺设预制板或现浇板的形式称为挑梁式。阳台荷载通过挑梁传给内承重墙，由压在挑梁上的墙体和楼板来抵抗阳台的倾覆力矩，这种结构受力合理，阳台的长度可延长几个房间形成通长阳台。挑梁端头设面梁以加强阳台的整体性，并承受阳台栏杆重量，如图 11.40 (a) 所示。

2) 挑板式：挑板式是将楼板延伸挑出墙外，形成阳台板。由于阳台板与楼板是一整体，楼板的重量和墙的重量构成阳台板的抗倾覆力矩，保证阳台板的稳定。挑板式阳台板底平整美观，若采用现浇式工艺，还可以将阳台平面制成半圆形、弧形、多边形等形式，

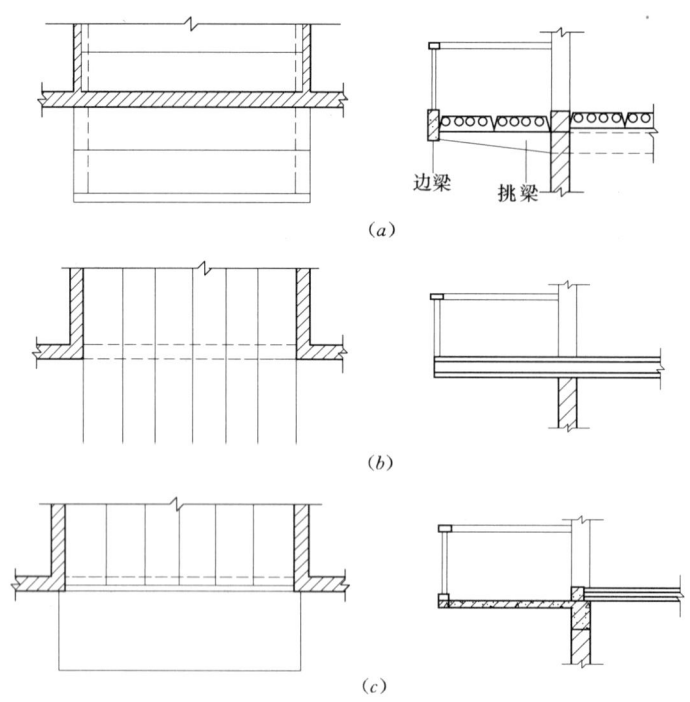

图 11.40 凸阳台结构布置
(a) 挑梁式；(b) 挑板式；(c) 压梁式

11.5 阳台和雨篷

增加房屋形体美观,如图 11.40(b)所示。

3)压梁式:压梁式是将凸阳台板与墙梁整浇在一起,墙梁可用加大的圈梁代替,此时梁和梁上的墙构成阳台板后部压重。由于墙梁受扭,故阳台悬挑不宜过长,一般在 1m 以内。当梁上部的墙开洞较大时,可将梁向两侧延伸至不开洞部分,必要时还可以伸入内墙来确保安全,如图 11.40(c)所示。

(2)凹阳台。阳台的结构形式采用墙承式结构,将阳台板直接搁置在墙体上,阳台板的跨度和板型一般与房间楼板相同。这种支承结构简单,施工方便,多用于寒冷地区。

半凸半凹阳台。阳台的承重结构,可参照凸阳台的各种做法处理。

2.阳台的细部构造

阳台的栏杆、栏板。栏杆和栏板是阳台的围护结构,它还承担使用时人对阳台侧壁的水平推力,必须具有足够的强度和适当的高度,以保证使用安全。低层、多层住宅阳台栏杆(板)净高不低于 1.05m,中高层住宅阳台栏板(杆)净高不低于 1.1m,空花栏杆其垂直杆件之间的净距离不大于 130mm。栏杆(板)同时也是很好的装饰构件,不仅对阳台自身,乃至对整个建筑都起着重要的装饰作用。栏杆(板)的形式按外形不同分为实体式和空花式,如图 11.41 所示。

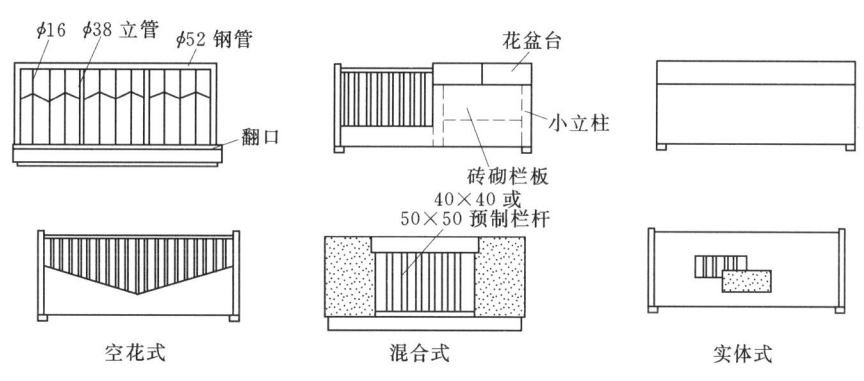

图 11.41 阳台栏杆形式

金属栏杆一般用方钢、圆钢、扁钢和钢管等组成各种形式的漏花,一般需作防锈处理。金属栏杆可与现浇阳台楼板或楼板面梁内的预埋通长扁铁焊接,亦可插入预留插孔槽内用水泥砂浆填实嵌固,金属栏杆与钢筋混凝土扶手的连接,如图 11.42 所示。

钢筋混凝土栏杆(板)分为现浇和预制两种,预制混凝土栏杆(板)要求构件表面光洁,现浇混凝土栏杆(板)与扶手,楼板可以整体浇筑,阳台的整体性较好,坚固安全。采用混凝土栏杆(板)可节省钢材,栏杆与栏板的结合形式多样,目前使用较多的现浇钢筋混凝土栏杆(板)与阳台板或阳台梁以及扶手的连接可将混凝土栏杆(板)中的钢筋与阳台板或面梁、扶手内主筋锚固绑扎,然后整体现浇。对预制混凝土栏杆(板),则用预埋钢板焊接,也可预留插筋插入预留孔内用水泥砂浆灌注,如图 11.42 所示。

砖砌栏板的厚度一般为 120mm,在栏板上部的压顶中加入 2φ6 通长钢筋现浇混凝土扶手,并设置 120mm×120mm 钢筋混凝土小构造柱,留出钢筋与栏板和扶手拉接,如图 11.42 所示。

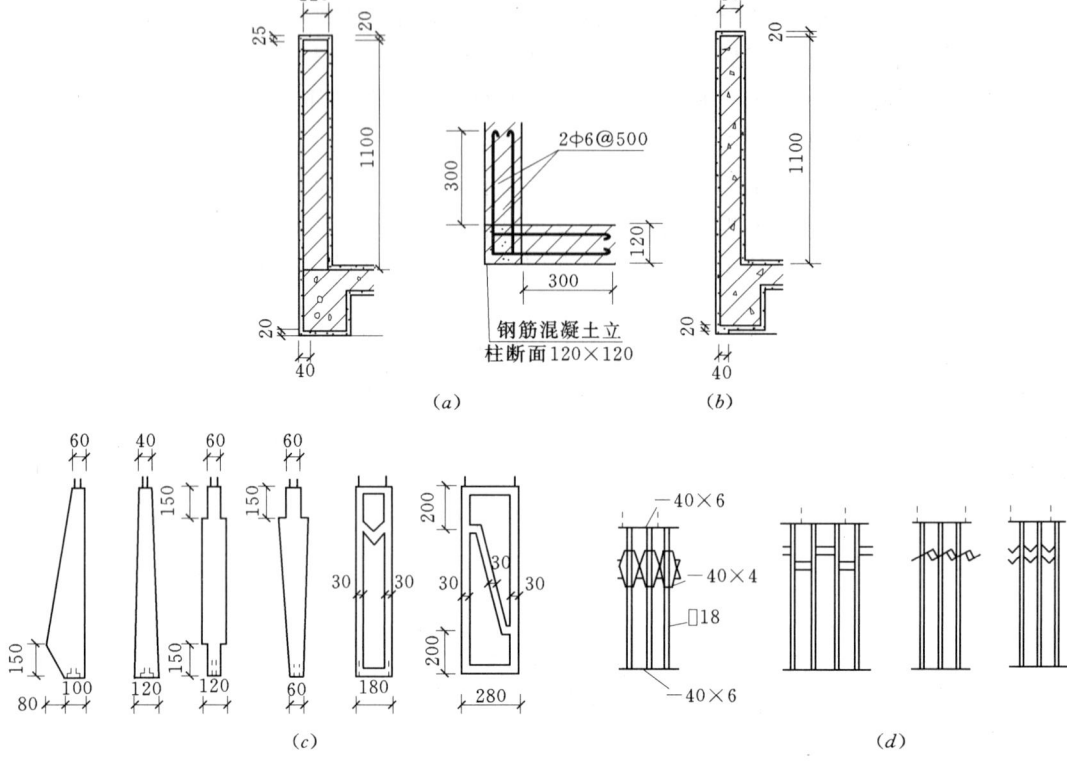

图 11.42 栏杆构造

(a) 砖砌栏板；(b) 钢筋混凝土栏板；(c) 钢筋混凝土栏杆；(d) 金属栏杆

阳台的排水处理。为防止阳台上的雨水等流入室内，阳台的地面应较室内地面低 20～50mm，阳台的排水有外排水和内排水。外排水适用于低层或多层建筑，即阳台地面向两侧做出 5‰ 的坡度，在阳台的外侧栏板设 $\phi 50$ 的镀锌铁管或硬质塑料管，并伸出阳台栏板外面不少于 80mm，以防落水溅到下面的阳台上。内排水适用于高层建筑或某些有特殊要求的建筑，一般是在阳台内侧设置地漏和排水立管，将积水引入地下管网，如图 11.43 所示。

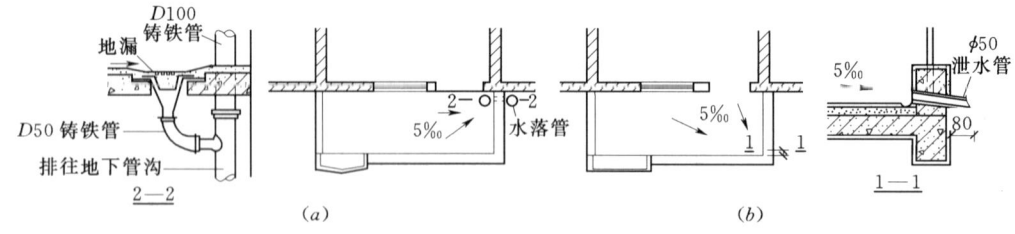

图 11.43 阳台排水构造

(a) 水落管排水；(b) 排水管排水

11.5.2 雨篷

雨篷是位于建筑物外墙出入口处外门上方，用于遮挡雨雪，保护外门不受侵害，并具有一定装饰作用的水平构件。雨篷一般为现浇钢筋混凝土悬挑构件，有板式和梁板式两种形式，其悬挑长度为1~1.5m，如图11.44所示。雨篷也可采用扭壳等其他的结构形式，其伸出尺度可以更大。

雨篷所受的荷载较小，因此雨篷板的厚度较薄，可做成变截面形式，雨篷挑出长度较小时，构造处理较简单，可采用无组织排水，在板底周边设滴水，雨篷顶面抹15mm厚1:2水泥砂浆内掺5%防水剂，如图11.44（a）所示。对于挑出长度较大的雨篷，为了立面处理的需要，通常将周边梁向上翻起成侧梁式，可在雨篷外沿用砖或钢筋混凝土板制成一定高度的立板，雨篷排水口可设在前面或两侧，为防止上部积水，出现渗漏，雨篷顶部及四侧常做防水砂浆面形成泛水，如图11.44（b）所示。

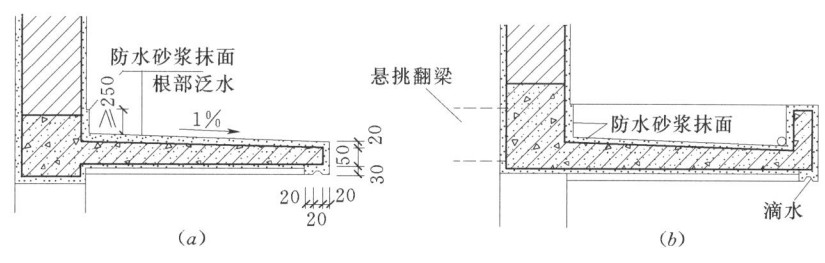

图11.44 雨篷构造
(a) 板式雨篷；(b) 梁板式雨篷

本 章 小 结

地面也称地坪，一般由面层、垫层和基层组成。楼板层一般由面层、结构层、附加层和顶棚层组成，常见有木楼板、砖拱楼板、钢筋混凝土楼板、钢衬板组合楼板等。

钢筋混凝土楼板按施工方式不同，分为现浇整体式钢筋混凝土楼板、预制装配式钢筋混凝土楼板和装配整体式钢筋混凝土楼板三种类型。

现浇钢筋混凝土楼板可分为板式楼板、梁板式楼板、井式楼板、无梁楼板、压型钢板混凝土组合楼板。

预制装配式钢筋混凝土楼板是指在构件预制厂或施工现场外预先制作，然后再运到施工现场装配而成的钢筋混凝土楼板，按照应力状况可分为预应力和非预应力两种。预应力构件与非预应力构件相比，可推迟裂缝的出现和限制裂缝的开展，并且节省材料、减轻自重，降低造价。常用的预制装配式钢筋混凝土楼板类型有实心平板、槽形板、空心板。

装配整体式钢筋混凝土楼板是先将楼板中的部分构件预制，现场安装后，再浇筑混凝土面层而形成的整体楼板。这种楼板的整体性较好、节省模板、施工速度较快，集中了现浇和预制钢筋混凝土楼板的双重优点。包括叠合楼板和密肋填充块楼板两种。

楼面、地面的构造要求包括：①要有足够的强度和刚度；②具有良好的吸声、消声和隔声能力；③满足保温要求；④有防水、防潮、耐腐蚀、耐火等性能；⑤满足美观要求。

地面按材料和构造做法有整体浇筑地面、板块地面、卷材地面、涂料地面等形式。

顶棚是屋面和楼板层下面的装饰层，分为直接式顶棚和悬吊式顶棚两大类。顶棚的装饰处理能够改善室内的光环境、热环境和声环境。顶棚构造要满足耐久性、安全性要求，顶棚施工还应以安装方便、操作简单、省工省料为原则。对特殊房间还要具有防火、隔声、保温和隐蔽管线的功能。

阳台是多层和高层建筑中人们接触室外的平台，可以在上面休息、眺望、晾晒衣物或从事其他活动。按阳台与外墙的相对位置不同，可分为凸阳台、凹阳台、半凸半凹阳台及转角阳台；按施工方法不同，可分为预制阳台和现浇阳台。

雨篷是位于建筑物外墙出入口处外门上方，用于遮挡雨雪、保护外门不受侵害并具有一定装饰作用的水平构件。雨篷一般为现浇钢筋混凝土悬挑构件，有板式和梁板式两种形式。

习 题

11.1 楼板层由哪些部分组成？各部分起什么作用？

11.2 现浇钢筋混凝土楼板有哪些特点？有几种结构形式？

11.3 预制装配式钢筋混凝土楼板具有哪些特点？常见的预制板有哪几种形式？

11.4 预制钢筋混凝土楼板搁置在墙或梁上时，有哪些要求？

11.5 压型钢板组合楼板的构造特点是什么？

11.6 调整预制板缝的方法有哪些？

11.7 为什么预制板不能出现三边支承的情况？

11.8 常见阳台有哪几种类型？

第 12 章 屋 顶

本章学习目标：

通过本章的学习，了解屋顶的类型及屋面坡度影响因素，理解屋顶坡度形成的方式、屋面的设计要求，平屋顶和坡屋顶的构造层次做法及细部节点构造，屋顶保温隔热的原理和构造做法，掌握屋顶排水方案选择和排水组织设计的方法。

12.1 屋顶的类型

屋顶是建筑最上层起覆盖作用的外围护构件。它的主要作用体现在两个方面：一是抵御自然界的风、雨、雪、气温变化和太阳辐射等外界不利因素，使屋顶覆盖的空间，具有良好的使用环境；二是屋顶承受作用于屋顶上的风荷载、雪荷载和屋顶自重等作用。

12.1.1 屋顶的类型

屋顶是由屋面和支承结构等组成。按其外形或屋面防水材料分类。按外形一般可分为平屋顶、坡屋顶和其他屋顶。

1. 平屋顶

平屋顶通常是指排水坡度小于 5% 的屋顶，常用坡度为 2%～3%。图 12.1 为平屋顶常见的几种形式。其优点是可节省材料，扩大建筑空间，提高预制安装程度，同时屋顶上可作为固定的活动场所，如做成露台、屋顶花园、屋顶养鱼池等。

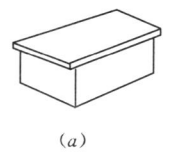 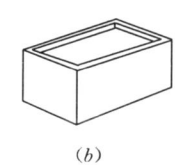 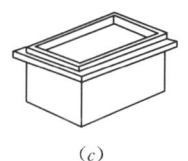 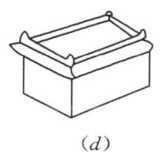

(a) (b) (c) (d)

图 12.1 平屋顶的形式
(a) 挑檐；(b) 女儿墙；(c) 挑檐女儿墙；(d) 盝（盒）顶

2. 坡屋顶

坡屋顶通常是指屋面坡度大于 10%。坡屋顶常见的几种形式见图 12.2。坡屋顶是我国传统的建筑屋顶形式，其造型丰富多彩，便于就地取材，在民居建筑中应用广泛，城市建设中为满足景观环境、屋面排水的要求或建筑风格的要求也常采用。

3. 其他形式的屋顶

随着科学技术的发展，出现了许多新型的屋顶结构形式，如拱结构、薄壳结构、悬索结构、网架结构屋顶等。这类屋顶结构受力合理，能充分发挥材料的力学性能，因而节约材料，但其施工复杂，造价高，故这类屋顶多用于较大跨度的公共建筑。这类屋顶的常见形式如图 12.3 所示。

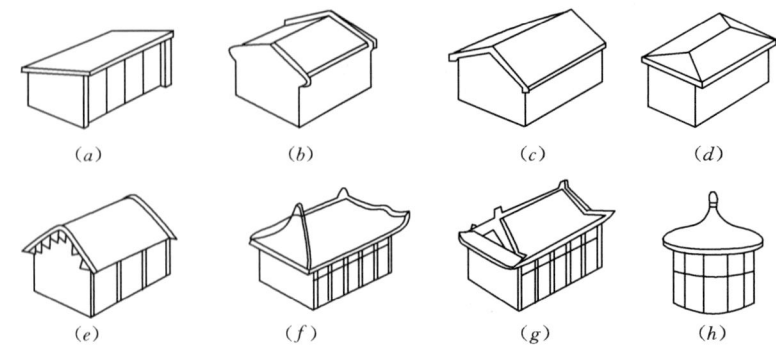

图 12.2 坡屋顶的形式

(a) 单坡顶；(b) 硬山两坡顶；(c) 悬山两坡顶；(d) 四坡顶；
(e) 卷棚顶；(f) 庑殿顶；(g) 歇山顶；(h) 圆攒尖顶

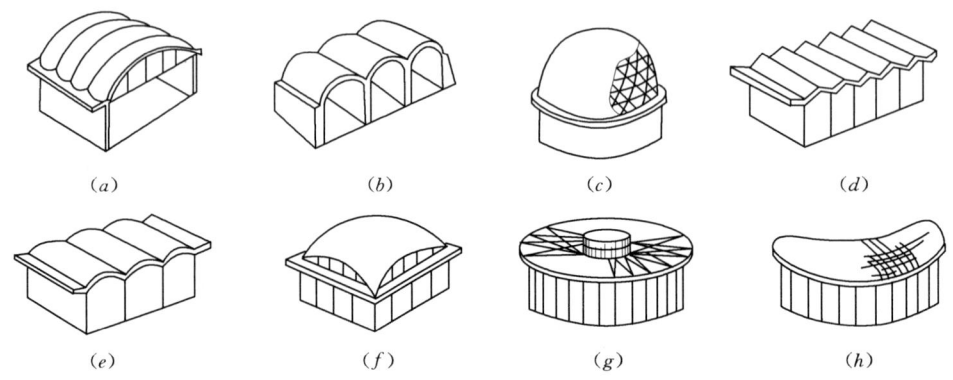

图 12.3 其他形式屋顶的形式

(a) 双曲拱屋顶；(b) 砖石拱屋顶；(c) 球形网壳屋顶；(d) V形网壳屋顶；
(e) 筒壳屋顶；(f) 扁壳屋顶；(g) 车轮形悬索屋顶；(h) 鞍形悬索屋顶

12.1.2 屋面的坡度

1. 坡度的表示方法

常用的坡度表示方法有百分比法、斜率法和角度法。平屋顶多采用百分比法，坡屋顶多采用斜率法，角度法应用较少。常用的百分比法，即以屋顶倾斜的垂直投影高度与其水平投影长度的百分比来表示，如2%、5%等，如图12.4所示。

2. 影响屋顶坡度的因素

屋面坡度大小是由多方面因素决定的，它与屋面选用的材料、当地降雨量大小、屋顶结构形式、建筑造型的要求以及经济条件等有关。

屋面防水材料与排水坡度的关系。防水材料如尺寸较小，接缝必然就较多，容易产生缝隙渗漏，因而屋面应有较大的排水坡度，以便将屋面积水迅速排除。坡屋

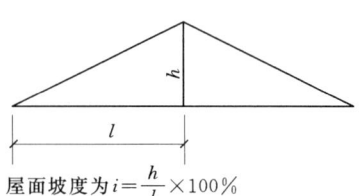

屋面坡度为 $i = \dfrac{h}{l} \times 100\%$

图 12.4 屋面坡度百分比表示法

顶的防水材料多是覆盖面积较小的瓦材（如平瓦、小青瓦等），故此类屋面坡度较大。反之，如果屋面的防水材料覆盖面积大，接缝少而且严密，屋面的排水坡度就可以小一些。平屋顶的防水材料多为各种覆盖面积较大的卷材、涂膜或混凝土等，故此类屋面的坡度较小。

降雨量大小与坡度的关系。降雨量分年降雨量和小时最大降雨量。降雨量大小对屋面防水有直接的影响，降雨量大的地区，屋面渗漏的可能性较大，屋顶的排水坡度应适当加大；反之，屋顶排水坡度则宜小一些。我国地域广阔，南北气候差异较大，各地区屋面坡度要依据当地的气候降雨条件来合理选择。

12.1.3 屋面的设计要求

（1）要求屋顶起良好的围护作用，具有防水、保温和隔热性能。其中防止雨水渗漏是屋顶的基本功能要求，也是屋顶设计的核心。

我国 GB50207—2002《屋面工程质量验收规范》规定，屋面防水设防应按建筑物的性质、重要程度、使用功能要求及防水耐久年限等，将屋面防水分为四个等级，见表 12.1。

表 12.1　　　　　　　　　　屋面防水等级和设防要求

项 目	屋顶防水等级			
	Ⅰ	Ⅱ	Ⅲ	Ⅳ
建筑物类别	特别重要的民用建筑和对防水有特殊的要求的工业建筑	重要的工业与民用建筑、高层建筑	一般的工业与民用建筑	非永久性建筑
防水层耐用年限（年）	25	15	10	5
防水层选用材料	宜选用合成高分子防水卷材、高聚物改性沥青防水卷材、合成高分子的防水涂料、细石防水混凝土等材料	宜选用高聚物改性沥青防水卷材、合成高分子防水卷材、高聚物改性沥青防水涂料、细石防水混凝土、平瓦等材料	应选用三毡四油沥青防水卷材、合成高分子防水卷材、高聚物改性沥青防水卷材、合成高分子防水涂料、沥青基防水涂料、刚性防水层、平瓦、油毡等材料	可选用二毡三油沥青防水卷材、高聚物改性沥青防水涂料、沥青基防水涂料、波形瓦等材料
设防要求	三道或以上防水设防，其中应有一道合成高分子防水卷材，且只能有一道厚度不小于2mm的合成高分子防水涂膜	两道防水设防，其中应有一道卷材；也可采用压型钢板进行一道设防	一道防水设防或两种防水材料复合使用	一道防水设防

（2）要求具有足够的强度、刚度和稳定性。屋顶能承受风、雨、雪、施工、上人等荷载，地震区还应考虑地震荷载对它的影响，满足抗震的要求，并力求做到自重轻、构造层次简单；就地取材、施工方便；造价经济、便于维修。

（3）满足人们对建筑艺术即美观方面的需求。屋顶是建筑造型的重要组成部分，中国古建筑的重要特征之一就是有变化多样的屋顶外形和装修精美的屋顶细部,现代建筑也应注重屋顶形式及其细部设计。

12.2 平屋顶的组成与构造

12.2.1 平屋顶的特点与组成

平屋顶构造简单,室内顶棚平整,能适应各种复杂的建筑平面形状,提高预制装配化程度、方便施工、节省空间,有利于防水、排水、保温和隔热的构造处理。由于平屋顶的坡度小,会造成排水慢,增加了屋面积水的机会,易产生渗漏现象。一般由结构层、找平层、结合层、防水层等组成,另外还有保温隔热层、隔气层、保护层等辅助构造层次,见图12.5。

按屋面防水材料的不同有卷材防水、刚性防水、涂料防水及粉剂防水屋面等多种做法。屋顶除满足防水要求外,我国南方地区应主要满足屋顶隔热和通风要求;北方地区应主要考虑屋顶

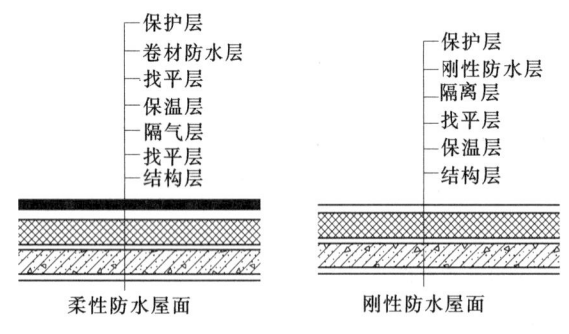

图 12.5 平屋顶的组成

的保温措施。实际工程中可以选用各地的屋顶做法标准图或通用图。

12.2.2 平屋顶的排水组织

平屋顶的排水组织主要有排水坡度、排水方式和排水组织设计三个方面的内容。

1. 屋顶坡度的形成

平屋顶的常用坡度为2%~3%,坡度形成主要有构造找坡和结构找坡两种。

材料找坡又称建筑找坡、材料找坡、垫置找坡,如图12.6(a)所示。它是指屋顶坡度由垫坡材料形成,一般用于坡向长度较小的屋面。在实际工程中,有保温层的屋顶一般不另设找坡层,而是利用轻质保温层进行找坡。构造找坡室内平整,施工简单方便,但会增加材料用量,增加屋顶自重,为了减轻屋面荷载,应选用轻质材料找坡,如水泥炉渣、石灰炉渣等。一般仅在小面积屋顶中使用,找坡层的厚度最薄处不小于20mm,找坡的坡度宜为2%。

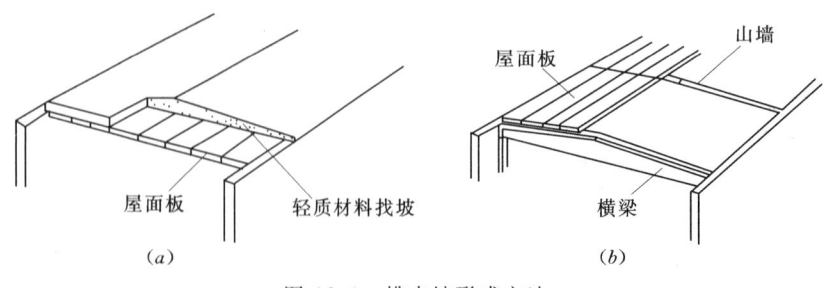

图 12.6 排水坡形成方法
(a) 构造找坡;(b) 结构找坡

结构找坡又称搁置找坡，如图12.6（b）所示。它是指用屋面板以下的梁或墙体形成坡度。这种找坡形式不需另加找坡材料，省工料，没有附加荷载，施工方便、造价低，但室内顶棚稍有倾斜，室内空间不规整，一般在对室内空间要求不高和有吊顶的建筑中采用。平屋顶结构找坡的坡度宜为3%。

2. 排水方式

屋面的排水方式分为无组织排水和有组织排水两种。

无组织排水又称自由落水，如图12.7所示。无组织排水是指屋顶雨水顺坡排至挑檐板处自由落到室外地面的排水方式。这种方式构造简单、经济，但雨水下落时对墙面造成污染和潮湿，对地面产生冲刷。无组织排水主要适用于雨量较少或一般非临街的低层建筑。

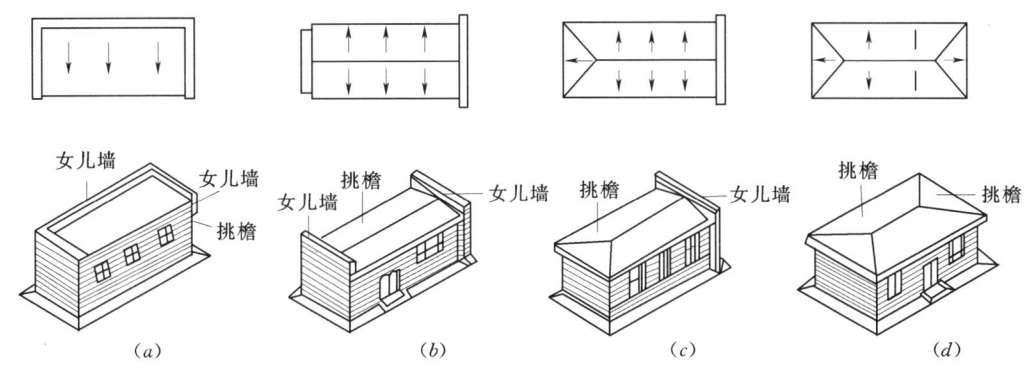

图12.7 无组织排水

有组织排水又称檐沟或天沟排水。有组织排水是将屋面划分为若干排水区域，按一定的排水坡度把屋面雨水有组织地排至檐沟或天沟，檐沟或天沟内分段做成0.5%~1%纵坡，使雨水集中至雨水口，再经雨水管排至地面或地下排水管网的排水方式。有组织排水有利于保护墙面和地面，消除了屋顶雨水对环境的影响。有组织排水适用于年降雨量较大地区或高度较大或较为重要的建筑。有组织排水又可分为外排水和内排水两种方式。

（1）外排水。是指雨水管装设在室外的一种排水方案，其优点是雨水管不妨碍室内空间使用和美观，构造简单，因而被广泛采用。根据檐口的做法，有组织外排水又可分为挑檐沟外排水、女儿墙外排水和女儿墙檐沟外排水，如图12.8所示。除高层建筑、严寒地区（为防止雨水管冻结堵塞）或屋顶顶积较大（难以组织外排水）时均应优先考虑有组织外排水。

（2）内排水。对某些不宜在外墙上设置落水管的建筑，如多跨房屋的中间跨、高层建筑以及容易造成室外雨水管冻裂或冰堵的寒冷地区建筑等，可采用内排水的方式，如图12.9所示。

3. 排水组织设计

（1）汇水区域的划分。划分汇水区的目的在于合理地布置水落管。汇水区的面积一般不超过一个雨水管所能承担的排水面积。每根水落管的屋面最大汇水面积不宜大于200m²。

（2）排水坡数。排水坡数的确定与建筑物进深尺寸、屋面面积大小及建筑物所处位置等因素有关。一般情况下，临街建筑平屋顶屋面宽度小于12m时，可采用单坡排水；其

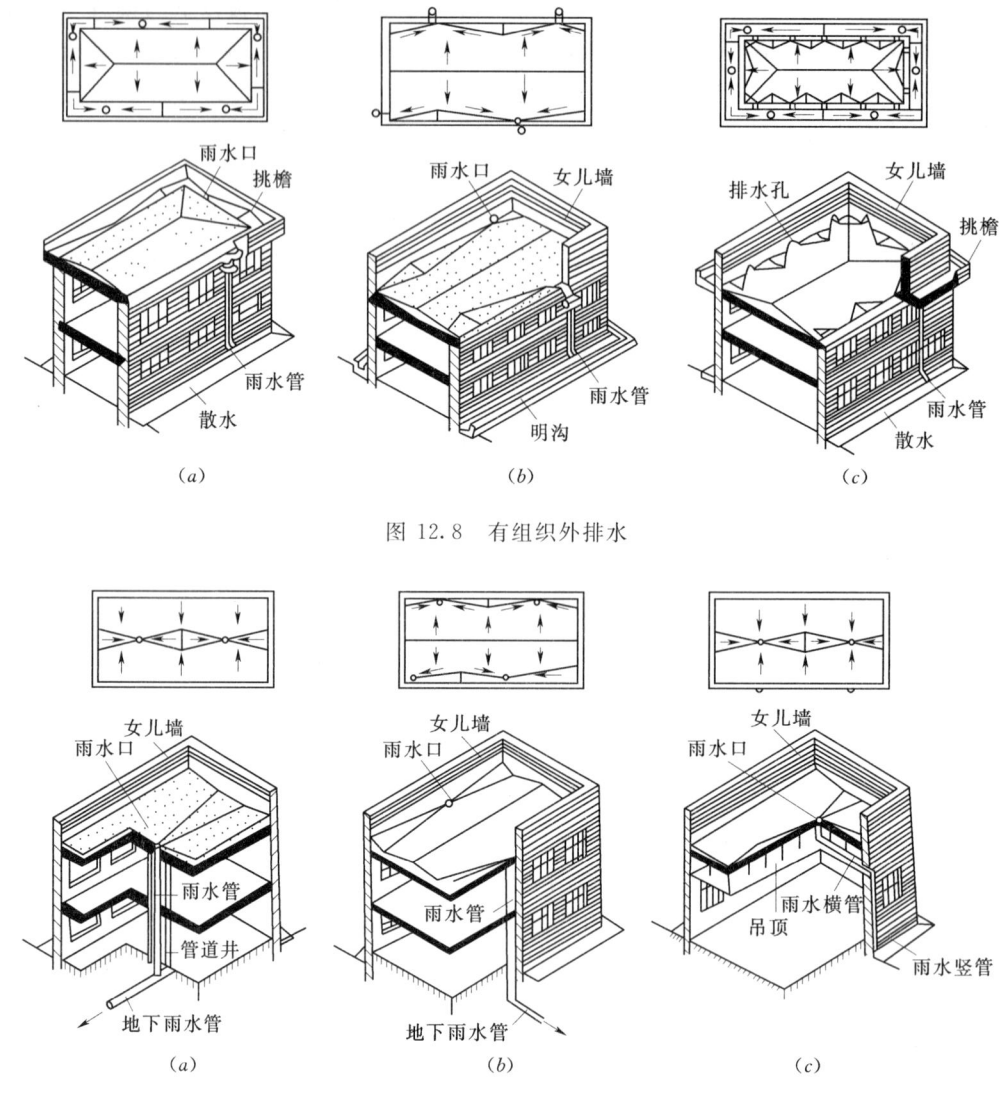

图 12.8 有组织外排水

图 12.9 有组织内排水

宽度大于 12m 时，宜采用双坡排水。

(3) 天沟所用材料和断面形式及尺寸。天沟即屋面上的排水沟，位于檐口部位时又称檐沟。设置天沟的目的是汇集屋面雨水，并将屋面雨水有组织地迅速排除。如图 12.10 所示，当采用女儿墙外排水方案时，平屋顶的屋面与垂直的墙面构成三角形天沟。如图 12.11 所示，当采用檐沟外排水方案时，平屋顶通常用专用的槽形板做成矩形天沟。矩形天沟宽度不应小于 200mm，天沟上口距分水线的距离不应小于 120mm，纵向坡度不应小于 0.5%～1%，沟底水落差不超过 200mm。

(4) 雨水管的设定。水落管按材料的不同有铸铁、PVC 塑料、陶管、镀锌铁皮等，目前多采用铸铁和 PVC 塑料水落管，其直径有 50mm、75mm、100mm、125mm、150mm、200mm 几种规格，一般民用建筑最常用的水落管直径为 100mm，面积较小的露

12.2 平屋顶的组成与构造

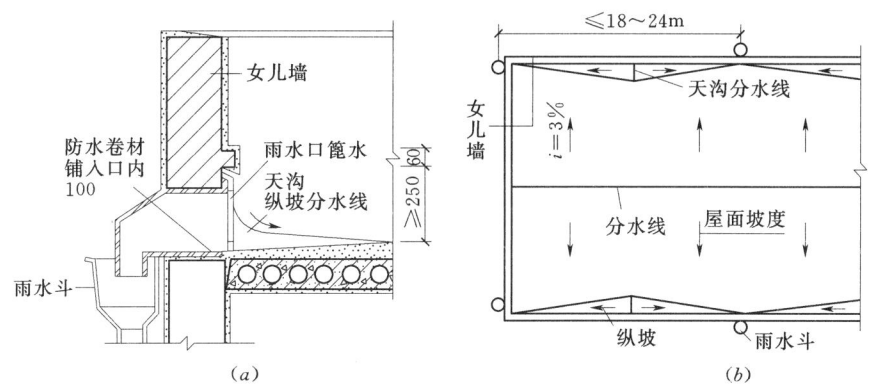

图 12.10　平屋顶女儿墙外排水三角形天沟
(a) 女儿墙断面图；(b) 屋顶平面图

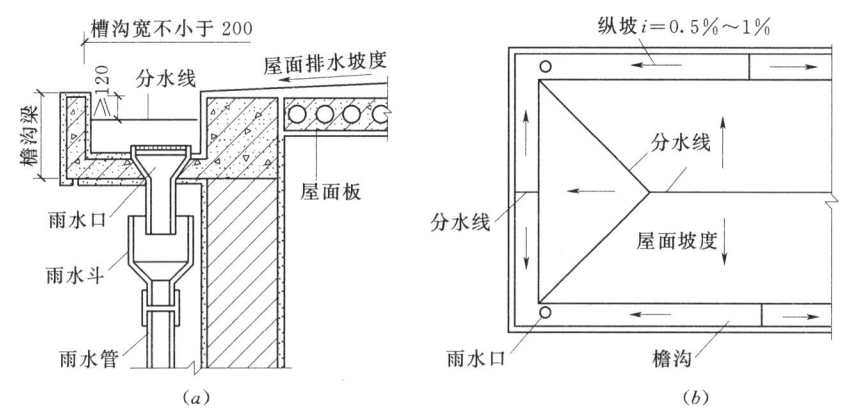

图 12.11　平屋顶女儿墙外排水三角形天沟
(a) 女儿墙断面图；(b) 屋顶平面图

台或阳台可采用 50mm 或 75mm 的水落管。水落管的位置应在实墙面处，其间距一般在 18m 以内，最大间距宜不超过 24m，因为间距过大，则沟底纵坡面越长，会使沟内的垫坡材料增厚，减少了天沟的容水量，造成雨水溢向屋面引起渗漏或从檐沟外侧涌出。

12.2.3　卷材防水屋面

卷材防水屋面是指以防水卷材和黏结剂分层粘贴而构成防水层的屋面。适用于防水等级为Ⅰ～Ⅳ级的屋面防水。

1. 卷材防水屋面的构造层次和做法

卷材防水屋面由多层材料叠合而成，其基本构造层次按构造要求由结构层、找平层、结合层、防水层和保护层组成。

(1) 结构层。通常为预制或现浇钢筋混凝土屋面板，要求具有足够的强度和刚度，保证屋顶不至因为结构层破坏或变形过大而破坏。

(2) 找坡层。只有材料找坡时才有找坡层，结构找坡不设此层。找坡层应选用轻质材料形成所需要的排水坡度，通常是在结构层上铺1：(6～8)的水泥焦渣或水泥膨胀蛭石等。

（3）找平层。防水卷材应铺设在平整、干燥的基层上，因此应在结构层上做找平层。找平层要求平整、密实、干净、干燥（含水率不大于9%），不允许起砂、掉灰。其所用材料、厚度和技术要求见表12.2。

表 12.2　　　　　　　　　　　找平层厚度及技术要求

材　料	基　　层	厚　度（mm）	技术要求
水泥砂浆	现浇钢筋混凝土板	15～20	体积比为1：2.5～1：3，水泥强度等级不低于325
	整体或板状材料保温层	20～25	
	预制钢筋混凝土板、松散材料保温层	20～30	
细石混凝土	松散材料保温层	30～35	混凝土强度等级不小于C20
沥青砂浆	现浇钢筋混凝土板	15～20	质量比为1：8
	预制钢筋混凝土板、整体或板状材料保温层	20～25	

（4）结合层。其作用是使防水防水层与基层易于粘结。结合层所用材料应根据卷材的防水层材料的不同来选择。如今卷材类型繁多，材料性能各异，应选用与铺贴的卷材相匹配的基层处理剂，使之粘结良好，不发生腐蚀等侵害。

（5）卷材防水层。是由胶结材料与防水卷材粘合而成，卷材连续搭接，形成屋面防水的主要部分。当屋面坡度较小时，卷材一般平行于屋脊铺设，从檐口到屋脊层层向上粘贴，上下搭接不小于70mm，左右搭接不小于100mm。一般在平屋顶上的防水层需三毡四油，重要部位和严寒地区需四毡五油。

油毡屋面在我国已有几十年的使用历史，具有较好的防水性能，对屋面基层变形有一定的适应能力，但这种屋面施工麻烦、劳动强度大，且容易出现油毡鼓泡、沥青流淌、油毡老化等方面的问题，使油毡屋面的寿命大大缩短，平均10年左右就要进行大修。

目前所用的新型防水卷材有：高聚物改性沥青防水卷材，如SBS改性沥青防水卷材、APP改性沥青防水卷材；合成高分子防水卷材，如三元乙丙橡胶防水卷材、再生胶防水卷材等。这些材料一般为单层卷材防水构造，防水要求较高时可采用双层卷材防水构造。这些防水材料的共同优点是自重轻，适用温度范围广，耐气候性好，使用寿命长，抗拉强度高，延伸率大，冷作业施工，操作简便，大大改善劳动条件，减少环境污染。

（6）保护层。设置保护层是为了保护防水层，油毡卷一般为黑色，裸露在屋顶上，受高温、阳光及氧化等作用容易老化。为延缓防水层老化和防止暴风雨对防水层的直接冲刷，增加防水层使用年限，油毡表面需设保护层。

当为非上人屋顶时：油毡防水屋面可在最后一层沥青胶上趁热满粘一层3～6mm粒径的无棱石子，俗称绿豆砂保护层，如图12.12所示。这种做法经济有效：①可以增加夏季高温作用下表层沥青下淌的摩擦力；②可减少暴风雨对防水层的直接打击，减少暴风雨对防水层的打击力。改良沥青防水层，材料本身向上面带反光保护材料，如锡铂层，这时可不作保护层。

当为上人屋顶时：可在防水层上浇筑30～40厚细石混凝土，每2m左右设一道分仓缝，也可用20厚1：3水泥砂浆贴地砖或混凝土预制板等，如图12.13。

12.2 平屋顶的组成与构造

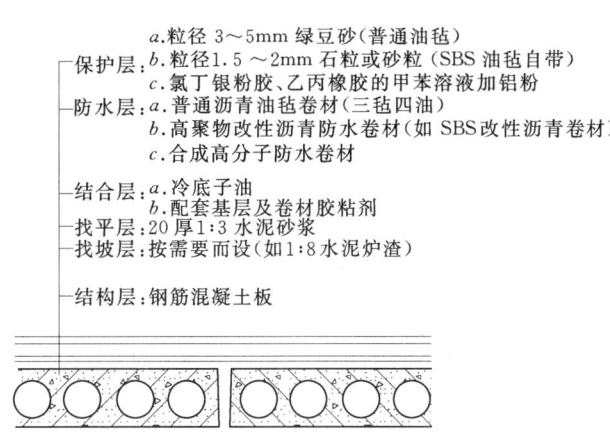

图 12.12 不上人卷材防水屋面

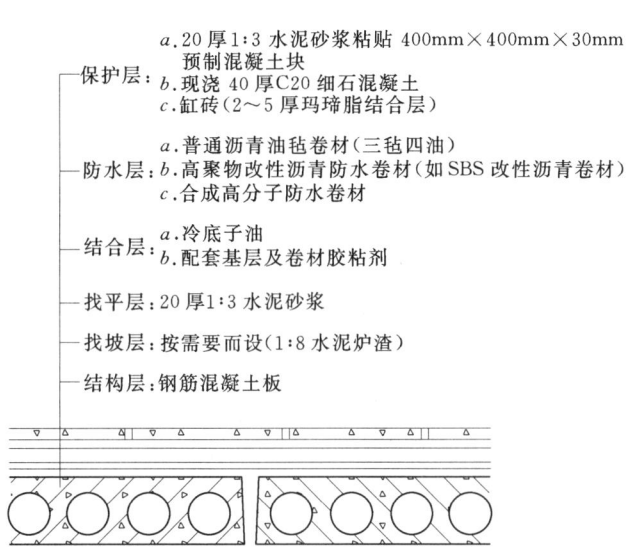

图 12.13 上人卷材防水屋面

2. 柔性防水平屋顶的节点构造

（1）泛水构造。泛水是指屋面防水层与高出屋面的构件（女儿墙、烟囱、管道等）外表面交接处的防水构造处理，如图 12.14。泛水构造的做法是先用水泥砂浆或细石混凝土将交接处的直角抹成圆弧或钝角，以防粘贴卷材直角折断、未铺实和积水，其圆弧半径：沥青防水卷材，$R=100\sim150$mm；高聚物改良沥青防水卷材，$R=50$mm；合成高分子防水卷材，$R=20$mm。在垂直墙面上也是水泥砂浆抹光加冷底子油的铺贴方法，防水卷材沿墙需上翻至少 250mm 高度，并做好收头处理，通常的处理方法有钉木条、压镀锌铁皮、砂浆嵌固、油膏嵌固、压混凝土等。

（2）檐口构造。檐口有无组织自由落水檐口和有组织排水檐口两种。

无组织自由落水檐口构造，一般在距檐口 0.2～0.5m 范围内的屋面坡度大于 15%，檐口处用质量比 1∶3 水泥砂浆抹面并做滴水线，卷材收头时采用油膏嵌固，如图 12.15。

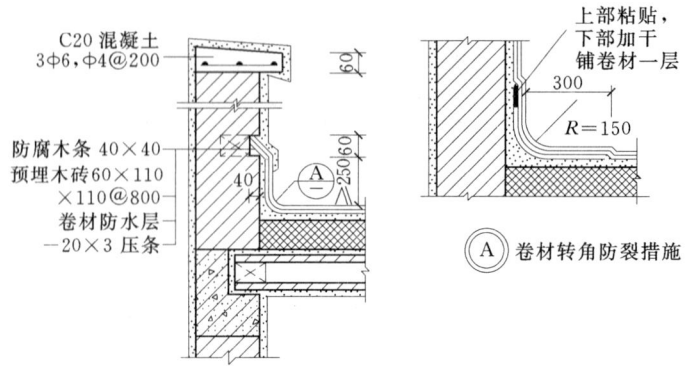

图 12.14　卷材泛水构造

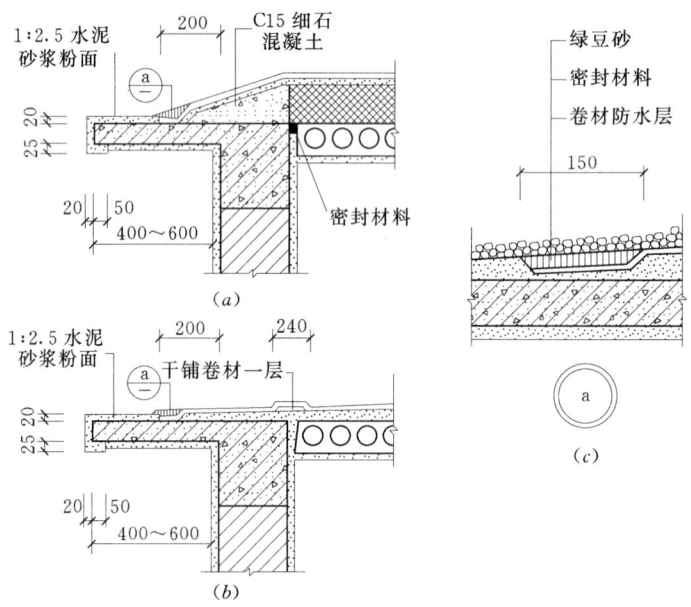

图 12.15　自由落水檐口构造

有组织排水檐口的挑檐沟檐口构造，如图 12.16。

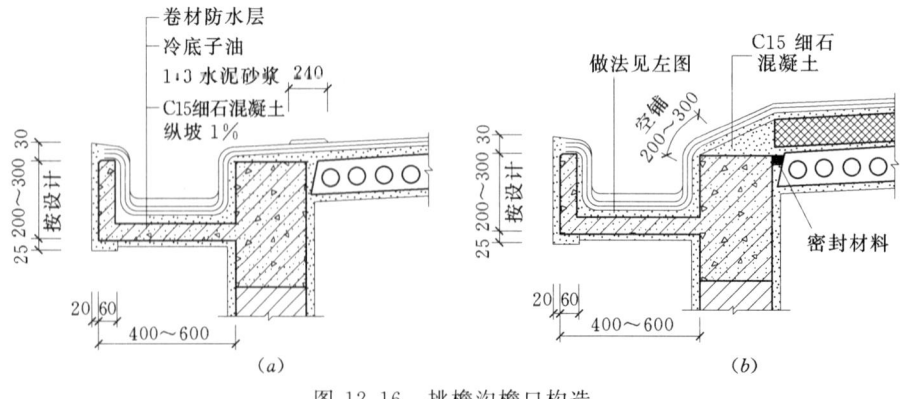

图 12.16　挑檐沟檐口构造

有组织排水檐口的女儿墙带内檐沟檐口构造，如图12.17。

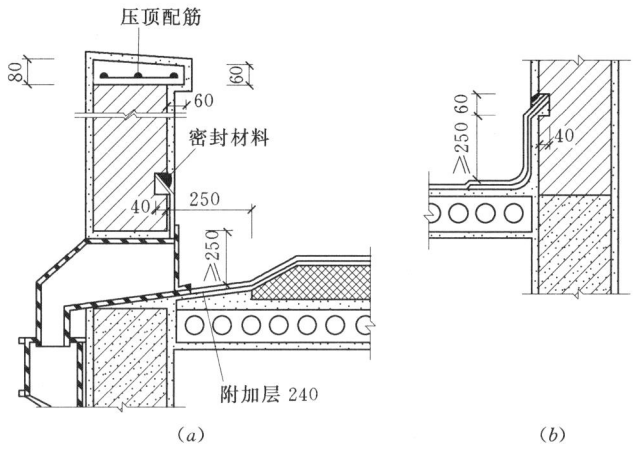

图12.17 女儿墙带内檐沟檐口构造

有组织排水檐口的女儿墙带外檐沟檐口构造，如图12.18。

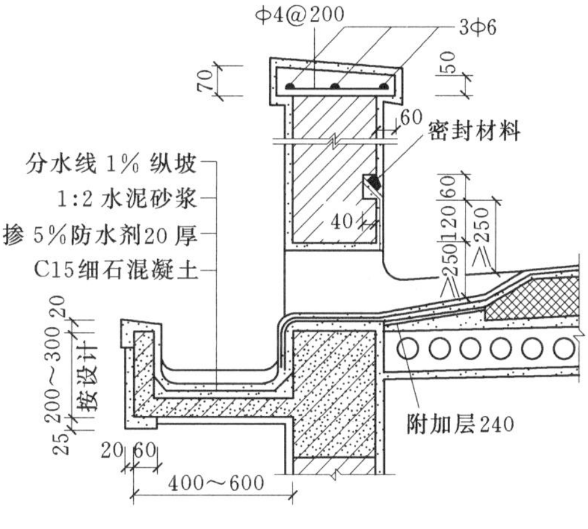

（3）雨水口构造。雨水口的类型有用于檐沟排水的直管式雨水口和女儿墙外排水的弯管式雨水口两种，如图12.19所示。雨水口在构造上要求排水通畅、防止渗漏水堵塞。直管式雨水口为防止其周边漏水，应加铺一层卷材并贴入连接管内100mm，雨水口上用定型铸铁罩或铅丝球盖住，用油膏嵌缝。弯管式雨水口穿过女儿墙预留孔洞内，屋面防水层应铺入雨水口内壁四周不小于100mm，并安装铸铁篦子以防杂物流入造成堵塞。

图12.18 女儿墙带外檐沟檐口构造

12.2.4 刚性防水屋面

刚性防水屋面是指以刚性材料作为防水层的屋面，如防水砂浆、细石混凝土、配筋细石混凝土防水屋面等。这种屋面具有构造简单、施工方便、造价低廉的优点，但对温度变化和结构变形较敏感，容易产生裂缝而渗水，故多用于我国南方地区的建筑。

1. 刚性防水屋面的构造层次及做法

刚性防水屋面一般由结构层、找平层、隔离层和防水层组成，如图12.20所示。

（1）结构层。刚性防水屋面的结构层要求具有足够的强度和刚度，一般应采用现浇或预制装配的钢筋混凝土屋面板，并在结构层现浇或铺板时形成屋面的排水坡度。

（2）找平层。为保证防水层厚薄均匀，通常应在结构层上用20mm厚1∶3水泥砂浆找平。若采用现浇钢筋混凝土屋面板或设有纸筋灰等材料时，也可不设找平层。

（3）隔离层。隔离层也称浮筑层。由于结构层比防水层厚，其刚度比防水层大，当结

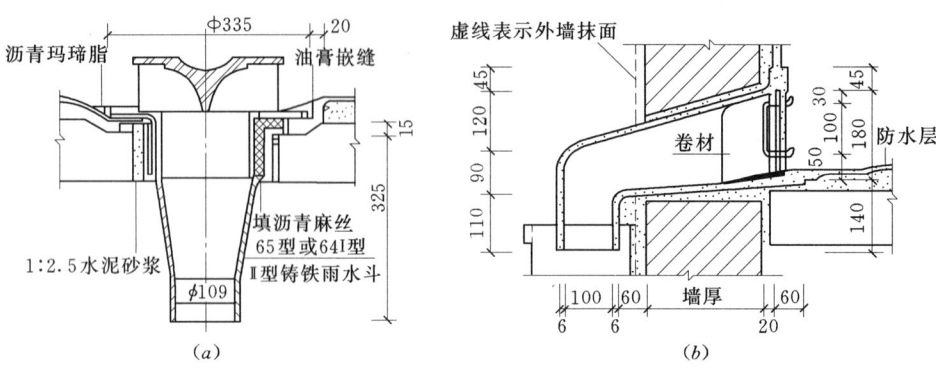

图 12.19 雨水口构造
(a) 直管式雨水口;(b) 弯管式雨水口

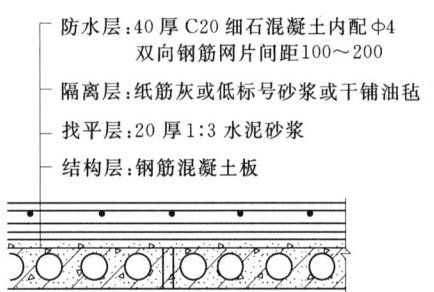

图 12.20 混凝土刚性防水屋面构造

构层在荷载作用下产生变形,如果防水层与结构层同步变形,则防水层必然会被拉裂,为减少结构层变形对防水层产生的不利影响,应在防水层下做一隔离层。隔离层可采用纸筋灰、低强度等级砂浆或薄砂层上干铺一层油毡等。当防水层中加有膨胀剂类材料时,其抗裂性有所改善,也可不做隔离层。

(4) 防水层。常用配筋细石混凝土防水屋面的混凝土强度等级应不低于C20,其厚度宜不小于40mm,双向配置$\phi 4 \sim 6.5$钢筋,间距为$100 \sim 200$mm的双向钢筋网片。为提高防水层的抗渗性能,可在细石混凝土内掺入适量外加剂(如膨胀剂、减水剂、防水剂等)以提高其密实性能。

2. 刚性防水屋面的细部构造

刚性防水屋面的细部构造包括分格缝、泛水、檐口等。

(1) 分格缝。分格缝又称分仓缝,是为适应热胀冷缩及屋顶变形、防止屋顶防水层出现不规则通缝而设置的人工缝,是提高刚性防水层防水性能的重要措施。分格缝一般设置在屋顶变形敏感处,如梁、墙、屋脊等处,缝的间距控制在$3 \sim 5$m,每格面积宜控制在$15 \sim 25 m^2$左右,如图 12.21 所示。分格缝宽度一般为 $20 \sim 40$mm,有平缝和凸缝之分,缝内一般采用防水油膏嵌缝,也可用油毡等盖缝,如图 12.22 所示。

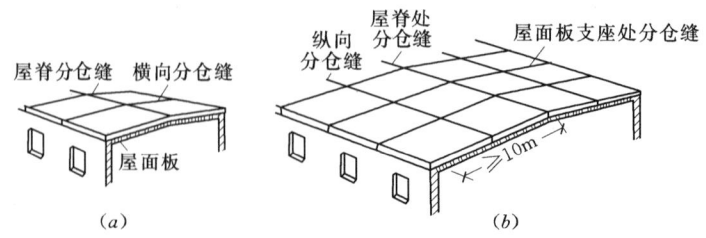

图 12.21 刚性防水屋面分格缝
(a) 排水半径小于5m;(b) 排水半径大于5m,小于10m

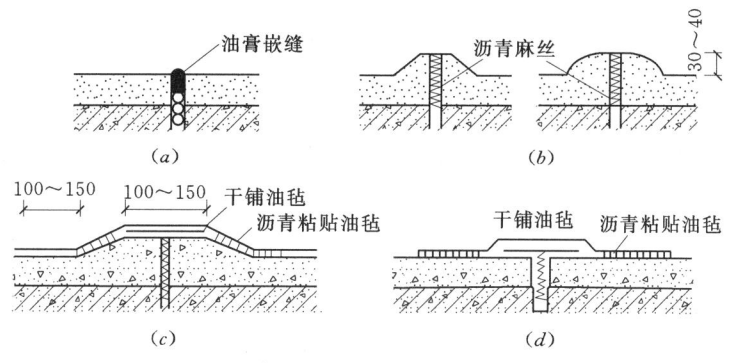

图 12.22 分格缝构造

(a) 平缝油膏嵌缝;(b) 凸形缝油膏嵌缝;(c) 凸缝油毡盖缝;(d) 平缝油毡盖缝

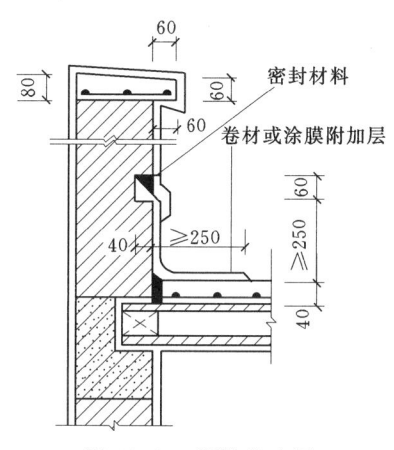

图 12.23 刚性防水屋面泛水构造

(2) 泛水。刚性防水屋面的泛水沿墙需上翻至少 250mm 高度,并做好收头处理;刚性防水层与屋面结构相交处应留出宽 30mm 的分格缝,并用密封材料填缝,分格缝上铺贴卷材盖缝;泛水与屋面防水层应一次浇筑完成,如图 12.23 所示。

(3) 檐口。刚性防水屋面檐口的形式一般有自由落水挑檐口、挑檐沟外排水檐口和女儿墙外排水檐口、坡檐口等。

1) 自由落水挑檐口。根据挑檐挑出的长度,有直接利用混凝土防水层悬挑和在增设的现浇或预制钢筋混凝土挑檐板上做防水层等做法,如图 12.24 所示。无论采用哪种做法,都应注意做好滴水。

2) 挑檐沟外排水檐口。檐沟构件一般采用现浇或预制的钢筋混凝土槽形天沟板,在沟底用低强度等级的混凝土或水泥炉渣等材料垫置成纵向排水坡度,铺好隔离层后再浇筑防水层,防水层应挑出屋面并做好滴水,如图 12.25 (a)。

3) 女儿墙外排水檐口。这种做法通常在檐口处做成三角形断面天沟,其构造处理和女儿墙泛水做法基本相同,天沟内须设有纵向排水坡度,如图 12.25 (b) 所示。

4) 坡檐口。建筑设计中出于造型方面的考虑,常采用一种平顶坡檐即"平改坡"的处理形式,使较为呆板的平顶建筑具有某种传统的韵味,以丰富城市景观,如图 12.26 所示。

5) 雨水口。刚性防水屋面的雨水口有直管式和弯管式两种做法,直管式一般用于挑檐沟外排水的雨水口,弯管式用于女儿墙外排水的雨水口,如图 12.27 所示。

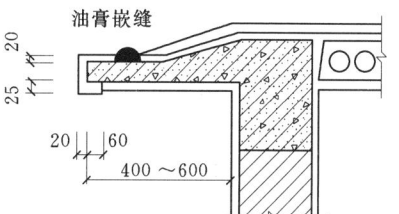

图 12.24 自由落水檐口构造

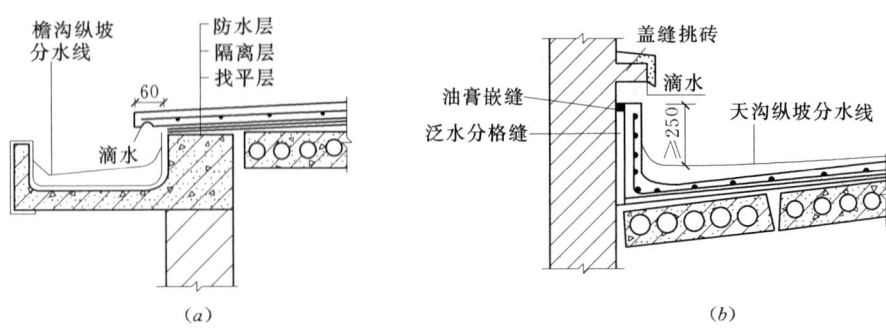

图 12.25 有组织排水檐口构造
(a) 挑檐沟外排水檐口；(b) 女儿墙外排水檐口

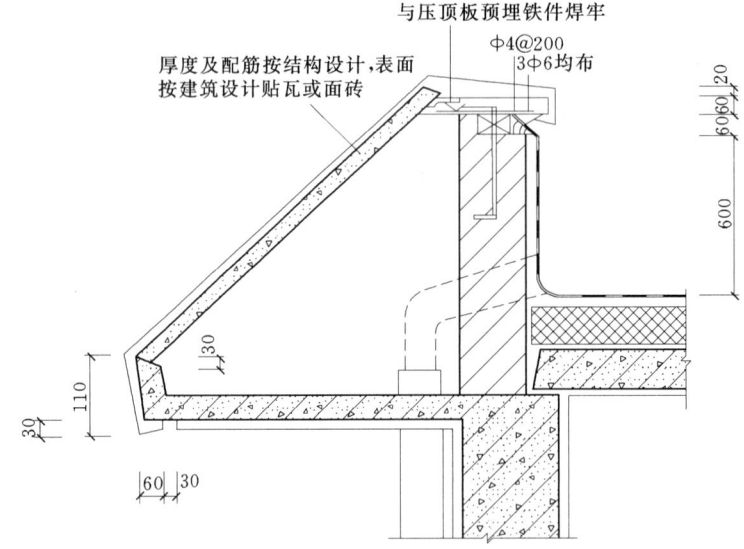

图 12.26 平屋顶坡檐构造

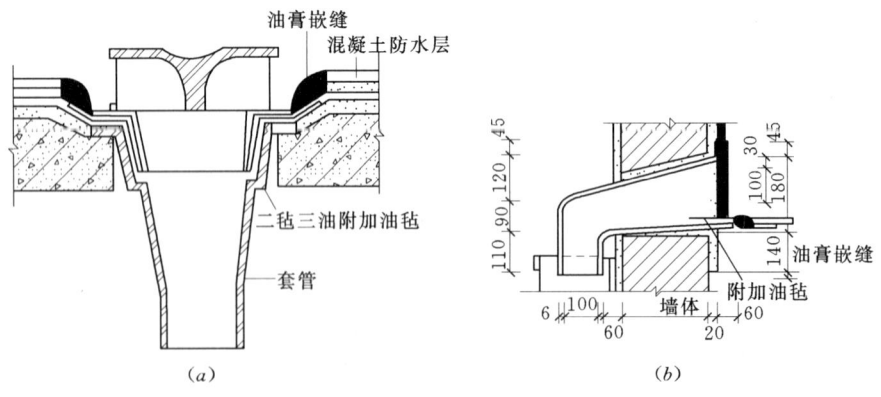

图 12.27 刚性防水屋顶雨水口构造
(a) 直管式雨水口；(b) 弯管式雨水口

12.2 平屋顶的组成与构造

12.2.5 平屋顶的保温与隔热

1. 平屋顶的保温

(1) 保温材料类型。保温材料多为轻质多孔材料，一般可分为以下三种类型。

1) 散料类：常用炉渣、矿渣、膨胀蛭石、膨胀珍珠岩等。

2) 整体类：是指以散料作骨料，掺入一定量的胶结材料，现场浇筑而成。如水泥炉渣、水泥膨胀蛭石、水泥膨胀珍珠岩及沥青膨胀蛭石和沥青膨胀珍珠岩等。

3) 板块类：是指利用骨料和胶结材料由工厂制作而成的板块状材料，如加气混凝土、泡沫混凝土、膨胀蛭石、膨胀珍珠岩、泡沫塑料等块材或板材等。

(2) 保温层的设置。平屋顶因屋面坡度平缓，适合将保温层放在屋面结构层上（刚性防水屋面不适宜设保温层）。保温层通常设在结构层之上、防水层之下。保温卷材防水屋面与非保温卷材防水屋面的区别是增设了保温层，构造需要相应增加找平层、结合层和隔气层。设置隔气层的目的是防止室内水蒸气渗入保温层，使保温层受潮而降低保温效果。隔气层的一般做法是在20mm厚1:3水泥砂浆找平层上刷冷底子油两道作为结合层，结合层上做一布二油或两道热沥青隔气层。

2. 屋顶的隔热

(1) 通风隔热屋面。此种屋面是指在屋顶中设置通风间层，使上层表面起着遮挡阳光的作用，利用风压和热压作用把间层中的热空气不断带走，以减少传到室内的热量，从而达到隔热降温的目的。通风隔热屋面一般有架空通风隔热屋面和顶棚通风隔热屋面两种做法。

1) 架空通风隔热屋面：通风层设在防水层之上，其做法很多，图12.28为架空通风隔热屋面构造，其中以架空预制板或大阶砖最为常见。架空通风隔热层设计应满足以下要求：架空层应有适当的净高，一般以180～240mm为宜；距女儿墙500mm范围内不铺架空板；隔热板的支点可做成砖垄墙或砖墩，间距视隔热板的尺寸而定。

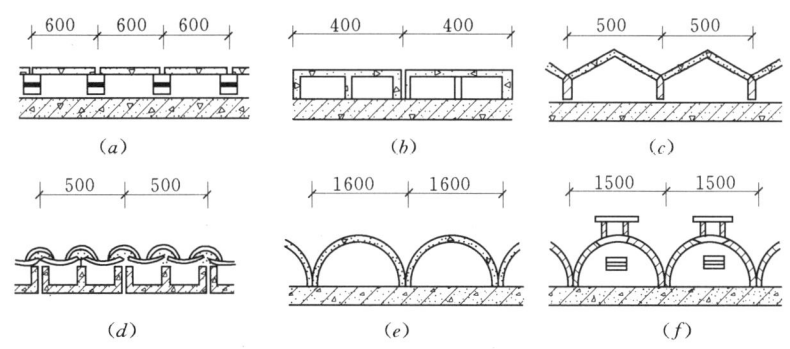

图 12.28 架空通风隔热构造

(a) 架空预制板（或大阶砖）；(b) 架空混凝土山形板；(c) 架空钢丝网水泥折板；
(d) 倒槽板上铺小青瓦；(e) 钢筋混凝土半圆拱；(f) 1/4 厚砖拱

2) 顶棚通风隔热屋面：这种做法是利用顶棚与屋顶之间的空间作隔热层，图12.29为顶棚通风隔热屋面示意。顶棚通风隔热层设计应满足以下要求：顶棚通风层应有足够的净空高度，一般为500mm左右；需设置一定数量的通风孔，以利空气对流；通风孔应考虑防飘雨措施。

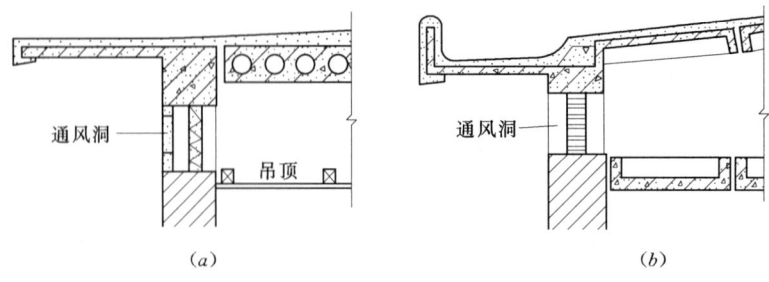

图 12.29　顶棚通风隔热屋面示意
(a) 吊顶通风层；(b) 双槽板通风层

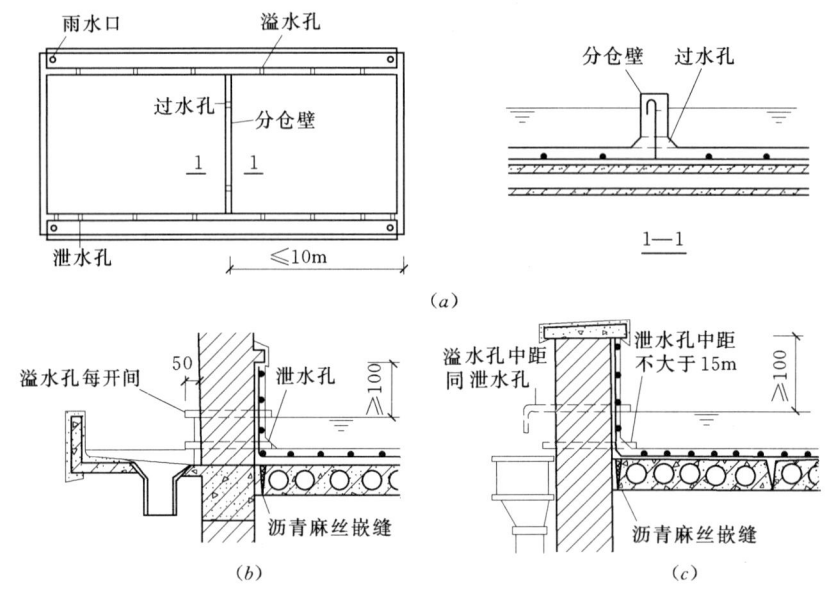

图 12.30　蓄水屋面

(2) 蓄水隔热屋面。此种屋面是指在屋顶蓄积一层水，利用水蒸发时需要大量的汽化热，从而大量消耗晒到屋面的太阳辐射热，以减少屋顶吸收的热能，从而达到降温隔热的目的。蓄水屋面构造与刚性防水屋面基本相同，主要区别是增加了一壁三孔，即蓄水分仓壁、溢水孔、泄水孔和过水孔，如图 12.30 所示。蓄水隔热屋面构造应注意以下几点：合适的蓄水深度，一般为 150～200mm；根据屋面面积划分成若干蓄水区，每区的边长一般不大于 10m；足够的泛水高度，至少高出水面 100mm；合理设置溢水孔

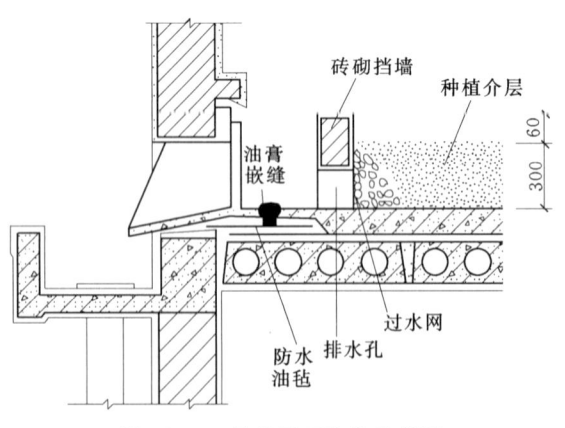

图 12.31　种植屋面构造示意图

和泄水孔，并应与排水檐沟或水落管连通，以保证多雨季节不超过蓄水深度和检修屋面时能将蓄水排除；注意做好管道的防水处理。

(3) 种植隔热屋面。此种屋面是在屋顶上种植植物，利用植被的蒸腾和光合作用，吸收太阳辐射热，从而达到降温隔热的目的，图12.31所示为种植隔热屋面构造。

12.3 坡屋顶的组成与构造

12.3.1 坡屋顶的特点与组成

坡屋顶由带有坡度的倾斜面相交而成，斜面相交的阳角为脊，相交的阴角为沟，如图12.32 (a) 所示。坡屋顶多采用瓦材防水，而瓦材块小，接缝多，易渗漏，故坡屋顶的坡度一般大于10°，通常取30°左右。坡屋顶构造高度大，排水快，防水性能好，但结构复杂，消耗材料较多。

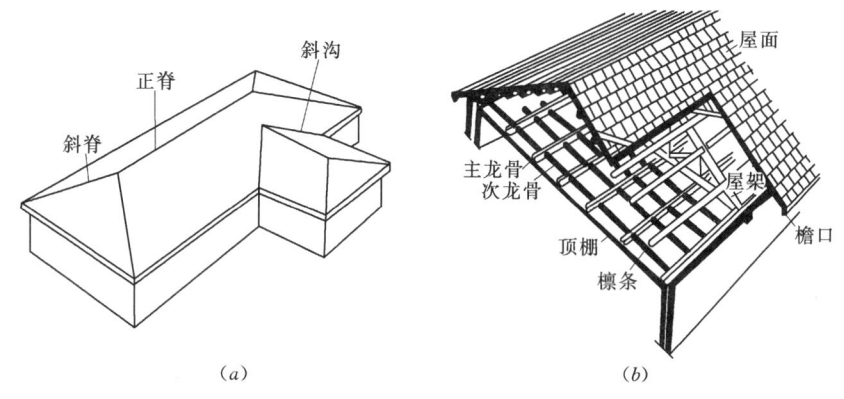

图 12.32 坡屋顶的组成
(a) 坡屋顶的名称；(b) 坡屋顶的组成

坡屋顶根据坡面组织的不同，主要有单坡顶、双坡顶及四坡顶。房屋进深不大可采用单坡顶，进深较大时可采用双坡顶，四坡顶是我国古建筑中常见的屋顶形式。

坡屋顶一般由承重结构、坡屋面面层、顶棚组成，如图12.32 (b) 所示。

(1) 承重结构。承重结构有横墙承重、屋架承重和梁架承重三种形式，如图12.33。

1) 横墙承重：将横墙顶部砌成三角形，形成屋面坡度，直接把檩条搁置在横墙上，这种承重方式称为横墙承重，如图12.33 (a) 所示，适用于开间较小的建筑。

2) 屋架承重：在柱或墙上设屋架，再在屋架上放置檩条及椽子而形成的屋顶结构形式称为屋架承重。屋架由上弦杆、下弦杆、腹杆组成。屋坡顶一般采用三角形屋架。屋架有木屋架、钢屋架、混凝土屋架等类型，如图12.33 (b) 所示。屋架应根据屋顶坡度进行布置，在四坡顶屋顶及屋顶相互交接处需增加斜梁或半屋架等构件。为保证屋架承重结构坡屋顶的空间刚度和整体稳定性，屋架间需设水平和垂直支撑。屋架承重结构适用于有较大空间的建筑中。

3) 梁架承重：由立柱和梁组成承重排架的承重形式称为梁架承重，它是我国传统建

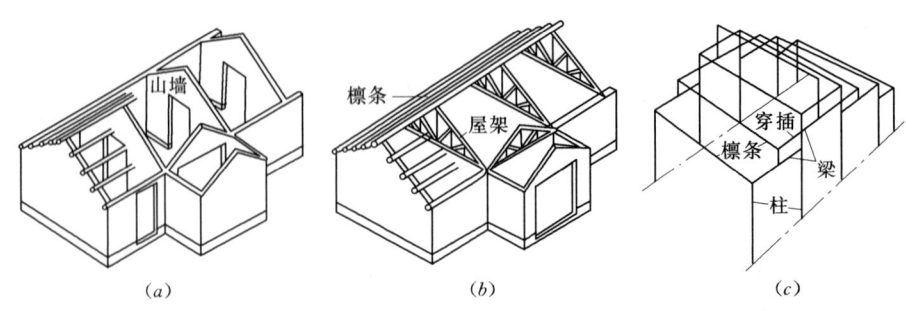

图 12.33 坡屋顶的承重结构类型
（a）横墙承重；（b）屋架承重；（c）梁架承檩式屋架

筑的承重形式，檩条置于梁上承受屋面荷载并把各排架联成一个完整的骨架，如图 12.33（c）所示。现代的坡屋顶也有不少采用梁架承重，一般是由钢筋混凝土立柱和斜梁组成承重骨架，垂直骨架斜梁做次梁，主、次梁上可用现浇钢筋混凝土板，也可用其他材料板，有时也把这种承重形式称为梁板承重。

（2）坡屋面面层。常用的有平瓦屋面、压型钢板屋面。

（3）顶棚。坡屋顶的底面是倾斜的，为满足室内卫生和美观要求，在屋顶下设置顶棚，顶棚可做成水平，也可做成山形、梯形和弧形等。

12.3.2 坡屋顶屋面的构造

1. 平瓦屋面的组成

平瓦屋面根据构造不同分为板式和檩式两类。

板式是在墙或屋架上搁置预制空心板或挂瓦板，再在板上用砂浆贴瓦或用挂瓦条挂瓦；檩式构造由檩条、椽子、屋面板、油毡、顺水条、挂瓦条及平瓦等组成，如图 12.34 所示。

（1）檩条：檩条支撑于横墙或屋架上，其断面尺寸及间距可根据构造需要由计算确定，材料有木材、轻钢、预制钢筋混凝土，其断面形式有矩形、T 形、圆形等。

（2）椽子：当檩条的间距大于 800mm 时，应垂直檩条布置椽子，间距 360～400mm，常用 50mm×50mm 的方木或直径 50mm 的圆木；檩条间距小于 800mm 时，可直接在檩条上铺屋顶板。

（3）屋面板：屋面板俗称"望板"，一般为 15～20mm 厚木板，其主要作用是为屋顶防水层提供平整基层。

（4）油毡：在屋顶板上干铺一层油毡作为辅助防水层。一般应平行于屋脊自屋檐向屋脊铺设，搭接长度不小于 100mm，用顺水条固定于屋面板上。

（5）顺水条：顺水条一般为截面为（20～30）mm×6mm 的木条，顺坡度方向钉在望板上，间距为 400～500mm，其主要作用是固定油毡，因其顺水流方向，故俗称"顺水压毡条"。顺水条的存在使屋面板和瓦之间形成了一个空气层，有利于保温隔热。

（6）挂瓦条：挂瓦条是垂直钉在顺水条上的木条，常用截面为 20mm×30mm，其间距为屋面平瓦的有效尺寸，一般为 280～330mm，其作用是挂瓦，故得名"挂瓦条"。

（7）平瓦：瓦是常用的坡屋顶防水材料，我国传统的平瓦为粘土平瓦，近几年由于环

12.3 坡屋顶的组成与构造

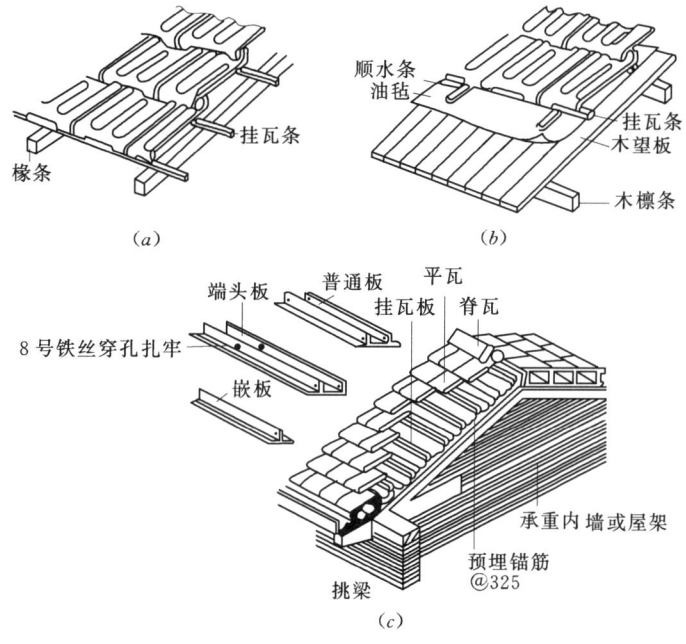

图 12.34 平瓦坡屋顶
(a) 冷摊瓦屋面；(b) 木望板平瓦屋面；(c) 钢筋混凝土挂瓦板平瓦屋面

保意识的增强，水泥平瓦、陶瓦等替代产品相继出现。机平瓦的一般尺寸为长 380～420mm，宽 190～240mm，厚 50mm（净厚约 20mm），平瓦上有挂钩，依靠四面相互搭接形成防水能力，屋脊处盖脊瓦，如图 12.35 所示。

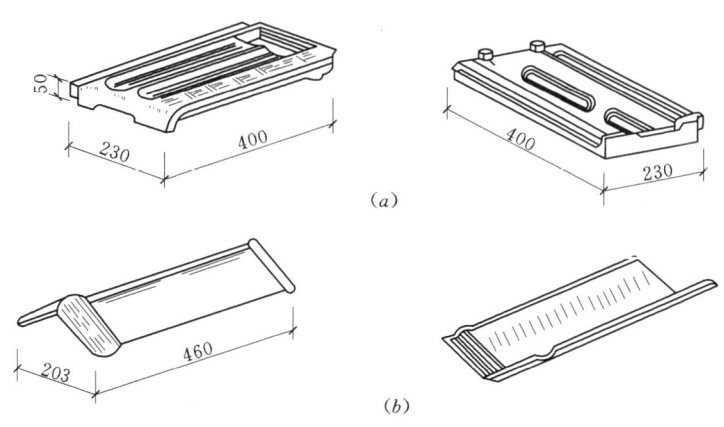

图 12.35 平瓦和脊瓦
(a) 平瓦；(b) 脊瓦

（8）挂瓦板：挂瓦板是将檩条、屋顶板、挂瓦条几个构件的功能隔合为一体的钢筋混凝土预制构件。常用的形式有双肋、单肋、异形肋三种，截面形式分别为有Π形、T形及F形。

2. 平瓦屋面构造做法

平瓦屋面根据基层的不同有冷摊瓦屋面、木望板平瓦屋面、挂瓦板平瓦屋面和钢筋混凝土板瓦屋面四种做法。

(1) 冷摊瓦屋面是在檩条上钉固椽条，然后在椽条上钉挂瓦条并直接挂瓦。这种做法构造简单，但雨雪易从瓦缝中飘入室内，常用于南方地区质量要求不高的建筑，如图 12.34 (a) 所示。

(2) 木望板瓦屋面是在檩条上铺钉 15～20mm 厚的木望板（亦称屋面板），望板可采取密铺法（不留缝）或稀铺法（望板间留 20mm 左右宽的缝），在望板上平行于屋脊方向干铺一层油毡，在油毡上顺着屋面水流方向钉 10mm×30mm、中距 500mm 的顺水条，然后在顺水条上面平行于屋脊方向钉挂瓦条并挂瓦，挂瓦条的断面和间距与冷摊瓦屋面相同。这种做法比冷摊瓦屋面的防水、保温隔热效果要好，但耗用木材多、造价高，多用于质量要求较高的建筑物中，如图 12.34 (b) 所示。

(3) 挂瓦板平瓦屋面。挂瓦板是把檩条、屋面板，挂瓦板几个功能结合为一体的预制钢筋混凝土构件。基本形式有双 T 形、单 T 形和 F 形三种。这种屋面构造简单，省工省料，造价经济，但易渗水，多用于标准要求不高的建筑中，如图 12.34 (c) 所示。

(4) 钢筋混凝土板瓦屋面。瓦屋面由于保温、防火或造型等的需要，可将钢筋混凝土板作为瓦屋面的基层盖瓦。盖瓦的方式有两种：一种是在找平层上铺油毡一层，用压毡条钉在嵌在板缝内的木楔上，再钉挂瓦条挂瓦；另一种是在屋面板上直接粉刷防水水泥砂浆并贴瓦或陶瓷面砖或平瓦。在仿古建筑中也常常采用钢筋混凝土板瓦屋面，如图 12.36 所示。

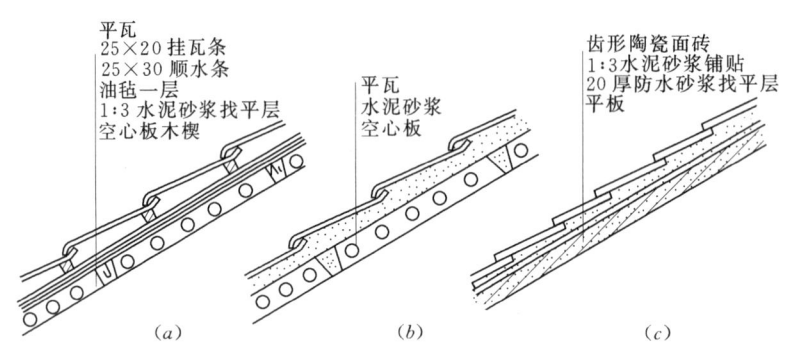

图 12.36 钢筋混凝土板瓦屋面构造
(a) 木条挂瓦；(b) 砂浆贴瓦；(c) 砂浆贴面砖

3. 平瓦屋面的细部构造

平瓦屋面应做好檐口、天沟、屋脊等部位的细部处理。

(1) 檐口构造。檐口分为纵墙檐口和山墙檐口。

1) 纵墙檐口：根据造型要求做成挑檐或封檐，如图 12.37 所示。

2) 山墙檐口：按屋顶形式又分为硬山与悬山两种。

硬山檐口构造是将山墙升起包住檐口，女儿墙与屋面交接处应作泛水处理。女儿墙顶应作压顶板，以保护泛水，如图 12.38 所示。

12.3 坡屋顶的组成与构造

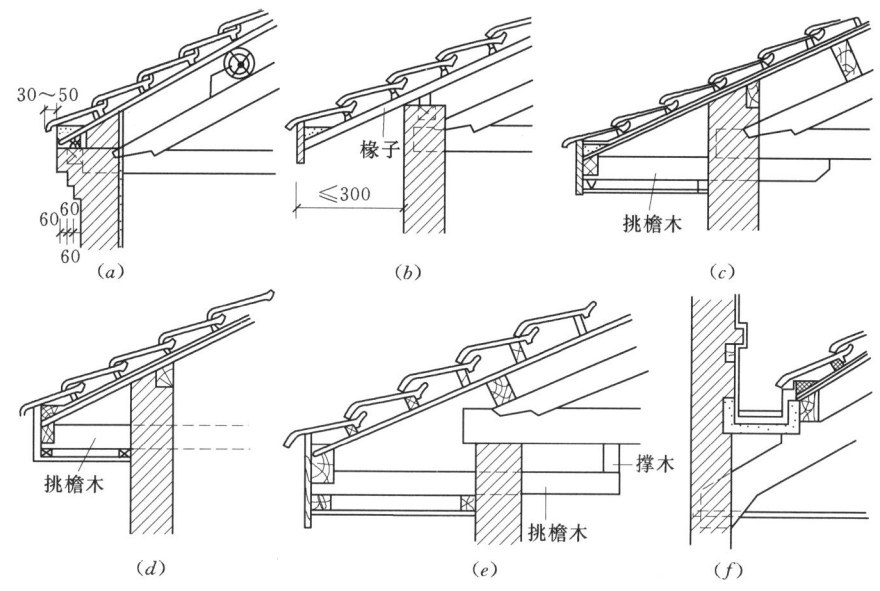

图 12.37 平瓦屋面纵墙檐口构造

(a) 砖砌挑檐；(b) 椽条外挑；(c) 挑檐木置于屋架下；(d) 挑檐木置于
承重横墙中；(e) 挑檐木下移；(f) 女儿墙包檐口

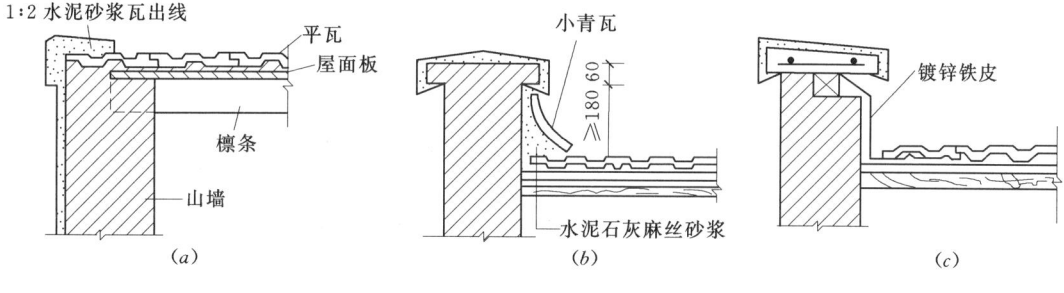

图 12.38 硬山构造

悬山屋顶的山墙檐口构造是先将檩条外挑形成悬山，檩条端部钉木封檐板，沿山墙挑檐的一行瓦，应用 1∶2.5 的水泥砂浆做出披水线，将瓦封固，如图 12.39 所示。

（2）天沟和斜沟构造。等高跨或高低跨相交处，常常出现天沟，而两个相互垂直的屋面相交处则形成斜沟。沟应有足够的断面积，上口宽度不宜小于 300～500mm，一般用镀锌铁皮铺于木基层上，镀锌铁皮伸入瓦片下面至少 150mm。高低跨和包檐天沟若采用镀锌铁皮防水层时，应从天沟内延伸至立墙（女儿墙）上形成泛水，如图 12.40 所示。

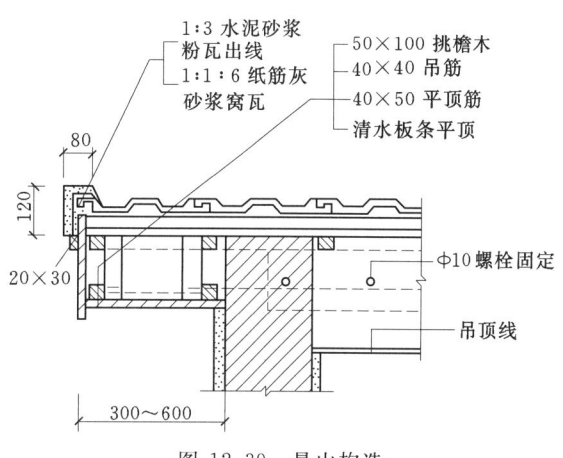

图 12.39 悬山构造

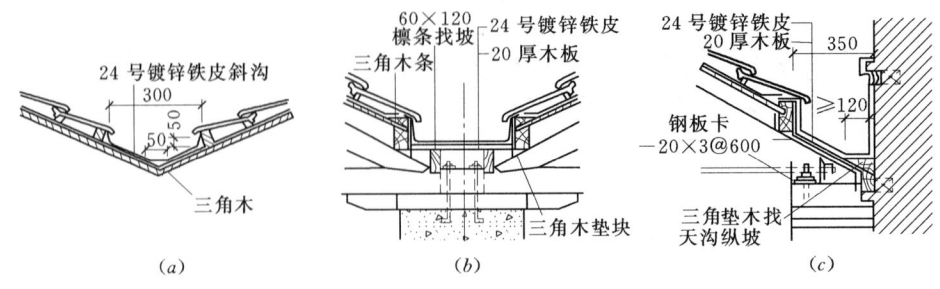

图 12.40 天沟、斜沟构造

(a) 三角形天沟（双跨屋面）；(b) 矩形天沟（双跨屋面）；(c) 高低跨屋面天沟

4. 压型钢板屋面构造

彩色压型钢板屋面简称彩板屋面，压型钢板是将镀锌钢板轧制成型，表面涂刷防腐涂层或彩色烤漆而得的屋面材料，压型钢板屋面构造如图 12.41。在近 10 多年来，这种在大跨度建筑中广泛采用的高效能屋面，它不仅自重轻强度高且施工安装方便。彩板的连接主要采用螺栓连接，不受季节气候影响。彩板色彩绚丽，质感好，大大增强了建筑的艺术效果。彩板除用于平直坡面的屋顶外，还可根据造型与结构的形式需要，在曲面屋顶上使用。

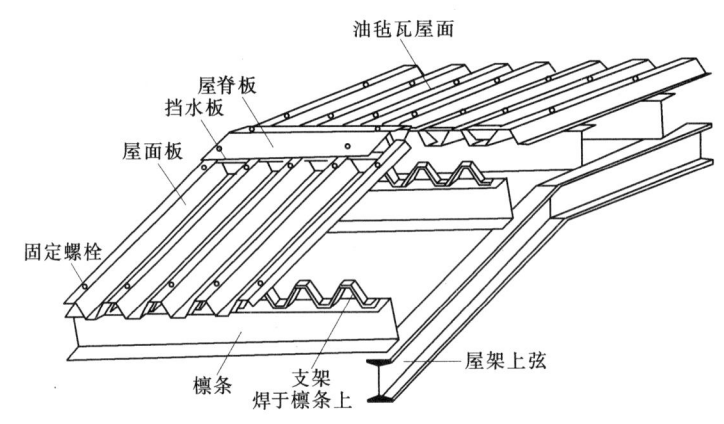

图 12.41 压型钢板屋面

12.3.3 坡屋顶的保温和隔热

1. 坡屋顶保温构造

坡屋顶的保温层一般布置在瓦材与檩条之间或吊顶棚上面。保温材料可根据工程具体要求选用松散材料、块体材料或板状材料。在一般的小青瓦屋面中，采用基层上满铺一层粘土稻草泥作为保温层，小青瓦片粘结在该层上。在平瓦屋面中，可将保温层填充在檩条之间；在设有吊顶的坡屋顶中，常将保温层铺设在顶棚上面，可起到保温和隔热的双重作用。

2. 坡屋顶隔热构造

炎热地区在坡屋顶中设进气口和排气口，利用屋顶内外的热压差和迎风面的压力差，组织空气对流，形成屋顶内的自然通风，以减少由屋顶传入室内的辐射热，从而达到隔热降温的目的。进气口一般设在檐墙上、屋檐部位或室内顶棚上；出气口最好设在屋脊处，以增大高差，有利加速空气流通。图 12.42 为几种通风屋顶的示意图。

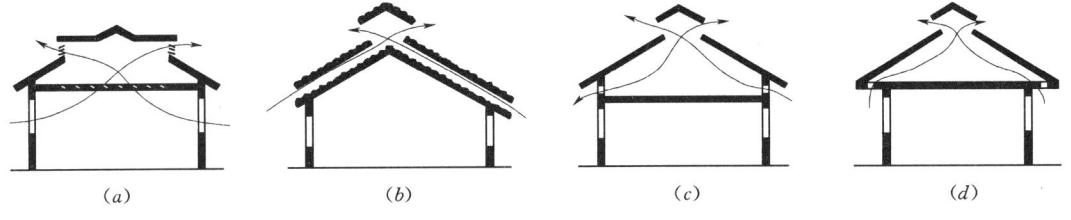

图 12.42 坡屋顶通风示意
(a) 在顶棚和天窗设通风孔；(b) 在外墙和天窗设通风孔之一；(c) 在外墙和天窗设通风孔之二；
(d) 在山墙及檐口设通风孔

本 章 小 结

屋顶按外形分为平屋顶、坡屋顶和其他形式的屋顶。平屋顶的坡度小于 5%，坡度顶的坡度一般大于 10%，其他形式的屋顶造型多样，坡度随之变化。屋面按防水材料不同可以分为柔性防水屋面、刚性防水屋面、涂料防水屋面和瓦屋面等四类。

屋顶设计主要解决防水、保温隔热、坚固耐久、造型美观等要求，其中防水是核心。

屋顶排水设计的主要内容是：确定屋面坡度大小和坡度形成的方法；选择排水方式和划分汇水面积；确定天沟形式和雨水管数量、管径；绘制屋顶排水平面图。单坡排水的屋面宽度控制在 12m 以内，每根雨水管的汇水面积不大于 $200m^2$，其间距控制在 18~24m。

卷材防水屋面防水层之下须设找平层，上部应作保护层，如为上人屋面则应用地面构成保护层，不上人屋面可用绿豆砂形成保护层。保温层设在防水层之下须设隔汽层，设在防水层之上可不设，但保温材料则为不透水材料。卷材防水屋面应加强细部构造的处理，如泛水、檐口、雨水口、变形缝等部位的构造处理。

混凝土刚性防水屋面防水层为了防止开裂，须在防水层中加设钢筋网片、设置分隔缝、在防水层与结构层之间加铺隔离层。分隔缝应设在屋面板的支承端、屋面坡度的转折处、泛水与立墙的交接处。分隔缝之间的距离不应超过 6m。泛水、檐口、雨水口、变形缝、分隔缝等细部构造应有可靠的防水措施。

涂料防水屋面的主要防水措施是：加大屋面板刚度，防止板缝开裂，板面刷涂料和贴玻璃丝布。构造要点与卷材防水屋面类同。

坡屋顶的承重结构有屋架隔檩、山墙隔檩、梁架隔檩三种形式。平瓦屋面基层有冷摊瓦做法、木望板做法、挂瓦板做法。金属瓦屋面、彩色压型钢板瓦屋面自重轻、强度高，可用于各种屋面。

保温层应采用导热系数不大于 0.25 的材料。平屋顶的保温层铺于结构层上，坡屋顶的保温层可铺在瓦材下面或吊顶棚上。屋顶隔热降温措施主要有：架空间层通风、蓄水隔热降温、屋面种植、反射降温。

习 题

12.1 屋顶是如何进行分类的？
12.2 屋面防水设防应考虑哪些因素？
12.3 平屋顶排水组织有哪些类型，各有什么优缺点？
12.4 平屋顶找坡方法有哪些？
12.5 柔性防水平屋顶防水层下的找平层有哪些作用？
12.6 柔性防水平屋顶的隔气层有什么作用？
12.7 什么叫泛水？柔性防水平屋顶泛水构造的做法要注意哪些？
12.8 雨水口有哪两种形式？
12.9 什么是刚性防水？其适用场合有哪些？
12.10 保证刚性防水层防水性能的措施有哪些？
12.11 为什么刚性防水层要设置分格缝？如何设置？分格缝又如何进行处理？
12.12 坡屋顶有几种结构布置形式？
12.13 平瓦坡屋顶一般由哪些部分的组成？其构造形式有哪几种？

第13章 变 形 缝

本章学习目标：
通过本章的学习，主要掌握伸缩缝、沉降缝和防震缝的作用、设置和构造做法。

建筑物由于受到温度变化、地基不均匀沉降和地震等作用，在结构内部将产生附加应力和附加变形，造成建筑物的开裂和变形，甚至引起结构破坏，影响了建筑物的使用安全。为避免发生上述情况，可以采取以下措施：一是加强房屋的整体性，使其具有足够的强度和刚度，以抵抗外部的作用；二是在房屋敏感的部位设缝断开，把建筑物分成若干个相对独立的部分，保证各部分能自由变形、互不干扰，减少破坏。这种在各个部分之间人为设置的缝隙称为变形缝。

变形缝按其功能不同分为三种类型：伸缩缝、沉降缝和防震缝。

13.1 伸 缩 缝

13.1.1 伸缩缝的作用

建筑物因受到温度的变化而产生热胀冷缩现象，使结构构件内部产生附加应力而变形，造成构件开裂或破坏。当建筑物的体量过大时，这种情况更加明显。为避免这种温度变化引起的破坏，需沿建筑物长度方向每隔一定距离设置一道具有一定宽度的缝隙，即伸缩缝，也称为温度缝。

13.1.2 伸缩缝的设置

伸缩缝的设置间距与建筑物所用结构材料、结构类型、施工方式、建筑所处环境等因素有关。表13.1和表13.2对砌体结构和钢筋混凝土结构建筑的伸缩缝最大设置间距作出了规定。

表 13.1　　　　　　　　　砌体结构房屋伸缩缝的最大间距

砌体类别	屋顶或楼板层的类别		间距（m）
各种砌体	整体式或装配整体式钢筋混凝土结构	有保温层或隔热层的屋顶、楼板层	50
		无保温层或隔热层的屋顶	40
	装配式无檩体系钢筋混凝土结构	有保温层或隔热层的屋顶	60
		无保温层或隔热层的屋顶	50
	装配式有檩体系钢筋混凝土结构	有保温层或隔热层的屋顶	75
		无保温层或隔热层的屋顶	60
普通黏土、空心砖砌体	黏土瓦或石棉水泥瓦屋顶		100
石砌体	木屋顶或楼板层		80
硅酸盐、硅酸盐砌块和混凝土砌块砌体	砖石屋顶或楼板层		75

注　1. 层高大于5m的混合结构单层房屋，其伸缩缝间距可按表中数值乘以1.3采用，但当墙体采用硅酸盐砖、硅酸盐砌块和混凝土砌块砌筑时，不得大于75m。
　　2. 温差较大且变化频繁地区和严寒地区，不采暖的房屋及构筑物墙体的伸缩缝最大间距，应按表中数值予以适当减少后采用。

表 13.2　　　　　　　　　　钢筋混凝土结构房屋伸缩缝的最大间距

项次	结构类型		室内或土中 (m)	露天 (m)
1	排架结构	装配式	100	70
2	框架结构	装配式	75	50
		现浇式	55	35
3	剪力墙结构	装配式	65	40
		现浇式	45	30
4	挡土墙及地下室墙壁等结构	装配式	40	30
		现浇式	30	20

注 1. 如有充分依据或可靠措施，表中数值可以增减。
　　2. 当屋面板上部无保温或隔热措施时，框架、剪力墙结构的伸缩缝间距，可按表中露天栏的数值选用，排架结构可按适当低于室内栏的数值选用。
　　3. 排架结构的柱顶面（从基础顶面算起）低于 8m 时，宜适当减少伸缩缝间距。
　　4. 外墙装配内墙现浇的剪力墙结构，其伸缩缝最大间距按现浇式一栏的数值选用。滑模施工的剪力墙结构，宜适当减小伸缩缝间距。现浇墙体在施工中应采取措施减少混凝土收缩应力。

13.1.3　伸缩缝的构造

伸缩缝要求将建筑物的墙体、楼层、屋顶等地面以上的构件全部断开，基础因埋在地下，受温度变化影响较小，不必断开。缝宽一般在 20~40mm。

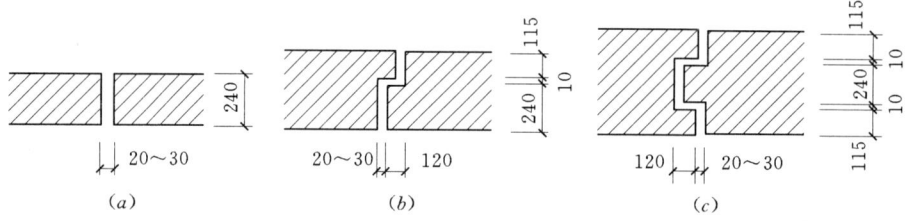

图 13.1　砖墙伸缩缝截面形式
(a) 平缝；(b) 错口缝；(c) 企口缝

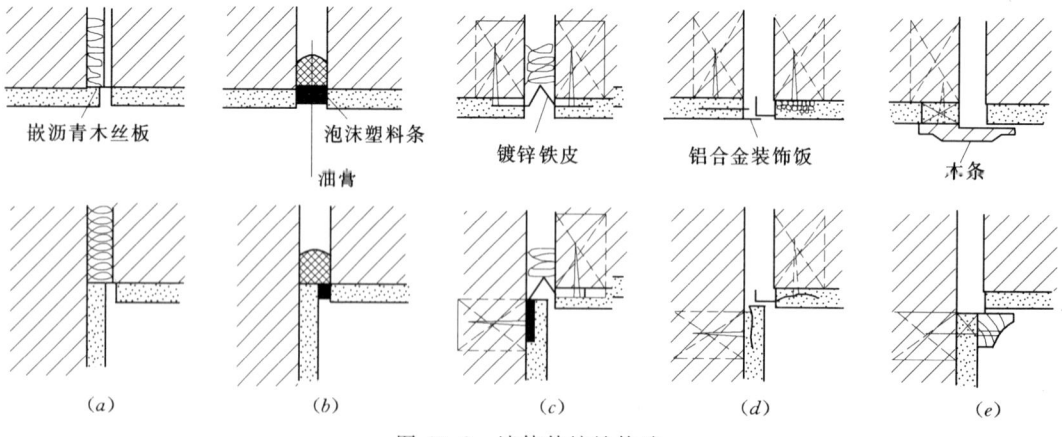

图 13.2　墙体伸缩缝构造
(a)、(b)、(c) 外墙构造；(d)、(e) 内墙构造

13.1 伸缩缝

1. 墙体伸缩缝构造

根据墙体的厚度和所用材料不同，伸缩缝可做成平缝、错口缝和企口缝等形式，如图 13.1 所示。为减少外界环境对室内状况的影响以及考虑建筑立面处理的要求，需对伸缩缝进行嵌缝和盖缝处理，缝内一般填沥青麻丝、油膏、泡沫塑料等材料。当缝口较宽时，还应用镀锌铁皮、彩色钢板、铝皮等金属调节片覆盖，如图 13.2 所示。

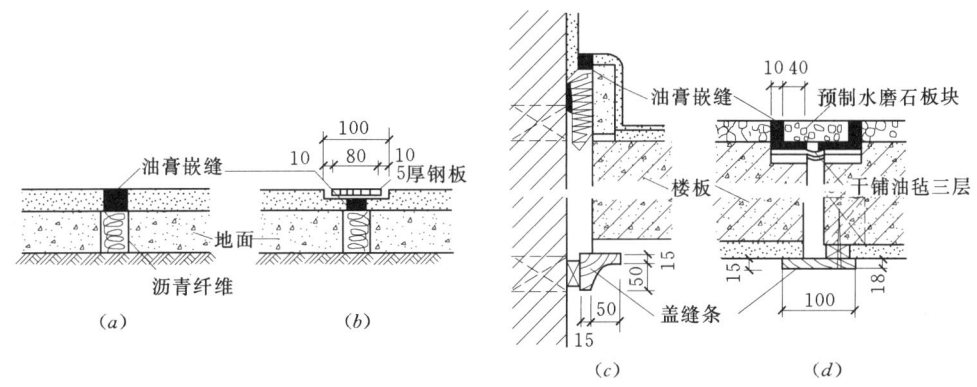

图 13.3 楼地板层伸缩缝构造

(a) 地面油膏嵌缝；(b) 地面钢板盖缝；(c) 楼板靠墙处变形缝；(d) 楼板变形缝图

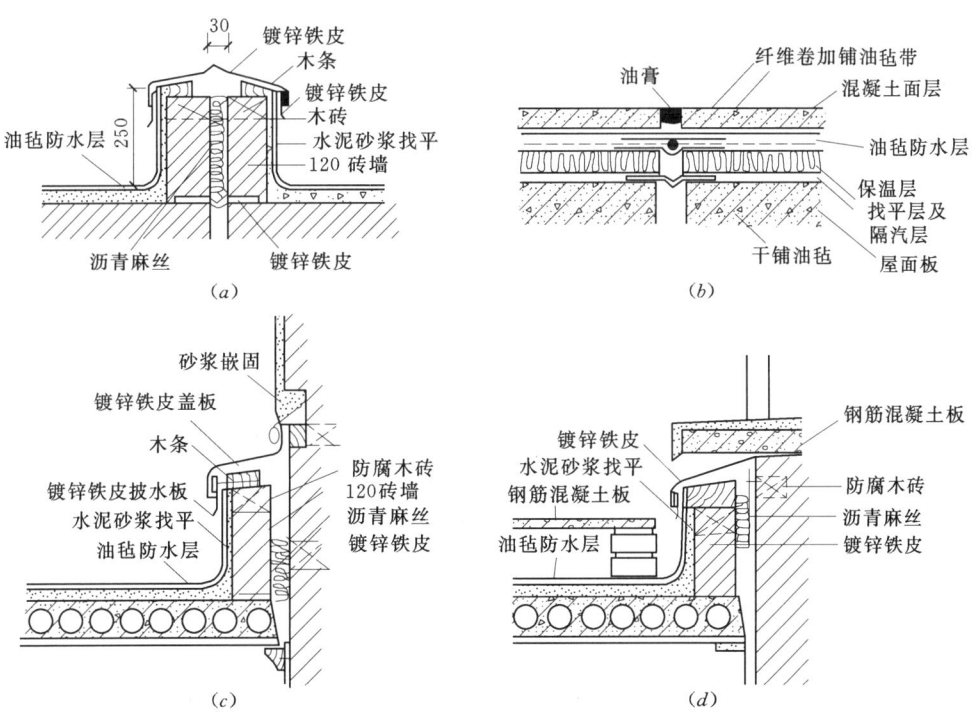

图 13.4 卷材防水屋面伸缩缝构造

(a) 一般平缝屋面变形缝；(b) 上人屋面变形缝；(c) 高低错落处变形缝；(d) 进出口处变形缝

2. 楼地板层伸缩缝构造

楼地板层伸缩缝的位置和缝宽应与墙体、屋顶变形缝一致。缝的处理应满足地面平整、光洁、防滑、防水和防尘等要求。可用油膏、沥青麻丝、橡胶、金属等弹性材料封缝。上铺活动盖板或橡胶、塑料板等地面材料。顶棚盖缝条只固定一侧,以保证两侧构件能自由伸缩变形,如图13.3所示。

3. 屋顶伸缩缝构造

屋顶伸缩缝的处理应考虑屋面防水的种类和使用功能要求。一般不上人屋面可在伸缩缝两侧加砌矮墙,做好泛水处理,但在盖缝处应保证自由伸缩而不漏水。上人屋面多用油膏嵌缝并做泛水。常见卷材防水屋面和刚性防水屋面伸缩缝构造,如图13.4和图13.5所示。

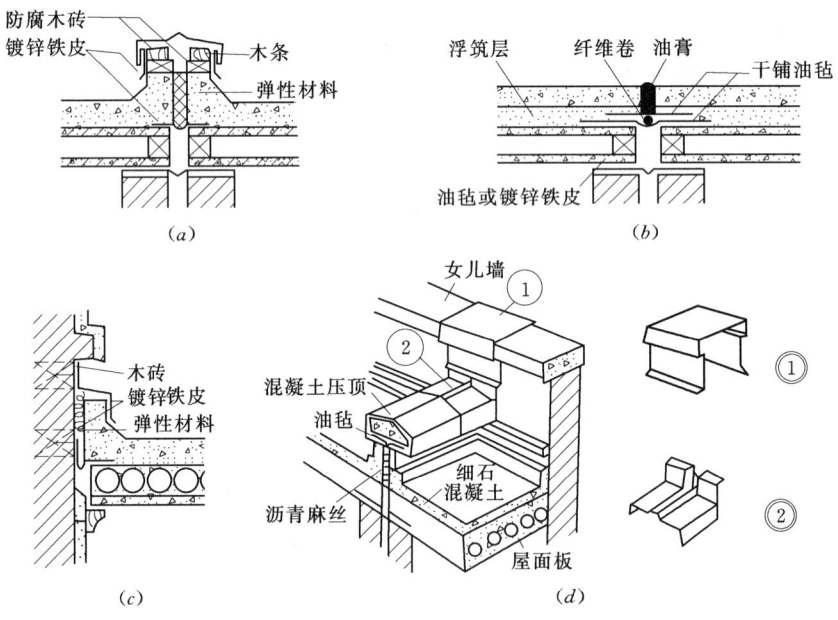

图 13.5 刚性防水屋面伸缩缝构造

(a) 不上人屋面平缝变形缝;(b) 上人屋面平缝变形缝;(c) 高低错落处屋面变形缝;(d) 变形缝立体图

13.2 沉 降 缝

13.2.1 沉降缝的作用

如果建筑物中存在各部分地基承载力不同或荷载差异过大等现象,将引起建筑物的不均匀沉降,严重时会导致建筑物结构构件破坏。沉降缝的作用是利用垂直的缝自基础将建筑物分隔为相对独立的单元,使各单元之间没有约束、互不影响,可以沿竖向自由沉降,预防建筑物由于各部分不均匀沉降引起的破坏。

13.2.2 沉降缝的设置

当建筑物有下列情况时,均应考虑设置沉降缝。

(1)同一建筑物相邻两部分高差在两层以上或超过10m时。

13.2 沉 降 缝

（2）建筑物建造在地基承载力相差较大的土壤上时。

（3）建筑物的基础承受的荷载相差较大时。

（4）原有建筑物和新建、扩建的建筑物间。

（5）相邻基础的宽度和埋深相差悬殊时。

（6）建筑物体型比较复杂，连接部位又比较薄弱时。

沉降缝的宽度与地基的性质和建筑物的高度有关。一般地基土越软弱、建筑高度越大，沉降缝宽度越大；反之，宽度则较小。不同地基条件下的沉降宽度见表13.3。

表 13.3　　沉降缝的宽度

地基情况	建筑物高度	沉降缝宽度（mm）
一般地基	$H<5m$	30
	$H=5\sim10m$	50
	$H=10\sim15m$	70
软弱地基	2～3层	50～80
	4～5层	80～120
	5层以上	>120
湿陷性黄土地基		≥30～70

沉降缝一般与伸缩缝合并设置，兼起伸缩缝的作用，但伸缩缝不可代替沉降缝。

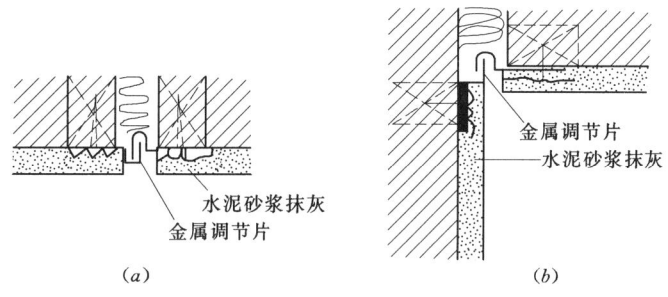

图 13.6　墙体沉降缝构造
(a) 平直墙体；(b) 转角墙体

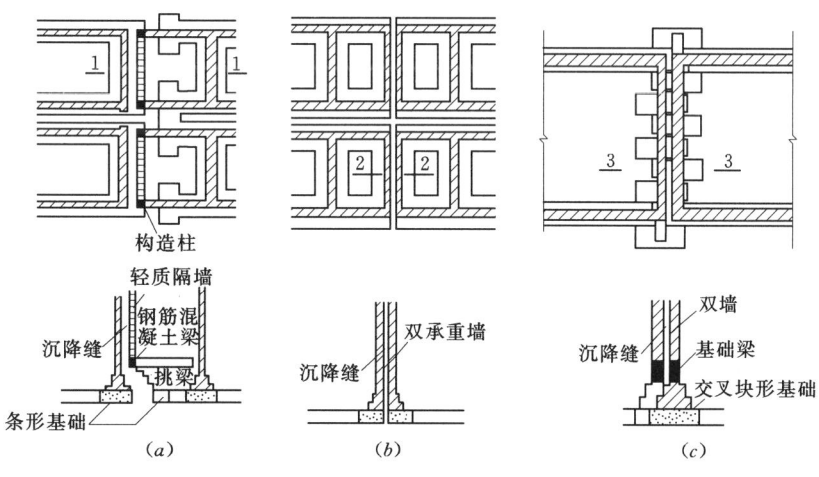

图 13.7　基础沉降缝处理示意
(a) 悬挑基础方案；(b) 双墙方案沉降缝；(c) 双墙基础交叉排列方案沉降缝

13.2.3 沉降缝的构造

1. 墙体沉降缝的构造

墙体沉降缝构造与伸缩缝构造基本相同，只是调节片或盖缝板在构造上需要保证两侧结构在竖向相对变位不受约束，如图 13.6 所示。

2. 基础沉降缝的构造

沉降缝需要沿基础断开，基础沉降缝应另行处理，常见的有悬挑式基础和双墙式基础两种类型。

悬挑式基础。为使沉降缝两侧结构单元能上下自由沉降又互不影响，可在缝的一侧做成挑梁基础。若在沉降缝的两侧需设双墙，则在挑梁端部增设横梁，在横梁上砌墙。挑梁基础方案可用于沉降缝两侧基础埋深较大以及新建筑与原有建筑相邻等情况，如图 13.7（a）所示。

双墙式基础。在沉降缝两侧均设承重墙，墙下有各自的基础，能保证每个结构单元都有封闭连续的基础和纵横墙，这种结构整体性好、刚度大，但基础偏心受力，并在沉降时相互影响，如图 13.7（b）所示。若采用双墙交叉式基础方案，基础偏心受力将会改善，如图 13.7（c）所示。

3. 屋顶沉降缝的构造

屋顶沉降缝处泛水金属铁皮或其他构件应满足沉降变形的要求，并有维修余地，如图 13.8 所示。

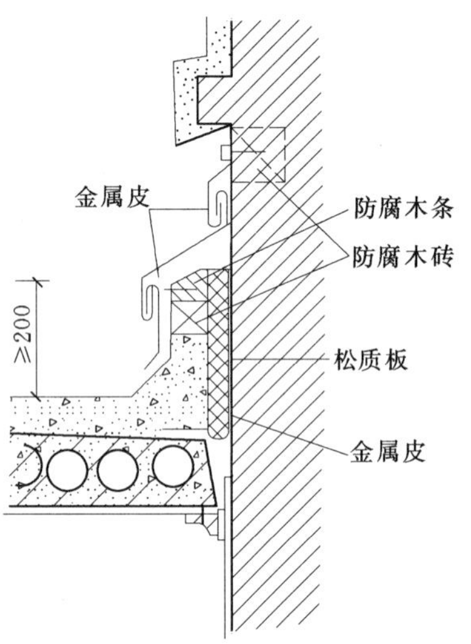

图 13.8 屋顶沉降缝构造

13.3 防　震　缝

13.3.1 防震缝的作用

防震缝的作用是将建筑物分成若干体型简单、结构刚度均匀的独立单元，防止建筑物的各部分在地震时相互拉伸、挤压或扭转，造成变形和破坏。防震缝应沿建筑的全高设置，缝的两侧应布置墙或柱，形成双墙、双柱或一墙一柱，使各部分封闭，增加刚度，如图 13.9 所示。一般情况下基础不设防震缝，若与沉降缝合并设置时，基础也应设缝断开。

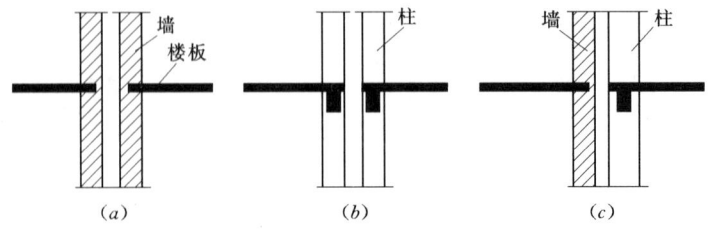

图 13.9　防震缝两侧结构布置
（a）双墙方案；（b）双柱方案；（c）一墙一柱方案

13.3.2 防震缝的设置

对多层砌体建筑，遇到下列情况时，应结合抗震设计规范要求，考虑设置防震缝。

(1) 建筑平面形体复杂，有较长的突出部分，如 L 形、U 形、T 形、山形等，应设缝将它们分开，使各部分平面形成简单规整的独立单元。

(2) 建筑物立面高差在 6m 以上。

(3) 建筑有错层且错层楼板高差较大。

(4) 建筑物相邻部分的结构刚度和质量相差悬殊时。

防震缝的宽度一般根据所在地区的地震烈度和建筑物的高度来确定。一般多层砌体结构建筑的缝宽为 50～100mm；多层钢筋混凝土框架结构中，建筑物高度在 15m 及 15m 以下时，缝宽为 70mm，当建筑物高度超过 15m 时，按地震烈度在缝宽 70mm 的基础上增大的缝宽为：

1) 地震烈度 7 度，建筑物每增高 4m，缝宽增加 20mm。
2) 地震烈度 8 度，建筑物每增高 3m，缝宽增加 20mm。
3) 地震烈度 9 度，建筑物每增高 2m，缝宽增加 20mm。

13.3.3 防震缝的构造

防震缝的宽度较大，应充分考虑盖缝条的牢固性和适应变形的能力，做好防水、防风，如图 13.10 所示。

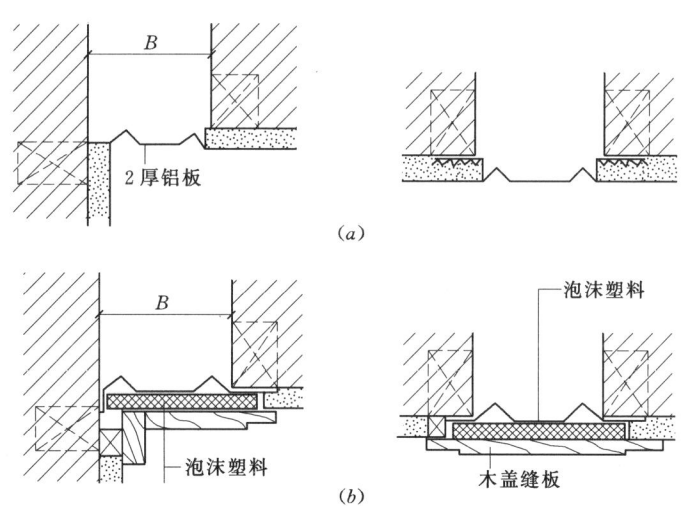

图 13.10 墙身防震缝构造
(a) 外墙防震缝的处理；(b) 内墙防震缝的处理

本 章 小 结

建筑物由于受到温度变化、地基不均匀沉降和地震等作用，在结构内部将产生附加应力和附加变形，造成建筑物的开裂和变形，甚至引起结构破坏。在房屋敏感部位设缝断开，把建筑物分成若干个相对独立的部分，保证各部分能自由变形、互不干扰，就可以有效避免破坏的发生。这种在各个部分之间人为设置的缝隙称为变形缝。

变形缝按其功能不同分为三种类型：伸缩缝、沉降缝和防震缝。

为避免温度变化引起的破坏，沿建筑物长度方向每隔一定距离设置一道具有一定宽度的缝隙，即伸缩缝，也称为温度缝。伸缩缝要求将建筑物的墙体、楼层、屋顶等地面以上的构件全部断开，基础因埋在地下，受温度变化影响较小，不必断开。缝宽一般在20~40mm。

沉降缝的作用是利用垂直的缝自基础将建筑物分隔为相对独立的单元，使各单元之间没有约束、互不影响，可以沿竖向自由沉降，预防建筑物由于各部分不均匀沉降引起的破坏。沉降缝的宽度与地基的性质和建筑物的高度有关。一般地基土越软弱、建筑高度越大，沉降缝宽度越大；反之，宽度则较小。

防震缝的作用是将建筑物分成若干体型简单、结构刚度均匀的独立单元，防止建筑物的各部分在地震时相互拉伸、挤压或扭转，造成变形和破坏。防震缝应沿建筑的全高设置，缝的两侧应布置墙或柱，形成双墙、双柱或一墙一柱，使各部分封闭，增加刚度。

习　题

13.1　变形缝的作用是什么？它有哪几种类型？

13.2　什么情况下设置伸缩缝？其宽度一般为多少？

13.3　什么情况下设置沉降缝？怎样确定沉降缝的宽度？

13.4　什么情况下设置防震缝？确定其宽度的依据是什么？

13.5　基础沉降缝的构造方法有哪几种？

13.6　伸缩缝、沉降缝和防震缝各有什么特点？试比较其构造上的异同。

第14章 建 筑 防 火

本章学习目标：

通过本章的学习，了解建筑火灾的概念，火灾的发展阶段和蔓延的途径，理解建筑防火分区和防烟分区的划分，高层建筑的防排烟问题，掌握有关建筑防火的基本知识及高层建筑防火设计要点。

14.1 火灾发展及蔓延

建筑火灾是指烧损建筑物及其内容物品的燃烧现象。引起建筑物起火的原因取决于是否具备了一定的燃烧条件，即：存在能燃烧的物质、有助燃的氧气或氧化剂、有能使可燃物质燃烧的着火源。只要上述三个条件同时出现，并相互影响就能起火。

14.1.1 火灾的发展阶段

刚起火时，火源范围很小，火灾的燃烧状况与在开敞空间一样。随着火源范围的扩大，火焰在最初着火的材料上燃烧，或者蔓延到附近的可燃物，当房间的墙壁、屋顶等部件开始影响燃烧的继续发展时，一般来说，就完成了一个发展阶段。若通风充足，可燃物充分，则火灾就会持续发展，以火灾发展过程（见图 14.1）可以看出，建筑火灾分为三个阶段。

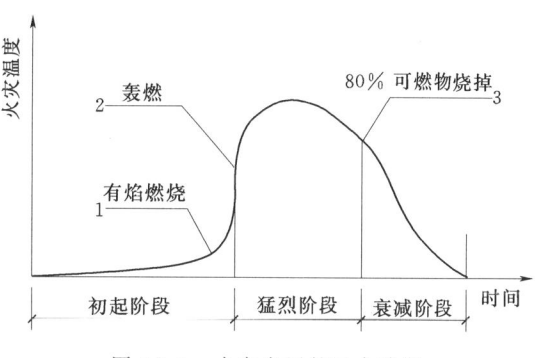

图 14.1 火灾发展的三个阶段

1. 火灾初起阶段

这一阶段是局部的，火势不够稳定，室内的平均温度不高，蔓延速度对建筑结构的破坏能力比较低。

2. 猛烈燃烧阶段

在此期间，室内所有的可燃物全部被燃烧，火焰可能充满整个空间。若门窗玻璃破碎，为燃烧提供了较充分的空气，室内温度很高，一般可达 1100℃，燃烧稳定，破坏力强，建筑物的可燃构件均被烧着，难以扑灭。

3. 衰减阶段（熄灭）

经过猛烈燃烧后，室内可燃物大都被烧尽，燃烧向着自行熄灭的方向发展。一般把火灾温度降低到最高值的 80% 作为猛烈燃烧阶段与衰减阶段的分界。这一阶段虽然有焰燃烧停止，但火场的余热还能维持一段时间的高温，衰减阶段温度下降速度是比较慢的。

由上所述，可知火灾发展过程与建筑防火发生关系的是第一阶段和第二阶段。火灾初起阶段的时间，根据具体条件，可在 5～20min 之间。这时的燃烧是局部的，火势发展不稳定，有中断的可能。故应该设法争取及早发现，把火及时控制和消灭在起火点。为了限制火势发展，要考虑在可能起火的部位尽量少用或不用可燃材料，或在易于起火并有大量易燃物品的上空设置排烟窗，炙热的火或烟气可由上部排除，火灾发展蔓延的危险性就有可能降低。

一般把火灾的初起阶段转变为全面燃烧的瞬间，称为轰燃。轰燃经历的时间较短，它的出现标志着火灾进入猛烈燃烧阶段。在这一阶段，建筑结构可能被毁坏，或导致建筑物局部（如木结构）或整体（如钢结构）倒塌。这阶段的延续时间主要决定于燃烧物质的数量和通风条件，为了减少火灾损失，针对第二阶段温度高、时间长的特点，建筑设计的任务就是要设置防火分隔物（如防火墙、防火门等），把火限制在起火的部位，以阻止火不能很快地向外蔓延；并适当地选用耐火时间较长的建筑结构，使它在猛烈的火焰作用下，保持应有的强度和稳定，直到消防人员到达把火扑灭。应要求建筑物的主要承重构件不会遭受致命的损害而且便于修复。

火灾发展到第三个阶段，火势趋向熄灭。室内可供燃烧的物质减少，门窗破坏，木结构的屋顶会烧穿，温度逐渐下降，直到室内外温度平衡，把全部可燃物烧光为止。

14.1.2 建筑火灾的蔓延

1. 火灾蔓延的方式

火势蔓延的方式是通过热的传播。指在起火的建筑物内，火由起火房间转移到其他房间的过程，主要是靠可燃构件的直接燃烧而产生热的传导、热的辐射和热的对流。

热的传导是指物体一端受热，通过物体热分子的运动，把热传到另一端。通过热传导的方式蔓延扩大的火灾，有两个比较明显的特点：其一是，热量必须经导热性好的建筑构件或建筑设备，如金属构件、薄壁隔墙或金属设备等的传导，能够使火灾蔓延到相邻或上下层房间；其二是，蔓延的距离较近，一般只能是相邻的建筑空间。可见传导蔓延扩大的火灾，其规模是有限的。

热的辐射是指热由热源以电磁波的形式直接发射到周围物体上。在烧得很旺的火炉旁边，能把湿的衣服烤干，如果靠得太近，还可能把衣服烧着。在火场上，起火建筑物也像火炉一样，能把距离较近的建筑物烤着燃烧，这就是热辐射的作用。热辐射是相邻建筑之间火灾蔓延的主要方式，同时也是起火房间内部燃烧蔓延的主要方式之一。建筑防火中所谓的防火间距，主要是考虑预防火焰辐射引起相邻建筑着火而设置的间隔距离。

热的对流是指炙热的燃烧产物（烟气）与冷空气之间相互流动的现象。热对流是建筑物内火灾蔓延的一种主要方式。建筑火灾发展到猛烈阶段后，一般情况是窗玻璃在轰燃之际已经破坏，又经过一段时间的猛烈燃烧，内走廊的木质户门被烧穿，或门框上的高窗烧坏，导致烟火涌入内走廊。门窗的破坏，利于通风，使火燃烧更加剧烈，升温更快，耐火建筑一般可达 1000~1100℃ 左右，木结构建筑可达 1200~1300℃ 左右。除了在水平方向对流蔓延外，火灾在竖向管井也是由热对流方式蔓延的。

火场上火势发展的规律表明，浓烟流窜的方向，往往就是火势蔓延的途径。例如剧院舞台起火后，若舞台与观众厅吊顶之间没有设防火隔墙时，烟或火舌便从舞台上空直接进入观众厅的吊顶，使观众厅吊顶全面燃烧，然后又通过观众厅山墙上的孔洞进入门厅，把门厅的吊顶烧着，这样蔓延下去直到烧毁整个剧院（见图 14.2），由此可知热对流对火势蔓延的重要作用。

14.1 火灾发展及蔓延

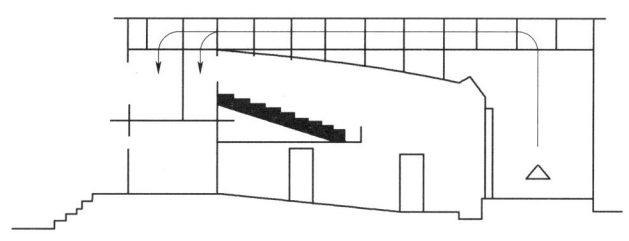

图 14.2 剧院内火的蔓延
△为起火点；→为火势蔓延的途径

2. 火灾蔓延的途径

研究火灾蔓延途径，是设置防火分隔的依据，也是"堵截包围、穿插分割"扑灭火灾的需要。综合实际，可以看出火从起火房间向外蔓延的途径，主要有以下几个方面：

（1）由外墙窗口向上层蔓延。在现代建筑中，火通过外墙窗口喷出烟气和火焰，沿窗间墙及上层窗口窜到上层室内，这样逐层向上蔓延，会使整个建筑物起火（见图14.3）。若采用带形窗更容易吸附喷出向上的火焰，蔓延更快。为了防止火势蔓延，要求上、下层窗口之间的距离，尽可能大些。要利用窗过梁、窗楣板或外部非燃烧体的雨篷、阳台等设施，使烟火偏离上层窗口，阻止火势向上蔓延。

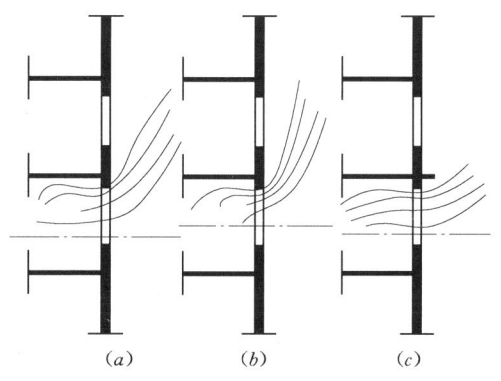

图 14.3 火由外墙窗口向上蔓延
(a) 窗口上缘较低距上层窗台较近；(b) 窗口上缘较高距上层窗台较远；(c) 窗口上缘有挑出雨篷，使气流偏离上层窗口

（2）火势的横向蔓延。火势在横向主要是通过内墙门及间隔墙进行蔓延。如户门为可燃的木质门，被火烧穿；铝合金防火卷帘因无水幕保护或水幕未洒水，导致卷帘被熔化；管道穿孔处未用非燃材料密封等处理不当导致火势蔓延；铁皮防火门在正常使用时是开着的。一旦发生火灾，不能及时关闭；当采用木板隔墙时，火容易穿过木板缝隙窜到墙的另一面，木板极易被燃烧。板条抹灰墙受热时，内部首先自燃，直到背火面的抹灰层破裂，火便会蔓延过去。当墙为厚度很小的非燃烧体时，隔壁靠墙堆放的易燃物体，可能因墙的导热和辐射而自燃起火。此外，防火卷帘背火面堆放可燃物，或卷帘与可燃装修材料接触时，也会导致火势横向蔓延。

（3）火势通过竖井等蔓延。在现代建筑物中，有大量的电梯、楼梯、垃圾井、设备管道井等竖井，这些竖井往往贯穿整个建筑，若未作周密完善的防火设计，一旦发生火灾火势便会通过竖井蔓延到建筑物的任意一层。

此外，建筑物中一些不引人注意的吊装用的或其他用途的孔道，有时也会造成整个大楼的恶性火灾，如吊顶与楼板之间、幕墙与分隔结构之间的空隙、保温夹层、下水管道等都有可能因施工质量等留下孔洞。

（4）火势由通风管道蔓延。通风管道蔓延火势一般有两种方式：通风道内起火，并向连通的空间，如房间、吊顶内部、机房等蔓延；通风管道可以吸进起火房间的烟气蔓延到其他空间，而在远离火场的其他空间再喷吐出来，造成火灾中大批人员因烟气中毒而死亡。因此在通风管道穿通防火分区和穿越楼板之处，一定要设置自动关闭的防火阀门。

14.2 防火与防烟分区

14.2.1 防火分区

1. 防火分区的意义

防火分区，是指用具有一定耐火能力的墙、楼板等分隔构件，作为一个区域的边界构件，能够在一定时间内把火灾控制在某一范围内的基本空间。设计民用建筑必须遵循国家最新颁布的 GB50016—2006《建筑设计防火规范》的规定，在设计中要根据使用性质，选定建筑物的耐火等级，设置防火分隔物，分清防火分区，保证合理的防火间距，设有安全疏散通道及疏散通口，保证人员及财产的安全，防止或减少火灾发生的可能性。

随着国家建设事业的发展，现代建筑其规模趋向大型化、多功能化发展，如北京饭店新楼标准层面积达 2800m²。有的单层纺织厂房，占地面积 4 万多 m²，有的工业厂房 9 层高达 54m 等。这样大的范围内，若不按面积，按楼层控制火灾，一旦某处起火成灾，造成的危害是难以想象的。因此，要在建筑物内设置防火分区。

2. 防火分区的原则

防火分区按其作用，又可分为水平防火分区和垂直防火分区。水平防火分区是用以防止火灾在水平方向扩大蔓延；垂直防火分区主要是防止多层或高层建筑层与层之间的竖向火灾蔓延。主要由具有一定耐火能力的钢筋混凝土楼板做分隔构件。

建筑物防火分区的大小取决于建筑物的耐火等级和建筑的层数。不同使用功能的建筑物，防火分区也不相同。防火分区采用防火墙、防火门、防火卷帘或水幕分隔。

建筑物面积过大，室内容纳人数和可燃物的数量也相应增大，火灾时燃烧面积大，燃烧时间长，辐射热强烈，对建筑结构的破坏严重，火势难控制，对消防扑救和人员、物资疏散都很不利。为了减少火灾造成的损失，对建筑防火分区的面积，按照建筑物耐火等级的不同，给予相应的限制，即耐火等级高的防火分区面积可以适当大些，耐火等级低的，防火分区面积就要小些。一、二级耐火等级的民用建筑，耐火性能较高，规定防火分区面积为 2500m²。三级建筑物防火分区面积应比一、二级要小，一般不超过 1200m²。四级耐火等级建筑防火分区面积不宜超过 600m²。同理，除了限制防火分区面积外，对建筑物的层数和长度也提出了限制，详见表 14.1 和表 14.2。

建筑物内如有上下层相通的走廊、自动扶梯等开口部位时，应按上、下连通层作为一个防火分区，其建筑面积的允许值取决于建筑的耐火等级及使用功能见表 14.1。多层大型公共建筑的中庭空间，若房间与共享空间连接的开口部位设有防火门窗并装有水幕，以及封闭屋盖装有自动排烟设施时，可不受此条限制。

中庭空间是贯穿多层的封闭空间，极易造成烟火的四处蔓延。因此各国均对中庭的防火分区面积作了细致规定。我国高层建筑中庭应按上、下层连通的面积叠加计算，当超过一个防火分区面积时，解决办法应遵循 GB50045—95《高层民用建筑设计防火规范》中的有关规定。

14.2 防火与防烟分区

表 14.1　　　　　民用建筑的耐火等级、层数、长度和面积

耐火等级	最多允许层数	防火分区间		备　注
		最大允许长度（m）	每层最大允许建筑面积（m²）	
一、二级	不大于9层（住宅）和建筑高度不大于24m的其他民用建筑，建筑高度大于24m的单层公共建筑	150	2500	（1）体育馆、剧院等的长度和面积可以放宽； （2）托儿所、幼儿园的儿童用房不应设在4层及4层以上
三级	5	100	1200	（1）托儿所、幼儿园的儿童用房不应设在3层及3层以上； （2）电影院、剧院、礼堂、食堂不应超过2层； （3）医院、疗养院不应超过3层
四级	2	60	600	学校、食堂、菜市场、托儿所、幼儿园、医院等不应超过1层

注　建筑内设置自动灭火系统时，该防火分区的最大允许建筑面积可按表14.1的规定增加1.0倍。局部设置时，增加面积可按该局部面积的1.0倍计算。

表 14.2　　　　　高层民用建筑的分类、防火分区及耐火等级

	一类	二类	防火分区（m²）			耐火等级	
			一类	二类	地下室	一类	二类
居住建筑	高层住宅：19层及19层以上的普通住宅	10～18层的普通住宅	1000	1500	500	一级	不低于二级
公共建筑	医院、百货楼、展览楼、财贸及金融楼、电信楼、广播楼、省级邮电楼、高级旅馆、重要的办公楼、科研楼、图书楼、档案楼等； 建筑高度超过50m的教学楼、普通旅社、办公楼、科研楼、图书楼	建筑高度不超过50m的教学楼和普通旅馆、办公楼、科研楼、图书楼、档案楼、省级以下的邮电楼等					

建筑物的地下室、半地下室应采用防火墙分隔成面积不超过500m²的防火分区。

14.2.2　防烟分区

1. 烟的危害

从国外、国内多次建筑火灾的统计表明，死亡人数中有50%左右是被烟气毒死的。近一二十年来由于各种塑料制品大量用于建筑物内，空调设备的广泛采用和无窗建筑增多等原因，煤气毒死的比例有显著增加。在某些住宅或旅馆的火灾中，因烟气致死的比例甚至高达60%～70%，烟气的危害性表现在以下两个方面。

（1）对人体的危害。在火灾中，除直接被烧死或跳楼死亡者外，其他死亡原因大多都和烟气有关。烟气中含有一氧化碳、二氧化碳、氟化氢等有毒成分，对人体极为有害，高温缺氧又会对人体造成危害，或被迫吸入高温烟气，以致引起呼吸道阻塞窒息。所有这些因素在火灾时共同影响着人体，对人体造成极大的危害。

(2) 对疏散和扑救的危害。在着火区域的房间及疏散道内，充满了含有大量一氧化碳及各种燃烧成分的热烟。烟气会遮光，同时对眼睛、鼻、喉产生刺激，使人能见度下降、引起中毒，严重妨碍人的行为，影响人的视线。这对疏散和扑救会造成很大的障碍。所以防烟、排烟是安全疏散的必要手段。

2. 防烟分区的划分

防烟设计的目的，是要把停留人员的空间内烟的浓度，控制在允许极限以下。故在进行防烟、排烟设计时，首先要考虑在高层建筑中划分防烟分区，其意义是为了排除烟气或阻止烟的迅速扩散。根据 GB50045—95《高层民用建筑设计防火规范》的规定，高层民用建筑的下列部位应设防烟、排烟设施：

(1) 防烟楼梯间及其前室，消防电梯前室和合用前室。

(2) 一类建筑和建筑高度超过 32m 的二类建筑的下列走道或房间：无直接采光和自然通风，且长度超过 20m 的内走道，或虽有直接采光和自然通风，但其长度超过 60m 的内走道；面积超过 $100m^2$，且经常有人停留或可燃物较多的无窗房间；设固定窗扇的房间和地下室的房间；建筑物的中庭。

我国对防烟部位的规定与防火单元划分类似，原则上是照顾重点，兼顾一般，区别对待。如考虑到 10～18 层的普通高层住宅数量较大，且室内装修较简单，从有利于节约投资和基本保障安全出发，对其走道和房间均不要求设排烟设施，仅规定在消防电梯前室，疏散楼梯间及封闭前室设排烟设施，同时，对高层建筑的房间和走道，只要能打开窗户也可不设排烟设备。

3. 防烟排烟方式

(1) 强力加压的机械排烟方式。此种排烟方式是采用机械送风系统向需要保护的部位，如疏散楼梯间及其封闭前室、消防电梯前室、走道或非火灾层等输送大量新鲜空气，如有排气和回风系统时则相应关闭，从而造成正压区域，使烟气不能袭入其间，并在非正压区内把烟气排走。主要用于防烟楼梯间及合用前室等部位。

(2) 强制减压的机械排烟方式。此种排烟方式是在各排烟区段机械排烟装置，起火后关闭各区相应的开口部分并开动排烟机，将四处蔓延的烟气通过排烟系统排向楼外（见图 14.4）。当消防电梯前室、封闭电梯厅、疏散楼梯间及前室等部位以此法排烟时，其墙、门等构件应有密封措施，以免因负压而通过缝隙继续引入烟气。主要用于一些封闭空间、中庭、地下室及疏散走道等。

(3) 自然排烟方式。此种排烟方式是以自然排烟竖井（排烟塔）或开口部位（含凹部、阳台及外门窗等）向上或向外排烟（见图 14.5）。竖井是利用火灾时热压差产生的抽力来排除烟气的，具有很大的排烟能力。以开口部分向外排烟时，在某些情况下室外风向风力可能产生不利的影响，所以排烟效果是不够稳定的。但比其他排烟方式，自然排烟最为经济、简便，故仍适宜尽量采用。我国规定公共建筑超过 50m 或居住建筑超过 100m 高时便不应采用自然排烟方式。

防烟排烟方式的选择，要考虑我国当前的经济水平，应尽量采用自然排烟方式，即利用可以开启的门窗进行自然排烟。少数建筑或房间由于标准高和功能上的需要，无窗或设固定窗扇可采用机械排烟。

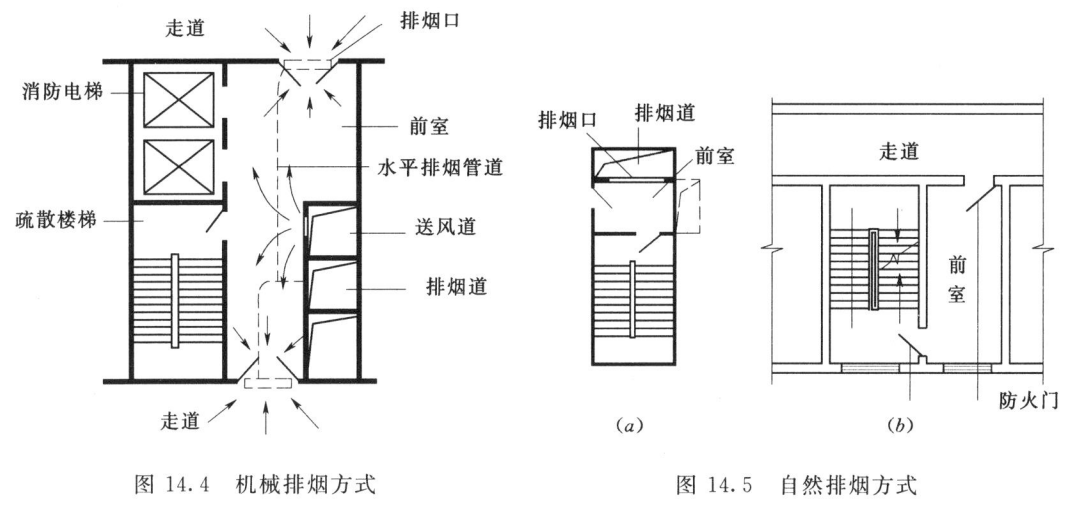

图 14.4 机械排烟方式　　　　图 14.5 自然排烟方式
（a）排烟竖井；（b）走道自然排烟

14.3 防 火 设 计

14.3.1 防火设计要点

高层建筑防火设计要点有以下内容。

（1）总体布局要保证便捷流畅的交通联系，处理好主体与附属部分的关系，保证与其他各类建筑的合理防火间距，合理安排广场、空地与绿化，并提供消防车道。

（2）对建筑的基本构件（墙、柱、梁、楼板等）作防火构造设计，使其具有足够的耐火极限，以保证耐火支持能力。

（3）尽量做到建筑内部装修、陈设的不燃化或难燃化，以减少火灾的发生及降低蔓延速度。

（4）合理进行防火分区，采取每层做水平分区和垂直分区，力争将火势控制在起火单元内，加以扑灭，防止向上层和防火单元外的扩散。

（5）安全疏散路线要求简明直接，在靠近防火单元的两端布置疏散楼梯，控制最远房间到安全疏散出口的距离，使人员能迅速撤离险区。

（6）每层划分防烟分区，采取必要的防烟排烟措施，合理地安排自然排烟和机械排烟的位置，使安全疏散和消防灭火能顺利进行。

（7）采用先进可靠的报警设备和灭火设施，并选择好安装的位置。还要求设置消防控制中心，以控制和指挥报警、灭火、排烟系统及特殊防火构造等部位，确保它起着灭火指挥基地的作用。

（8）加强建筑与结构、给排水、暖通、电气等工种的配合，处理好工程技术用房与全楼的关系，以防其起火后对大楼产生威胁。同时，各种管道及线路的设计，要尽力消除起火及蔓延的可能性。

以上要点中的（4）、（5）、（6）点是核心问题，已分述在前面各节，其余内容可参见防火规范中有关规定。

14.3.2 防火设计实例

1. 长城饭店

北京东郊长城饭店是我国第一座使用玻璃幕墙的高层建筑。其平面呈 Y 形，中心塔楼为 22 层，三个侧翼为 18 层，建筑总高度为 80m 左右。店内设有各种服务设施，共有客房 1000 多间。标准层平面按三个翼划分为三个防火分区，各区之间设置了自动关闭的钢防火门。平时以电磁开关吸附而贴于走道两边墙上，当走道中烟感器发出火警信号后，由消防中心控制，自动关闭，使该防火分区外的人员不能进入此区，而该区内的人员既可通过该区的疏散楼梯进行疏散，又可手动将门打开，疏散到中心楼梯间进行疏散（见图 14.6）。

2. 广州中国大酒店

（1）工程概况。广州中国大酒店由 9 层的酒店大楼（高级旅馆）、15 层的写字楼和 17 层的综合楼共三个部分组成（见图 14.7）。酒店大楼四层以下为商店、餐厅、公共服务设施及厨房、设备用房；五至十八层为客房，写字楼供出租作办公用，综合楼包括有高级公寓、职工宿舍、多层车库、锅炉房及水泵房等。

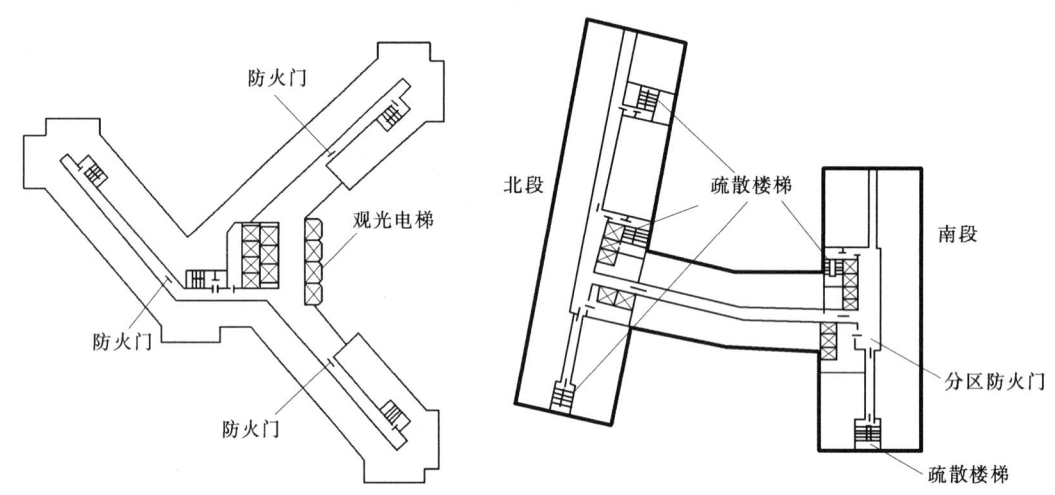

图 14.6 北京长城饭店标准层平面图　　图 14.7 广州中国大酒店标准层平面示意图

（2）防火分区。酒店大楼客房层以防火墙和防火门（平时贴于走道两边墙上）划分为若干防火区域，烟感器发出火灾信号后，防火门自行关闭。

（3）安全疏散。北段设有三座疏散楼梯，南段设有两座，使各客房均有两个方向的疏散通路，写字楼两端及中部，综合楼两端设有疏散楼梯间。以上各楼梯间均带有封闭前室，其入口处为防火门，门旁墙上有手提式紧急照明灯具，击破式报警按钮和警铃等。

（4）烟控方面。楼梯间以强力加压方式阻烟，前室内设有送风口及排烟口，走道中也有排烟口，当烟感器发出火警信号后，会启动送风机使楼梯间保持正压，同时开动排烟风机并打开起火层及上下两层的排烟口排除烟气。

(5) 报警系统。主要由探测器、分区信号箱、总服务台重复信号箱及消防中心总控制台。烟感器设于客房、走道、公共厅堂、各层配电房、空调机房、水泵房及电梯井等处；热感器设在锅炉房、冷库等部位；各消火栓旁及主要公共部位等处设有击破式报警按钮及警铃；酒店大楼、写字楼及综合楼工作间均设有分区信号箱，其中还有模拟信号板及对讲电话等。消防控制中心设在酒店大楼第三层，与电脑中心、电梯中心及广播电视中心毗邻，首层总服务台附近还设有重复信号箱，可显示消防中心所接收的火警信号等，以便消防队赶到后，能及时了解有关情况。

(6) 消防给水系统。有消火栓及自动喷洒两个系统。室内消火栓间距在50m以内，箱中设有ϕ19直流喷枪及小口径胶管喷枪。在酒店大楼、写字楼及综合楼内设有12组喷洒总阀、其喷水头共分三种，分设于各处天棚上，综合楼车库内和厨房内。喷水系统也设有报警器。

(7) 动力及设备系统。锅炉房内设有泡沫自动灭火装置。发电机房、变配电房、电话、电报及电脑等用房分别设有自动灭火装置，该系统可手动放气灭火。该楼的防火设计比较细致而全面，有关设备多采用瑞士及英国先进产品，有较高的可靠性。

(8) 存在的主要问题。消火栓设在楼梯间前室中，使用时会妨碍安全疏散的进行，还因防火门不能关闭而易窜入烟气；楼梯间和前室、消防电梯前室均为木质防火门，不能满足我国规范要求0.9h耐火极限；楼梯间前室面积甚小，较难起到缓冲和暂时避难等作用。

本 章 小 结

火灾发展的过程可分为三个阶段：火灾初起阶段、猛烈燃烧阶段和衰减阶段。

建筑火灾蔓延的方式和途径是多方面的，主要途径有四个方面：由外墙窗口向上蔓延、横向蔓延、由竖井蔓延和由通风管道蔓延。

防火分区设计应从水平防火分区和垂直防火分区两个方面进行；应了解防火分区的概念和分区的原则方法。

建筑防火设计应结合当地工程实例进行防火设计分析。

习 题

14.1 建筑火灾分为哪三个阶段？各阶段有何特点？

14.2 建筑火灾蔓延的途径有哪些？

14.3 什么叫防火分区？为什么要进行防火分区？

14.4 防火分区的原则有哪些？可结合当地工程实例具体说明。

14.5 建筑中防烟分区是如何划分的？

14.6 防烟排烟的方式有哪几种？

第15章 建筑节能

本章学习目标：

通过本章的学习，了解我国建筑节能的意义；理解建筑节能的主要措施与新技术的应用；掌握建筑节能的概念和基本原理。

近年来建筑节能技术已成为全世界关注的热点，也是当前国内外节能领域的一个热点研究课题。西方发达国家，建筑能耗占社会总能耗的30%～45%；我国建筑能耗已占社会总能耗的20%～25%，正逐步上升到30%。因此建筑节能是目前节能领域的当务之急。

15.1 建筑节能基本原理

15.1.1 建筑节能的含义

建筑节能是指在建筑材料生产、房屋建筑施工及使用过程中，合理地使用、有效地利用能源，以便在满足同等需要或达到相同目的的条件下，尽可能降低能耗，以达到提高建筑舒适性和节省能源的目标。

15.1.2 建筑节能的重要意义

1. 建筑节能是改善空间环境的重要途径

建筑节能可改善大气环境。我国建筑采暖能源以煤炭为主，约占75%。目前，我国采暖燃煤排放二氧化碳每年约1.9亿t，一年排放二氧化硫近300万t，烟尘约300万t，采暖期城市大气外层的"温室效应"，严重危害人类生存环境；烟尘、二氧化硫和氮氧化物也是呼吸道疾病、肺癌等许多疾病的根源，酸雨也是破坏森林，损坏建筑物的罪魁祸首。显然，降低建筑能耗，提高建筑节能效果是改善大气环境的重要途径。

建筑节能可改善室内热环境。室内热环境是对室内温度、空气湿度、气流速度和环境热辐射的总称；它是影响人体冷热感觉的环境因素。适宜的室内热环境，可使人体易于保持平衡，从而使人产生舒适感；节能建筑则可改善室内热环境，做到冬暖夏凉。对符合节能要求的采暖居住建筑，屋顶保温能力约为一般非节能建筑的1.5～2.6倍，外墙的保温能力约为非节能建筑的2.0～3.0倍，窗户约为1.3～1.6倍。节能建筑的采暖能耗仅为非节能建筑的一半左右，但冬季室内温度可保持在18℃左右，并使围护结构内表面保持较高的温度，从而避免其结露、长霉，显著改善冬季室内热环境。由于节能建筑围护结构热绝缘系数较大，对夏季隔热也极为有利。

2. 建筑节能是发展国民经济的需要

我国的能源形势严峻。能源是发展国民经济，改善人民生活水平的重要物质基础，据测，我国年需各个能源共17亿t标准煤，但生产能源仅有13.7亿t标准煤，远低于世界平均水平。所谓标准煤，是指1kg煤炭的发热量为8.14kW·h的煤量。市场供应的普通煤1kg发热量为5.8～6.4kW·h，经换算，1kg普通煤为0.712～0.786kg标准煤。为了比较和统计的方便，其他能源也可按发热量换算成标准煤。我国能源生产的增长进度，长期滞后于国内生产总值的增长进度，能源短缺是制约国民经济发展的根本性因素。因此，节约能源是发展国民经济的客观需要。

我国能源消费结构以煤炭为主。我国煤炭和水力资源藏量丰富，但能源消费结构是以煤炭为主，煤炭占3/4以上，我国建筑采暖用煤约占75%以上，其他高质能源所占比例很小，这与发达国家存在很大的差距。例如，在采暖能源中，法国：电力占50%，天然气占40%，煤和石油等只占10%；荷兰：天然气占46%，石油占46%，煤占6%，其他占2%。

建筑能耗的增长远高于能源增长速度。我国原有建筑及每年新建筑量极大，加之居住人口众多，建筑能耗占全国总能耗的1/4以上，特别是高能耗建筑大量建造，建筑能耗的增长远高于能源生产的增长速度，尤其是电力、燃气、热力等优质能源的需求急剧增长。由于建筑能耗较高，抓紧建筑节能工作已成为我国国民经济可持续发展的重大课题。

建筑节能是提高经济效益的重要措施。建筑节能需要投入一定的资金，但投入少、产出多，实践证明，只要选择适合当地条件的节能技术，使用4%~7%的建筑造价，可达到30%的节能指标；建筑节能的回收期一般为3~6年，与建筑物使用周期60~100年相比，其经济效益是非常突出的。可见，在一次投资后，可在短期内回收，并能长期受益。

15.1.3 建筑节能的基本原理

在冬季，为了保持室内温度，建筑物必须获得热量。建筑物的总得热包括采暖设备的供热（约占70%~75%），太阳辐射得热（通过窗户和其他围护结构进入室内，约占15%~20%）和建筑物内部得热（包括炊事、照明、家电和人体散热，约占8%~12%）。这些热量再通过围护结构（包括外墙、屋顶和门窗等）的传热和空气渗透向外散失。建筑物的总失热包括围护结构的传热耗热量（约占70%~80%）和通过门窗缝隙的空气渗透耗热量（约占20%~30%）。当建筑物的总得热和总失热达到平衡时，室温得以保持。因此，对于建筑物来说，节能的主要途径是：减少建筑物外表面积和加强围护结构保温，以减少传热耗热量；提高门窗的气密性，以减小空气渗透耗热量。在减少建筑物总失热量的前提下，尽量利用太阳辐射得热和建筑物内部得热，最终达到节约采暖设备供热量的目的。

锅炉在运行过程中，一般只能将燃料所含热量的55%~70%转化为有效热能。这些热量通过室外管网输送，沿途又将损失10%~15%。剩余的热量供给建筑物，成为采暖供热量。因此，对于采暖供热系统来说，节能的主要途径是：改善采暖供热系统的设计和运行管理，以提高锅炉的运行效率；加强管道的保温，以提高室外管道的输送效率。建筑的得热和失热的途径及其影响因素是研究建筑采暖和节能的基础。其基本情况如图15.1所示。

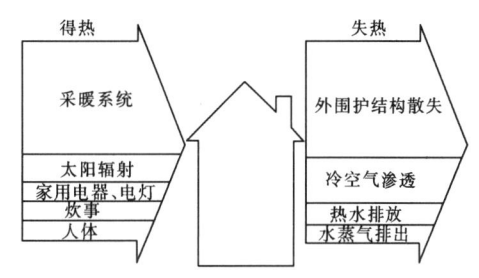

图 15.1 建筑得热与失热

15.2 建筑节能措施

建筑节能可分为两个部分：一是建筑物自身的节能；二是空调系统的节能。建筑物自身的节能主要从设计规划、围护结构、遮阳设施等方面考虑；空调系统的节能是从减少冷热源能耗、输送系统的能耗及系统的运行管理等方面进行考虑的。这里主要讲述建筑物自身的节能措施与构造。

1. 节能建筑规划设计

根据建筑功能要求和当地的气候参数，在总体规划和单体设计中，科学合理地确定建筑朝向、平面形状、空间布局、外观体型、间距、层高、选用节能型建筑材料、保证建筑外维护结构的保温隔热等热工特性及对建筑周围环境进行绿化设计，设计要有利于施工和维护，全面应用节能技术措施，最大限度减少建筑物能耗量，获得理想的节能效果。

建筑朝向和平面形状。同样形状的建筑物，南北朝向比东西朝向的冷负荷小，因此建筑物应尽量采用南北向。如对一个长宽比为 4∶1 的建筑物，经测试表明，东西向比南北向的冷负荷约增加 70%。在建筑物内布置空调房间时，尽量避免布置在东西朝向的房间及东西墙上有窗户的房间以及平屋顶的顶层房间。因此，选择合理的建筑物朝向是一项重要的节能措施。空调建筑的平面形状，应在体积一定的情况下，采用外维护结构表面积小的建筑。因为外表面积越小，冷负荷越小，能耗越小。

合理规划空间布局及控制体形系数。如果是依靠自然通风降温的建筑，空间布局应比较开敞，开较大的窗口以利用自然通风。而设有空调系统的建筑，其空间布局应十分紧凑，尽量减少建筑物外表面积和窗洞面积，这样可以减少空调负荷。

体形系数是建筑物外表面积 F 与其所包围的体积 V 之比值。对于相同体积的建筑物，其体形系数越大，说明单位建筑空间的热散失面积越高，研究表明，体形系数每增大0.01，能耗指标约增加 2.5%。因此从节能角度考虑，在建筑设计时应尽量控制建筑物的体形系数。但如果出于造型和美观的要求需要采用较大的体形系数时，应尽量增加围护结构的热阻。

绿化对节能建筑的影响。绿化对居住区气候条件起着十分重要的作用，它能调节改善气温，调节碳氧平衡，减弱温室效应，减轻城市的大气污染，减低噪声，遮阳隔热。是改善居住区微小气候，改善建筑室内环境，节约建筑能耗的有效措施。

2. 增强建筑围护结构的保温隔热性能

建筑保温通常指围护结构在冬季阻止室内向室外传热，从而保持室内适当温度的能力。围护结构是指建筑物及其房间各面的围护物，分为透明和不透明两种类型。不透明围护结构有墙、屋面、地板、顶棚等；透明围护结构有窗户、天窗、阳台门、玻璃隔断等。按是否与室外空气直接接触，又可分为外围护结构和内围护结构，与外界直接接触者称为外围护结构，包括外墙、屋面、窗户、阳台门、外门，以及不采暖楼梯间的隔墙和户门等，不特别指明的情况下，围护结构即为外围护结构。

保温是指对冬季的传热过程，通常按稳定传热考虑，同时考虑不稳定传热的一些影响。加强围护结构保温，首先选择导热系数小的材料，内表面换热系数也越小，单位时间内通过围护结构的热量就越小,建筑保温效果越好。

具体做法是:对于外墙和屋面,可采用多孔、轻质,且具有一定强度的加气混凝土单一材料,或由保温材料和结构材料组成的复合材料。对于窗户和阳台门,可采用不同等级的保温性能和气密性的材料。

墙体节能构造主要有以下几种:

(1)外保温复合墙。在承重外墙外表面上,粘贴或吊挂聚苯板或岩棉板,然后贴上网布或挂钢筋网增强,再做抹灰面层形成外墙保温复合墙,如图15.2～图15.7所示。这类墙保温隔热性能好,能有效防止墙面面层产生裂缝,但造价高,施工较复杂,目前较少应用。

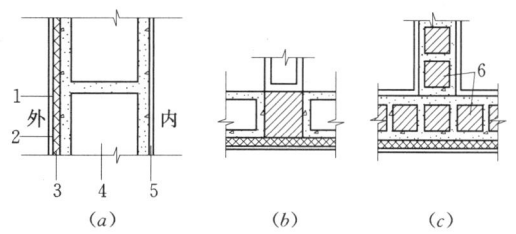

图15.2 混凝土空心砌块外墙外保温构造做法
1—外墙饰面层;2—玻纤网布;3—保温层;
4—空心砌块;5—混合砂浆;6—灌芯柱

(2)夹心复合墙。是将保温层夹在墙体中间。主墙体采用混凝土或砖砌在保温材料两侧。保温材料可采用聚苯板、岩棉板、玻璃棉板或袋装膨胀珍珠岩等,并于主墙施工时砌入。这种墙应用联合钢筋拉结,并做防锈处理。穿过保温层的拉结钢筋,会造成热桥,降低保温效果。

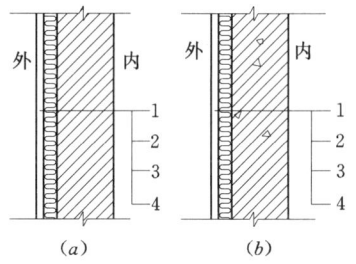 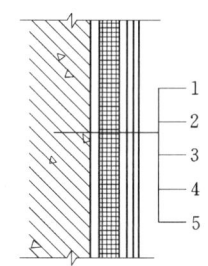 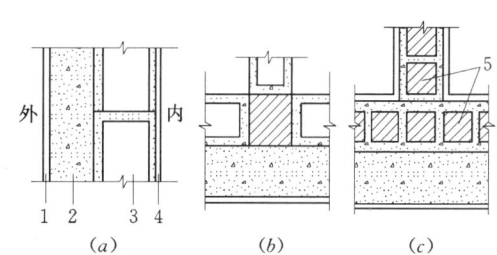

图15.3 砖墙或混凝土外保温构造做法
(a)砖墙;(b)混凝土墙
1—饰面层;2—纤维增强层;
3—保温层;4—墙体

图15.4 采用专用胶黏剂的外保温系统
1—墙体;2—专用胶粘剂层;3—聚苯板保温层;4—纤维增强层;5—饰面层

图15.5 加气混凝土外保温构造做法
1—专用砂浆;2—加气混凝土保温层;3—混凝土砌块墙体;4—混合砂浆;5—灌芯柱

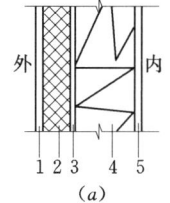 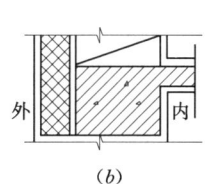 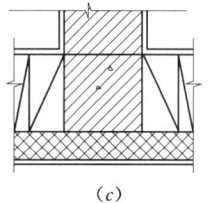

图15.6 GRC与聚苯复合板外保温构造做法
1—饰面砂浆;2—保温层;3—空气层;4—多孔砖墙;5—混合砂浆

231

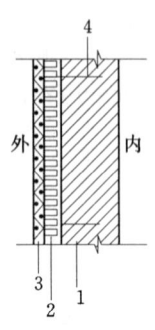

图 15.7 钢丝网水泥砂浆、岩棉板外保温构造做法
1—墙体；2—岩棉板；
3—钢丝网水泥砂浆；
4—连接件

（3）内保温复合墙。是指由承重材料与高效保温材料进行复合组成的墙体。承重材料可为砖、砌块和混凝土墙体，高效保温复合材料可为聚苯板、岩棉板或玻璃棉板、充气石膏面板、水泥膨胀珍珠岩板等。目前，由于内保温复合墙体易于安装施工，采用较多。饰面材料，主要用纸面石膏板、玻璃纤维增强水泥板、玻璃纤维增强饰面石膏、纤维增强聚合物砂浆等。内保温复合墙应注意对抗震柱、楼板、隔墙等周边部位"热桥"的构造处理；还应注意内保温墙面面层产生裂缝的问题。因此，应采用合格的材料和正确的构造做法。常见构造做法，如图 15.8～图 15.11 所示。

提高门窗的气密性以减少空气渗透耗热量。在建筑外围护结构中，门窗的保温隔热能力较差，门窗缝隙是冷风渗透的主要通道。改善门窗的保温隔热性能，是节约能源、提高热舒适性的一个技术重点。

建筑隔热通常是指围护结构在夏天隔离太阳辐射热和室外高温的影响，从而使其内表面保持适当温度的能力。隔热是指对夏季传热过程。为达到改善室内热环境、降低夏季空调降温能耗的目的，建筑隔热可采取以下措施：

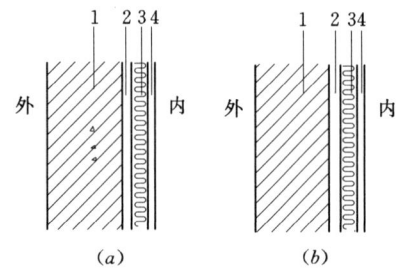

图 15.8 饰面石膏聚苯板复合内保温构造
（a）混凝土墙；（b）砖墙
1—墙体；2—空气层；3—保温层；4—饰面石膏

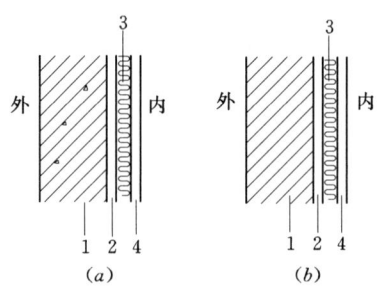

图 15.9 纸面石膏板复合保温板内保温构造
（a）混凝土墙；（b）砖墙
1—墙体；2—空气层；3—保温层；4—内面层
注：保温层采用岩棉板或玻璃棉板，内面层采用纸面石膏板及饰面腻子。

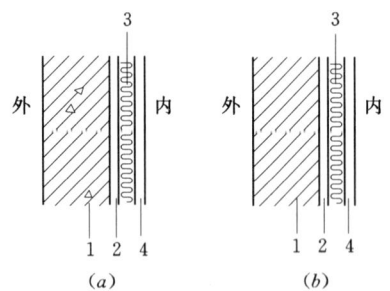

图 15.10 无纸面石膏板复合保温板内保温构造
（a）混凝土墙；（b）砖墙
1—墙体；2—空气层；3—保温层；
4—内面层（无纸石膏板及罩面）

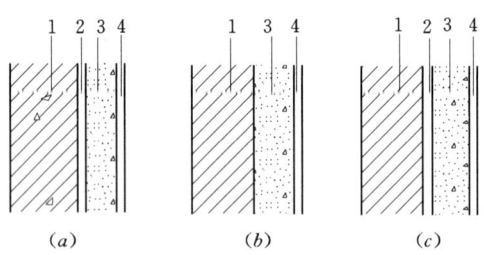

图 15.11 加气混凝土内保温构造
（a）混凝土墙；（b）混凝土墙；（c）砖墙
1—墙体；2—空气层；3—加气混凝土；4—抹灰层

(1) 反射降温。建筑物屋面和外墙外表面做成白色或浅白色饰面，降低表面对太阳辐射热的吸收系数。

(2) 采用通风降温屋顶。在屋顶上设置通风的空气间层，利用间层中空气的流动带走热量，减弱太阳辐射对屋面的影响；如图 15.12 所示。

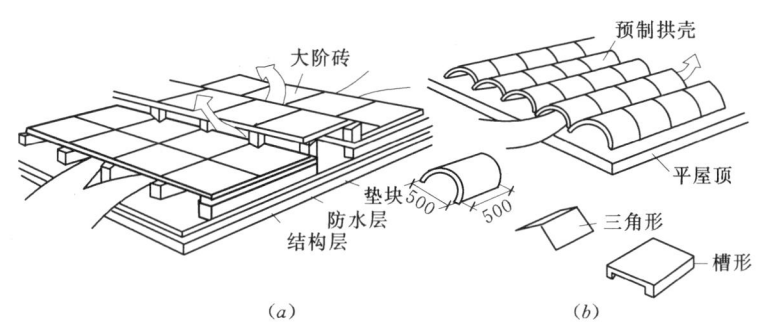

图 15.12　通风降温屋顶示意图
(a) 大阶砖或预制混凝土板架空通风层；(b) 预制配件通风层

(3) 屋面采用挤压型聚苯板倒置屋面。能长期保持良好的绝热性能，且能保护防水层免于受损。

(4) 提高窗户的遮阳性能。

(5) 外墙采用高效保温材料的复合墙体，对节约空调降温能耗有利。

在减少建筑物总失热量的前提下，尽量利用太阳辐射得热和建筑物内部得热，最终达到节约采暖设备供热量的目的。

3. 太阳能利用

太阳能是地球最主要的天然能量的源泉。我国太阳能源丰富，特别是寒冷地带绝大部分处于丰富地区，一年的辐射总量在 $500kJ/cm^2$ 以上，其热量相当于 170kg 标准煤/m^2 以上。采暖期间，晴天多，照射角度低，日照率在 60% 以上。

经过良好设计，达到优化利用太阳能的建筑称为"太阳能建筑"。建筑中太阳能的利用，可分为主动式、被动式和混合式三种。

(1) 主动式采暖系统太阳能建筑。主动采暖、系统供暖的建筑称为主动式太阳能建筑。主动采暖系统主要由集热器、管道、储热物质以及散热器等组成。主动式系统要用到专用的设备，一次性投资较大。一般用于供热系统兼作采暖系统，单纯用于采暖系统者少见。太阳能建筑主动式采暖系统供热水日益增多。但是集水器的水温不宜加热过高，否则效率将降低，原因是向周围环境散热增多，吸热升温时间也需增长。

(2) 被动式采用系统太阳能建筑。被动式太阳采暖系统的特点是将建筑物的全部或一部分作为集热器又作为储热器和散热器；因而，既不要连接管道，又不要水泵或风机。被动式采暖系统一般由双层玻璃窗、集热贮热墙、活动隔热保温装置等组成，如图 15.13 所示。

(3) 混合式。被动式采暖系统中，集热装置主要为南向双层玻璃窗，由它直接收集射入室内的太阳能称为直接受益被动太阳房；集热贮热墙是一种附有玻璃或透明塑料薄片形成空间层的墙体，白天太阳光加热空气间层，并通过墙顶和墙底不通风口形成对流向室内供暖。夜间主要靠储热墙体释放热量向室内供暖，称为集热储热墙式被动太阳房；当南向设有附加阳光间时，称为附加阳光间太阳房，见图 15.13（a）；由两种以上的太阳房组合时称为组合式太阳房，见图 15.13（b）。被动式太阳能利用不必另加设备系统，优先得到利用，并得到积极提倡，美国在 20 世纪 70 年代初，各地设有专职银行资助居民自建并研究太阳能房，1976～1986 年间就建成 20 万幢各种被动式太阳房，办公用房 1.5 万幢；欧洲各国也在住宅和各类民用房屋中提倡太阳能的利用。

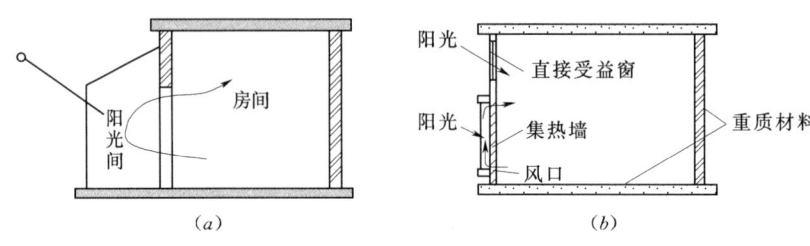

图 15.13 被动式太阳房示意图
（a）附加阳光间式被动太阳房；（b）直接受益窗和集热墙组合式被动太阳房

15.3 建筑节能技术

建筑节能是世界性的大潮流，建筑节能已成为建筑的共同选择。我国建筑节能工作起步较晚，节能技术水平与发达国家相比有较大差距。由于政府的重视，制定了一系列的政策法规，开展了众多科研项目，我国的节能技术水平已有很大提高，取得了丰富的研究成果，并广泛地推广应用。

15.3.1 太阳能利用技术

太阳能是地球最主要的天然能量的源泉，太阳辐射能是地球大气层的基本热源，是气候形式的决定因素，也是建筑外部热环境的主要条件。太阳辐射波穿过大气层，把太阳能输送到地球表面上。太阳能是一种最丰富、最便捷、无污染的再生能源，但能量密度低，具有方向性、变动性和间歇性等特点，收集和贮存均较困难。太阳能的利用正在受到普遍重视，并已经取得很大进展。

在太阳能的收集利用方面有：廉价而耐用的太阳能电池；自动跟踪太阳的反射镜，可将收集的太阳光反射到室内或通过光导纤维输送到用热房间，并通过发光器将光能释放进行日光浴、栽培花卉和蔬菜或供地下室、背阴处使用。

在太阳能的贮存方面已取得成果，如建造大型太阳能集中供热站，设置大型地下贮热库以及各种适用的贮热装置。

15.3.2 墙体节能技术

墙体材料是我国建材工业的重要组成部分，其产值接近建材工业总产值的 1/3，能耗占建材工业总能耗的一半左右。我国墙体材料每年生产能耗超过 5000 万 t 标准煤，建筑采暖能耗近 1 亿 t 标准煤，合计占全国能源消耗总量的 15%；砖瓦企业占地 450 万亩，达全国建材企业占地的67%，每年烧砖毁田7万～8万亩；墙体材料年运输量达200亿t·km以上，占全国短途运输量的1/6以上。

另一方面，新型墙体材料节能、节土、利废的效果十分明显。我国现有的空心砖、混凝土砌块、加气混凝土等新型墙体材料，平均生产能耗每万块为0.7t标准煤，比实心黏土砖每万块1.32t标准煤约低47%；建造达到《民用建筑节能设计标准》的建筑可使每平方米建筑采暖能耗从目前的31.5kg降低到15.8～22kg，节能率达30%～50%。为此，我国正在大力开发和推广节土、节能、多功能、利用环保并且符合可持续发展要求的各类新型墙体材料。

新型墙体材料的主要类型有：

(1) 砖墙。实心砖或空心砖墙，在外墙内表面抹水泥或石膏型膨胀珍珠岩砂浆。

(2) 加气混凝土墙。加气混凝土热导率较低，宜用于框架填充和多层住宅外墙。

(3) 轻集料混凝土墙。采用以浮石、火山灰渣或其他集料制作的多排孔混凝土空心砌块，并用保温砂浆砌筑的墙体。

(4) 内保温复合墙。

(5) 外保温复合墙。外墙外保温复合墙体是发展方向，其优点是：保温材料对主体结构具有保护作用；有利于消除或减弱"热桥"的影响；由于储热能力较强的主体结构位于室内一侧，有利于房间的热稳定性，减少室温的波动；避免二次装修对内保温层造成的损坏。

15.3.3 门窗节能技术

(1) 尽量减少门窗的面积。门窗是建筑能耗散失的最薄弱部位，面积约占建筑外维护结构面积的30%，其能耗约占建筑总能耗的2/3，其中传热损失为1/3。所以门窗是外维护结构节能的重点，在保证日照、采光、通风、观景条件下，尽量减少外门窗洞口的面积。

(2) 设置遮阳设施，考虑空调设备的位置。减少阳光直接辐射屋顶、墙、窗及透过窗户进入室内，可采用外廊、阳台、挑檐、遮阳板、热反射窗帘等遮阳措施。门窗的遮阳设施可选用特种玻璃、双层玻璃、窗帘或遮阳板等。

(3) 提高门窗的气密性，减少冷空气渗透；加设密闭条是提高门窗的气密性的重要手段之一。

(4) 尽量使用新型保温节能门窗。采用热阻大、能耗低的节能材料制造的新型保温节能门窗（塑钢门窗）可大大提高热工性能。同时还要特别注意玻璃的选材。玻璃窗的主要用途是采光，但由于玻璃窗的耗冷量占制冷机最大负荷的20%～30%，冬季单层玻璃窗的耗热量占锅炉负荷的10%～20%，因而控制窗墙比在30%～50%范围内时，窗玻璃尽量选特性玻璃，如吸热玻璃、反射玻璃、隔热遮光薄膜等。

(5) 合理控制窗墙比。窗墙比是窗洞口与墙的面积比值，增大这两个比值不利于空调建筑节能，应尽量减少空调房间两侧温差大的外墙面积及窗的面积。控制窗墙比、对外墙及屋顶的导热系数等提出具体要求。通过外窗的耗热量占建筑物总耗热量的35%～45%。故在进行前期建筑设计时，在保证室内采光通风的前提下合理控制窗墙比是很重要的，一般北向不大于25%；南向不大于35%；东西向不大于30%。

15.3.4 供热采暖系统节能技术

(1) 提高供热锅炉和管网的负荷率和热效率。

(2) 科学组织采暖运行。

(3) 采用热量按户计量及控温技术。

(4) 加强管道保温。

为了实现我国可持续发展战略，建筑节能势在必行。只要结合我国国情和实际情况，综合利用各种节能技术措施，趋利避害，选择经济合理的节能方案，必定可以获得显著的节能效果。

本 章 小 结

建筑节能已经成为全球关注的热点，实行建筑节能具有十分重要的意义。

选择合理的节能措施与构造，对节约能源将产生很大的影响。

我国的建筑节能技术虽然起步较晚，但是已经取得了丰富的研究成果，并广泛地被推广应用。

习　　题

15.1　建筑节能的含义是什么？

15.2　为什么要实行建筑节能技术？

15.3　建筑节能的基本原理是什么？

15.4　建筑节能的措施有哪些？

15.5　我国的建筑节能技术有哪些？

第 16 章 工 业 建 筑 概 述

本章学习目标：

通过本章的学习，了解工业建筑的特点、分类，厂房内起重运输设备。理解单层工业厂房的外墙、屋顶、天窗、地面、大门、侧窗等构造做法。掌握单层工业厂房结构类型及构件组成及单层工业厂房定位轴线的应用。

工业建筑是指为各类工业生产使用而建造的建筑物和构筑物如烟囱、水塔、水池、各种管道架等。为了适应现代工业向着"高"、"大"、"轻"方向发展的趋势，现代工业建筑形成了以轻型结构，轻型材料，轻巧造型为特点的新型设计理念，以适应现代工业的发展。

16.1　工业建筑的分类及特点

16.1.1　工业建筑的分类

由于工业生产的任务和工艺各有不同，现代工业企业的种类繁多，分类也随之不同。其分类一般从以下几个方面考虑。

1. 按厂房的用途分

（1）主要生产车间是指工厂的主要产品从原料至产品加工、装配过程中的各类车间。例如：钢铁厂中的炼铁、炼钢、轧钢等车间。这类厂房中布置有较大的生产设备和起重运输设备，建筑面积较大，职工人数较多，是工厂的核心厂房。

（2）辅助生产车间是指为主要生产车间服务的厂房建筑。例如：机械制造厂中的机修车间、工具车间、模具车间、电机修理车间等。

（3）动力用厂房是指为全厂生产提供能源和动力的场所。例如：发电站、变电所、煤气发生站、压缩空气站、氧气站、锅炉房等。

（4）贮藏用建筑是指贮藏各类原材料、成品、半成品的仓库。在设计中根据不同用途应当考虑防潮、防水、防爆、防腐蚀等方面的要求。

（5）运输用厂房是指存放、检修交通运输工具用的房屋。例如车库。

2. 按厂房的层数分

（1）单层工业厂房是指层数仅为一层的工业厂房，广泛应用于各类工业建筑中，约占工业建筑总量的75%，见图16.1，这类厂房的特点是设备、加工件及产品体积大，重量大，车间内以水平运输为主。其优点是便于水平方向组织生产工艺流程，生产设备的荷载直接传递给地基，对振动机械适应性强；缺点是占地面积大，围护结构面积多（特别是屋顶面积大），维护管理费用高，道路和技术管网较长。一般多用于机械制造、冶金、建筑材料等工业部门，如：汽车厂、机械制造厂、钢铁厂、水泥厂、建筑制品厂等。单层厂房按照跨数有单跨和多跨之分，其中，多跨大面积厂房在实际中应用广泛。

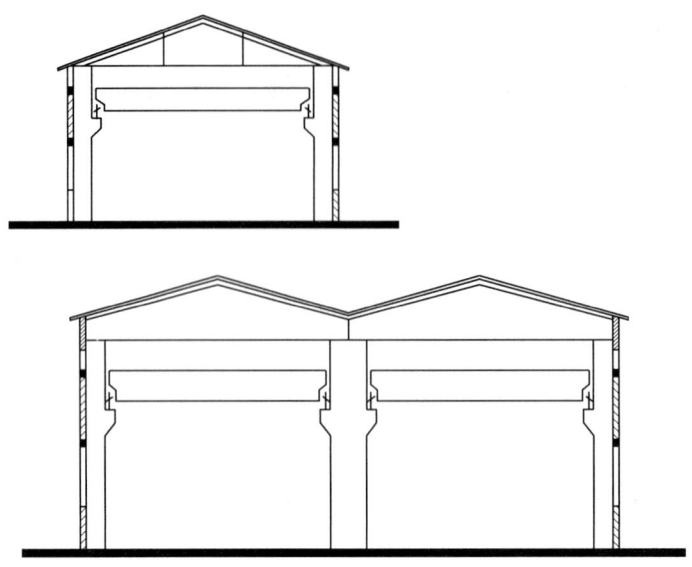

图 16.1 单层工业厂房

(2) 多层工业厂房是指层数在两层或两层以上的厂房,见图 16.2,这类厂房的特点是产品和设备体积小,重量轻,并适合在垂直方向上布置工艺流程,车间内运输分水平和垂直两大部分。其优点是占地面积小,管道集中,天然采光、自然通风和屋面排水易于解决,保温隔热措施较经济。一般多用于轻工业类的厂房中,如:电子元件厂、电子仪表厂、服装厂、食品加工厂、印刷厂等。为减轻厂房结构荷载,可将重的生产设备布置在底层,轻的依次布置在上面各层。

(3) 层次混合的厂房是指在同一厂房内既有单层又有多层,如化工车间和火力发电厂的主厂房,见图 16.3,在厂房设计中可将高大生产设备布置于单层跨中,其余跨为多层。

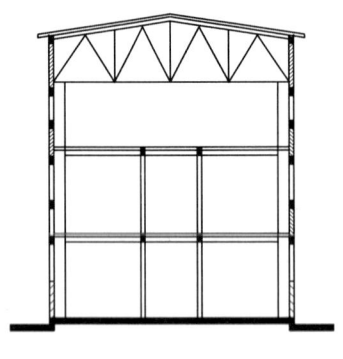

图 16.2 多层工业厂房

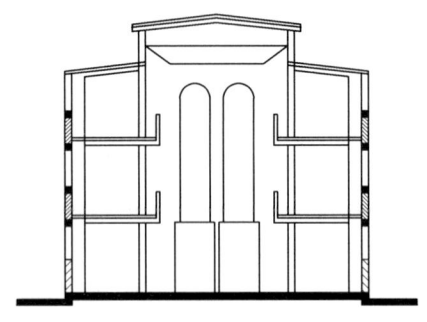

图 16.3 层次混合的厂房

3. 按车间内部的生产状况分

(1) 热加工车间是指在高温或熔化状态下进行生产,并在生产过程中散发大量烟尘、热量的车间,例如炼钢、轧钢、铸工、锻压等车间,在设计中要求厂房加强自然通风措施以降低温度、排除烟尘,改善劳动卫生状态。

(2) 冷加工车间是指在常温、常湿状态下进行生产的车间,例如:机械装配车间、机械加工车间、修理车间等。

(3) 恒温、恒湿车间是指为了保证产品质量在温度和湿度波动很小的范围内进行生产的车间,例如:纺织印染车间、精密仪表车间等。

(4) 有侵蚀性介质作用的车间是指在生产中会受到酸、碱、盐等侵蚀性介质作用的车间,例如:化工车间,酸洗车间等。在建筑材料选择及构造设计中应考虑防腐措施。

(5) 洁净车间是指在无尘、无菌的超净条件下进行生产的车间,例如:集成电路车间、制药车间、食品车间、生物车间、生化车间等。

16.1.2 工业建筑的特点

(1) 以生产工艺为主。为保证生产的顺利进行,保证产品质量和提高劳动生产率,厂房设计必须满足工艺设计要求,厂房的建筑设计都是在工艺设计的基础上进行的。

(2) 内部空间大。由于厂房内的生产设备数量多、体积大,并设置有生产、检修所需的起重运输设备,有些厂房根据生产要求还需要设计成连跨的,因而厂房的面积和高度都比较大。例如:有桥式吊车的厂房净高一般在 8m 以上,飞机装配车间的跨度甚至可以达到 100m。

(3) 厂房屋顶构造复杂。单层厂房的宽度较大,特别是多跨厂房,为了解决采光、通风问题,除设置侧窗外,在厂房屋顶还要设置天窗,另外还要设置屋面排水系统以解决防水、排水问题,从而使屋顶构造复杂。

(4) 荷载大。在厂房建筑中由于结构和吊车荷载较重,同时还要承受较大的振动荷载,因而广泛采用钢筋混凝土骨架结构承重;高大厂房,或有重型吊车或高温厂房则需采用钢骨架承重。

(5) 技术管网多。工业生产中需要设置各种管网,如:上下水、电力管线、热力管网、煤气、乙炔气、氧气管道、空调管线等,有些敷设在地下管沟,有些可架空敷设。因此,需要多工种协调配合工作,采取相应的固定安装措施。

16.2 单层厂房的定位轴线

为了提高厂房工业化程度(设计标准化、构配件生产工厂化和施工机械化),必须采用合理的定位轴线。在工程建设中以 GBJ6—86《厂房建筑模数协调标准》为设计依据。

16.2.1 有关单层厂房定位轴线的技术名称

(1) 定位轴线的分类:平行于厂房长度方向的定位轴线,称为纵向定位轴线,纵向定位轴线由下向上依次按 A、B、C…大写英文字母的顺序进行编号;垂直于厂房长度方向的定位轴线,称为横向定位轴线,横向定位轴线由左向右依次按 1、2、3…阿拉伯数字的顺序进行编号。

(2) 柱网是指单层工业厂房中横向定位轴线和纵向定位轴线在平面上所构成的规则网格。这种平面称为柱网平面,见图 16.4。

(3) 跨度是指单层工业厂房中两条纵向定位轴线之间的距离。GBJ6—86《厂房建筑模数协调标准》(以下简称《标准》)中规定,工业厂房的跨度在 18m 及 18m 以下时取 3m

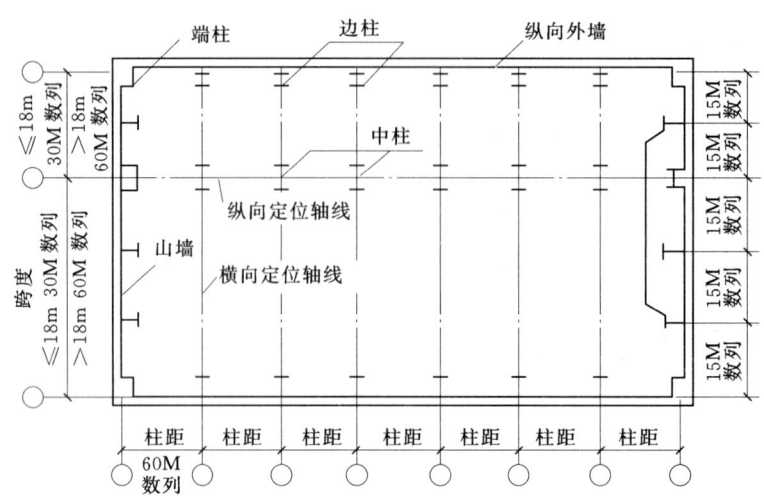

图 16.4 厂房柱网示意图

的倍数,即:3m、6m、9m、12m、15m、18m;在 18m 以上时取 6m 的倍数,即:24m、30m、36m⋯当明显有利于工艺布置时也可以采用 21m、27m 或 33m 的跨度。厂房的跨度与屋架的标志尺寸是一致的。

(4) 柱距是指单层工业厂房中两条横向定位轴线之间的距离。《标准》中规定,柱距一般为 6m 或 6m 的倍数。厂房的柱距与屋面板、吊车梁、连系梁、外墙板等一系列纵向构件的标志尺寸是一致的。厂房山墙处抗风柱柱距一般采用 1.5m 的倍数,即 4.5m、6m、7.5m。

(5) 厂房高度是指单层工业厂房中的柱子高度和牛腿高度。一般为 300mm 的倍数,见图 16.5。

16.2.2 厂房定位轴线的确定

厂房定位轴线是确定厂房主要承重构件位置及其相互关系的基准线,也是厂房施工放线和设备定位的依据,有横向定位轴线和纵向定位轴线两种。

1. 横向定位轴线

中间柱与横向定位轴线间的定位。除伸缩缝处和靠近山墙的端柱外,厂房纵向柱列(包括中柱和边柱)中柱子的中心线应与横向定位轴线相重合,且横向定位轴线通过屋架中心线和屋面板、吊车梁、连系梁的横向接缝,见图 16.6。

横向伸缩缝处柱与横向定位轴线的定位。在横向伸缩缝处,采用双柱,左柱和右柱的中心线与横向定位轴线的距离为 600mm,伸缩缝的中心线与横向定位轴线重合,见图 16.7。屋面伸缩缝利用两侧屋面板的构造尺寸(5970mm)小于标志尺寸(6000mm),屋面板对接后仍留有至少 30mm 的缝隙形成。柱子中心线内移是为了保证同

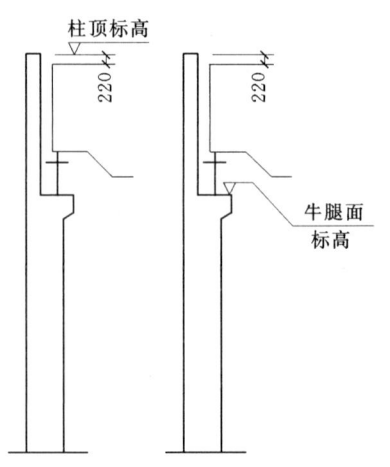

图 16.5 厂房高度示意图

16.2 单层厂房的定位轴线

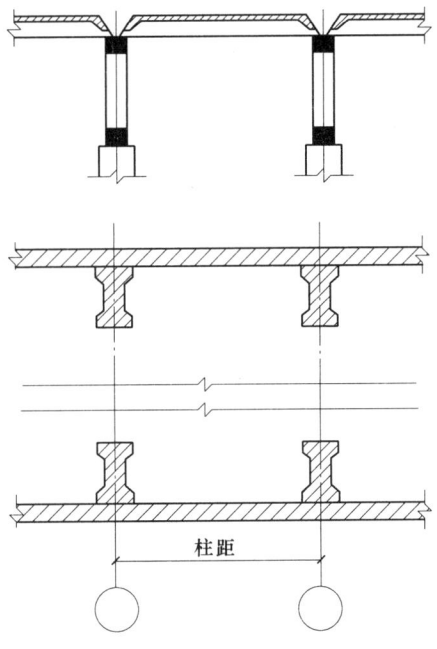

图 16.6 中间柱与横向定位轴线的定位

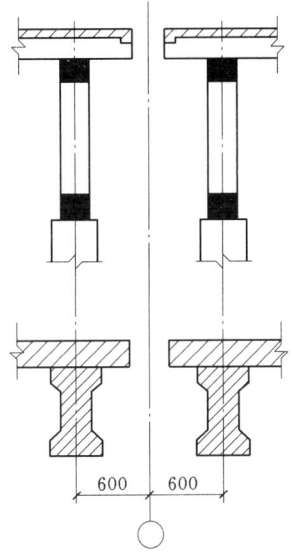

图 16.7 横向伸缩缝处柱与横向定位轴线的定位

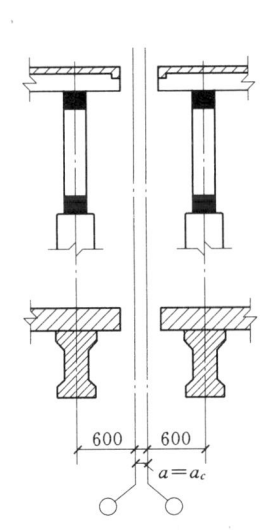

图 16.8 横向抗震缝处柱与横向定位轴线的定位

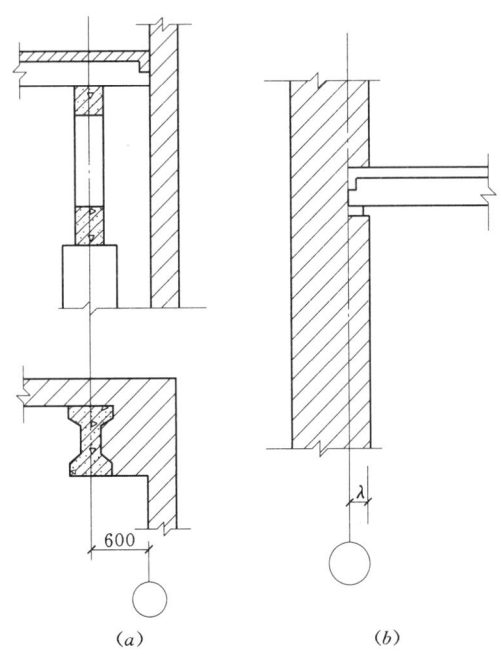

图 16.9 山墙与横向定位轴线的定位
(a) 非承重山墙与横向定位轴线的定位；
(b) 承重山墙与横向定位轴线的定位

时排放下两个杯形基础，也有利于吊装柱子。

横向抗震缝处柱与横向定位轴线的定位。在横向抗震缝处，仅靠利用两侧屋面板的构造尺寸（5970mm）小于标志尺寸（6000mm），屋面板对接后仍留有至少30mm的缝隙不能满足抗震缝宽度要求，所以采用双柱和双定位轴线，两条定位轴线间的距离称为插入距a，在数值上等于抗震缝宽度a_e，见图16.8。

山墙与横向定位轴线的定位。当山墙为非承重墙时，在山墙处，墙内缘应与横向定位轴线相重合，端部柱子的中心线自横向定位轴线向内移600mm，见图16.9（a）。将端部柱子的中心线自横向定位轴线内移600mm的原因是山墙处设有抗风柱，而抗风柱需通过并且到达屋架上弦或屋面梁上翼，并在此用板铰与屋架等相连，以传递风荷载。因此，端部屋架或屋面梁与山墙之间应该留有一定的空隙以保证抗风柱得以通上。

当山墙为砌体承重时，在山墙处，山墙内缘与横向定位轴线的距离λ应按砌体块材种类分别为块体的半块或半块的倍数或墙厚的一半，见图16.9（b）。

2. 纵向定位轴线

与纵向定位轴线有关的构件主要是屋架，除此以外还与屋面板宽度及吊车（有吊车时）有关。工业厂房的纵向定位轴线都是按照屋架跨度的标志尺寸从屋架两端引下来的（见图16.10）。

首先介绍墙、边柱与纵向定位轴线间的联系。

在有吊车的厂房中，为使吊车与结构规格相协调，并保证吊车的安全运行，厂房跨度与吊车跨度的关系：

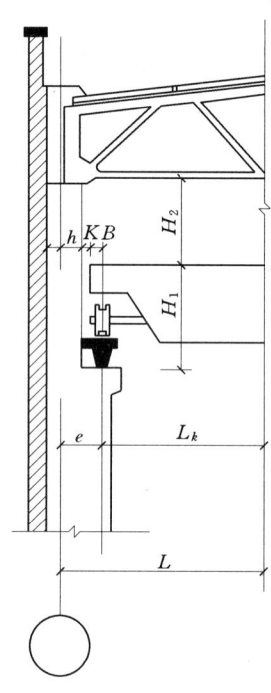

图16.10 吊车与纵向定位轴线（封闭结合）
H_1—吊车构造高度（详见吊车有关资料）；H_2—吊车安全运行所需上部净空，一般不小于220mm；B—吊车桥架端头构造长度，即轨道中心线至吊车桥架端头外缘的尺寸（详见吊车有关资料）；K—吊车桥架端头外缘至上柱内缘的安全净空（当吊车的起重量$Q \leqslant 50t$时，K不小于80mm；Q不小于75t，K不小于100mm，K主要是考虑吊车与柱子在制作和安装过程中的允许误差而预留的安全空隙）；h—上柱截面高度，根据吊车起重量、厂房高度、跨度及柱距等而变化

$$L_k = L - 2e$$

式中 L_k——吊车跨度，即吊车两条行车轨道中心线间的距离；

L——厂房跨度，即纵向定位轴线间的距离；

e——吊车轨道中心线至厂房纵向定位轴线的距离（一般取$e=750$mm，当吊车起重量大于75t时，取$e=1000$mm）。

为保证吊车在跨度方向的净空要求，根据吊车与厂房跨度的关系，则：

$$e - (h + B) \geqslant K$$

吊车端部尺寸及最小安全间隙值见表16.1。

16.2 单层厂房的定位轴线

表 16.1　　　　　　　　　　　吊车端部尺寸及最小安全间隙值

吊车起重量（t）	≤5	5～10	15/3～20/5	30/5～50/10	72/20
B（mm）	186	230	260	300	350～400
K（mm）	≥80	≥80	≥80	≥80	≥100

由于吊车形式、起重量、厂房跨度、高度、柱距等不同，以及是否设置安全走道板等条件，外墙、边柱与纵向定位轴线的联系方式有下述两种情况：封闭结合和非封闭结合。

(1) 封闭结合。当 $h+B+K \leqslant e$ 可采用边柱外缘、墙内缘与纵向定位轴线相重合即封闭结合的定位方式。此时可用整数标准屋面板（常用 1.5m×6.0m 大型屋面板）经适当调整板缝后，铺至屋顶承重结构标志端部，即定位轴线处，这样，屋面板与外墙间无缝隙，不需另设补充构件，构造简单，施工方便，且吊车荷载对柱的偏心距较小，较经济。

封闭结合适用于无吊车或只有悬挂式吊车和柱距为 6m、吊车起重量不大于 20t 的厂房。当柱距不小于 6m、吊车起重量及厂房跨度较大时，B、h、K 都会增大，例如：$Q \geqslant 30t$ 时，查表 $B=300mm$，吊车较重，上柱截面高 $h \geqslant 400mm$，$K \geqslant 80$ 不设安全走道板，$e=750mm$；则：$h+B+K=400+300+80=780 > e$，显然采用封闭结合不能满足吊车安全运行的净空要求，因此，当 $h+B+K > e$ 时，为了保证吊车的安全运行，边柱外缘与纵向定位轴线之间需加设联系尺寸 D，即边柱外缘自定位轴线向外推移联系尺寸 D，边柱外缘（也是外墙内缘）离开定位轴线，在一般的屋顶坡度下，用整数块标准屋面板只能铺至定位轴线处，离开外墙内缘尚有一段空隙，形成非封闭结合。该段空隙或须挑砖封平，或增设屋面板补充构件以及结合外墙构造加设挑檐板、檐沟板等予以填盖，故施工麻烦，吊车荷载对柱的偏心距也相应增大，厂房占地面积也略有增加。为不使厂房宽度类型增加过多，D 值为 300mm 或其整数倍，当围护结构是砌体时，也可以取 50mm 或其整数倍。

(2) 非封闭结合。在出现非封闭结合时，边柱外缘自定位轴线向外推移联系尺寸 D，屋架支承在上柱的支承长度不再是整个上柱截面的长度，仅是一部分，所以尚需注意保证屋架等在柱上应有的支承长度（当屋架等与柱刚接时除外）不小于 300mm，不足时则上柱头上应伸出牛腿以保证支座长度。

其次再来介绍中柱与纵向定位轴线的联系。

等高跨的中柱，当没有纵向伸缩缝时，若相邻跨无吊车或吊车起重量不大，设单柱子和一条纵向定位轴线，柱中心线应与纵向定位轴线相重合，即等高跨两侧屋架或屋面梁等的标志跨度皆以上柱中心线为准，且中柱两侧屋架（屋面梁）在柱顶的支承情况相同。上柱截面高度一般取 $h=600mm$，以保证两侧屋顶承重结构应有的支承长度不小于 300mm。见图 16.11。若相邻跨为桥式吊车或吊车起重量较大，设单柱子和两条纵向定位轴线，柱中心线与插入距中心线重合，插入距 A 应为 300mm 或其整数倍；围护结构为砌体时，插入距 A 应为 50mm 或其整数倍。

等高跨的中柱，当设有纵向伸缩缝时，中柱可采用单柱和两条定位轴线，伸缩缝一侧的屋架应搁置在活动支座上，插入距 A 应为伸缩缝的宽度，$A=C$，见图 16.12。

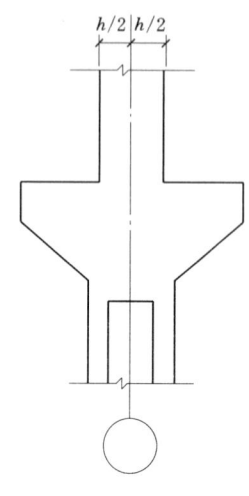 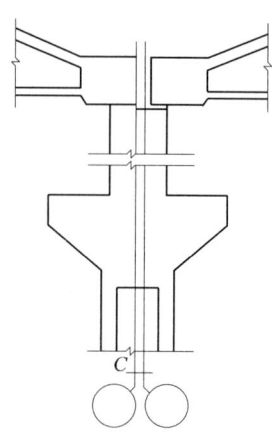

图 16.11　等高跨中柱（无纵向伸缩缝）的纵向定位轴线　　图 16.12　等高跨中柱（有纵向伸缩缝）的纵向定位轴线

16.3　单层厂房的组成

每一幢单层厂房都是由承重结构、围护结构及辅助构件组成。

16.3.1　承重结构类型

单层厂房的承重结构主要有排架结构和刚架结构两种。

1. 排架结构

排架结构是目前单层厂房中最基本、最普遍的结构形式，由基础、柱子、屋架组成，受力特点是柱子和基础之间是刚接，屋架和柱子之间是铰接。其优点是分件制作，现场装配，有利于设计标准化，构配件生产工厂化和施工机械化，同时具有一定的刚度和抗震能力。按照材料，排架结构有装配式钢筋混凝土排架结构、砖石混合结构、钢结构三种。

装配式钢筋混凝土排架结构是目前应用最为广泛的一种形式。采用钢筋混凝土或预应力钢筋混凝土构件，与钢结构相比较坚固耐久，造价低，可用于单跨、双跨、多跨、等高跨和不等高跨等各种厂房。适用于厂房跨度、高度、吊车荷载较大的情况，墙体在厂房中只起围护或分隔作用。

砖石混合排架结构由砖墙、砖柱代替钢筋混凝土柱，屋架采用钢筋混凝土屋架（或屋面大梁）、木屋架或钢木轻型屋架，构造简单，但承载能力及抗震性能较差，适用于无吊车或吊车吨位不超过 5t、跨度不大于 15m 的小型厂房。

钢排架结构的基础、柱子和屋架等主要承重构件全部用钢材做成，厂房自重轻，抗震性能好，施工速度快。但由于钢结构易锈蚀，耐火性能较差，要做好防锈和耐火防护措施。适用于吊车荷载大、高温或振动大的厂房。

2. 刚架结构

刚架结构是屋架和柱子合并为一个构件,柱子与基础之间为铰接。主要有装配式钢筋混凝土刚架结构和钢刚架结构。其优点是构件种类少,室内空间宽敞。钢筋混凝土刚架结构可用于中小型厂房(跨度不超过18m,无吊车或吊车吨位较小)和仓库,钢刚架结构可用于跨度较大,空间较高,有振动荷载的厂房。

单层厂房的承重结构除上述两种外,屋顶结构还可以采用折板、壳体及空间网架结构。其优点是受力合理,能充分发挥材料的力学性能,减少结构自重,加大空间跨度,空间刚度好,抗震性能强。但施工复杂,现场工作量大。

16.3.2 装配式钢筋混凝土排架结构厂房的构件组成

装配式钢筋混凝土排架结构是目前我国单层工业厂房中应用最为广泛的一种结构类型。这种结构受力合理,建筑设计灵活,施工方便,工业化程度高,如图16.13所示,厂房由承重构件和围护构件两部分组成。

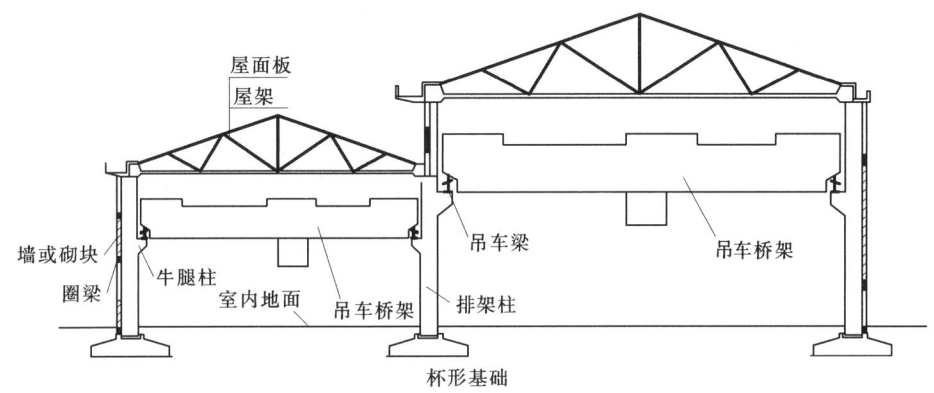

图 16.13 单层厂房的构件组成

(1)承重构件有:

1)柱:厂房的主要承重构件,承受屋架、吊车梁、连系梁、支撑和外墙传来的荷载,并将这些荷载传给基础。

2)基础:承受柱子和基础梁传来的荷载并将这些荷载传给地基。

3)屋架:屋架是屋盖结构的主要承重构件,承受屋盖系统的全部荷载并将这些荷载传给柱子。

上述三种构件组成横向排架。

4)屋面板:铺设在屋架或檩条或天窗架上,承受板上的各种荷载(包括屋面板自重、屋面围护材料、雪、积灰和施工检修等荷载)并将这些荷载传给屋架。

5)吊车梁:置于柱子的牛腿上,承受吊车和起重运行中的各种荷载(包括吊车自重、吊车最大起重量,吊车启动和刹车时产生的横向刹车力和纵向刹车力、冲击荷载等),并将这些荷载传给柱子。

6)基础梁:承受上部砖墙的荷载,并把这些荷载传给基础。

7)连系梁:是厂房纵向柱列的纵向连系构件,用以增加厂房的纵向刚度,承受上部墙体和风荷载,并将这些荷载传给柱子。

屋面板、吊车梁、连系梁和基础梁组成纵向连系系统。

屋盖支撑设于屋架之间。

柱间支撑设于柱子之间。

屋盖支撑和柱子间支撑共同组成支撑系统,以保证厂房的整体性和稳定性。

抗风柱设于山墙中部,承受墙面传来的荷载,并将这些荷载一部分通过屋盖系统传到厂房纵向骨架系统,一部分直接传给抗风柱基础。

图 16.14 所示为装配式钢筋混凝土横向排架结构主要荷载传递路线图。

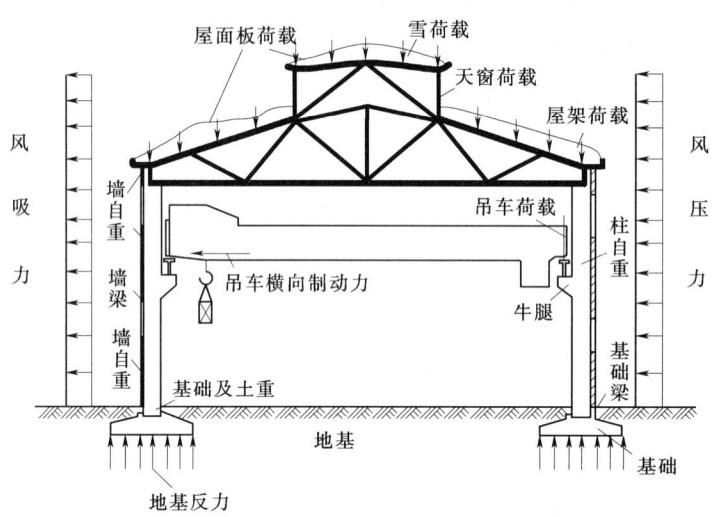

图 16.14 装配式钢筋混凝土横向排架结构主要荷载示意图

(2)围护构件有屋面、外墙、门窗、地面等。

(3)辅助构件有内部隔墙、吊车梯、室外消防梯、坡道、散水、地沟(明沟或暗沟)等。

16.3.3 厂房内部的起重运输设备

为在生产中运送原材料、成品、半成品,厂房内部应设置必要的起重运输设备。常见的有桥式吊车、梁式吊车、单轨悬挂式吊车、悬臂吊车等。吊车的形式与厂房建筑设计密切相关,简单介绍如下。

1. 桥式吊车

由起重行车和桥架组成,见图 16.15,厂房吊车梁上铺设吊车轨道,桥架两端设有车轮,桥架顺此轨道沿厂房纵向运行,桥架上亦铺设有轨道,起重行车顺此轨道沿厂房横向运行,司机室一般设于吊车端部以操纵吊车,有时也可以设在中部或做成可移动的。

根据吊车工作时间占全部生产时间的比例,桥式吊车的工作制分为重级工作制(工作时间大于 40%)、中级工作制(工作时间为 25%~40%)、轻级工作制(工作时间为 15%~25%)三种情况,吊车工作制是衡量吊车繁忙程度的一个指标。

当同一跨内需要的吊车数量较多,且吊车起重量相差悬殊时,可沿高度方向设置双层吊车，以减少吊车运行中的相互干扰。

设有桥式吊车时，应注意厂房跨度和吊车跨度之间的关系，使厂房的跨度和高度必须满足吊车运行的要求，并在柱间适当位置设置通向吊车司机操纵室的钢梯和平台。当吊车为重级工作制或有其他需要时，应沿吊车梁侧设置安全走道板，以保证检修人员行走安全。

桥式吊车的起重范围在5t到数百吨，在工业建筑中应用广泛。但由于其自身重，工作时通过吊车梁传给厂房结构的荷载较大，并且运行所需净空高度大，所以，桥式吊车的使用增加了厂房的结构负担和厂房的净空尺寸。

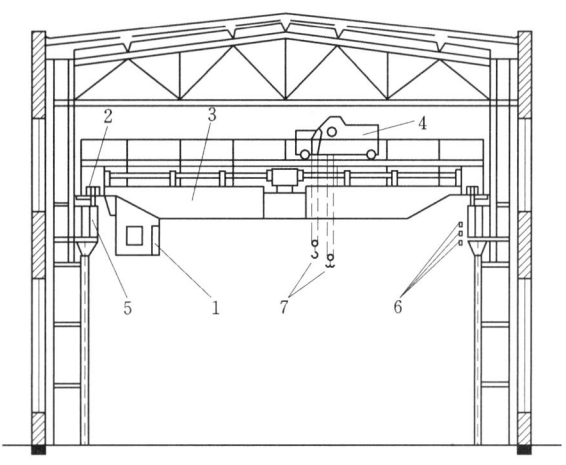

图 16.15 桥式吊车
1—吊车司机室；2—吊车轮；3—桥架；4—起重小车；
5—吊车梁；6—电线；7—吊钩

2. 梁式吊车

梁式吊车分电动和手动两种，手动的多用于工作不太繁忙的场合或检修设备之用。大多数厂房采用电动梁式吊车，可在地面操纵，也可在吊车一端的司机操纵室操纵。

梁式吊车由起重行车和横梁组成，见图 16.16，横梁端面为"工"字形，两端有行走轮，可沿吊车轨道运行，横梁上亦铺设有轨道，供起重行车行走。吊车轨道可悬挂在屋架下弦上或支承在吊车梁上，梁式吊车起重量一般不超过5t。

梁式吊车同桥式吊车一样，只能在厂房内沿跨间纵向运行，不能转弯。

3. 单轨悬挂式吊车

单轨悬挂式吊车由电葫芦和工字钢轨道组成，见图 16.17。工字钢轨悬挂在屋架（或屋面大梁）下弦上，可布置成直线、曲线（转弯或由这一跨间运行到另外一跨间），运输灵活。吊车操纵有手动和电动两种。由于吊车悬挂在屋架下弦，故对厂房屋盖结构的刚度要求较高，适用于小型起重量的车间，一般起重量为1～2t。

4. 悬臂吊车

悬臂吊车有壁行式（或称移动式）悬臂吊车和固定旋转式悬臂吊车两种。前者可于跨间一侧或两侧布置，沿厂房纵向运行，服务范围仅为一狭长地段，见图 16.18（a）；后者则固定在厂房柱子上，可以旋转180°，一台固定式吊车仅供1～2台车床使用，见图 16.18（b）。

除上述吊车形式外，根据生产特点，厂房内部还有各种各样的运输设备，如：电瓶车、平板车、铲车、吊链、传送带、汽车、火车等。

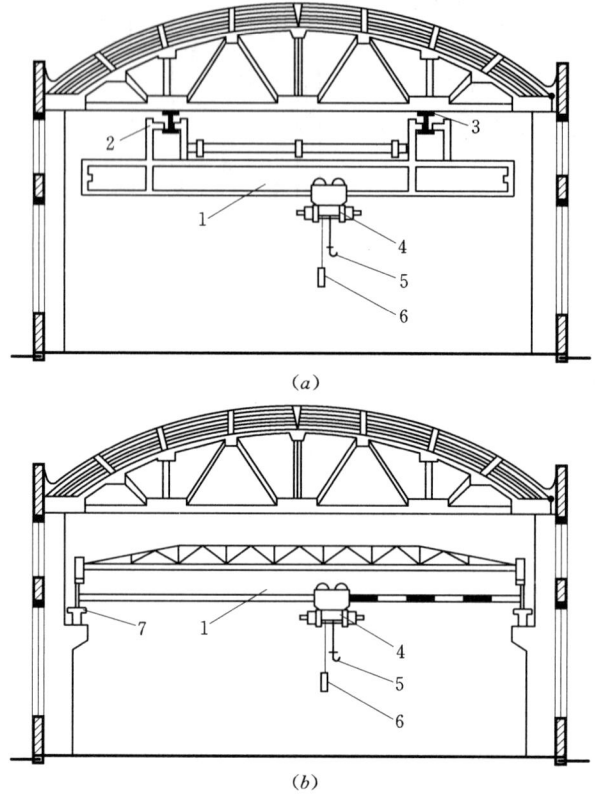

图 16.16 梁式吊车
(a) 悬挂梁式吊车；(b) 支承在吊车梁上的梁式吊车
1—钢梁；2—运动装置；3—轨道；4—提升装置；5—吊钩；6—操纵开关；7—吊车梁

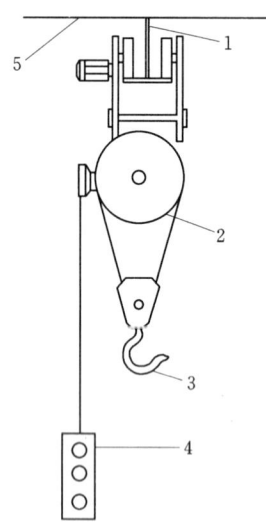

图 16.17 单轨悬挂式吊车
1—钢轨；2—电动葫芦；
3—吊钩；4—操纵开关；
5—屋架或屋面梁的下底面

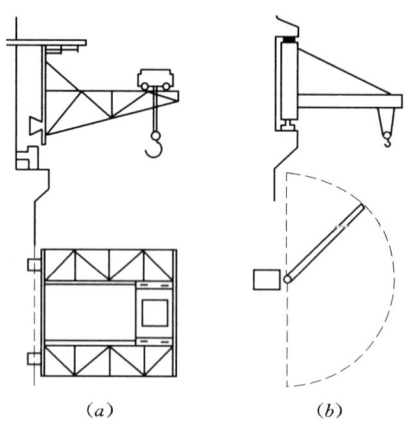

图 16.18 悬臂吊车
(a) 壁行式悬臂吊车；
(b) 固定旋转式悬臂吊车

16.4 单层厂房的构造

16.4.1 单层厂房外墙构造

1. 单层厂房外墙的特点

与民用建筑相比较,单层厂房的外墙具有以下特点:

(1) 单层厂房的外墙一般只起围护作用,不起承重作用。

(2) 单层厂房外墙面开窗灵活。单层厂房外墙面在高度范围内无楼层限制,又不承重,可适应采光、通风及生产工艺的需要,建造大片的带形玻璃墙或作成半开敞或全开敞(有大量余热排出的高温车间)或建造无窗的墙面。

(3) 单层厂房外墙的高度和承受的荷载都比较大,但厚度却相对较薄(240mm),为了保证外墙在风荷载和起重运输设备等荷载作用下具有足够的刚度和稳定性,需要采取相应的加强措施,如设壁柱、圈梁、连系梁和山墙抗风柱等。

单层厂房的外墙构造还应满足生产工艺方面的某些特殊要求。例如有爆炸危险的生产车间,其外墙要求用轻质材料建造,或开设大面积玻璃窗以利防爆泄压等。

2. 单层厂房外墙的分类

单层厂房的外墙按材料分类有砖墙、砌块墙、板材墙、波形瓦(含压型钢板)墙、开敞式外墙等;按承重情况分类有承重墙、承自重墙、框架墙等。

3. 单层厂房外墙的构造

(1) 承重砖墙与砌块墙。由墙体承受屋顶及吊车起重荷载,在地震区还要承受地震荷载。一般情况下,承重砖墙及砌块墙的高度不宜超过11m,柱距不宜大于6m,跨度不宜超过15m,吊车荷载不宜超过5t。

为增加墙体的刚度、稳定性和承载能力,通常每隔4~6m间距应设置壁柱并在墙体中设置圈梁。一般情况下,当无吊车厂房的承重砖墙厚度不大于240mm,檐口标高为5~8m时,要在墙顶设置一道圈梁,超过8m时应在墙中间部位增设一道;当车间有吊车时,还应在吊车梁附近增设一道圈梁。承重山墙宜每隔4~6m设置抗风壁柱;屋面采用钢筋混凝土承重构件时,山墙上部沿屋面板应设置截面不小于240m×240mm(在壁柱处宜局部放大)的钢筋混凝土卧梁,并与屋面板妥善连接。

(2) 非承重砖墙与砌块墙。当厂房的跨度、高度及吊车荷载较大时,通常采用钢筋混凝土或钢骨架结构承重,此时,外墙只承担自重,而屋盖与起重运输等荷载则由排架来承担,外墙只起围护作用、承受自身重量和风荷载,这种墙又称为承自重墙,是单层厂房常用的外墙形式之一。由于墙体只起围护作用,是非承重构件,厂房外墙与柱的相对位置较灵活,通常可以有四种方案,如图16.19所示。

方案A:外墙的内缘与排架柱的外缘相重合。其特点是构造简单、施工方便、热工性能好,便于基础梁与连系梁等构配件的定型化和统一化。

方案B:排架柱部分嵌入墙内。与方案A比较,节省建筑占地面积,并能增强柱列的刚度,但要增加部分砍砖,施工麻烦,同时基础梁与连系梁等构配件也随之复杂化。

方案C:外墙的外缘与排架柱的外缘相重合。构造复杂,施工不便,砍砖多,且框架

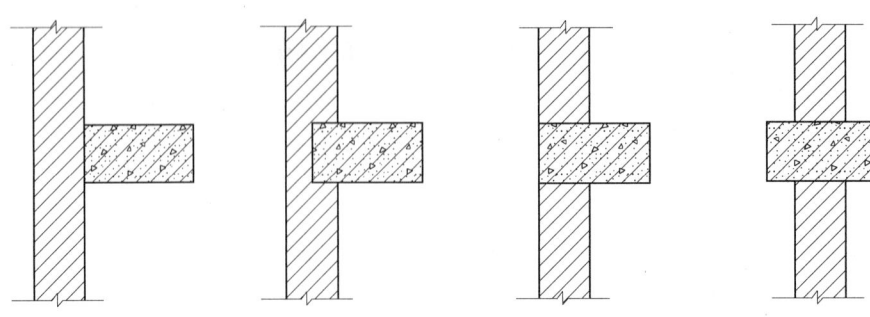

图 16.19 柱与墙的相对位置

结构外露易受气温变化的影响,用于寒冷地区时,热工性能较差,形成冷桥易使柱子出现冷凝水,且其基础梁与连系梁等构配件均不能实现定型化和统一化。一般用于厂房连接有露天跨或有待扩建边跨的临时性封闭墙。优点是节约建筑用地和能增强柱间刚度等。当吊车吨位不大时,厂房可不设柱间支撑,可用于我国南方地区。

方案 D:排架柱嵌入外墙。特点同方案 B、方案 C。

非承重砖墙与砌块墙的构造要点介绍如下。

柱与墙的连接构造:为使砖墙与排架柱保持一定的整体性与稳定性,厂房外墙应与柱子可靠联结。最常用的做法是由柱子、屋架沿高度每隔 500~600mm 伸出 2φ6 的钢筋砌入砖墙水平缝内起到锚拉作用,见图 16.20。

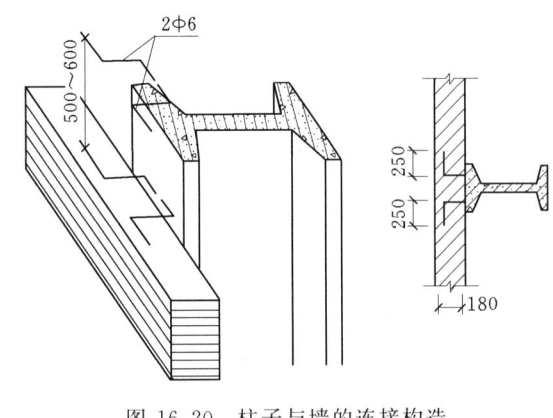

图 16.20 柱子与墙的连接构造

女儿墙的拉结构造:女儿墙厚度一般不小于 240mm,高度由构造要求和使用要求共同决定。受设备振动影响较大的或地震区的厂房,女儿墙的高度则不宜超过 500mm,并须用整浇的钢筋混凝土压顶板加固;非地震区厂房较高或屋面较陡时,为保证在屋面上从事检修、清灰扫雪、擦洗天窗等人员的安全,一般宜设置高度 1m 左右的女儿墙,或在厂房的檐口上设置相应高度的护栏。女儿墙与屋面板的拉结处理做法是把嵌入板缝和砌置在墙体内的两根相平行的钢筋,通过另一根嵌入垂直方向板缝的相同直径的钢筋连接起来,最后将板缝用 C20 的细石混凝土灌满捣实以增强其刚性,见图 16.21。

抗风柱的连接构造:厂房山墙比纵墙高,墙面面积较纵墙大,故山墙承受的水平风荷载也往往大于纵墙,为了保证承自重山墙的刚度与稳定性,抵抗水平风荷载并将其传递给屋架,通常应设置钢筋混凝土抗风柱。抗风柱的间距以 6m 为宜,必要时允许采用 4.5m 和 7.5m 的柱距。抗风柱也应每隔相应高度伸出锚拉钢筋与山墙相连接。当山墙的三角形部分高度较大时,为保证其稳定性和抗风及抗震能力,还应在山墙上部沿屋面板设置钢筋混凝土圈梁,并在屋面板的板缝中嵌入钢筋使之与圈梁相拉结。抗风柱的下端插入基础杯

16.4 单层厂房的构造

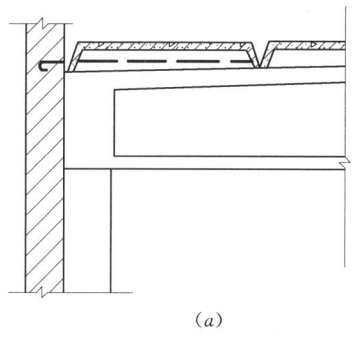
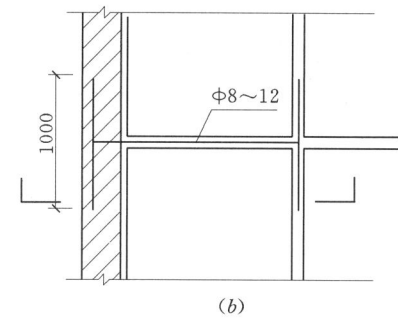

图 16.21 女儿墙的拉结构造

口形成下部的嵌固端，柱的上端通过一个特制的"弹簧"钢板与屋架相连接，保证柱与屋架之间只传递垂直荷载，既有连接而又不改变各自的受力体系，见图 16.22。

承自重砖墙的下部构造：承自重砖墙通常不采用独立的条形基础，而是砌筑在简支于柱子基础顶面的基础梁上，目的是防止承自重墙和排架柱基础沉降不一致而导致墙面开裂，且厂房基础一般较深，承自重砖墙采用带形基础常不够经济。当基础埋深不大时，基础梁可直接搁置在柱基础的杯口顶面上；若基础较深，则基础梁可设置在柱基础杯口上的混凝土垫块上；当埋深更大时，也可设置在排架柱底部的小牛腿上或者高杯基础的杯口上。通常要求基础梁顶面标高低于室内地面 50mm，并高于室外地面 100mm，使车间的室内外地面高差为 150mm，以防止雨水流入车间，使基础梁上部受到保护，并把车间内外地面连接起来，便于在车间大门口设置坡道，利于运输工具的通行；基础梁可兼做防潮层而直接在梁上砌墙。通常基础梁下的回填土可虚铺，不必夯实，以利于基础梁随柱基础一起沉降。寒冷地区的地

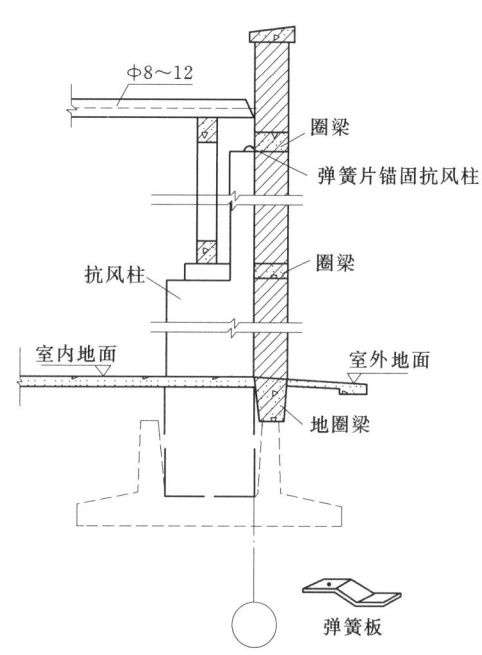

图 16.22 山墙与抗风柱的连接

基土为冻胀性土壤时，基础梁底部还应该铺设厚度不小于 300mm 的干砂或炉渣等松散材料，以防冬季土壤冻胀而导致基础梁和墙体开裂，见图 16.23。厂房外与室外天然地面相接触的部位还应设置勒脚和散水或排水明沟，构造同民用建筑。

连系梁与圈梁的构造：连系梁的作用是连接厂房排架柱的纵向连系构件，以增强厂房的纵向刚度，承担它上部墙体的荷载同时向柱列传递水平风荷载。连系梁多采用预制装配式和装配整体式，支承在排架柱外伸的牛腿上，并通过螺栓或焊接与柱子相连接，梁的截面形状一般为矩形，当墙厚不小于 370mm 时可采用 L 形，以减少连系梁的外露高度，梁的位置应尽可能与门窗过梁相一致，以减少构件种类，连系梁沿厂房高度方向的间距一般

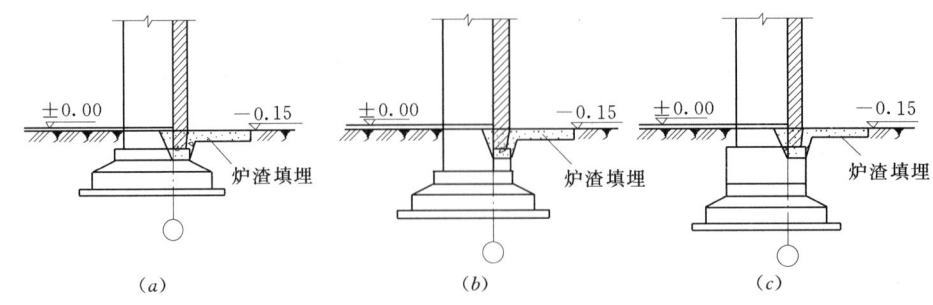

图 16.23 承自重砖墙的下部构造

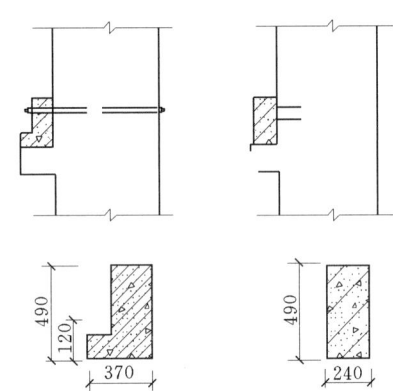

图 16.24 连系梁的构造做法

为 4~6m，若在同一水平面上能交圈封闭时，也可兼做圈梁，见图 16.24。

承自重墙的圈梁设置要求与承重墙中圈梁的要求基本相同，可以现浇或采用预制装配式。现浇圈梁一般是先在柱子上预留外伸的锚拉钢筋，当墙体砌至梁底标高时，支侧模，绑扎钢筋骨架并与锚筋连牢，然后浇灌混凝土，经养护后拆模即成。为了节省工期可采用两端留筋的预制装配式圈梁，吊装就位后把接头钢筋与柱上的预留锚拉钢筋锚固，浇混凝土便成为装配整体式圈梁。圈梁底面标高应与门窗洞口的标高一致。当个别门窗洞口较高时，应在洞口上部砌体中增设一道截面相同的附加圈梁。其搭接长度应不少于圈梁与附加圈梁中心距离的两倍，并不得小于 1.5m。

内外墙面抹灰构造：一般单层厂房的墙面不做抹灰，只有当车间由于卫生、采光、防腐蚀以及装修等需要时才做抹灰处理。根据需要不同可分为一般抹灰、装饰抹灰和防腐蚀抹灰，其中一般抹灰和装饰抹灰构造与民用建筑基本相同，经抹灰处理的厂房内墙面，一般都要作喷（刷）浆处理。对抹灰有特殊要求的工程，需要根据特殊标准进行。

由于砖墙和砌块墙存在施工速度慢，湿作业多，工人劳动强度大等缺点，大型板材墙逐渐成为工业建筑广泛采用的外墙形式之一。

按墙板的受力情况可分为承重墙板和非承重墙板。按墙板的保温性能可分为保温墙板和非保温墙板。按墙板所用的材料可分为钢筋混凝土、加气混凝土等混凝土材料类墙板和复合材料类墙板。按墙板所居位置可分为檐下板、一般板、女儿墙板、山尖板等。按墙板的规格可分为基本板、异形板（加长板、山尖板等）、辅助构件（嵌梁、转角构件等）。基本板形状规整，用量大，长度应符合我国"厂房建筑统一化基本规则"的规定，并考虑山墙抗风柱的设置情况，板长有 4500mm、6000mm、7500mm、12000mm 等数种，但有时由于生产工艺的需要，也允许采用 9000mm 的规格，为减少板长规格，抗震缝处的定位轴线须采用双轴线。基本板的高度应符合 300mm 的倍数，有 900mm、1200mm、1500mm、1800mm 四种，6m 柱距一般选用 900mm、1200mm 高，12m 柱距选用 1500mm、1800mm 高。基本板的厚度应符合 20mm 的倍数，同时考虑承重、围护等是否满足要求。异形板形状特殊，应用较少，包括窗框板、加长板、窗间墙短板等，其中，加长板及窗间墙短板的高度、厚度应与基本板相同，长度按设计要求确定。辅助构件包括嵌梁、转角构件等，它们与墙板共同组成墙体。转角构件高度应与基本板高度或其组合高度相适应，嵌梁及其与窗台板的组合高度应符合 300mm 的倍数。

墙板在静力和动力作用下，应有可靠的力学性能，其承重、抗风、抗压、抗震等力学性能都直接关系到厂房整体结构的合理性；墙板应有良好的隔气、防腐蚀、不透水和一定的保温、隔热、隔声等性能，近几年出现的各种复合型板材，充分发挥了各种建筑材料的特性；墙板的安装固定和节点构造应考虑承重、温度变形和抗震的需要以提高厂房整体设计水平，加快施工进度，新型墙板将向着轻质、高强、薄壁、复合功能的方向发展。

墙板的布置可分为横向布置、竖向布置和混合布置三种类型，见图 16.25。

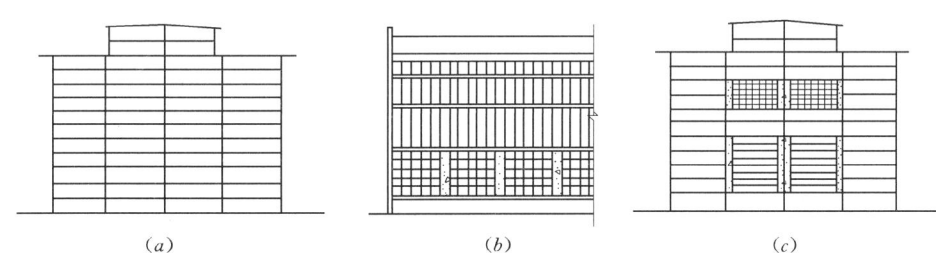

图 16.25 墙板的布置
(a) 横向布置；(b) 纵向布置；(c) 混合布置

横向布置是目前应用最为广泛的一种布置形式。其优点是墙板长度和柱距一致，其竖缝可由骨架柱遮挡，不易渗漏风雨，墙板本身可兼起门窗过梁与连系梁的作用，能增强厂房的纵向刚度，构造简单，连接可靠，板型较少，便于布置带形窗等，缺点是遇到穿墙孔洞时墙板布置较复杂。

横向布置的主要构造要点如下。

横向墙板布置时要求尽量减少屋架类型，屋架坡度宜平缓，屋架端部尺寸与挑梁高度应符合 300mm 的倍数，以减少墙板类型。

山墙抗风柱宜对称布置，并尽量采用 6m 柱距，便于墙板布置和采用基本板。

窗台高度一般应符合 300mm 的倍数，如 600mm、900mm、1200mm 等。窗洞高度应为基本板高度的整数倍或为基本板的组合高度。

多跨厂房或高大厂房需设联系尺寸时，最好只用一种联系尺寸，以减少加长板或辅助构件类型。厂房转角及设联系尺寸的部位宜选用加长板，必要时也可采用辅助构件。

一种横向墙板布置是以檐口标高为基准进行调整。厂房的外墙应尽可能采用一种高度的基本板；否则，通过以下措施进行调整排板：变动柱顶标高、加设通长嵌梁、改变窗台标高、改变女儿墙高度等。如用基本板排列还有困难，可将余下高度作成异形板或辅助构件，放在形状要求特殊的部位。热加工车间或炎热地区的一般厂房，当屋架端头设有挑梁构成挑檐时，如墙板按板材模数排列到挑梁下还有空隙时，就可以保留此空隙而不另设异形墙板。

另一种横向墙板布置是以柱顶标高为基准进行调整。由于柱高符合 300mm 倍数，柱顶以下全部用标准板，柱顶以上随屋架端头尺寸不同来确定板的规格。这种布置方法要求同类型屋架的端头尺寸应尽可能统一，以减少墙板类型。

墙板的板缝应满足防水、防风、保温、便于制作、施工方便、经济美观、坚固耐久等要求。通常板缝防水处理措施有两种：构造防水与材料防水。其中构造防水是在接缝外口做适当的线型构造或增加不同形式的挡水处理，使水流分散，减少接缝的雨水流量、流速和压力；而材料防水是用油膏或砂浆等防水材料嵌缝的处理方法。一般地，板缝宜优先采用构造防水，防水要求较高时可采用构造防水与材料防水相结合的形式。水平缝宜选用滴水平缝、高低缝和肋朝外平缝，防水要求较低或采用可靠的防水密封材料时，水平缝也可采用简单的平缝形式，见图16.26；垂直缝有直缝、喇叭缝、单腔缝和双腔缝，一般宜采用单腔缝，用压条连接时，可采用直缝或喇叭缝，生产工艺对防水要求较高时可采用双腔缝，见图16.26。

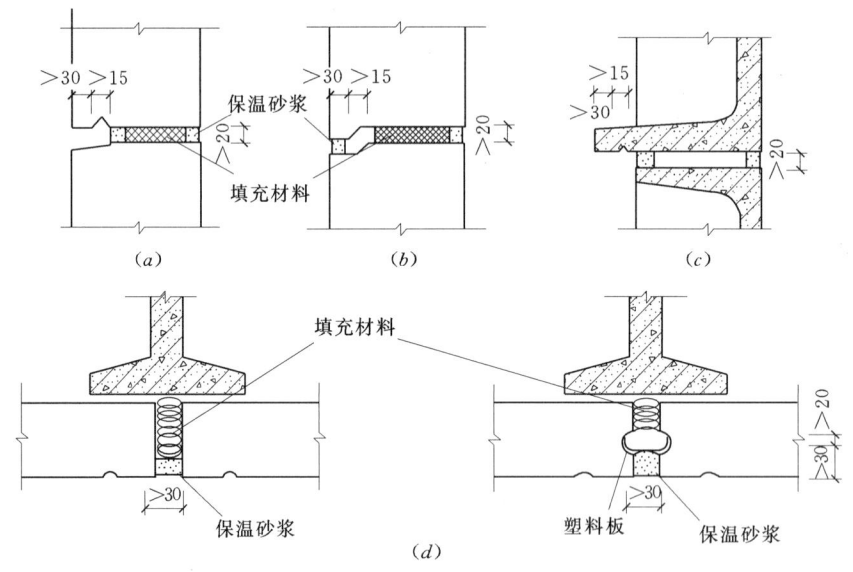

图 16.26　板缝的处理
(a) 水平缝的构造—滴水平缝；(b) 水平缝的构造—高低缝；
(c) 水平缝的构造—肋朝外平缝；(d) 墙板竖缝的构造

对吸水率大的轻骨料混凝土墙板，板缝两侧应预刷防水涂料。在保温墙板的板缝填充松散或吸水率大的保温材料时，应双面嵌缝。非保温墙板可单面嵌缝。地震区或振动较大，有不均匀沉降的厂房，应以弹性较好的材料嵌缝。

墙板与排架柱的连接，有柔性连接和刚性连接两种方式。

柔性连接适用于地基不均匀、沉降较大或有较大震动荷载的厂房，柱只承受由墙板传来的水平荷载，墙板搁置在杯形基础杯口上的混凝土垫块上，其重量并不传给柱子而由基础梁或勒脚墙板承担。柔性连接最常用的方法有螺栓连接和压条连接，图16.27为螺栓连接；压条连接适用于对预埋件有锈蚀作用或握裹力较差的墙板，做法是先在柱内预埋螺栓，在墙板外加压条，用压条和螺母将墙板和柱子压紧拉牢，每安装一块墙板，垂直缝内应灌注砂浆，墙板全部安装完毕后，将螺母和螺栓焊死，最后在压条上的孔洞内填1∶2.5水泥砂浆。

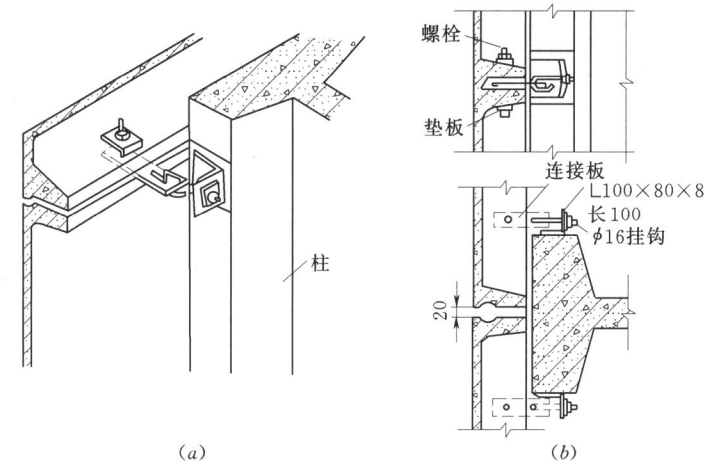

图 16.27 槽形墙板与柱螺栓柔性连接

刚性连接适用于地震设计烈度为7度或7度以下的地区，是在柱子和墙板中先分别设置预埋铁件，安装时用角钢将它们焊接连牢。特点是施工方便、构造简单、厂房的纵向刚度好，但对不均匀沉降及振动较敏感，墙板板面要求平整，埋件要求准确，见图16.28。

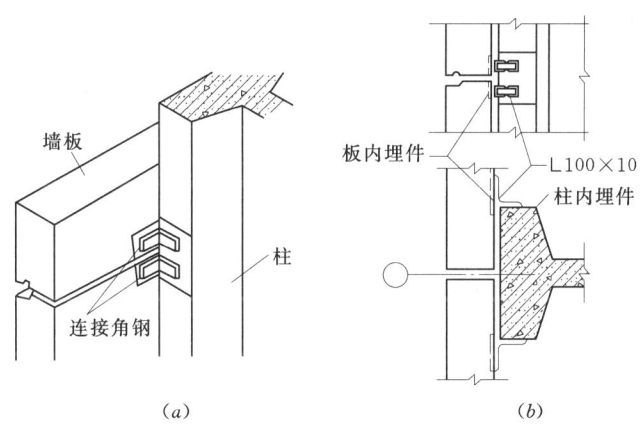

图 16.28 墙板与柱刚性连接

檐口根据设计需要可以采用挑檐板、檐沟板或女儿墙等构造形式。当采用女儿墙墙板时，要注意连接可靠，有利抗震。女儿墙上的压顶板板缝应与墙板板缝错开布置，并应作抹灰处理。在地震区，女儿墙的高度不得大于500mm，其压顶板最好采用现浇钢筋混凝土，以增强整体性，见图16.29。

厂房转角墙板的连接构造和多跨厂房端柱与山墙板的连接构造可以有多种方式，设计时应根据具体情况灵活处理，力求使墙板类型最少，安装方便，支托和连接可靠，并应注意建筑处理和减少材料消耗。在转角处由于定位轴线与柱子中心线相距600mm，山墙墙板与柱子之间的空隙可根据具体情况选用钢筋混凝土或钢墙架柱填充，也可以在厂房柱上

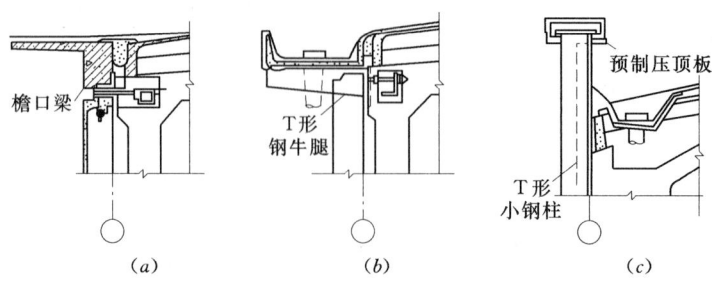

图 16.29　檐口的连接

设置钢支托和水平承压杆支承。在地震区，厂房转角处应采用加长板或辅助构件。非地震区允许用砖或砌块镶嵌，但以采用加长板为好，见图 16.30。

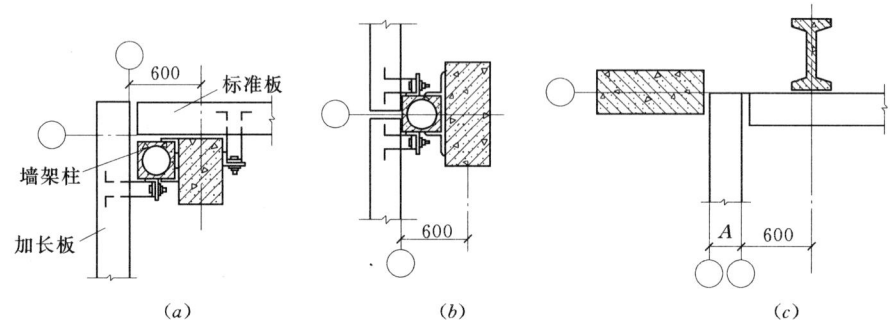

图 16.30　转角与山墙墙板的连接
(a) 转角构造；(b) 中柱与山墙板连接；(c) 丁字跨墙板的连接

16.4.2　单层厂房屋面构造

屋面是覆盖整个厂房上部的围护结构，主要功能是承重、围护、排水、防水、保温隔热、兼顾美观。屋盖除了要经受风吹、雨淋、日晒和霜冻等外部环境的侵蚀，还要承受厂房内部环境产生的振动、温度、湿度、粉尘及腐蚀性烟雾等的作用。所以，屋面的形式和构造对厂房的使用、安全、造价等方面均会产生较大影响。

1. 屋面排水

厂房屋面排水方式分无组织排水和有组织排水两种，可根据表 16.2 选择。

表 16.2

地区年降雨量 (mm)	檐口高度 (m)	天窗跨度 (m)	相邻屋面高差 (m)	排水方式
<900	≥10	≥12	≥4	有组织排水
	<10	—	<4	无组织排水
≥900	≥8	≥9	>3	有组织排水
	<8	—	—	无组织排水

由表 16.2 可见，单层厂房屋面排水方式的选择，与该厂房所处地区的年降雨量、厂房的檐口高度、天窗跨度、相邻屋面的高差等多种因素有关，另外屋面排水方式的选择还

16.4 单层厂房的构造

与厂房的生产性质有关系。

无组织排水也称自由落水。屋面不需要设置天沟，厂房内部也不需设置雨水管及地下雨水管网，因而构造简单，施工方便，造价经济。无组织排水檐口应设挑檐，其长度一般不宜小于500mm，辅助厂房或天窗的挑檐长度可减小到300mm。勒脚外须做散水，散水宽度须超出挑檐200mm，也可做成明沟，明沟的中心线应对准挑檐端部。无组织排水适用于降雨量不大的地区，檐口高度较低的单跨或多跨厂房的边跨屋面，以及工艺上有特殊要求的厂房。生产过程中有积灰的屋面应尽量采用无组织排水，以免积灰堵塞天沟和雨水斗，在有腐蚀性介质作用的厂房，为防止铸铁雨水管等遭受腐蚀，也应尽可能地采用无组织排水。

厂房屋面的有组织排水方式有：内排水、内落外排水、檐沟外排水、长天沟外排水等。

内排水是将屋面汇集的雨水引向中间跨天沟和边墙天沟，再经雨水斗引入厂房内的雨水竖管及地下雨水管网。内排水的优点是不受厂房高度限制，屋面排水组织灵活，在严寒多雪地区，采用内排水可防止因冻结引起屋檐和外部雨水管的破坏；缺点是构造复杂，造价及维修费用高，室内须设雨水地沟，有时还会妨碍工艺设备的布置。在积灰多的厂房天沟和落水口处容易被堵塞而造成渗漏，犹应注意。内排水多用于多跨厂房及严寒地区，见图16.31。

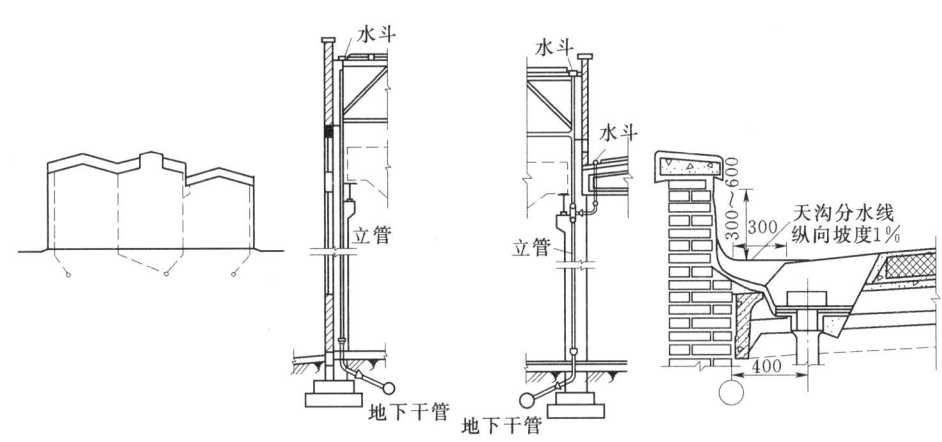

图 16.31　内排水

内落外排水是在多跨厂房内用水平悬吊管将雨水斗连通到外墙的雨水竖管，使雨水在墙外经竖管（或将竖管设在墙内侧从墙脚处穿出室外）排入地下雨水管网或明沟。水平悬吊管可沿屋架横向设置，也可沿柱子纵向设置，并在其长度范围内找坡，坡度0.5%～1%。内落外排水的优点是可避免在厂房内部敷设雨水地沟，对工艺设备的布置较为有利；但水平悬吊管跨越室内的长度较大时，会占据厂房的有效空间，且须加大水平悬吊管管径以防堵塞。

檐沟外排水即在檐口处设置檐沟板用来汇集雨水，并安装雨水斗连接雨水竖管，构造简单，施工方便，适用于厂房较高，降雨量较大，气候温暖地区不宜做无组织排水的厂房边跨，见图 16.32。

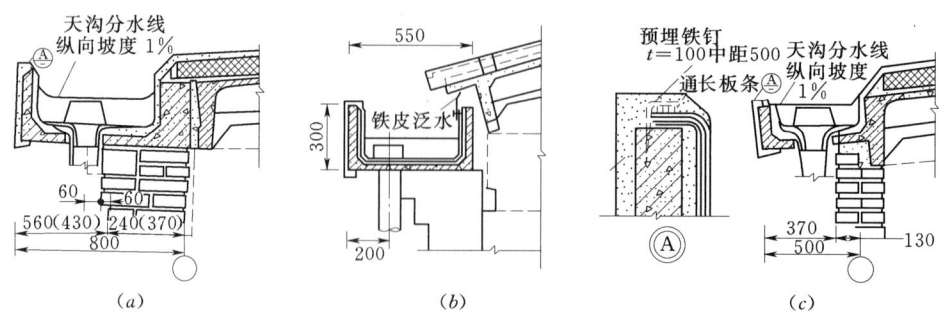

图 16.32 檐沟外排水

长天沟外排水是沿厂房屋面的长度方向做贯通的天沟，并利用天沟的纵向坡度将雨水引向山墙外部的雨水竖管排出。长天沟外排水构造简单、施工方便、造价较低，但受地区降雨量、屋面材料、天沟断面和纵向坡度等因素的影响，因此，天沟全长以不超过 100m 为宜。天沟端部应设溢水口，防止暴雨时或排水口堵塞时造成漫水现象，见图 16.33。

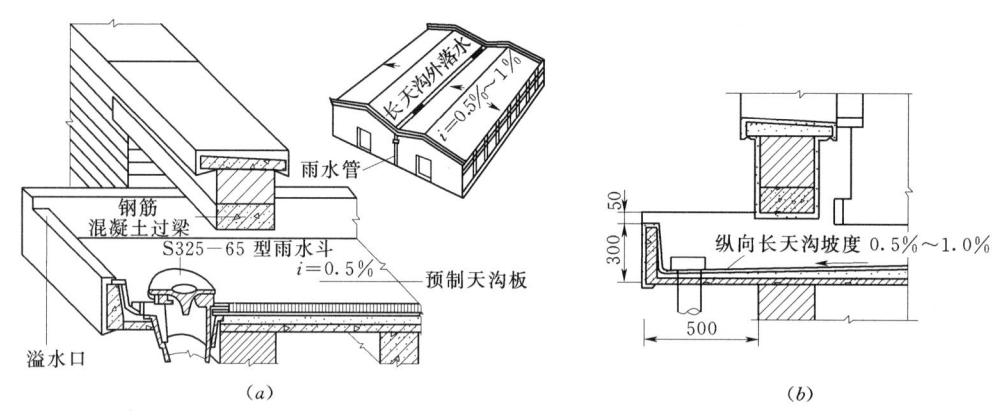

图 16.33 长天沟外排水

关于屋面排水坡度和排水组织的设计。

屋面排水坡度的大小取决于屋面基层类型、防水构造方式、防水材料性能、屋架形式、地区降雨量等因素。各种不同防水材料的屋面排水坡度可参考表 16.3。

表 16.3　　　　　　　　　　不同防水材料的屋面排水坡度

防水方式	卷材防水	构件自防水			
		嵌缝式	F 板	槽瓦	石棉水泥瓦
选择范围	1∶4～1∶10	1∶4～1∶10	1∶3～1∶8	1∶2.5～1∶5	1∶2～1∶5
常用坡度	1∶5～1∶10	1∶5～1∶8	1∶4～1∶5	1∶3～1∶4	1∶2.5～1∶4

当屋面排水方案确定之后，即可进行屋面排水组织设计。首先可按屋面高低、跨度大小及坡面、变形缝位置，将屋面划分为若干排水区段，并选择排水方式。然后根据集水面积和当地降雨量，选择雨水管直径，计算雨水管的数量（一般按照每个雨水管能排除

$200m^2$ 的面积，也可以参考经验公式：$F = 438D^2/H$ 验算，F 为允许的排水面积；D 为雨水管的直径；H 为每小时降雨量，单位 mm），均匀布置，最后决定雨水斗的间距和位置。雨水斗的经验间距一般为 18~24m，少雨地区可适当增加，采用悬吊管外排水时，最大间距为 24m。

排水装置一般有天沟、雨水斗、雨水管等。

天沟分为边天沟和内天沟两种。边天沟做女儿墙有组织外排水时的构造做法同民用建筑。内天沟的天沟板是搁置在相邻两榀屋架的端头上。天沟板的形式有单槽形板和双槽形板两种。另外，也可在大型屋面板上直接做天沟，称其为"自然天沟"，此处防水构造处理须增加一层卷材，以提高防水能力。内排水的天沟处不宜设与屋面等厚的保温层（可设半厚或不设）使厂房内部热量传至该处，在冬季不致造成天沟冻结，影响排水，见图 16.34。

目前采用较多的雨水斗为 65 型铸铁雨水斗，它由雨水斗及雨水短插管组成。雨水管有铸铁管、石棉水泥管、陶土管、镀锌铁皮管及玻璃钢管等，厂房建筑中铸铁管应用较多。其断面有矩形、圆形和方形，截面大小应根据计算确定，一般为 $\phi100~200mm$ 的管径。雨水管的间距一般为 18~24m，以不超过 30m 为宜，应与柱距相配合。

2. 屋面防水

屋面防水和排水的有机结合，才能有效阻止雨水、雪在流泻过程中向屋面侵入或渗透。屋面防水的类型主要有卷材防水、刚性防水、构件自防水等几种。

(1) 卷材防水。卷材防水屋面在单层工业厂房中应用较为广泛，其构造原则和做法与民用建筑基本相同，但采用大型预制钢筋混凝土屋面板的卷材防水屋面，在板缝处尤其是在横缝处（屋架上弦板材对接处）容易开裂。厂房屋面往往荷载大、振动大、变形可能性大，此时，若油毡紧贴在基层上，横缝处的油毡将在极小范围内被拉伸，超过油毡的极限抗拉强度，则油毡在横缝处就会被拉裂，随着时间的流逝，裂缝逐渐开展。所以，为防止横缝处的油毡开裂，应改进接缝处的油毡做法，使油毡能适应基层变形，方法如图 16.35。即在大型屋面板或保温层上做找平层时，先将找平层沿横缝处做出分格缝，缝中用油膏填充，缝上先干铺 300mm 宽油毡一条作为缓冲层，然后再铺油毡防水层，使屋面油毡在基层变形时有一定的缓冲余地，防止横缝开裂。纵缝一般开裂较少，可不做分格缝和干铺的缓冲层。

(2) 刚性防水。刚性防水屋面是指采用密实性较好的细石混凝土或防水砂浆做防水层的屋面防水。刚性防水不宜用于有较大振动影响的厂房、产生不均匀沉降的厂房、气温变化剧烈的地区，宜用于不在屋面上设置保温层的屋面防水，见图 16.36。

(3) 构件自防水。构件自防水是指利用屋面板本身的密实度和平整度、大坡度，再配合嵌缝或搭盖缝等措施以达到防水的目的。构件自防水也不宜用于振动较大的厂房，与刚性防水的区别在于没有后浇的防水层。

构件自防水按板缝的构造方式可分为嵌缝式和搭盖式两种基本类型。

嵌缝式是直接在大型屋面板的板缝中嵌灌防水油膏，板面则靠其本身的平整密实性防水，必要时可加防水涂料，其防水质量取决于板面防水和板缝防水的性能，嵌缝式防水屋面荷载小，便于施工，造价较低。其节点构造：为增加屋面的整体刚度，纵横缝内均应灌

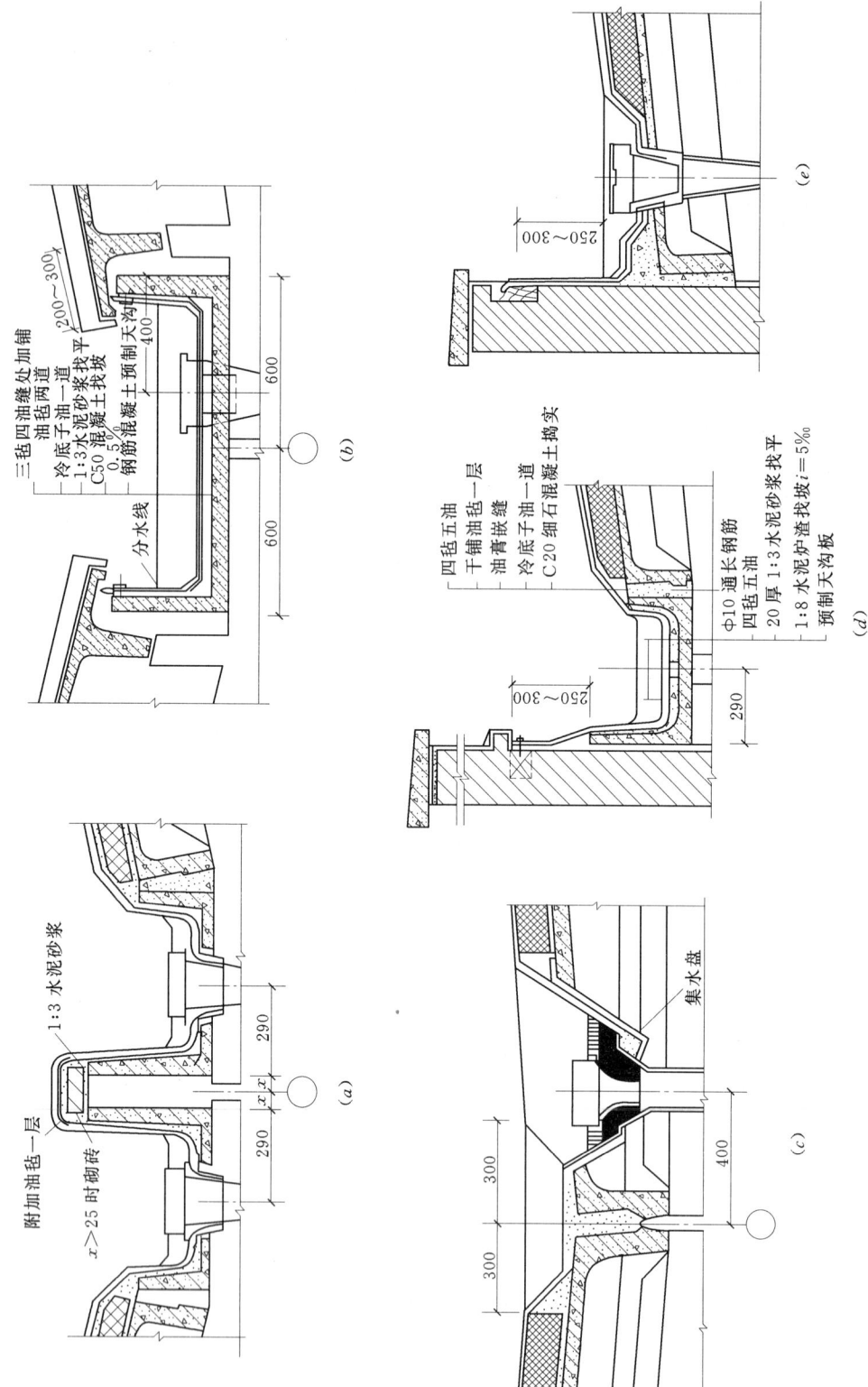

图 16.34 天沟的种类

(a) 一般双槽天沟；(b) 单槽天沟；(c) 在大型屋面板上做内天沟；(d) 天沟板做上天沟；(e) 在大型屋面板上做上天沟

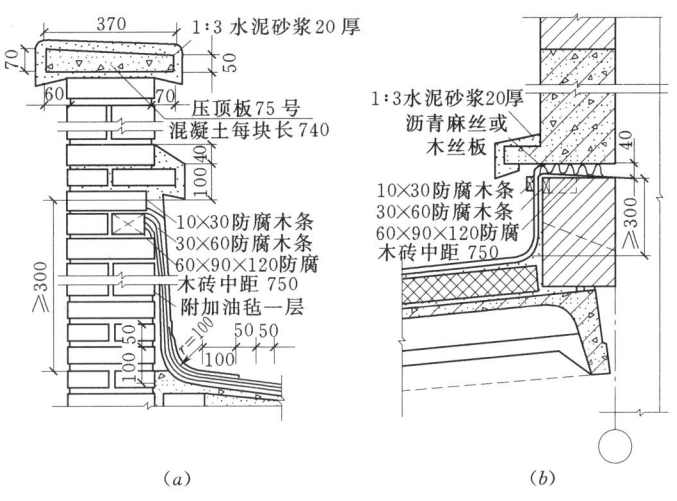

图 16.35 卷材防水局部

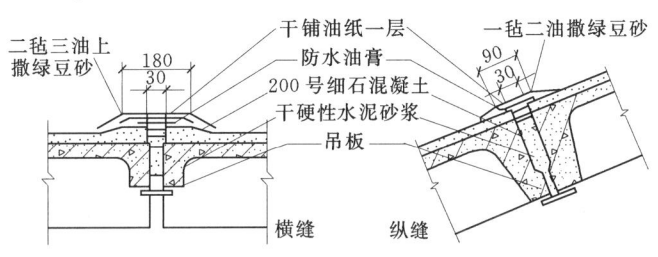

图 16.36 刚性防水局部

注 C20 细石混凝土,缝的下部在浇捣前应吊木条,浇捣时预留 20～30mm 的凹槽,待干燥后刷冷底子油(冷底子油须超出板的两侧不少于 50mm),以增加油膏与混凝土的粘结力,然后填嵌油膏(缝内嵌灌油膏应超出两侧板面不少于 20mm),嵌缝油膏必须具有良好的弹塑性、耐热性、耐久性和粘结力等性能;屋面应保证密实无裂纹和平整光滑;为了改进油膏嵌缝屋面的防水性能,保护油膏免受外界光和热的作用,延缓老化,板缝也可加盖覆盖层,做法是铺贴一毡两油或二毡三油,也可抹压石灰乳化沥青防水涂料,见图 16.37。

搭盖式是利用屋面板上下搭盖住板缝,用盖瓦和脊瓦覆盖横缝和脊缝的方式解决屋面防水问题。常用有 F 板屋面、槽瓦屋面、波形瓦屋面等几种。F 板屋面是采用断面为 F 形的预应力钢筋混凝土屋面板,直接搁于屋架的上弦,屋面坡度较陡,见图 16.38;F 板横向搭缝为平接,其平接处的板端要做成喇叭形的挡水条,盖瓦也做成对应的喇叭口端部,盖瓦前端做封头,使上下盖瓦搭接紧密;F 板纵向板缝处挑檐的搭盖长度不小于 150mm,并做滴水;采用脊瓦遮盖脊缝。

3. 屋面的保温与隔热

根据厂房所在地区及厂房内部生产状况的不同,厂房屋面需要不同的保温、隔热处理。其中可分为保温型、不保温型和隔热型。为了加速积雪的融化,有组织排水的屋顶天沟有时需要做成半保温的形式。

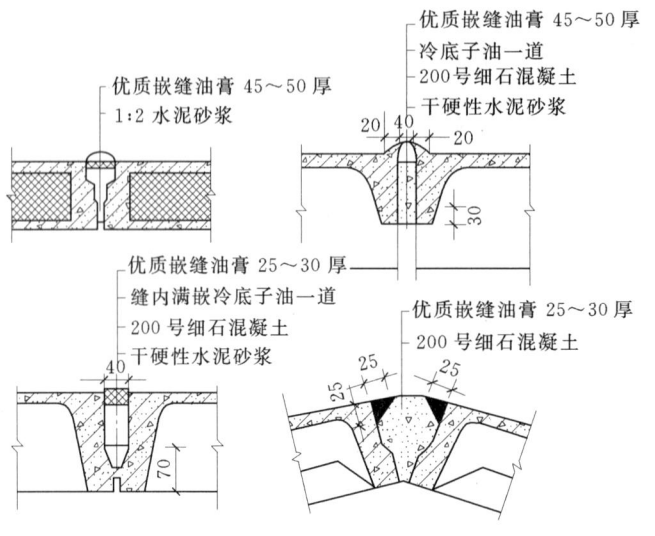

图 16.37 嵌缝式防水构造

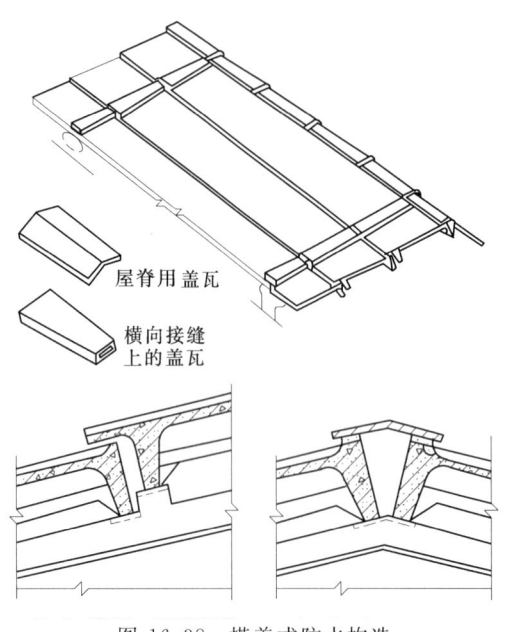

图 16.38 搭盖式防水构造

（1）屋面保温处理。内部湿度较大的厂房和生产工艺要求保持恒温、恒湿的厂房及寒冷地区冬季需要采暖的厂房，其屋面应该设置保温层，其厚度由建筑热工计算来确定。保温层位置可在设结构层的上部或下部，也可以和结构层结合起来设计，见图 16.39。

保温层铺设在屋面板上部是最常用的构造做法，优点是能充分发挥保温材料层的性能，保护结构层，防止由于温度应力引起结构胀缩变形导致结构破坏，缺点是增加了结构负担；保温层铺设在屋面板下部，又分为在屋面板下喷涂或吊挂保温层两种，适用于构件自防水屋面；保温层与承重基层相结合指屋面板既是承重构件，同时又起保温作用，甚至有的还具有防水功能，其优点是取消了现场屋面保温层的高空作业，改善施工条件，加快施工进度，但制作工艺较复杂，自重较大，板底容易裂缝，板肋及板缝易出现热桥现象。

（2）屋面隔热。为防止夏季室外热量进入室内，并将进入室内的余热迅速排出，我国南方地区的厂房屋面采用较广，一般可在屋面的外表面涂刷反射性能好的浅色涂料，或按照保温层的做法设置隔热层，或在屋面上设置通风间层（做一架空层，利用空气流动带走热量）。

16.4.3 单层厂房天窗构造

单层厂房建筑的空间跨度大、长度长，且由于生产的需要往往会多跨连片布置，热量

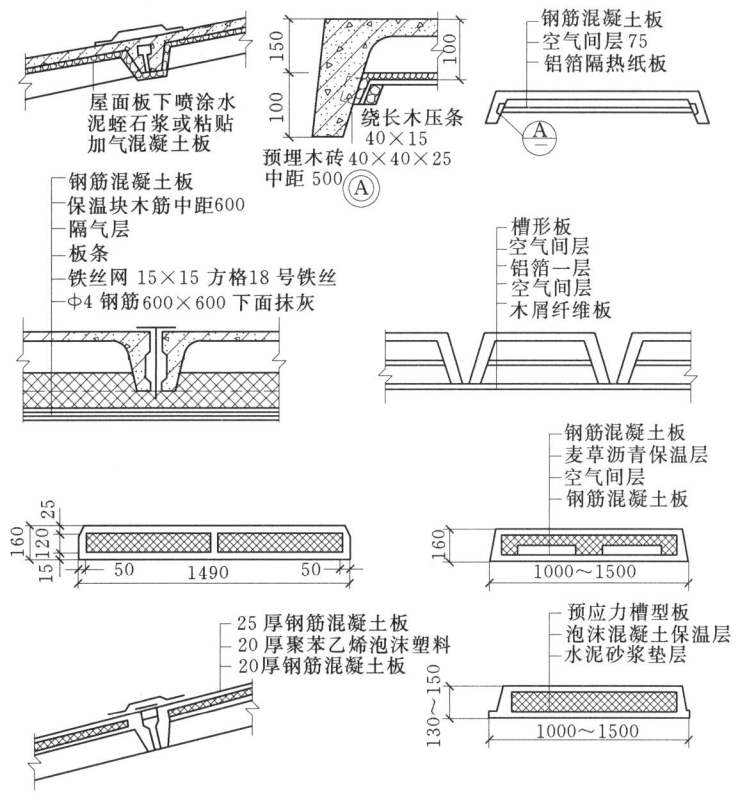

图 16.39 屋面保温层示意图

及灰尘析出量大,仅靠侧窗已不能满足采光、通风的要求,为此,除了增加人工照明和机械通风外,还可在屋面上设置各种形式的天窗。

按照天窗的作用可分为:主要用于采光的天窗如矩形天窗、锯齿形天窗、平天窗、三角形天窗和横向下沉式天窗等;主要用于通风的天窗如矩形避风天窗、横向或纵向下沉式天窗、井式天窗、M形天窗等,见图 16.40。按照天窗在屋面上的位置可分为:上凸式天窗如矩形天窗、三角形天窗、M形天窗等;下沉式天窗如横向下沉式天窗、纵向下沉式天窗、井式天窗等;平天窗如采光罩、采光屋面板等。上凸式天窗是我国工业厂房应用最为广泛的一种。

1. **各类天窗的特点**

(1) 矩形天窗、梯形天窗、M形天窗。这三类天窗是沿厂房屋脊纵向布置,断面呈矩形,具有双侧采光面,矩形、梯形和M形天窗的区别只是采光面的倾角或天窗顶盖的形式不同。

1) 矩形天窗:横断面呈矩形,两侧采光面与水平面垂直,采光均匀,防雨性好且不容易积灰,窗扇可开启,兼有通风、采光的作用;采光口宜南北向,以减少直射阳光;为了减少南向采光口的直射阳光及争取较多的北向稳定光线,可将矩形天窗顶盖倾斜,使北高南低;高纬度地区,还可在北向采光口按太阳高度角的大小设倾斜的玻璃面,以增强采光效果,适用于冷加工车间。

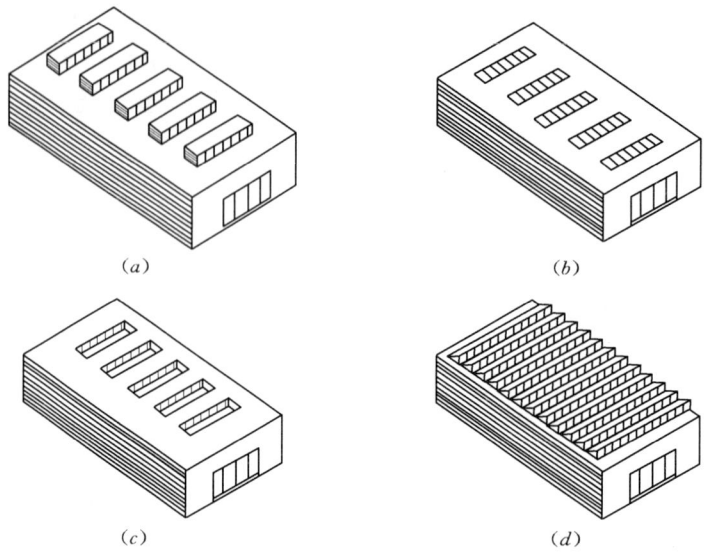

图 16.40 天窗的类型
(a) 矩形天窗；(b) 平天窗；(c) 下沉式天窗；(d) 锯齿式天窗

2) 梯形天窗：两侧采光面与水平面倾斜一般成60°角；它的采光效率比矩形天窗高，但均匀性较差，并有大量直射阳光，防雨性也较差，应用较少。

3) M形天窗：M形天窗是将矩形天窗的顶盖向内倾斜而成。倾斜的顶盖便于排水、疏导气流及增强光线反射，通风、采光效率比矩形天窗高，故M形天窗以通风为主，兼起采光作用，主要应用于热车间和高温车间。

以上三种天窗，构件类型多，造价高，自身重，为了保证采光的均匀性，天窗宽度一般为厂房跨度的1/2～1/3，两天窗间的净距离应大于两天窗高度之和的1.5倍。

(2) 平天窗及三角形天窗。平天窗可分为采光板、采光罩和采光带三种。采光板是在直接在屋面板上开孔，装设平板透光材料而成，根据其孔洞的大小，可分为小孔、中孔和大孔采光板；采光罩也是在屋盖上开孔，装设弧形透光材料而成；采光带是将一部分屋面板空出来，铺上透光材料做成长条形的纵向或横向采光带。平天窗采光效率高，布置灵活（可根据采光要求均匀分散布置，光线不致过分集中，采光均匀），构造简单（不用设天窗架，重量轻），玻璃面积小，造价低；但平天窗防雨、防渗不好处理，易出现渗漏、上部积灰、太阳辐射造成室内过热、炫光等现象；为使其与屋顶部分接缝严密，常做成固定扇，不开启，故平天窗大多只采光，不通风，适用于冷加工车间。

三角形天窗的玻璃顶盖呈三角形，宽度较宽，须设天窗架；三角形天窗同样具有采光效率高的特点，但其照度的均匀性比平天窗差，构造也较复杂。

(3) 下沉式天窗。是在拟设天窗的部位，把屋面板下移铺在屋架的下弦上，从而利用屋架上下弦之间的空间构成天窗；有井式、纵向下沉、横向下沉式天窗三种类型。

1) 井式天窗：是将屋面拟设天窗的部位把屋面板下移铺在屋架下弦上，形成一个个凹嵌在屋架空间内的井状天窗。

2) 纵向下沉式天窗：此类天窗是将下沉的屋面板沿厂房纵轴方向统长地搁置在屋架下弦上。

3) 横向下沉式天窗：此类天窗是将相邻柱距的整跨屋面板一上一下交错布置在屋架上、下弦，利用屋架高度形成横向的天窗。

纵向下沉式天窗与井式天窗不同之处在于纵向下沉式天窗的窗口是纵向统长的，下弦屋面板也是沿纵向连续铺设的；横向下沉式天窗与井式天窗不同之处在于横向下沉式天窗的窗口是把一个柱距内的整跨屋面板全部下沉铺设在屋架下弦上，屋盖每隔一个或数个柱距是全部断开的，因而纵向刚度较差，须在下沉处相邻屋架的上弦设纵向连系构件。

下沉式天窗的优点是省去了天窗架和挡风板，降低了厂房的高度，减轻屋盖、柱子和基础荷载，用料省，造价低，通风性能好，采光均匀，适用于热加工车间。

(4) 锯齿形天窗。锯齿形天窗是将厂房屋盖做成呈锯齿形，在其垂直面设采光、通风口；锯齿形天窗能利用倾斜顶盖反射光线，采光效率高；天窗口一般朝北，无直射阳光，光线稳定；采光方向性强，车间内机械布置与天窗垂直，以免产生阴影；高纬度地区，可根据太阳高度角的大小，适当倾斜锯齿形天窗的玻璃面，以提高采光效率；这种天窗常用于室内需要保持一定温、湿度的车间。

2. 矩形天窗的构造

矩形天窗主要由天窗架、天窗屋顶、天窗侧板、天窗扇及天窗端壁等构件所组成，见图 16.41。在矩形天窗两端靠山墙处一般各留一个柱距不设天窗，作为屋面检修通道。当天窗长度较长时往往结合变形缝的设置在缝两旁也各留出一个柱距不设天窗，兼做中间检修通道。天窗最大长度不宜超过 84m，每一段天窗的端墙壁均设置检修梯。

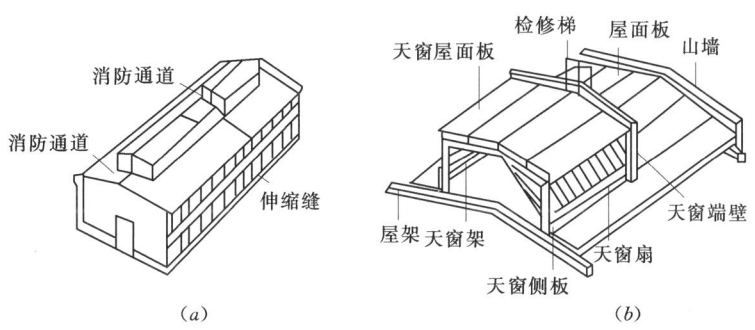

图 16.41 矩形天窗的构造

(1) 天窗架。天窗架是天窗的承重构件，常用钢筋混凝土或型钢制作，形式一般为Π形或W形，也可作成双Y形或其他形式。为了便于预制装配，6m 和 9m 天窗架通常由两块预制构件拼装而成，12m 宽天窗架则为 3 块，见图 16.42。6m 天窗架适用于 12~18m 跨度厂房，9m 适用于 21~30m 的跨度厂房，当厂房跨度更大或有特殊要求时，也可用 12m 天窗架；天窗架的高度要与窗扇的高度配套。常用钢筋混凝土天窗架的尺寸见表 16.4。

(2) 天窗扇。现在多用铝塑材料制成，中间插入钢肋以增强其刚度；天窗扇的开启方式一般为上悬或中悬。

中悬式天窗扇的开启角度可达 60°~80°，通风性能较好，但防雨性较差。

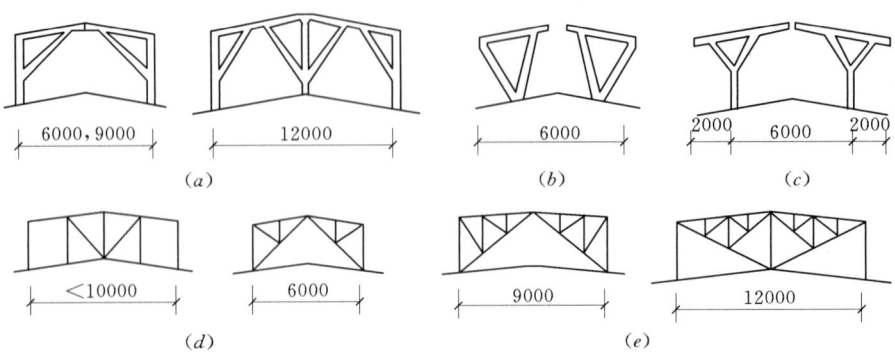

图 16.42 天窗架形式
(a) 钢筋混凝土门形天窗架；(b) W 形天窗架；(c) Y 形天窗架；
(d) 多压杆式钢天窗架；(e) 桁架式钢天窗架

表 16.4 常用钢筋混凝土天窗的尺寸 单位：mm

天窗架形式	Π 形							W 形	
天窗架跨度	6000				9000			6000	
天窗扇高度	1200	1500	2×900	2×1200	2×900	2×1200	2×1500	1200	1500
天窗架高度	2070	2370	2670	3270	2670	3270	3870	1950	2250

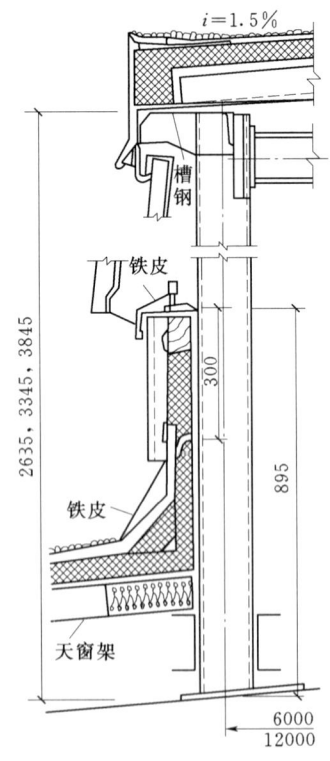

图 16.43 天窗剖面图

上悬式天窗扇防雨性较好，但开启角度较小（一般在 45°以内），通风性能较差。其标准窗扇标志高度有 900mm、1200mm 和 1500mm 三种，可组成不同的窗口高度。上悬式天窗扇分为统长窗扇和分段窗扇两种：统长窗扇用于设有电动或手动开窗机的天窗，是由两个端部窗扇及若干个中间窗扇用螺栓连接而成，在统长窗扇两端须安设固定小窗扇，起竖框的作用；分段窗扇是每个柱距设一个窗扇，各窗扇可以单独开启，用于由人登上屋顶用手开关的天窗。上悬式钢天窗扇的上冒头用槽钢制成，悬挂在轧制的弯钩上，弯钩已先用螺栓固定在角钢上框上，上框则焊接或用螺栓固定于天窗架的角钢牛腿上；窗扇的下冒头用异形断面的型钢作成。关闭时借助于窗扇自重搭靠在天窗侧板上缘或下排窗扇的上框外侧。天窗扇边梃用角钢做成，窗棂则为⊥形钢；开启窗扇的边梃上须附加 U 形盖缝板。防雨要求高的天窗，可在开启窗扇的两端内侧加设 600mm 宽的固定挡雨板，以防止雨水从两端三角形开口飘入室内，见图 16.43。

天窗扇的玻璃厚度不应小于 3mm，最好采用夹丝玻璃等安全玻璃；在天窗玻璃容易被打破的车间内，若采用非安全玻璃时，天窗应加设防护网。

中悬钢天窗扇的标准窗扇高度也有 900mm、1200mm 及 1500mm 三种。中悬窗扇由于受转轴的限制，只能分段设置，每段窗扇之间都设有槽钢竖框，用以安装窗扇的转轴。在变形缝处须加设固定小窗扇。

（3）天窗屋顶及檐口。天窗屋顶构造一般与整幢厂房屋面相同；天窗屋顶大多采用无组织排水，须做挑檐；当天窗屋顶采用大型屋面板时，一般采用带挑檐的屋面板，挑出长度为 300~500mm。需做有组织排水时，可采用带檐沟的屋面板，或在由天窗架伸出的钢牛腿上铺天沟板，也可在屋面板的挑檐下悬挂镀锌铁皮檐沟，用雨水斗及雨水管将雨水引至下部屋面。是否做有组织排水，视天窗跨度、高度及地区降雨量等因素确定。寒冷地区在天窗屋顶及檐口处须加设保温层，见图 16.44。

（4）天窗侧板。即天窗口下部的围护构件，其高度应能防止雨水溅入室内及不被积雪超越；从厂房屋面至侧板上缘一般不宜小于 300mm，经常有大风雨及多雪地区宜适当增高至 500mm 左右；天窗侧板的形式应与屋面板相适应，如厂房屋盖为大型屋面板，宜采用长度与屋面板相同的钢筋混凝土槽形侧板，以便吊装。当采用Ⅱ形天窗架时，侧板下端搁置在天窗架竖杆外侧的角钢牛腿上；若采用 W 形天窗架时，因无两侧竖杆，侧板则直接搁置在屋架上弦上。也可在天窗口下设置角钢或钢筋混凝土下挡，然后在外侧搭置小型钢筋混凝土预制板，见图 16.45。

有檩体系的轻型屋盖，常采用石棉瓦、瓦楞铁等轻质板材做天窗侧板。

天窗侧板的上缘应向外找坡，并做滴水线；侧板与屋面交接处须做泛水。

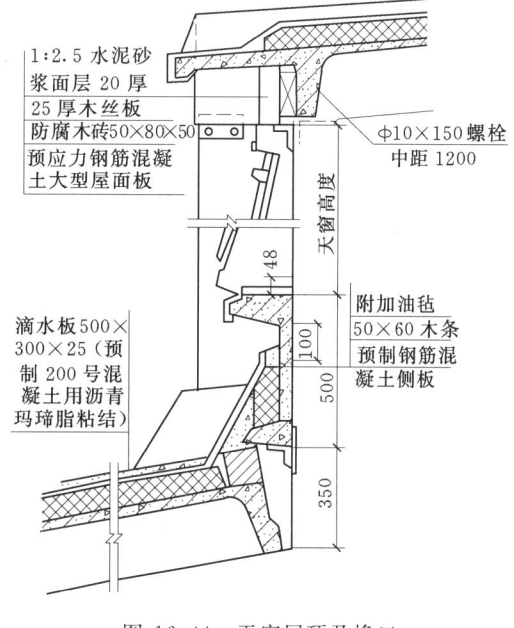

图 16.44　天窗屋顶及檐口

（5）天窗端壁。常采用预制钢筋混凝土端壁板或石棉水泥瓦天窗端壁；当采用钢筋混凝土天窗架时，两端的天窗架常用钢筋混凝土端壁板代替，兼起承重及围护作用；为了便于预制吊装，端壁板也由两块或 3 块拼装而成，焊接支承在屋架上弦轴线的一边（轴线另一边用来支承相邻的屋面板）；端壁板顶部檐口一般可用砖砌成，并做滴水线；端壁板下部与屋面板交接处要做泛水；端壁板两侧边向外挑出一片薄板，用以封闭天窗转角；需要保温的厂房，一般在端壁板内侧加设保温层，见图 16.46。

采用钢筋混凝土天窗架的天窗虽常用钢筋混凝土端壁板，但其重量较大，数量却不多，为了减少构件类型及减轻屋盖荷载，有些厂房便改用石棉水泥瓦天窗端壁，仍用天窗架承重；钢天窗架均采用石棉水泥瓦端壁，石棉瓦挂在由天窗架外挑的角钢骨架上，需做保温时，一般在天窗架内侧挂贴刨花板、聚苯乙烯板等板状保温层，高寒地区还须注意檐口及端壁板边缘部位保温的严密，避免出现冷桥。

3. 平天窗的构造

平天窗可分为采光板、采光罩和采光带三种。采光板、采光罩直接在屋盖的洞口上覆以玻璃顶盖而成,构造如下。

(1) 孔壁的构造。孔壁是平天窗采光口四周的边框。孔壁一般高出屋面 150mm 左右,用以防水,经常有暴风雪的地区则可提高到 250mm 以上,但不宜过高,以免降低采光效率及增加屋面板的重量;孔壁的形式有垂直和倾斜两种,其中倾斜的可以提高采光效率;孔壁可用钢筋混凝土制作,施工时可与屋面板分别预制,也可整体捣制,见图 16.47。孔壁与屋面板交接处要做好泛水处理,一般做卷材防水,也可作成搭盖式构件自防水。

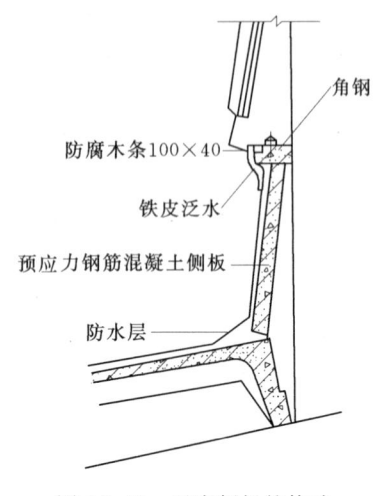

图 16.45 天窗侧板的构造

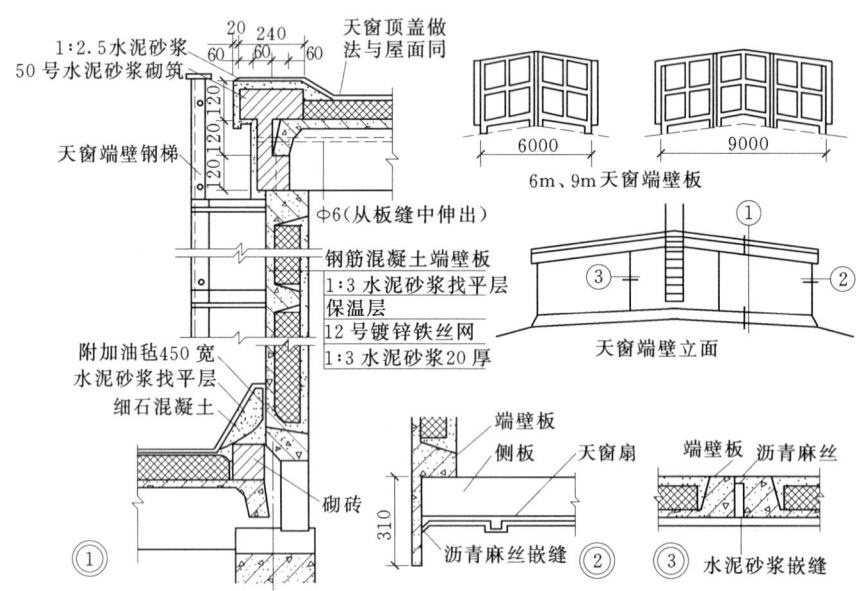

图 16.46 天窗端壁的构造

玻璃的固定和防水处理。平天窗的玻璃采光面与屋面在同一个水平面上,容易渗漏雨水,安装固定玻璃时,应注意做好防水措施:平天窗玻璃采光面的坡度及找坡方向尽量和屋面相同,即玻璃采光面与屋面排水组织的方向一致,便于排水,避免渗漏;为满足玻璃与框之间温度变形的需要,须将玻璃或玻璃钢罩用钢卡钩及木螺钉固定在孔壁预埋木砖上;沿坡度方向最好用整块玻璃,防水较好;若用数块玻璃时,其上下搭接长度不应小于 100mm,并用 S 形镀锌铁皮卡子固定;为了防止雨雪和灰尘随风进入室内,上下搭接宜用油膏条、胶管或浸油线绳等柔性材料封缝。小孔采光板及采光罩可用整块玻璃或整体采光罩覆盖,中、大孔采光板和采光带须由多块玻璃拼接而成时,须设置骨架作为安装固定玻璃之用。骨架与玻璃之间的缝隙要用油膏嵌固,见图 16.48。

16.4 单层厂房的构造

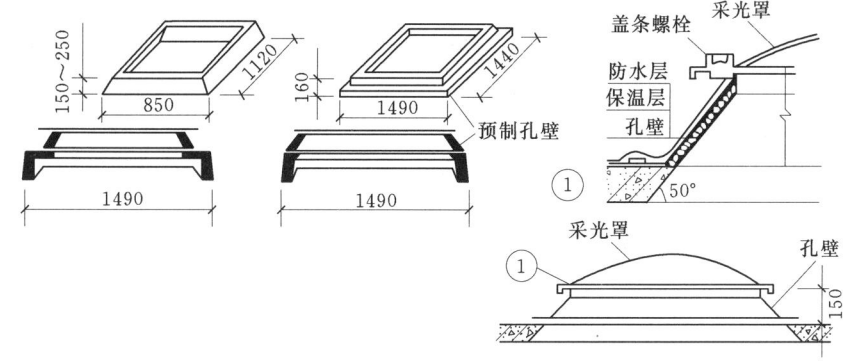

图 16.47 孔壁的构造

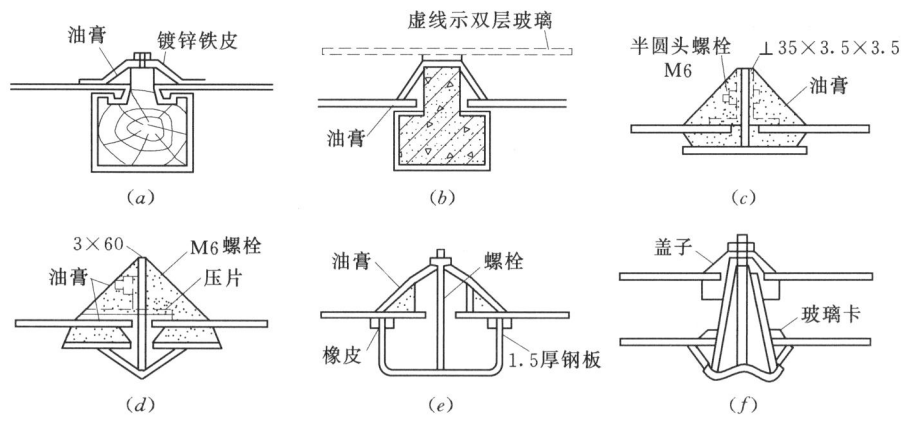

图 16.48 玻璃的固定和防水处理

安全防护。采用非安全玻璃如平板玻璃、磨砂玻璃、压花玻璃时，为了防止玻璃受冰雹或其他外力打碎后掉下伤人，平天窗须加设安全网；安全网可装在玻璃上面或下面，冰雹多的地区也可考虑双面设置；安全网常采用镀锌铁丝网，挂在孔壁的挂钩上，以便更换。其缺点是易积灰、清扫困难、降低采光效率，并且增加施工工序。故在可能条件下，最好采用安全玻璃如钢化玻璃、夹丝玻璃等防护与采光相结合的措施。

防止太阳辐射和炫光。平天窗有大量的直射阳光射入室内，会引起室内过热，并易产生炫光，损害视力及影响操作安全，应设法加以改善，可采取如下措施：选择扩散性能好、透热系数小的透光材料，由于其辐射热透过系数也较小，并可减少炫光，最好采用夹丝压花玻璃、钢化磨砂玻璃、透光率较高的玻璃钢等多功能的透光材料，其次为设安全网的磨砂玻璃、压花玻璃、吸热玻璃等，也可以采用双层玻璃，由于双层玻璃中间的密闭空气层形成隔热层，增大了热阻，可减少进入室内的太阳辐射，用于寒冷地区时，还可减少或避免冷凝水产生。

（2）采光屋面板构造。采光屋面板的长度为 6m，宽度为 1.5m，板高 450mm，可以用它取代一块屋面板。将 5mm 的采光玻璃固定于支承角钢上，下设铅丝防护网，接缝处做铁皮泛水，见图 16.49。

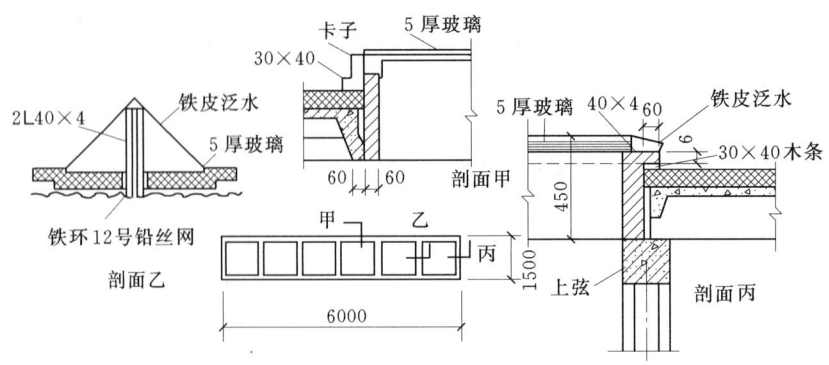

图 16.49 采光屋面板构造

4. 下沉式天窗的构造

纵向下沉式和横向下沉式天窗与井式天窗构造基本相似，以下介绍井式天窗构造。

井式天窗的基本布置形式有：

(1) 一侧布置，特点是通风性能好，排水、清灰也比较容易处理，适用于高温车间，跨内仅一侧有热源。

(2) 两侧对称或错开布置，特点是通风性能好，排水、清灰也比较容易处理，适用于热源分布均匀，散热量较大的高温车间。

(3) 居中布置，特点是能充分利用屋架中部较高的空间设置天窗，采光也较好，但排水、清灰较复杂，适用于对采光、通风都有要求，但散发余热和灰尘不大的厂房，见图 16.50。

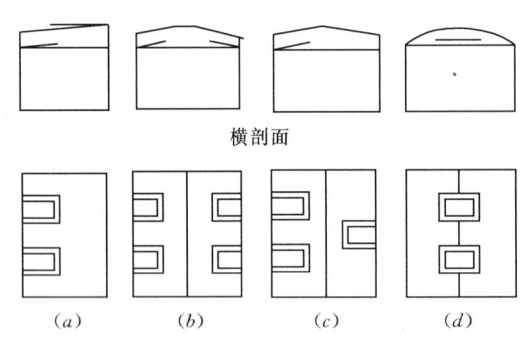

图 16.50 井式天窗的基本布置形式
(a) 一侧布置；(b) 两侧对称布置；
(c) 两侧错开布置；(d) 居中布置

井式天窗主要由井底板、空格板、挡风侧墙及挡雨设施组成。

井底板有横向铺设和纵向铺设两种：横向铺板是在屋架下弦节点上搁檩条，檩条上铺板，井底板沿厂房横向铺设，其优点是构造简单，施工吊装方便，应用较广泛，缺点是屋架节点高度、檩条端头高度、板肋高度、井底泛水高度叠加起来，要占掉屋架空间约 1m 以上的高度，排风口的净高减小；纵向铺板是将井底板直接搁在屋架下弦上，优点是构造高度小，可取得较高净空的排风口，缺点是如果板端与屋架腹杆相撞，必须作特殊处理，见图 16.51。

不采暖厂房天窗开敞，不设窗扇，需设挡雨设施，井口板是井口上的铺板，是开敞式天窗口挡雨设施的组成部分；带玻璃窗扇的井式天窗则不需设置井口板及挡雨设施，见图 16.52 井口板及挡雨设施。

采暖厂房设置井式天窗时，须设置窗扇，窗扇可在垂直口设置，也可在水平口设置。

16.4 单层厂房的构造

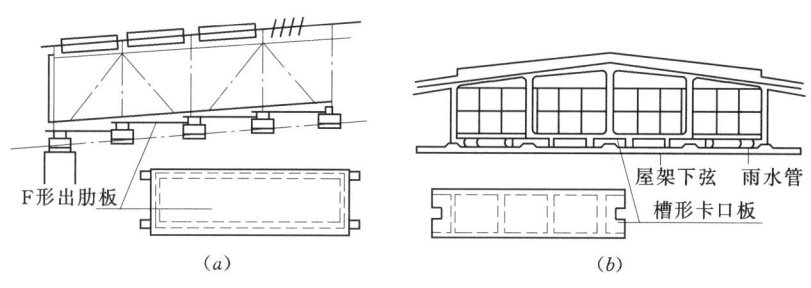

图 16.51 井底板的构造

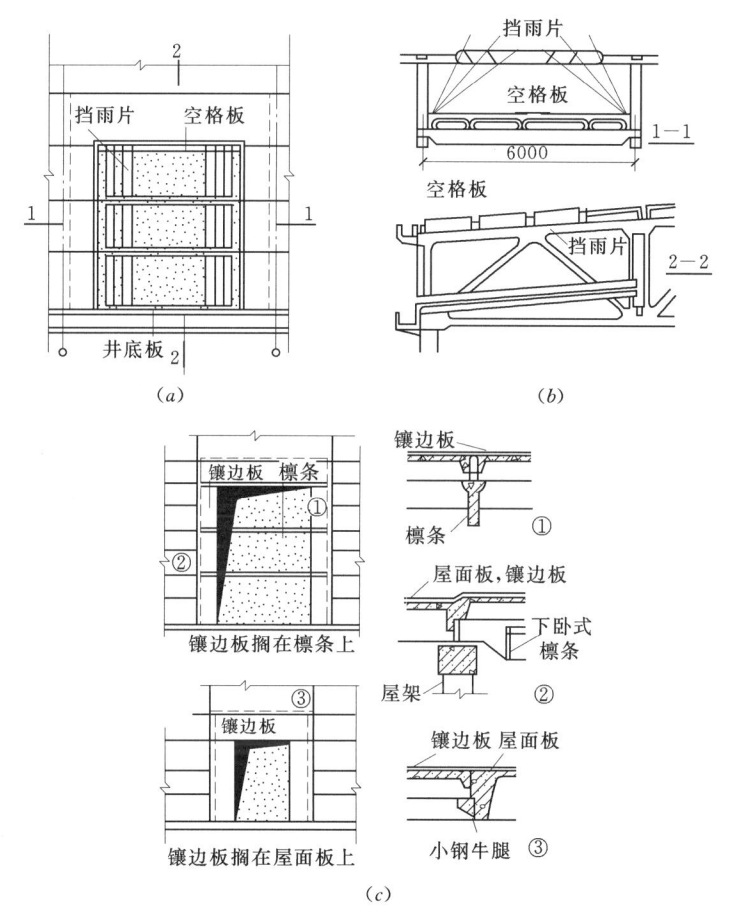

图 16.52 井口板和挡雨设施

垂直口设置窗扇时,纵向垂直口可选用上悬式或中悬窗扇,横向垂直口因有屋架腹杆的阻挡,只能选用上悬窗扇。跨中布置井式天窗时,纵横向垂直口的形状均较为规整,便于安设窗扇,故需要设置窗扇的井式天窗,以采用跨中布置较为适宜,一侧或两侧布置井式天窗,由于其横向垂直口是倾斜的,窗扇设置较麻烦,可采用平行四边形窗扇或矩形窗扇两种处理方法;水平口也可以设置窗扇,但不如垂直口设置密闭性好,可采用中悬式或水平推拉式窗扇,见图 16.53。

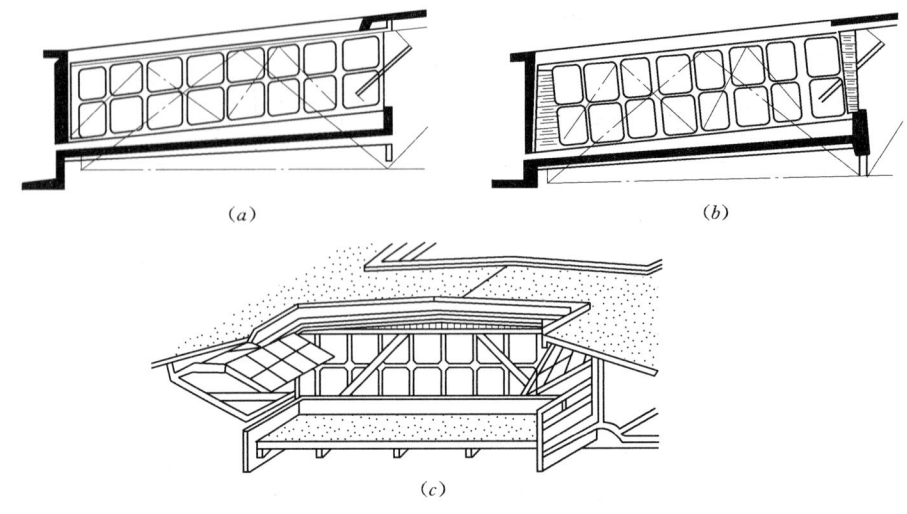

图 16.53 窗扇的设置
(a)、(b) 边跨天窗扇布置；(c) 跨中天窗扇布置

设有井式天窗的厂房，上层屋面与下层井底的排水要综合考虑，有以下几种排水方式，见图 16.54。

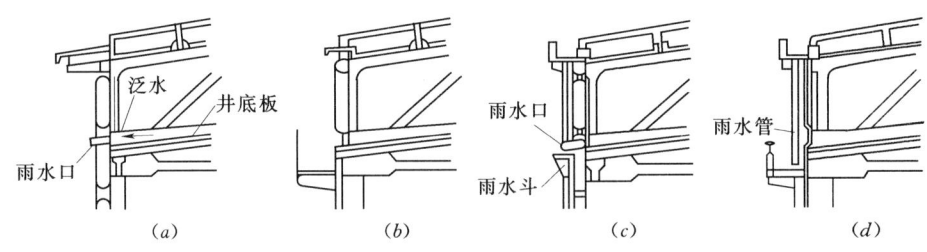

图 16.54 排水及泛水处理

无组织排水指上层屋面与下层井底的雨水分别为自由落水，适用于降雨量小的地区及高度不很高的厂房的边井外排水。

单层天沟外排水指井底或井口设置通长天沟外排水的方案，适用于边井外排水。有两种处理方式，一种是上天沟方案，即上层屋面设通长天沟，下层井底板设自由落水，适用于降雨量大，灰尘少的厂房；另外一种是下天沟方案即上层屋面设挑檐作自由落水，下层设排水、清灰通长天沟，适用于降雨量及灰尘大的厂房。

双层天沟外排水指上层屋面设统长或间断天沟，下层井底板设排水、清灰通长天沟，适用于降雨量大的地区及灰尘大的厂房的边井外排水。

连跨布置以及跨中布置的井式天窗则须做内落水。连跨布置时可根据雨水量和灰尘，选用单层天沟（下天沟）或双层天沟（双层通长或双层间断天沟）；跨中布置时应采用悬吊管将雨水引至跨边，再接入屋面雨水管排出。

井式天窗在边跨的井口外侧须设挡风侧墙，以保证天窗的避风性能，挡风侧墙下部与井底板交接处设排水孔或留 50～100mm 的排水缝隙。

井式天窗还要设置从屋面通往井底的检修楼梯;利用天沟作清灰走道时,天沟外侧须设置安全护栏,并在挡风墙上开设供检修人员出入的小门。

16.4.4 单层厂房大门、侧窗

1. 单层厂房大门

工业建筑的大门,由于需要进出原材料、成品、半成品、生产设备和各种运输车辆,一般都比较宽大,大门的尺寸由运输产品的大小和运输车辆的外形尺寸决定。大门洞口的宽度,一般应比运输车辆的宽度大 700mm,洞口高度应比车体高度高出 200mm,以保证车辆通行时不致碰撞大门门框,大门洞口的尺寸应是 300mm 的倍数,以减少大门类型,便于采用标准构配件。

大门的类型,按照用途有一般大门和特殊大门如保温门、防火门、冷藏门、放射线门、隔声门等;按照材料有木门、钢木组合门、普通型钢门、空腹薄壁型钢门、铝合金门等,门洞尺寸较大时,可以采用其他材料;按照开启方式有平开门、推拉门、折叠门、上翻门、升降门、卷帘门、自动控制门等。

大门的主要特点分别是:

(1) 平开门是单层厂房常用的一种大门,构造简单,开启方便,通常向外开启,但须设雨篷;厂房中平开门一般为两扇,由于大门尺寸一般都比较大,可以在门扇上设一小门,以便在大门关闭时供人通行;当平开门的面积大于 3600mm×3600mm 时,宜采用钢木组合门;门框一般采用钢筋混凝土制成。

(2) 推拉门由门扇、门轨、地槽、滑轮和门框组成,门扇有钢板门扇、空腹薄壁钢木门扇等;推拉门通过滑轮沿轨道左右推拉,门扇受力状态好,构造简单,不易变形,但密闭性能差。

(3) 折叠门是由几个较窄的门扇相互间以铰链连接而成,开启时门扇沿导轨左右推开,门扇折叠在一起,占用的空间少,适用于较大门洞;按照门扇转轴的位置,有侧悬式和中悬式。

(4) 升降门开启时门扇沿导轨上升,门洞高时可将门洞沿水平方向分为几扇,开启时可手动或电动,适用于大型厂房。

(5) 上翻门开启时将整个门扇翻到门过梁下,不占用车间使用面积,常用于车库大门。

2. 单层厂房侧窗

单层厂房侧窗的面积较大,一般以吊车梁为界,位于上部叫高侧窗,位于下部叫低侧窗,大面积的侧窗多采用组合式,由基本窗扇、基本窗框、组合窗三部分组成,一般除接近工作面的部分采用平开式外,其余均采用中悬式。

单层工业厂房侧窗的尺寸一般应符合模数;洞口的宽度一般在 900~6000mm 之间,当洞口宽度在 2400mm 以内时,取 300mm 的模数进级;洞口宽度在 2400mm 以上时,取 600mm 的模数进级;洞口的高度一般在 900~4800mm 之间,当洞口高度为 900mm 时,取 300mm 的模数进级,当洞口高度在 1200~4800mm 时,取 600mm 的模数进级。

侧窗的类型主要有以下几种。

(1) 木侧窗。除在人的正常高度内采用平开窗外,其余部分均采用中悬窗,在同一横

向高度内,应采用相同的开启方式,以便于安装开关器;洞口大于 3600mm×3600mm 的侧窗,均由两个基本窗拼框而成;左右拼接称为横向拼框,上下拼接称为竖向拼框;中悬窗有靠框式和进框式两种做法,连接方法与民用建筑的做法相同。

(2) 钢窗。有空腹和实腹两种类型;按开启形式的不同,可以分为固定窗、中悬窗、平开窗等;钢窗窗框四边均安装有连接铁件,铁脚由断面为 4mm×18mm、长度为 100mm 左右的钢板冲压成型,并用 C20 混凝土灌牢。

(3) 钢筋混凝土侧窗。钢筋混凝土侧窗一般采用 C30 半干硬性细石混凝土、内配低碳冷拔钢丝点焊骨架捣制而成,它适用于一般工业厂房。窗洞口宽度尺寸有 1800mm、2400mm 和 3000mm,高度尺寸有 1200mm、1800mm 两种;窗框四角及上下横框间焊有角钢,并在窗洞口周边相应的位置上预留孔洞,将螺栓一端插入孔洞,用 1:2 水泥砂浆灌孔,另一端用螺栓与角钢连接,窗框与洞口之间的缝隙应用 1:2 水泥砂浆填实勾缝;窗框在运输、堆放、安装时应垂直立放,避免横放。

16.4.5 单层厂房地面

厂房地面一般由面层、垫层和地基组成。当面层材料为块状材料或在构造上有特殊要求时还要增加结合层、找平层、隔离层等。

(1) 面层是地面最上表面层。地面的名称常以面层材料来命名,面层直接承受作用于地面上的各种外来因素的影响,如碾压、摩擦、冲击、高温、冷冻、酸碱等,有时还必须满足生产工艺的特殊要求,如防水、防爆、防火等。面层厚度可查阅 GB50037—96《建筑地面设计规范》来确定。

(2) 垫层是处于面层下部的结合层。它的作用是承受面层传来的荷载,并将这些荷载分布到基层上去,垫层可以分为刚性垫层(如混凝土、碎砖三合土等)和柔性垫层(砂、碎石、炉渣等),垫层的最小厚度可在规范有关表格中查找。

(3) 地基是地面的最下层,是经过处理的地基土,通常是素土夯实。

结合层是联结块材面层、板材或卷材与垫层的中间层,它主要起上下结合的作用。常用的材料及厚度由规范中查找。

找平层主要起找平、过渡作用。一般采用的材料是水泥砂浆或混凝土。

隔离层是为了防止有害液体在地面结构中渗透扩散或地下水由下向上的影响而设置的构造层,隔离层的设置及其方案的选择,取决于地基土的情况与工厂生产的特点。常用的隔离层有石油沥青油毡、热沥青等。

16.4.6 单层厂房其他构造

除以上构件外,单层厂房还设置有坡道、散水、明沟、钢梯等构件。

坡道的坡度常取 10%~15%,坡道的宽度应比大门宽出 600~1000mm 为宜,坡道与墙体交接处应留出 10mm 的缝隙,以防止由于不均匀沉降产生裂缝。

散水的宽度应根据土壤性质、气候条件、建筑物的高度和屋面排水方式而定,一般为 600~1000mm。当采用无组织排水时,散水的宽度可比檐口线宽出 200mm,散水的坡度一般为 3%~5%,当散水采用混凝土时,宜每隔 6~12m 设置伸缩缝,散水与外墙之间宜设缝,缝宽为 20~30mm,缝内应填沥青类材料。

明沟常用在我国南方多雨地区。宽度应不小于 200mm,排水坡度为 1%。

钢梯有作业钢梯、吊车钢梯、消防及屋面检修用钢梯等，单层工业厂房中常用以解决生产之间的联系；钢梯的宽度一般为600～1000mm，梯级每步高为300mm，形式有直梯与斜梯两种。直梯的梯梁常用角钢，踏步用 $\phi 18$ 圆钢；斜梯的梯梁多采用6mm厚钢板，踏步用3mm厚花纹钢板，也可以用不少于 $2\phi 18$ 的圆钢做成。金属梯除消防梯外，一端支承在地面上，另一端支承在墙柱或工作台上。钢梯与墙结合时，应在墙内预留孔洞，并用C15混凝土嵌固，钢梯与钢筋混凝土构件结合时，或在构件内放预埋件，或采用螺栓连接，钢梯还应该设有圆钢栏杆，由于易锈蚀，应先涂防锈漆，再刷油漆，并定期进行检修。

作业钢梯是工人上下生产操作平台或跨越生产设备的交通工具。作业梯多采用钢梯，其坡度有45°、59°、73°和90°，见图16.55。

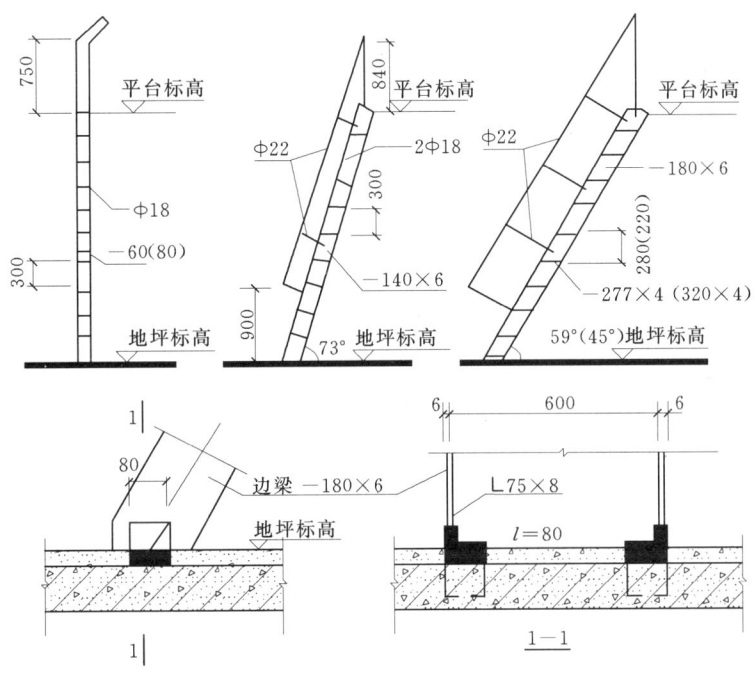

图 16.55 作业钢梯

吊车梯是吊车司机上下吊车的专用梯，可设置在车间的角落或不影响生产的柱间，一般多设在端部第二柱距的柱边。每台吊车应设有自己的专用梯。吊车梯一般为斜梯，梯段有单跑和双跑两种。为避免平台与吊车相碰，吊车梯的平台应低于桥式吊车的操纵室，再从吊车梯平台设直梯去吊车操纵室。当吊车梯平台的高度为5～6m时，梯中间还需设休息平台。当吊车梯平台的高度在7m以上时，则应采用双跑楼梯，其坡度应不大于60°。吊车梯的位置有三种：靠近边柱；在中柱处，柱的一侧有平台；在中柱处，柱的两侧有平台，见图16.56。

为解决吊车梁上部的通行，可以在吊车梁与外纵墙之间或在两个吊车梁之间架设走道板。见图16.57。

单层工业厂房屋顶高度大于10m时，应有专用梯自室外地面通至屋面，以及从厂房

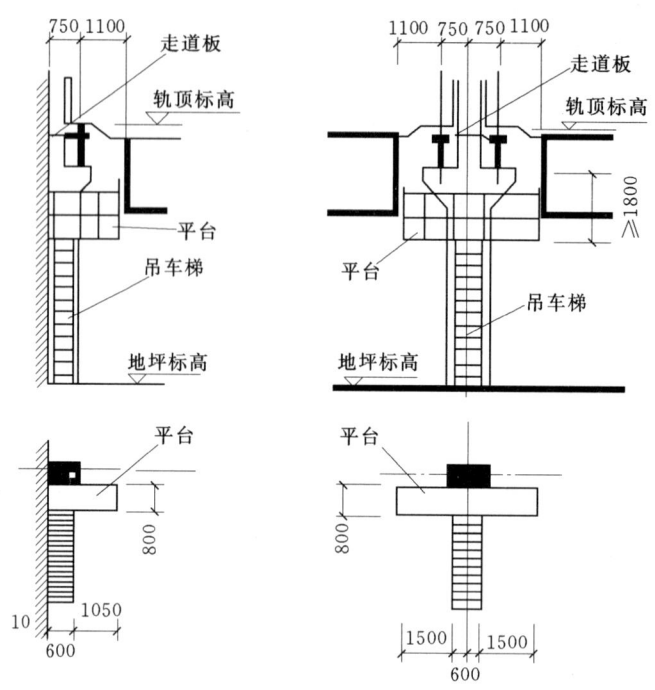

图 16.56 吊车梯

屋面通至天窗屋面,以作为消防及检修之用。相邻厂房的高度差在 2m 以上时,也应设置消防、检修梯。消防梯和检修梯一般均沿外墙设置,且多设在端部山墙处,其位置应按防火规范的规定设置。消防梯采用直梯,直梯又分为屋顶无女儿墙和屋顶有女儿墙两种情况。消防、检修梯的底端应高出室外地面 1~1.5m,以防止无关人员攀登。钢梯与墙面之间相距应不小于 250mm。梯梁用焊接的角钢埋入墙内,墙内应预留 240mm×240mm 的孔洞,深度最小为 24mm,然后用 C15 混凝土嵌固;也可以做成带角钢的预制块随墙砌筑。

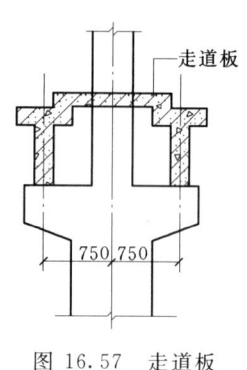

图 16.57 走道板

本 章 小 结

工业建筑的使用功能、生产特点、结构类型在分类上起着决定性的作用,生产工艺是工业建筑设计的依据。

起重运输设备作为工业建筑的设备组成对工业建筑的结构和建筑布局影响很大,应当作为必备常识掌握。

纵向定位轴线和横向定位轴线的应用。

装配式钢筋混凝土排架结构厂房的构件组成及各构件的作用,明确工业厂房荷载的种类及传递路径。

单层工业厂房的外墙、屋面、天窗、大门、侧窗、地面、其他构造。

习　　题

16.1　与民用建筑相比工业建筑有哪些特点？

16.2　按照厂房的层数，工业建筑分为哪几种？其中哪种形式应用最为广泛？并说明其优缺点。

16.3　定位轴线的作用是什么？什么是横向和纵向定位轴线？分别与哪些构件有关？

16.4　确定柱网尺寸时，跨度和柱距有哪些规定？

16.5　什么是纵向定位轴线的封闭结合和非封闭结合？各适用于什么情况？

16.6　排架结构按材料可分为哪三种形式？试述其适用范围，哪种形式应用最为广泛？

16.7　简述装配式钢筋混凝土横向排架结构构件组成。

16.8　常用厂房起重运输设备有哪些？各自的运行方式是什么？三级工作制的内容是什么？是用来表示什么的指标？

16.9　厂房外墙一般为承自重墙和框架墙，墙和柱的相对位置有几种方案？最常用的是哪一种？

16.10　板材墙的墙板布置有哪几种？各有何优缺点？

16.11　单层厂房墙板与排架柱的连接有哪两种方法？绘图表示。

16.12　单层厂房屋面排水有哪些方式？各适用什么范围？屋面排水与哪些因素有关？

16.13　单层厂房屋面的保温和隔热如何处理？

16.14　单层厂房为什么要设置天窗？天窗有哪些类型？适用范围是什么？

16.15　矩形天窗由哪些构件构成？

16.16　简述井式天窗的构造特点，并说明井底板不同的铺设方式各有什么特点。

16.17　平天窗有哪几种？采用时应注意的问题和需要采取的主要措施是什么？

16.18　常用大门洞口的尺寸有哪些？

16.19　单层厂房侧窗的特点是什么？有哪些类型？

参 考 文 献

1. 杨金铎，房志勇. 房屋建筑构造. 北京：中国建材工业出版社，2001
2. 杨金铎. 房屋构造. 北京：清华大学出版社，2002
3. 刘建荣. 建筑构造. 北京：中国建筑工业出版社，2002
4. 钟善桐. 钢结构. 北京：中国建筑工业出版社，2002
5. 靳玉芳. 房屋建筑学. 北京：中国建材工业出版社，2004
6. 杨善勤. 民用建筑节能设计手册. 北京：中国建筑工业出版，1997
7. 赵研. 房屋建筑学. 北京：高等教育出版社，2003
8. 袁雪峰，王志军. 房屋建筑学. 北京：科学出版社，2001
9. 李桢祥. 房屋建筑学. 北京：中国建筑工业出版社，1995
10. 冯美宇. 房屋建筑学. 武汉：武汉工业大学出版社，1997
11. 李振霞，魏广龙. 房屋建筑学概论. 北京：中国建筑工业出版社，2005
12. 苏炜. 房屋建筑设计与构造. 武汉：武汉理工大学出版社，2002
13. 李必瑜. 房屋建筑学. 武汉：武汉理工大学出版社，2000
14. 张一弘，金虹. 房屋建筑学. 哈尔滨：东北大学出版社，1997
15. 南京工学院建筑系编写小组. 建筑构造. 北京：中国建筑工业出版社，1985
16. 天津大学编. 公共建筑设计原理. 北京：中国建筑工业出版社，1987
17. 住宅建筑设计原理编写组. 住宅建筑设计原理. 北京：中国建筑工业出版社，1984
18. 哈尔滨建筑工程学院编. 工业建筑设计原理. 北京：中国建筑工业出版社，1987
19. 同济大学，西安建筑科技大学，东南大学，重庆建筑大学编. 房屋建筑学（第四版）. 北京：中国建筑工业出版社，2005
20. 刘建荣. 房屋建筑学. 武汉：武汉大学出版社，1991
21. 武克基，广士奎. 房屋建筑学. 银川：宁夏人民出版社，1986
22. 黄金凯，杨伯明. 房屋建筑学. 北京：冶金工业出版社，1987
23. 郑忱. 房屋建筑学. 北京：中央广播电视大学出版社，1994
24. 武六元，杜高潮. 房屋建筑学. 北京：中国建筑工业出版社，2001
25. 李必瑜. 建筑构造（第二版）. 北京：中国建筑工业出版社，2000
26. 陆可人，欧晓星. 房屋建筑学与城市规划导论. 南京：东南大学出版社，2002
27. 王万江. 房屋建筑学. 重庆：重庆大学出版社，2003
28. 娄忆南. 房屋建筑学. 北京：机械工业出版社，2001
29. 赵研. 建筑识图与构造. 北京：中国建筑工业出版社，2004
30. 苏炜. 房屋建筑学. 北京：化学工业出版社，2005
31. 孙玉红. 房屋建筑构造. 北京：机械工业出版社，2004
32. 建筑设计资料集编委会. 建筑设计资料集. 北京：中国建筑工业出版社，1996
33. 中国计划出版社编. 建筑工程施工及验收规范汇编. 北京：中国计划出版社，1996
34. 建筑设计资料集编委会. 建筑设计资料集（第二版）（第一集至第十集）. 北京：中国建筑工业出版社，1994
35. GBJ2—86《建筑模数协调统一标准》
36. GB/T50001—2001《房屋建筑制图统一标准》

37 GB/T50104—2001《建筑制图标准》
38 GB/T50103—2001《总图制图标准》
39 GBJ6—86《厂房建筑模数协调统一标准》
40 GB50011—2001《建筑抗震设计规范》
41 GB50176—93《民用建筑热工设计规范》
42 JGJ26—95《民用建筑节能设计规范（采暖居住建筑部分）》
43 JGJ37—87《民用建筑设计通则》
44 GB50007—2002《建筑地基基础设计规范》
45 GB50096—1999《住宅设计规范》
46 JGJ50—2001《城市道路和建筑物无障碍设计规范》
47 GB50108—2001《地下工程防水技术规范》
48 GB50222—95《建筑内部装修设计防火规范》
49 GB50207—94《屋面工程技术规范》
50 JGJ3—91《钢筋混凝土高层建筑结构设计与施工规程》
51 JGJ102—96《玻璃幕墙工程技术规范》
52 GB50003—2001《砌体结构设计规范》
53 JGJ73—91《建筑装饰工程施工及验收规范》
54 GB50037—96《建筑地面设计规范》
55 GB50038—94《人民防空地下室设计规范》
56 GB50010—2002《混凝土结构设计规范》
57 GBJ50016—2006《建筑设计防火规范（2006年版）》
58 GB50045—95《高层民用建筑设计防火规范（2005年版）》
59 JGJ103—96《塑料门窗安装及验收规程》